"十二五"高职高专院校规划教材(食品类)

PengRen YuanLiao

烹饪原料

郝志阔　刘鑫锋　陈福玉　主编
冯玉珠　主审

中国质检出版社

北　京

图书在版编目(CIP)数据

烹饪原料/郝志阔,刘鑫锋,陈福玉主编. —北京:中国质检出版社,2012(2021.2 重印)
"十二五"高职高专院校规划教材(食品类)
ISBN 978 - 7 - 5026 - 3595 - 4

Ⅰ.①烹… Ⅱ.①郝… ②刘… ③陈… Ⅲ.①烹饪—原料—教材 Ⅳ.①TS972.111

中国版本图书馆 CIP 数据核字(2012)第 054841 号

内 容 提 要

本书主要内容包括绪论、烹饪原料基础知识、粮食类烹饪原料、蔬菜类烹饪原料、果品类烹饪原料、畜类烹饪原料、禽类烹饪原料、乳蛋类及其制品、水产品类烹饪原料、调辅类烹饪原料等。本教材具有较强的实用性和适用性。

本书可作为高职高专、实践性本科烹饪工艺与营养、餐饮管理、食品类专业教材,也可供五年制高职学校、中等职业学校学生使用,亦可供烹饪培训、宾馆饭店从业人员及烹饪爱好者阅读。

中国质检出版社出版发行

北京市朝阳区和平里西街甲 2 号 (100029)

北京市西城区三里河北街 16 号 (100045)

网址:www.spc.net.cn

总编室:(010)68533533 发行中心:(010)51780238

读者服务部:(010)68523946

中国标准出版社秦皇岛印刷厂印刷

各地新华书店经销

*

开本 787×1092 1/16 印张 22.75 字数 592 千字

2012 年 5 月第一版 2021 年 2 月第四次印刷

*

定价:48.00 元

审定委员会

贡汉坤 (江苏食品职业技术学院)

朱维军 (河南农业职业学院)

夏　红 (苏州农业职业技术学院)

冯玉珠 (河北师范大学)

贾　君 (江苏农林职业技术学院)

杨昌鹏 (广西农业职业技术学院)

刘　靖 (江苏畜牧兽医职业技术学院)

钱志伟 (河南农业职业学院)

黄卫萍 (广西农业职业技术学院)

彭亚锋 (上海市质量监督检验技术研究院)

曹德玉 (河南周口职业技术学院)

本 书 编 委 会

主　编　**郝志阔**（广东环境保护工程职业学院）
　　　　刘鑫锋（河北师范大学）
　　　　陈福玉（吉林农业科技学院）

副主编　**马景球**（中山职业技术学院）
　　　　邹兰兰（河南农业职业学院）

参　编　（按姓氏笔画排序）
　　　　李　超（吉林农业科技学院）
　　　　侯晓勇（河北科技学院）
　　　　黄立飞（中山职业技术学院）
　　　　白利波（河北省武安市职教中心）
　　　　张景辉（河北省石家庄市旅游学校）
　　　　樊肖磊（河北省灵寿县职教中心）
　　　　王红梅（顺德职业技术学院）
　　　　张　帅（石家庄城市职业学院）
　　　　王红艳（宁夏工商职业技术学院）
　　　　郑海云（广东环境保护工程职业学院）
　　　　谭　叶（广东环境保护工程职业学院）
　　　　王晨旭（吉林农业科技学院）
　　　　王　飞（湖南商业技术学院）
　　　　刘风梅（石家庄新东方烹饪学校）
　　　　刘　丹（大连职业技术学院）
　　　　张学斌（银川市职教中心）

序

近年来，随着我国餐饮业的迅速发展和烹饪新产品的不断推出，人们不仅对各类烹饪原料的质量问题日益关注，而且对与烹饪原料相关的各类知识也进一步投入精力进行关注。同时，政府的相关部门也以很大力度，进行烹饪原料生产各环节的监管，以保障与人民生命和生活息息相关的餐饮食品安全。《商务部关于加强餐饮食品安全工作的通知》(商服贸函[2011] 731 号) 指出：餐饮企业要"按照职责加强采购管理，建立合格供应商管理制度，采购食品原料、添加剂等相关产品应索证索票、进货查验、详细记录。各地商务主管部门要督促企业到证照齐全的食品生产经营单位进行采购，索取、留存购物凭证，并如实记录产品的名称、规格、数量、生产批号等采购信息；鼓励餐饮企业建立电子记录，提高采购管理信息化水平，逐步实现全程可追溯；严禁餐饮企业使用不合格的食品原料和添加剂。"餐饮企业要加强原材料使用管理，"确保各种原料、辅料、调料的使用严格执行国家标准，加强对原材料的管理，严禁使用可能对人体健康有害的原料；要认真执行国家有关规定，控制食品添加剂的使用范围和使用量，严禁使用地沟油等餐厨废弃油脂；严禁火锅类餐饮企业使用不符合规定的食用油和添加剂"，严防不合格食材上餐桌。

烹饪原料是烹饪工艺实施的对象和物质基础。烹饪质量的保证、烹饪作用的发挥、烹饪效果的产生和烹饪目的实现，烹饪原料都起着关键的作用。但是，人类可利用的烹饪原料种类繁多、构成复杂、性质多样、加工方法各异。作为烹饪工作者或相关研究人员必须对烹饪原料进行深入了解与分析，才能对烹饪科学研究和保证烹饪食品的良好品质有更好的支撑。烹饪原料学是研究烹饪原料的种类、性质、功能及其应用价值的一门科学，它是烹饪科学的三大支柱学科（烹饪原料学、烹饪营养学、烹饪工艺学）之一。烹饪原料学的研究内容十分广泛，主要包括烹饪原料的产生和发展历程；烹饪原料的品种、数量、分类，以及地理分布、生产状况、名特产品和供应情况；烹饪原料的化学组成、形态结构和基本特性；烹饪原料的营养价值、保健功能及其在烹饪中的应用；烹饪原料的品质鉴定、贮藏保鲜、卫生安全、质量管理；烹饪原料的资源利用、开发、保护及变化趋势等问题。

　　本教材介绍了烹饪原料的基本概念和基本知识，贯彻了科学性、实用性、规范性的基本原则，适合烹饪职业院校使用。喜观其成，特为之作序。

教育部高职高专餐旅管理与服务类专业教学指导委员会委员

冯玉珠

河 北 师 范 大 学 旅 游 学 院 烹 饪 与 食 品 科 学 系 教 授

2011 年 9 月 6 日于河北师范大学

序 言

伴随着经济的空前发展和人民生活水平的不断提高，人们对食品安全的关注度日益增强，食品行业已成为支撑国民经济的重要产业和社会的敏感领域。近年来，食品安全问题层出不穷，对整个社会的发展造成了一定的不利影响。为了保障食品安全，规范食品产业的有序发展，近期国家对食品安全的监管和整治力度不断加强。经过各相关主管部门的不懈努力，我国已基本形成并明确了卫生与农业部门实施食品原材料监管、质监部门承担食品生产环节监管、工商部门从事食品流通环节监管的制度完善的食品安全监管体系。

在整个食品行业快速发展的同时，行业自身的结构性调整也在不断深化，这种调整使其对本行业的技术水平、知识结构和人才特点提出了更高的要求，而与此相关的职业教育正是在食品科学与工程各项理论的实际应用层面培养专业人才的重要渠道，因此，近年来教育部对食品类各专业的职业教育发展日益重视，并连年加大投入以提高教育质量，以期向社会提供更加适应经济发展的应用型技术人才。为此，教育部对高职高专院校食品类各专业的具体设置和教材目录也多次进行了相应的调整，使高职高专教育逐步从普通本科的教育模式中脱离出来，使其真正成为为国家培养生产一线的高级技术应用型人才的职业教育，"十二五"期间，这种转化将加速推进并最终得以完善。为适应这一特点，编写高职高专院校食品类各专业所需的教材势在必行。

针对以上变化与调整，由中国质检出版社牵头组织了"十二五"高职高专院校规划教材（食品类）的编写与出版工作，该套教材主要适用于高职高专院校的食品类各相关专业。由于该领域各专业的技术应用性强、知识结构更新快，因此，我们有针对性地组织了江苏食品职业技术学院、河南农业职业学院、苏州农业职业技术学院、江苏农林职业技术学院、江苏畜牧兽医职业技术学院、吉林农业科技学院、广东环境保护工程职业学院、广西农业职业技术学院以及上海农林职业技术学院等 40 多所相关高校、职业院校、科研院所以及企业中兼具丰富工程实践和教学经验的专家学者担当各教材的主编与主审，从而为我们成功推出该套框架好、内容新、适应面广的高质量教材提供了必要的保障，以此来满足食品类各专业普通高等教育和职业教育的不断发展和当前全社会对建立食品安全体系的迫切需要；这也对培养素质全面、适应性强、有创新能力的应用型技术人才，进一步提高食品类各专业高等教育和职业教育教材的编写水平起到了积极的推动作用。

　　针对应用型人才培养院校食品类各专业的实际教学需要，本系列教材的编写尤其注重了理论与实践的深度融合，不仅将食品科学与工程领域科技发展的新理论合理融入教材中，使读者通过对教材的学习，可以深入把握食品行业发展的全貌，而且也将食品行业的新知识、新技术、新工艺、新材料编入教材中，使读者掌握最先进的知识和技能，这对我国新世纪应用型人才的培养大有裨益。相信该套教材的成功推出，必将会推动我国食品类高等教育和职业教育教材体系建设的逐步完善和不断发展，从而对国家的新世纪人才培养战略起到积极的促进作用。

教材审定委员会

2012 年 1 月

前 言
• FOREWORD •

  《烹饪原料》是高职院校烹饪工艺与营养、西餐工艺、餐饮管理与服务、食品加工技术等专业的专业基础课，在专业建设中占有极其重要的地位。《烹饪原料》是以上各专业的前提和基础。后续课程有《烹调工艺学》、《面点工艺学》、《烹饪营养学》等。在烹饪科学中，《烹饪原料》的主要作用是研究吃什么，《烹调工艺学》的主要作用是研究怎么吃，《烹饪营养学》的主要作用是研究为什么吃。由此可见，《烹饪原料》是高职烹饪专业学生的专业入门课程，是烹饪科学的重要组成部分。

  虽然当前《烹饪原料》已有很多版本，但知识体系深浅适度，切合教学需要，并紧密联系实践环节的教材却是少数。我们紧紧围绕高职高专人才的培养目标，以"够用、适用"为基本原则编写了本书。本教材在介绍烹饪原料时，基本包括三大模块，分别是原料的品种和产地、营养价值、烹饪应用。编写本教材的老师全部来源于教授《烹饪原料》的教学第一线，并且大部分是烹饪营养专业毕业的。本教材最大程度地保证内容充分反映教学需要，并与实践环节紧密结合。

  本教材主要内容包括：绪论、烹饪原料基础知识、粮食类烹饪原料、蔬菜类烹饪原料、果品类烹饪原料、畜类烹饪原料、禽类烹饪原料、乳蛋类及其制品、水产品类烹饪原料、调辅类烹饪原料等。在编写过程中，涉及国家保护类的原料，本书一概没有介绍。本教材由广东环境保护工程职业学院（广东省环境保护职业技术学校）郝志阔、河北师范大学旅游学院刘鑫锋、吉林农业科技学院陈福玉担任主编，中山职业技术学院马景球、河南农业职业学院邹兰兰担任副主编。全书由郝志阔构思并编写大纲、统稿并组织完成。具体分工为：第一章绪论由广东环境保护工程职业学院郝志阔编写；第二章烹饪原料基础知识由吉林农业科技学院陈福玉编写；第三章粮食类烹饪原料由河南农业职业学院邹兰兰编写；第四章蔬菜类烹饪原料由广东环境保护工程职业学院郝志阔、河北省武安市职教中心白利波共同编写；第五章果品类烹饪原料由河北科技学院侯晓勇编写；第六章畜类烹饪原料由吉林农业科技学院李超编写；第七章禽类烹饪原料由中山职业技术学院黄立飞、广东环境保护工程职业学院郝志阔共同编写；第八章乳蛋类及其制品由广东环境保护工程职业学院郝志阔编写；第九章水产品类烹饪原料由河北师范大学刘鑫锋、石家庄市旅游学校张景辉、石家庄城市职业学院张帅、石家庄新东方烹饪学校刘风梅共同编写；第十章调辅类烹饪原料由中山职业学院马景球编写；综合练习题由河北省武安市职教中心白利波编写；模拟试卷（1~5）由河北省灵寿县职教中心樊肖磊编写；插图部分由吉林农业科技学院王晨旭组织。此外，顺德职业技术学院王红梅、宁夏工商职业学院王红艳、湖南商业技术学院王飞、银川职教中心张学斌、大连职业技术学院刘丹、广东环境保护工程职业学院郑海云等参与了部分内容的编写，在统稿过程中广东环境保护工程职业学院谭叶老师做了大量的文字工作，最后由郝志阔对全书进行了统稿，并对部分内容进行了修改。

本教材在编写过程中，得到了河北师范大学旅游学院烹饪与食品科学系主任冯玉珠教授的悉心指导，冯教授不辞辛劳拔冗主审并为之作序，在此谨表谢意。

在编写过程中参考了一些专家的著作和文献，以及大量的图片，在此一并表示感谢。由于编者水平有限，加之时间紧迫，书中错误和遗漏之处在所难免，恳请教师和学生提出并指正，以便修正。作者邮箱：k19840630@163.com。

郝志阔

2012 年 3 月 1 日于广东南海

目　录
• CONTENTS •

第一章　绪　论 ……………………………………………………………… （1）

　第一节　烹饪原料的概念与特点 …………………………………………… （1）

　　一、烹饪原料的定义 ………………………………………………………… （1）

　　二、烹饪原料的特点 ………………………………………………………… （2）

　第二节　烹饪原料学研究的内容 …………………………………………… （3）

　　一、烹饪原料学的范畴 ……………………………………………………… （3）

　　二、学习烹饪原料学的意义 ………………………………………………… （3）

　　三、烹饪原料学的相关学科 ………………………………………………… （4）

　第三节　烹饪原料采购者的基本素质及职业道德 ………………………… （5）

　　一、烹饪原料采购者的基本素质 …………………………………………… （5）

　　二、烹饪原料采购者的职业道德 …………………………………………… （5）

　本章小结 ……………………………………………………………………… （5）

　练习题 ………………………………………………………………………… （6）

第二章　烹饪原料基础知识 ………………………………………………… （7）

　第一节　烹饪原料的分类 …………………………………………………… （7）

　　一、烹饪原料分类的意义 …………………………………………………… （7）

　　二、烹饪原料的分类方法 …………………………………………………… （8）

　第二节　烹饪原料的化学组成和组织结构 ………………………………… （9）

　　一、烹饪原料的化学组成 …………………………………………………… （9）

　　二、生物性烹饪原料的组织结构 ………………………………………… （14）

第三节　烹饪原料的品质检验和储存 ………………………………………… (15)

一、烹饪原料的品质检验 …………………………………………………… (15)

二、烹饪原料的储存 ………………………………………………………… (18)

本章小结 ……………………………………………………………………… (22)

练习题 ………………………………………………………………………… (22)

第三章　粮食类烹饪原料 ………………………………………………………… (23)

第一节　粮食原料概述 ……………………………………………………… (23)

一、粮食类原料的分类 ……………………………………………………… (23)

二、粮食原料的营养成分特点 ……………………………………………… (24)

三、粮食类原料在烹饪中的运用 …………………………………………… (25)

第二节　烹饪中常用的粮食类原料 ………………………………………… (25)

一、谷类原料 ………………………………………………………………… (25)

二、豆类原料 ………………………………………………………………… (33)

三、薯类原料 ………………………………………………………………… (37)

第三节　粮食制品 …………………………………………………………… (39)

一、粮食制品概述 …………………………………………………………… (39)

二、粮食制品的种类 ………………………………………………………… (40)

本章小结 ……………………………………………………………………… (44)

练习题 ………………………………………………………………………… (44)

第四章　蔬菜类烹饪原料 ………………………………………………………… (45)

第一节　蔬菜原料概述 ……………………………………………………… (45)

一、蔬菜类原料概念 ………………………………………………………… (45)

二、蔬菜的分类 ……………………………………………………………… (45)

三、蔬菜的化学组成和营养价值 …………………………………………… (46)

四、蔬菜在烹饪中的运用 …………………………………………………… (47)

五、蔬菜的品质鉴别 ………………………………………………………… (48)

第二节　烹饪中常用的蔬菜原料 …………………………………………… (48)

一、根菜类蔬菜 ……………………………………………………………… (48)

二、茎菜类蔬菜 ……………………………………………………………… (54)

三、叶菜类蔬菜 ……………………………………………………………… (64)

四、花菜类蔬菜 ……………………………………………………………… (76)

　　　五、果菜类蔬菜 ……………………………………………………………………（79）

　　　六、菌藻类蔬菜 ……………………………………………………………………（88）

　　第三节　蔬菜制品 …………………………………………………………………（95）

　　　一、蔬菜制品的概念及分类 ……………………………………………………（95）

　　　二、蔬菜制品的主要品种 ………………………………………………………（96）

　　本章小结 ……………………………………………………………………………（99）

　　练习题 ………………………………………………………………………………（99）

第五章　果品类烹饪原料 ………………………………………………………（100）

　　第一节　果品原料概述 …………………………………………………………（100）

　　　一、果品的概念 …………………………………………………………………（100）

　　　二、果品的分类 …………………………………………………………………（100）

　　　三、果品的烹饪运用 ……………………………………………………………（100）

　　　四、果品的品质检验与储存 ……………………………………………………（101）

　　第二节　烹饪中常用的果品类原料 ……………………………………………（101）

　　　一、鲜果类 ………………………………………………………………………（101）

　　　二、干果类 ………………………………………………………………………（120）

　　　三、果品制品 ……………………………………………………………………（125）

　　本章小结 ……………………………………………………………………………（126）

　　练习题 ………………………………………………………………………………（126）

第六章　畜类烹饪原料 …………………………………………………………（127）

　　第一节　畜类原料概述 …………………………………………………………（127）

　　　一、畜类原料概念 ………………………………………………………………（127）

　　　二、畜类原料的烹饪运用 ………………………………………………………（127）

　　　三、畜类原料的品质检验与储存 ………………………………………………（127）

　　第二节　家畜类 …………………………………………………………………（128）

　　　一、家畜肉 ………………………………………………………………………（128）

　　　二、家畜的种类 …………………………………………………………………（131）

　　　三、家畜副产品 …………………………………………………………………（139）

　　第三节　野畜类 …………………………………………………………………（144）

　　　一、野畜的组织结构特点 ………………………………………………………（145）

　　　二、野畜的主要种类 ……………………………………………………………（145）

第四节　畜肉制品 ………………………………………………………（149）

　　一、畜肉制品概述 ……………………………………………………（149）

　　二、畜肉制品的种类 …………………………………………………（150）

　　本章小结 ……………………………………………………………（159）

　　练习题 ………………………………………………………………（159）

第七章　禽类烹饪原料 ……………………………………………………（160）

第一节　禽类原料概述 …………………………………………………（160）

　　一、禽类原料概念 ……………………………………………………（160）

　　二、禽类的烹饪运用 …………………………………………………（160）

　　三、禽类原料的品质检验与储存 ……………………………………（160）

第二节　家禽类 …………………………………………………………（161）

　　一、家禽肉 ……………………………………………………………（162）

　　二、家禽的种类 ………………………………………………………（163）

第三节　野禽类 …………………………………………………………（174）

　　一、野禽肉 ……………………………………………………………（174）

　　二、烹饪中常用野禽的种类 …………………………………………（175）

　　三、食用燕窝 …………………………………………………………（180）

第四节　禽制品 …………………………………………………………（181）

　　一、禽制品概述 ………………………………………………………（181）

　　二、禽制品的种类 ……………………………………………………（181）

　　本章小结 ……………………………………………………………（186）

　　练习题 ………………………………………………………………（186）

第八章　乳蛋类及其制品 …………………………………………………（187）

第一节　乳和乳制品 ……………………………………………………（187）

　　一、乳 …………………………………………………………………（187）

　　二、乳制品 ……………………………………………………………（188）

第二节　蛋和蛋制品 ……………………………………………………（190）

　　一、蛋 …………………………………………………………………（190）

　　二、蛋制品 ……………………………………………………………（193）

　　本章小结 ……………………………………………………………（193）

　　练习题 ………………………………………………………………（194）

第九章　水产品类烹饪原料 ·· (195)

　　第一节　水产品概述 ·· (195)

　　　　一、水产品的概念 ··· (195)

　　　　二、水产品的分类 ··· (195)

　　　　三、水产品的营养价值 ·· (196)

　　第二节　鱼　类 ·· (196)

　　　　一、鱼类的形态结构特点 ·· (196)

　　　　二、烹饪中常用鱼类的主要品种 ·· (200)

　　　　三、鱼类的品质检验及储存 ·· (212)

　　　　四、鱼类制品 ··· (214)

　　第三节　两栖爬行类 ·· (217)

　　　　一、两栖、爬行类原料的特点 ·· (218)

　　　　二、两栖、爬行类原料常用品种 ·· (219)

　　第四节　虾蟹类 ·· (223)

　　　　一、虾蟹类的形态结构特点 ·· (223)

　　　　二、虾蟹的主要种类 ·· (224)

　　　　三、虾蟹的品质检验及储存 ·· (228)

　　　　四、虾蟹制品 ··· (230)

　　第五节　贝　类 ·· (232)

　　　　一、贝类的形态结构特点 ·· (232)

　　　　二、贝类的主要种类 ·· (232)

　　　　三、贝类的品质检验及储存 ·· (236)

　　　　四、贝类制品 ··· (237)

　　第六节　其他水产品 ·· (239)

　　　　一、海　参 ··· (239)

　　　　二、海　蜇 ··· (240)

　　　　三、沙　蚕 ··· (242)

　　　　本章小结 ··· (242)

　　　　练习题 ··· (242)

第十章　调辅类烹饪原料 ·· (243)

　　第一节　调味料概述 ·· (243)

一、调味料的概念 ……………………………………………………（243）

二、调味料的烹饪作用 ………………………………………………（243）

三、调味料的分类 ……………………………………………………（244）

四、烹饪中常用调味料的主要种类 …………………………………（244）

第二节 食用油脂 …………………………………………………………（262）

一、食用油脂概述 ……………………………………………………（262）

二、食用油脂的主要种类 ……………………………………………（264）

第三节 烹饪用水 …………………………………………………………（268）

一、水的种类 …………………………………………………………（268）

二、水在烹饪中的作用 ………………………………………………（268）

第四节 烹调添加剂 ………………………………………………………（269）

一、烹调添加剂概述 …………………………………………………（269）

二、食用色素 …………………………………………………………（270）

三、膨松剂 ……………………………………………………………（271）

四、增稠剂 ……………………………………………………………（273）

五、致嫩剂 ……………………………………………………………（275）

本章小结 ………………………………………………………………（276）

练习题 …………………………………………………………………（276）

附 录

附录Ⅰ 综合练习题 ………………………………………………………（278）

模拟试卷（一） ………………………………………………………（289）

模拟试卷（二） ………………………………………………………（291）

模拟试卷（三） ………………………………………………………（293）

模拟试卷（四） ………………………………………………………（295）

模拟试卷（五） ………………………………………………………（297）

综合练习题参考答案 …………………………………………………（299）

附录Ⅱ 国家野生保护植物名录 …………………………………………（314）

附录Ⅲ 国家野生保护动物名录 …………………………………………（325）

附录Ⅳ 烹饪原料插图 ……………………………………………………（337）

主要参考文献 ……………………………………………………………（347）

第一章 绪 论

学习目标

1. 掌握烹饪原料的定义；
2. 了解烹饪原料的分类；
3. 了解烹饪原料采购者的职业道德。

第一节 烹饪原料的概念与特点

俗话说："巧妇难为无米之炊"，"米"就是指烹饪原料。烹饪原料是整个烹饪活动的基础，在烹饪产品的生产过程中，烹饪原料具有重要的作用。原料的选择是烹调中的第一道工序，是确保菜肴质量的前提。原料品质的优劣、合理与否，不仅影响菜品的色、香、味、形，还会影响到菜品的成本控制和人们的身体健康。清代学者袁枚在《随园食单》中讲道："物性不良，虽易牙烹之，亦无味也"，"大抵一席佳肴，司厨之功具其六，买办（原料采购）之功具其四。"可见，原料的选择是烹饪生产中的重要环节，绝不可等闲视之。

一、烹饪原料的定义

烹饪原料是指符合饮食要求，能满足人体的营养需要并通过烹饪手段能制作各种食品的可食性食物原材料。烹饪原料要求是无毒、无害、有营养价值、可以用来制作菜点的材料。烹饪原料的可食性主要表现在以下几个方面。

（一）烹饪原料应含有合理的营养物质，具有较高的营养价值

不同的烹饪原料其所含的营养物质的种类和数量不同，除了极少数调、辅原料（如糖精、色素）不含营养物质外，绝大多数烹饪原料或多或少地含有糖类、蛋白质、脂类、维生素、矿物质和水这六大类营养素中的一种或几种，只是有的原料含蛋白质较多，有的原料（如谷类）则含糖类较多，有的原料（如蔬菜水果）含维生素较多。在烹调过程中，我们可以通过对不同品种、不同数量的原料进行选择和配组，使原料间的营养互相补充，最大限度地提高烹饪产品的营养价值，从而满足人体健康的正常需求，达到平衡膳食，合理营养的目的。

（二）原料的选择应能够保证烹饪产品具有良好的色、香、味、形、质

烹饪原料的口感和口味直接影响到成品的质量。有的原料具有一定的营养价值，但因纤维组织较粗，质感老韧，无法咀嚼，或本身污秽、变质等，都不宜作为烹饪原料。烹饪产品是可食用产品，因此，除了保证可食性外，烹饪原料还要提供良好的感官性状，具有诱人的色、香、味、形，从而激发人们的食欲，这要求在生产烹饪产品时所选择的原料必须能够保证产品的这个特点。

除具有完整的形态、鲜艳的色泽外，选择原料时还要很好地掌握原料的品种、部位及上市

1

季节、原料的成熟度、原料的新鲜度。因不同的品种或同一品种的不同部位,其品质特点是不一样的,它们所能提供的感官性能和风味特色有很大的差别,从而影响烹饪产品的质量和风味。如:鲁菜在制作"滑炒肉丝"时要选用猪里脊肉才能符合菜肴的质量特点,而川菜在制作"鱼香肉丝"时则要选用七分瘦三分肥的五花肉才能保其风味特色。同一品种还会因为原料的成熟度、新鲜度而影响原料的感官性能,在选料时应选择新鲜度高、成熟度恰到好处的时令品种,才能保证烹饪产品的质量和风味特色,充分发挥原料的优势。

(三) 原料的选择应贯彻食用安全、卫生的原则

烹饪原料的食用安全、卫生尤为重要。《中华人民共和国食品安全法》以及其有关食品鉴定的法规都为选择烹饪原料提供了安全、卫生标准,我们在生产过程中应该严格照章办事,确保烹饪产品的安全、卫生。那些原料感官性状好但本身含有毒素(含有毒素的鱼类、菌类)或受化学毒素污染、微生物侵染而变质的原料都不能选用,以防发生食物中毒。

还有另一种意义上的食用安全卫生。合理选择烹饪原料可以提供人体所需要的物质,但应该考虑到不同的人群(儿童、老人、脑力、体力劳动者等)对营养的需求是有差异的,在烹饪原料的选择上应充分考虑,以确保他们能够得到合理的营养,保证身体的健康。对于病人因其各自的膳食要求,选料时更要因人而宜,如高血压患者不宜食用胆固醇较高的食物,糖尿病患者不应食用含糖类较多的食品,以免加重病情。烹饪原料的选择还要根据民族习俗、宗教信仰、个人习惯等因素来进行,同时要严格遵守动、植物保护法。

二、烹饪原料的特点

种类繁多的烹饪原料经过烹饪手段生产出花色繁多的肴馔,构成了中国特色的烹饪风格,与其他国家应用烹饪原料相比较,我国应用烹饪原料具有以下特点。

(一) 历史悠久,兼收并蓄

从北京猿人采用渔猎、采集方法获取食物原料开始,到原始农业、畜牧业产生,以及奴隶社会养殖业、渔业、园艺业的出现、发展,又经过两千年封建社会农、林、渔、牧业的不断进步,以至现代采用新科技培育优良品种,中国烹饪原料发展已具有五六十万年历史,这在世界烹饪原料史中是绝无仅有的一例。正是由于这一深厚的历史渊源,中国烹饪原料才具有不断增加、持续发展之势,从而形成今天的庞大体系;正是这一深厚的历史渊源,为中国的烹饪原料奠定了海纳百川的基础,使千百种域外原料为我所用,成为中国烹饪原料的组成部分,从而大大丰富了中国烹饪原料的品种,增加了中国烹饪原料的特色。

(二) 品种多样化,奇料迭出

据不完全统计,中国现代烹饪原料总数在10000种以上,常用的达到3000种左右。从植物、动物、菌类、到矿物、人工合成物,都是中国烹饪原料涵盖的范围,很多奇特之物更为中国烹饪原料增添了一笔浓彩,如龙虱、蝎子、青苔、红土、蚯蚓、豆蚕、蚁卵、土笋等,为世界其他烹饪原料所罕见。

(三) 精工再制,特产丰富

中国烹饪原料善于将天然物品进行精细加工制成新的原料,使之成为中国别具特色的原

料的种类,如火腿、腊肉、风鸡、板鸭、驼峰、鱼翅、鱼肚、粉丝、皮蛋、榨菜、干菜、豆芽、豆腐、酱、醋、辣油等。而且由于历史的继承,地域的不同和加工的区别,出现了数以千计的不同品种,如豆腐,就有老豆腐、嫩豆腐、鲜豆腐、冻豆腐、豆腐乳、臭豆腐等,加上地域南北之别,总数不下数十种。在这些精细加工而形成的形形色色的品种中,著名的特产十分丰富,如浙江金华火腿、云南宣威火腿、广东无皮腊肉、湖南带骨腊肉、湖北风干鸡、南京板鸭、山东送花蛋、西沙鱼翅、广东鱼肚、青海驼峰、吉林长白山哈士蟆油、北京粉丝、四川榨菜等。

(四)物尽其用,综合利用

中国烹饪原料还有一大特色,就是把其他国家视为废弃物或不可美食的一些动物内脏和其他部分,也用为烹饪,而且能烹调制作美味佳肴。如上举驼峰,再如猪、牛、羊等畜兽的心、肝、肠、肺、食管、筋、髓、头、蹄、皮、尾、耳、舌、血等。青鱼肠、肝可制作烧汤卷、烧秃肺,鸭肠涮锅别具风味;鱼翅取自鲨鱼鱼鳍、鱼肚取自鱼鳔、龙肠取自鱼肠,都是宴席上的珍品。

(五)以食为药,以药为食

中国自古有"药膳同源"之说,所以作为食物所用的烹饪原料,很多可用以治疗健身;而作为治病的药,很多又可作为烹饪原料。《本草纲目》中收录的数百种药品,李时珍特别指出又可食用,就是药食同用的例子。这也是中国烹饪原料的一大特色。

第二节 烹饪原料学研究的内容

一、烹饪原料学的范畴

烹饪原料学,是研究烹饪原料的种类、产地、上市季节、外形、结构、品质特点、营养价值、用途、品质鉴定及主要原料的保管方法的科学。烹饪原料是烹饪的物质基础。一切烹饪实践活动都是以烹饪原料为加工对象而展开的。"物性不良,虽易牙烹之,亦无味也"。烹饪质量的保证,烹饪作用的发挥,烹饪效果的产生和烹饪目的的实现,烹饪原料都起着关键的作用。我们的祖先在应用烹饪原料方面积累了丰富经验。在继承祖先优秀的烹饪文化遗产的基础上,运用现代科学技术,使烹饪原料推陈出新,并且对烹饪原料进行更加广泛深入的研究,以促进我们烹饪行业的进一步发展,这些都是烹饪工作者义不容辞的责任和任务。现在,需要我们逐步深入地认识和研究烹饪原料的自然属性和应用原理,使之形成系统的学科知识。

具体来说,烹饪原料学的研究内容主要有以下几个方面。

(1)烹饪原料的分类、品种及其产地、产季、生产状况,各种原料的分布、供应情况等。

(2)烹饪原料的外观形态、组织结构、性质特点、质量标准,烹饪的适用范围和加工方法等。

(3)烹饪原料的化学成分、营养价值,烹饪中的变化、影响与效果等。

(4)烹饪原料质量变化的因素、品质的鉴定、选择及储存保管的方法等。

二、学习烹饪原料学的意义

(一)学习烹饪原料学有助于我们认识原料、运用原料

烹饪原料是烹饪的实施对象和物质基础,烹饪原料种类繁多,形态结构、化学成分和物理

性质不同,烹饪运用特点也不相同。这就是为什么有些原料最适于爆、炒、熘等旺火速成的方法,而有些原料只适合炖、煨、焖等长时间加热的方法。

学习烹饪原料学的目的之一,就是在烹饪过程中合理地运用原料,充分发挥原料的使用价值,保证菜点的质量。

(二)学习烹饪原料学有助于烹饪科学的发展

长期以来,限于科技发展的水平和人类认识的能力,人们对烹饪原料的认识缺乏系统的总结,对烹饪原料的利用处于只知其然而不知其所以然的经验状态。

学习烹饪原料学,有助于我们将我国传统的烹饪原料实践经验和现代的科学知识结合起来,对烹饪原料进行科学的研究、归纳、整理,总结烹饪原料发展和运用的内在规律。这不仅可以使烹饪原料学这门学科更加完善,而且可以使烹饪科学理论体系更加完整,更加系统。

三、烹饪原料学的相关学科

烹饪原料学是一门边缘学科,它与生物学、化学、营养学、卫生学和商品学等都有着密切的关系。相对于烹饪原料学这门新学科来说,这些相关学科的内容和实验方法已比较成熟,我们应有选择地吸收这些相关学科的知识,将其充实到烹饪原料学中。例如,生物性原料的形态、结构、分类和鉴定等,在生物科学中已进行了大量的研究,积累了丰富的知识,完全可以借用。

(一)烹饪原料学与农学

研究烹饪原料的性状、品质是烹饪原料课程的重要内容。而对于绝大多数由生物得到的烹饪原料,决定其性状和品质的是它的品种、生育环境和培育方法,因此,农学与烹饪原料有着密切的联系。通过农作物的栽培、畜牧水产的养殖等知识,可以了解影响烹饪原料品质、性状的生产条件方面的因素,同时也为生物生产的育种,农业措施改善,生产环境进步等不断提出指导性要求。

(二)烹饪原料学与营养学、医学

从烹饪原料的使用目的来看,与人体营养学、医学有着非常密切的关系。人体需要的营养素来自原料,对烹饪原料的营养分析和评价,是烹饪原料最重要的内容之一。我国自古就懂得"医食同源"的道理。近年,随着对医学、免疫学知识的深入研究,从烹饪原料中发现功能性成分,开发药膳烹饪、营养配餐,已经成为重要课题。烹饪原料与营养学、医学的关系也越来越密切。

(三)烹饪原料学与其他学科

对烹饪原料的品质评价是烹饪原料课程的重要组成部分,它的基础包括化学、生物学、卫生学等学科。当然,烹饪原料是烹饪工艺学的重要基础,是烹饪科学的重要组成部分。由于现代烹饪与市场、流通的关系越来越密切,因此,烹饪原料也要涉及经济学、市场学和关于食品流通的法律、法规方面的知识。

烹饪原料实为农业、畜牧业、食品加工业的产品。现代农业科学、食品科学、营养学、卫生学、植物学、动物学等学科的发展,对烹饪原料产生了巨大的影响。

第三节 烹饪原料采购者的 基本素质及职业道德

选择合格的烹饪原料,是进行正常厨房生产、提供优质餐饮服务所必需的前提条件。

原料采购,就是要以合理的价格,在适当的时间,从安全可靠的渠道,按规格标准和预定数量采购到厨房所需的各种食品原料,保证烹饪生产的正常进行。

一、烹饪原料采购者的基本素质

烹饪原料采购者的选择对于餐厅成本控制来说是非常重要的。有的餐厅有良好的设备、一流的服务人员和手艺精湛的厨师,但其经济效益不理想,究其主要原因,很可能就是由于原材料采购的质次价高,甚至烹饪原料采购者收取回扣而导致原材料成本上升所造成的。可见,烹饪原料采购者的选择对成本控制有着举足轻重的影响。经过对餐饮企业的调查和分析,一个好的烹饪原料采购者可为企业节约5%左右的餐饮成本。

一个合适的烹饪原料采购者应具备以下的素质:

(1)要了解餐饮经营与生产。一个良好的采购员,要熟悉餐厅的菜单,熟悉厨房加工、切配、烹调的各个环节,要懂得各种原料的损耗情况、加工的难易程度及烹调的特点,以保证买到适合需要的食品原料。

(2)熟悉原料的采购渠道。所谓渠道,即特定的交易关系线,通常是指两个企业之间固定的交易关系。采购人员应该知道什么原料在什么地方买,哪儿的货质量好,哪儿的货便宜,这样才能买到质优价低的原料。

(3)了解进价与销价的核算关系。采购人员应了解菜单上每一菜品的名称、售价和分量,知道餐厅近期的毛利率和理想的毛利率。这样,在采购时就能决定某种食品原料在价格上是否可以接受。

(4)熟悉财务制度。要了解有关现金、支票、发票等使用的要求和规定,以及对应付款的处理要求等。

(5)诚实可靠,不收取回扣。要具有国家、集体利益高于一切的觉悟,不得损公肥私。

二、烹饪原料采购者的职业道德

(1)责任心强,具有较高的业务素质和品德修养,能独立工作、严格把关,不受他人干扰。

(2)诚实可靠,不徇私舞弊,对企业忠心不二。遇到特殊情况,应及时向上级主管汇报请示,不得擅自作主。

(3)有丰富的烹饪原料知识。熟悉财会制度。

 本章小结

本章主要介绍了烹饪原料的基本定义、中国烹饪原料的特点以及烹饪原料学科的地位,简单介绍了对烹饪原料采购者的基本素质要求。

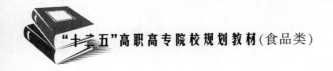

练习题

1. 什么是烹饪原料？烹饪原料必须同时具备哪些条件才有可食性？
2. 烹饪原料采购者的基本素质是什么？
3. 中国烹饪原料的特点有哪些？

第二章 烹饪原料基础知识

学习目标

1. 烹饪原料的常用分类方法；
2. 烹饪原料品质鉴别的定义及意义；
3. 烹饪原料品质鉴别的依据和标准；
4. 烹饪原料品质鉴别的方法；
5. 影响烹饪原料品质的因素；
6. 烹饪原料常用的保管方法。

第一节 烹饪原料的分类

一、烹饪原料分类的意义

我国烹饪原料资源非常丰富，其形态、质地、化学成分、组织结构等差异较大，而且许多烹饪原料在自然界中存在的形式和关系非常复杂，因此要系统、全面地研究、利用烹饪原料，把握同一类原料的烹饪应用规律，必须对烹饪原料予以全面、科学、合理的分类。

烹饪原料的分类就是依据一定的标准，对种类繁多的烹饪原料进行分门别类，排成等级序列的过程。

烹饪原料的分类是一项细致、严密和具有科学性的研究工作。我国在烹饪中运用的原料品种之多，涉及面之广，在世界上没有一个国家能与之相比。对如此众多的烹饪原料进行科学的、适合学科特点和人们认识规律的分类，使每一种烹饪原料都比较合理地归属到各自的类别之下是非常必要的，具有重要的实际意义。

（一）有助于全面深入地认识烹饪原料

通过对烹饪原料的分类，可以全面地反映我国在烹饪中运用的所有原料的全貌，使我们能系统地认识烹饪原料的有关知识以及烹饪原料与烹饪技术内在的联系，进一步促进对烹饪原料的开发和运用，促进烹饪技术水平的不断提高。

（二）有助于科学合理地利用烹饪原料

通过对烹饪原料的分类，可以更好地结合现代自然科学知识，从理论高度对各种烹饪原料的共性和个性加以归纳阐述，深化对烹饪原料的认识，促进中国烹饪理论的不断完善和发展。

（三）有助于科学地利用烹饪原料

通过对烹饪原料的分类，可以使学习烹饪者比较系统而有条理地了解各种烹饪原料的性质和特点,指导烹饪人员对于烹饪原料进行选择、检验、保管等实践,提高对烹饪原料合理加工的程度和水准。

因此,学习烹饪原料分类的有关内容,掌握其分类方法是学习和掌握烹饪原料知识的钥匙,对烹饪理论的研究和烹饪技术水平的提高有着重要的作用。

二、烹饪原料的分类方法

(一)烹饪原料的常用分类方法

目前烹饪原料的分类方法很多,主要有以下几种。

1. 按原料的自然属性分类

(1)植物性原料:主要有粮食、蔬菜和果品等。

(2)动物性原料:主要有家禽、家畜、野味类、水产品、蛋、奶等。

(3)矿物性原料:主要有食盐、明矾、石膏等。

(4)人工合成原料:主要有人工合成色素和香精等。

2. 按原料的加工程度分类

(1)鲜活原料:包括蔬菜、水果、鲜鱼、鲜肉等。

(2)干货原料:包括干菜、干果、鱼翅、鱿鱼干等。

(3)复制品原料:包括糖桂花、香肠、五香粉等。

3. 按原料在烹饪加工中的作用分类

(1)主配料:主要有鱼、肉、水果、蔬菜粮食等。

(2)调辅料:主要有调味料、调香料,以及水、油脂、色素等。

4. 按原料的商品流通习惯分类

(1)粮食原料:主要有大米、面粉、大豆、杂粮等。

(2)蔬菜原料:主要有叶片类、根茎类、果实类及食用菌、海藻等。

(3)果品原料:主要有各种水果、干果、蜜饯等。

(4)禽、畜肉及其制品原料:主要有畜肉、禽肉、蛋、乳及其制品。

(5)水产品原料:主要有鱼类、虾蟹、贝类等。

(6)干货制品原料:主要有蹄筋、鱼翅、干贝、干菜、海参等。

(7)调味品原料:主要有盐、糖、味精、酱油、香料、食用油脂等。

5. 按照生物学的分类体系分类

通常情况下,生物学的分类等级依次为界、门、纲、目、科、属、种,此种分类属于自然分类法,它有助于掌握同一类原料的共性。

除以上五类是常用的分类方法,还有其他分类方法,如按照食物的营养成分或食品资源分类等方法。因此,分类的角度不同,便可产生很多的分类方法。

(二)本教材烹饪原料的分类

本教材烹饪原料分类主要依据生物学成熟的分类体系,并结合烹饪原料的商品学特点及其在烹饪中的运用特点,对烹饪原料进行不同类别的划分,具体分类如下。

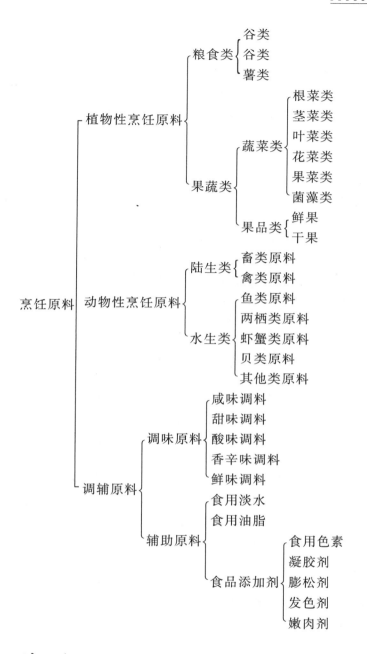

烹饪原料 —
- 植物性烹饪原料
  - 粮食类
    - 谷类
    - 谷类
    - 薯类
  - 果蔬类
    - 蔬菜类
      - 根菜类
      - 茎菜类
      - 叶菜类
      - 花菜类
      - 果菜类
      - 菌藻类
    - 果品类
      - 鲜果
      - 干果
- 动物性烹饪原料
  - 陆生类
    - 畜类原料
    - 禽类原料
  - 水生类
    - 鱼类原料
    - 两栖类原料
    - 虾蟹类原料
    - 贝类原料
    - 其他类原料
- 调辅原料
  - 调味原料
    - 咸味调料
    - 甜味调料
    - 酸味调料
    - 香辛味调料
    - 鲜味调料
  - 辅助原料
    - 食用淡水
    - 食用油脂
    - 食品添加剂
      - 食用色素
      - 凝胶剂
      - 膨松剂
      - 发色剂
      - 嫩肉剂

第二节 烹饪原料的化学组成和组织结构

一、烹饪原料的化学组成

目前烹饪上所使用的烹饪原料,大多来源于生物性的原料,尽管烹饪原料种类繁多,但从化学本质上讲,烹饪原料均含有多种化学成分。这些化学物质中有些是能够维持人体正常生理功能和能量所需要的营养,因此,称为营养素。烹饪原料中所含营养素的种类、含量及在烹饪过程中的变化,是决定烹饪原料营养价值的主要因素。

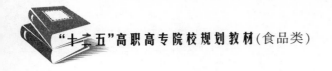

（一）水

1. 烹饪原料的含水量

烹饪原料的含水量主要与原料的种类有关。在植物性原料中,新鲜的蔬菜、水果及食用菌的含水量比较高,一般都大于70%,粮食和豆类约含12%～15%,油料种子只有3%～4%。在动物性原料中,乳类含水量为87%～89%,蛋类为72%～75%,鱼类为67%～81%,鸡肉为71%～73%,牛肉为46%～76%,猪肉为43%～59%。禽畜骨骼含水量仅为12%～15%,脂肪组织含水量更低。

2. 烹饪原料中水分存在的形式

烹饪原料的水分可以分为束缚水和自由水两类。

烹饪原料中束缚水的冰点低于一般的水,甚至在-20℃时也不会结冰,而自由水容易结冰,因此含束缚水较多的原料能在低温下长期保存,而含自由水较多的原料如水果、蔬菜则容易被冻坏。

自由水还能够溶解溶质,也会因蒸发散失,原料中的自由水可以被微生物所利用。因此,控制原料中自由水的含量,就能控制原料中微生物的生长,从而保证原料的品质。

3. 水分变化对烹饪原料品质的影响

水分变化对烹饪原料的品质有很大影响。水分的蒸发使新鲜的蔬菜和水果等重量减轻,外观萎蔫干缩,色泽发生变化,硬度下降,直接影响其食用品质。因此,保存此类原料宜采用降温、增湿的措施。如果对动物原料的冻结温度不够低,冻结速度慢,则细胞组织易受损伤,细胞质脱水导致液汁大量流失,同时会发生蛋白质变性和凝固现象,也会影响菜肴的食用品质。干货中的含水量超过一定的范围,也会引起品质劣变。降低含水量,特别是自由水的含量,可以抑制微生物的生长,防止腐败和霉变,减少营养成分的损失。但是含水量不能降得过低,否则会影响其涨发,加快脂肪的氧化,降低其食用品质。

烹饪原料水分的变化对其所烹制菜肴的质感、形态和色泽也有很大的影响。如:影响菜肴的硬度(软,硬)、脆度(脆,酥)、黏度(爽,黏)、韧度(嫩,老)。因此在烹饪实际工作中,常需根据原料的特点及对菜肴的要求,选择合适的烹制方法和有效措施,如挂糊、上浆、勾芡,使菜肴含有适宜的水分,以保证较好的质感。

（二）糖　类

糖类,又称碳水化合物,是生物的重要能源和有机体的主要结构物质。烹饪原料中的糖类,主要存在于植物性的原料中。

1. 烹饪原料中糖的种类

烹饪原料中含有的糖类较多,主要有以下三类。

（1）单　糖

单糖是最简单的糖类。在烹饪原料中的单糖,主要有葡萄糖、果糖、半乳糖、甘露糖等。

（2）双　糖

双糖,是可以水解为两分子单糖的糖类。最主要的双糖,是蔗糖、麦芽糖和乳糖。其中蔗糖是非还原性双糖,麦芽糖和乳糖是还原性双糖。蔗糖和麦芽糖是烹饪中应用最多的糖。

（3）多　糖

多糖是经过水解后可以得到许多单糖或单糖衍生物的碳水化合物。它是一类天然高分子化合物。植物纤维素和植物淀粉是最常见的多糖。动物中的多糖,主要是肌肉中的肌糖原和肝脏中的肝糖原。

2. 烹饪原料中糖类物质的变化与应用

（1）淀粉在烹饪中的应用

淀粉是植物性原料中最重要的多糖。它是由许多葡萄糖单位组成的长链。可以分为直链淀粉和支链淀粉。淀粉不溶于水,但将淀粉液加热到一定的温度时,淀粉粒被破坏而形成半透明黏稠状的淀粉糊。这种现象称为淀粉的糊化。烹饪过程中的上浆、挂糊、勾芡等工艺过程,就是利用淀粉的糊化这一特点,可以使菜肴鲜嫩、饱满。糊化以后的淀粉在常温下放置一段时间后,会出现变硬、变稠,产生凝固甚至沉淀的现象,称为淀粉的老化。食物中的淀粉老化后,口感变硬,消化率也降低。但粉丝、粉皮的制作却是利用了淀粉老化这一特点。

（2）蔗糖在烹饪中的作用

蔗糖是烹饪中应用的主要食糖,其分子由一分子葡萄糖和一分子果糖组成。蔗糖的许多化学反应在烹饪过程中应用广泛。

①蔗糖可以水解为等量的葡萄糖和果糖混合物,该混合物称为转化糖。其甜度大、黏度低、吸湿性强。因此以此转化糖制作糕点,能使糕点松软爽口,甜度增加。

②蔗糖的过饱和溶液能重新形成晶体析出,烹饪过程中能以此性质来制作挂霜菜肴。

③在蔗糖溶液过饱和程度稍低的情况下,熬制至含水量低于2%左右时,快速冷却,会形成无定形体,在低温下呈透明状、具有脆性。烹饪过程中利用此性质制作拔丝类菜肴。

④蔗糖直接加热到150℃~200℃时,会生成粘稠状的黑褐色泡沫物质,这种反应称为蔗糖的焦糖化反应。根据这一反应,常用来制作焦糖色和风味物质。烹饪过程中可据此性质制作红烧类菜肴。

（3）其他糖类在烹饪中的应用

属于多糖的纤维素在蔬菜和粗粮中含量较多,含纤维素多的蔬菜吃起来口感粗老,但果胶类物质可使蔬菜具有一定的硬度和脆度。

（三）蛋白质

蛋白质,是烹饪原料中的重要营养素之一,不但可提供人体合成蛋白质所需的各种氨基酸,而且对菜肴的色、香、味也具有重要作用。蛋白质是生命物质的主要成分,也是生物体中最复杂的一种化合物。因此,了解烹饪原料中蛋白质的主要种类、特点及其在烹饪原料加工过程中所发生的变化,具有很重要的意义。

1. 烹饪原料中蛋白质的含量

在植物性原料中,蛋白质含量较高的是部分豆科植物的种子,在谷类粮食中也有一定蛋白质含量,如:黄豆的蛋白质含量为36%、小麦为22%~27%。动物性原料中的蛋白质比植物性原料含量丰富,且质量好。这是因为它们所含的必需氨基酸和非必需氨基酸的种类和比例不同,动物肉类中的蛋白质主要是完全蛋白质。

2. 烹饪原料中蛋白质在烹调中的变化

（1）变性作用

当蛋白质受到物理作用、化学作用或酶的作用以后,特定的空间结构遭到破坏,形成无规则的伸展肽链,从而使蛋白质的理化性质发生变化,这个过程称为变性作用。

有些蛋白质在热变性以后,常伴随发生热凝固现象。蛋白质的变性作用和凝固现象在烹饪实践中要引起注意,如蛋清受热凝固、瘦肉受热收缩等,都是蛋白质发生的热变性作用引起的。因此,焯制动物性原料应冷水下锅,以防表面蛋白质变性凝固。

（2）水解作用

蛋白质在酸、碱、酶作用或长时间加热情况下,会发生水解作用,逐步水解为氨基酸。因此,在烹饪实践中常利用这些原理对蛋白质原料进行处理。如加入食碱或嫩肉粉对肉类进行嫩化处理,或采用长时间加热方法使原料中的蛋白质水解为鲜味物质。

（3）迈拉德反应

蛋白质在加热过程中,特别是在有糖类物质存在的情况下,会发生迈拉德反应引起食物的褐变。如焙烤面包、制作烤鸭和烤肉,以及工业上酿造啤酒、酱油等时,都利用这种反应形成食品需宜的色泽。但迈拉德反应也会造成营养成分的损失,因此蛋白质含量高的原料不宜长时间在高温下煎炸。

（四）脂　类

脂类是脂肪酸和醇形成的酯及其衍生物的物质,是构成生物体的重要组成成分之一。

1. 烹饪原料中脂类的含量

在植物性原料中,脂肪主要存在于种子和果实中,其中以油料作物的种子含量最多。如黄豆的脂肪含量为19%、花生米为52%、核桃为65%。在动物性原料中,脂肪主要存在于皮下、腹腔内和肌肉间的结缔组织中,如猪肉的脂肪含量为30% ～33%、肉鸡为35%、鸭为41%、蛋类为11% ～15%。

2. 烹饪原料中脂类的主要种类

烹饪原料中脂类化合物通常分为简单脂类、复合脂类和衍生脂类三大类。脂类化合物中最重要的是简单脂类中的脂肪(真脂),其他的脂类统称为类脂。

食用的动植物组织中的甘油脂,如猪脂、牛脂、大豆油等通常称为油脂。在常温下植物油脂多数为液态,习惯上称为油;动物油脂多为固态和半固态,习惯上称为脂。

脂肪能水解成甘油和脂肪酸。构成脂肪的脂肪酸种类很多,通常分为饱和脂肪酸和不饱和脂肪酸。亚油酸、亚麻酸等不饱和脂肪酸在人体内不能合成,又称为必需脂肪酸。必需脂肪酸含量的多少,是衡量脂肪营养价值高低的重要标志。一般来说,植物性脂肪比动物性脂肪中所含的必需脂肪酸多,因此,一般植物性脂肪的营养价值要高于动物性脂肪。

3. 烹饪原料中脂类在烹调中的变化和影响

（1）热水解作用

烹调过程中,在油水混合加热时,会引起油脂的水解,最终水解为甘油和脂肪酸,致使油脂的烟点降低。因此,在烹调过程中油脂很容易产生大量的油烟。

（2）热分解作用

油脂中的游离脂肪酸,经加热或在金属离子的催化作用下,会产生分解作用。分解为低分子的酮类和醛类物质,其中丙烯醛具有强烈的气味,常伴有刺鼻、催泪的蓝色烟雾释放出来。

（3）热氧化聚合作用

加热,特别是在高温情况下,油脂的黏度增加,形成聚合物,出现泡沫。热变性的油脂不仅味感变劣,而且丧失营养,甚至还有毒性。

（4）油脂的酸败

油脂在加工和贮藏过程中,受空气、高温、紫外线、微生物和酶的作用,会发生一系列的化学变化,产生不良气味,出现苦涩味甚至具有毒性,这种现象称为油脂的酸败。油脂的酸败不仅使油脂的味感变坏,而且营养价值也降低。特别是不饱和脂肪酸和脂溶性维生素,都会在酸败过程中因氧化而失去生理作用。因此,烹调过程中应严禁使用酸败的油脂。

（五）维生素

维生素,是动物体为维持正常的生理活动而必须从食物中获取的一类小分子微量有机物质。

1. 烹饪原料中维生素的主要种类

烹饪原料中发现的维生素大概有 30 多种。按其溶解性不同,可以分为水溶性维生素和脂溶性维生素。

（1）水溶性维生素

水溶性维生素其共同特点是溶于水。包括 B 族维生素和 C 族维生素两大类,比较重要的有维生素 B_1、维生素 B_2、维生素 B_3、维生素 B_5 和维生素 C 等。

（2）脂溶性维生素

脂溶性维生素只溶于脂类或脂类溶剂。包括维生素 A、维生素 D、维生素 E 和维生素 K 等,主要存在于动物性原料中。

2. 烹饪原料中维生素在烹饪中的变化

（1）易流失

烹饪原料中水溶性的维生素,如维生素 B_1、维生素 B_2、维生素 B_3、维生素 B_5 和维生素 C 等,很容易通过扩散或者渗透作用从原料内渗析到水里。因此,烹饪过程中的切洗、焯水、盐腌等处理,会导致大量水溶性维生素的流失。

（2）易氧化

有些维生素,如维生素 A、维生素 E、维生素 K、维生素 C 和维生素 B_1,对氧化非常敏感,在原料贮藏和烹调加工过程中,特别容易被氧化破坏,失去活性。

（3）易受热分解

水溶性维生素 B_1、维生素 B_2、维生素 C 和叶酸等,对热较敏感,易被热分解,特别在碱性条件下分解得更迅速。例如在烹制蔬菜时添加碱,会使大量维生素 C 被破坏。制作稀饭、馒头时,会使大量的维生素 B_1 分解。

（4）其他变化

脂溶性维生素 A、维生素 D、维生素 E、维生素 K 和有些水溶性的维生素对光敏感。在光照时能促使这些维生素产生氧化和分解。另外,烹饪原料中一些酶也能催化维生素的分解,如水果、蔬菜中的抗坏血酸氧化酶,能催化抗坏血酸的氧化。因此,我们必须根据维生素的性质,在烹饪实践中采取有效的保护措施,尽量保护维生素,减少营养成分的损失。

（六）无机盐

在构成人体的各种元素中,除了碳、氢、氧、氮四种元素主要以有机物质的形式出现外,其他各种元素,无论以何种形式存在,均称为无机盐。烹饪原料中的无机盐主要来自

土壤,植物从土壤中获取无机盐并储存于根、叶等组织中。动物主要通过摄入植物得到无机盐。

无机盐在生物体内具有重要的功能,主要表现为维持体液的渗透压,调节机体酸碱平衡,参与体内生化反应。

1. 烹饪原料中无机盐的主要种类

根据无机盐元素在体内的含量和对膳食需要量的不同,可分为常量元素和微量元素。

常量元素是指在体内的含量在 0.01% 以上、每天需要量在 100mg 以上的元素,包括硫、磷、氯、钠、钾、镁和钙 7 种元素。

微量元素是指低于上述含量的其他元素,主要有铁、锌、铜、铬、钴、锰、锡、钒、硒、氟和碘等14 种元素。

2. 烹饪原料中无机盐在烹饪过程中的变化

无机盐在烹饪过程中可以发生很多变化,但主要是存在形式和存在部位的变化。烹饪过程中,动植物原料的细胞膜破裂,细胞内溶物溢出,原料中的无机盐转移到汤液中。食物原料加热时会发生收缩现象,内部的水分和无机盐一并溢出。如蔬菜中的无机盐在沸水中可以流失 8% ～30% ;熬骨头汤时,骨头中所含的可溶性物质钙溶解到汤里。在制作"糖醋排骨"过程中,加入醋作为调料,增加了骨头中钙离子的析出,便于人体吸收。

二、生物性烹饪原料的组织结构

生物性原料都有是由细胞构成的,细胞包括细胞膜、细胞质、细胞核及细胞壁等。但动物细胞与植物细胞最大的区别就是动物细胞中不含细胞壁。对于多细胞生物来讲,由一些相同或相类似的细胞组成具有一定的形态、结构和生理功能的细胞群就构成了动植物原料的组织结构。

(一)植物性原料的组织结构

在不同的植物体部位,其组成细胞的形态结构、生理机能是不同的,即组织种类各异。依照组织功能和结构的不同,可将植物体的组织分为分生组织和永久组织,其中永久组织包括薄壁组织、分泌组织、保护组织、机械组织和输导组织。与植物原料的质量密切相关的是薄壁组织所占比例的大小。

(二)动物性原料的组织结构

动物原料的组织包括上皮组织、结缔组织、神经组织和肌肉组织,其中与动物原料质量关系密切的是结缔组织和肌肉组织。

结缔组织是动物体中起支持、保护、连接、营养和防御等作用的组织(包括:细胞、基质、纤维),包括疏松结缔组织、致密结缔组织、脂肪组织、软骨组织、骨组织和血液六大类。

肌肉组织由纤维状的肌细胞组成,又称肌纤维。由于组成的肌细胞形态、功能上的差异可分为骨骼肌和脏肌两大部分。脏肌又分为心肌、平滑肌两种。骨骼肌是具有一定形态的肌肉块,分布于皮肤下层和躯干的一定位置,附着于骨骼上,在初加工过程中,可任意切成片、丁、丝、条、块等形态。心肌的肌膜薄而不明显,是组成心脏的肌肉,质地致密而细嫩。

平滑肌多见于消化道,其肌细胞呈长梭形集合起来。由于结缔组织与平滑肌紧密相连使肌束成为整体,从而使其具有脆韧性,烹饪加工中常利用平滑肌的韧性来加工香肠、香肚等。

第三节 烹饪原料的品质检验和储存

一、烹饪原料的品质检验

烹饪原料的品质检验是指从原料的用途和使用条件出发,利用一定的检验标准和方法,对原料食用品质和质量的优劣进行判定。烹饪原料品质的好坏对所烹制菜肴的质量具有决定性影响,而且与人体的健康甚至生命安全有着密切的关系。因此,通过对烹饪原料进行品质鉴别,(一)有利于掌握原料质量优劣和质量变化的规律,扬长避短,因材施艺,制作出优质的菜肴;(二)可以避免腐败变质原料和假冒伪劣原料进入烹调,保证菜肴的卫生质量,防止有害因素危害食用者的健康;(三)可为不同的原料采取有效的贮藏保管方法提供理论依据。因此,品质鉴别是烹制色、香、味、质俱全,以及营养合理的菜肴的前提,是保证菜肴质量、卫生和做好贮藏保管工作的基础和前提。

(一)影响烹饪原料品质的因素

1. 原料的种类对原料品质的影响

烹饪原料的种类很多,每类原料都有自己的组织结构特点和化学组成。因此其品质也不相同,品质上的差异决定了其在烹饪中的不同用途。某一烹饪原料的固有品质特征越充分,就越能体现其使用价值。

2. 原料的产地对原料品质的影响

我们国家地大物博,气候条件、动植物饲养和种植方法不同,所产生的原料的品质也有差异,因此在各地形成了不同特点的原料。很多地方的名特品种,在菜点的制作过程中都具有非常重要的作用,同时会影响菜肴的特点和风味。如鲍鱼以大连的为好,银鱼以江苏太湖的为上品,花椒以四川的大红袍为佳。

3. 原料的产季对原料品质的影响

烹饪原料的生长受季节的影响比较大。在一年中,有生长的旺盛期,也有停滞期;有幼嫩期,也有成熟期;有肥壮期,也有瘦弱期。处在这些不同时期的生物,其品质、风味、营养差异较大。因此,我们必须掌握好原料在不同生长时期的特点,在不同的时期选不同的原料。例如,螃蟹以九、十月份捕捞的品质最佳;清明前的刀鱼、立秋的鲈鱼、初春的鲫鱼、春冬的黑鱼质量最佳。

4. 同一原料的不同部位对原料品质的影响

同一原料的不同部位,其组织结构特点各不相同,从而会导致原料各部分组织结构、化学成分、色泽、质地老嫩、风味的营养价值等方面的差别。因此,适合的烹饪方法也有所不同。

5. 原料卫生状况对原料品质的影响

不卫生的烹饪原料,不仅直接关系到菜肴的质量,而且会影响人体的健康。

6. 原料加工、储存方法对原料品质的影响

烹饪原料的加工和储存方法,对原料的品质也有很大的影响,加工不好或储存不当,都会使原料的品质降低,营养价值下降,感官性状发生改变,就会影响其食用价值。因此,选择合适

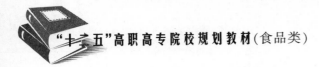

的加工储存方法也是决定原料品质的一个关键。

(二)烹饪原料品质检验指标

1.国家标准

对烹饪原料的质量进行检验,可以按照国家标准局审批发布的一部分烹饪原料质量的国家标准来进行。烹饪原料品质检验的指标,主要包括以下几个方面。

(1)感官指标

原料品质检验的感官指标,主要是指原料的色泽、气味、滋味、外观形状、杂质含量、水分含量、有无霉变以及有无腐败变质等。

(2)理化指标

原料品质检验的理化指标,主要指原料的营养成分、化学组成、农药残留量、重金属含量以及腐败变质和霉变后产生的有毒、有害物质含量等。

(3)微生物指标

原料品质检验的微生物指标,主要指原料中细菌总数、大肠杆菌群数、致病菌数量与种类等。

不同原料的感官指标、理化指标和微生物指标各不相同。

2.商业标准

商业标准,是商业流通部门和烹饪实践中常用的一类标准。在烹饪实践和日常生活中主要包括以下几个方面。

(1)原料的固有品质

烹饪原料的固有品质,是指原料本身所具有的食用价值和使用价值,包括固有的营养、口味和质地等指标。一般来讲,原料的食用价值越高,其品质就越高。原料的使用价值越高,其品质就越高,其适用的烹调方法就越多。

(2)原料的纯度

原料的纯度,是指原料中所含杂质、污染物的多少和加工净度的高低。原料的纯度越高,其品质就越好。如燕窝中的羽毛等杂质含量越少,其质量就越好。

(3)原料的成熟度

原料的成熟度,是指原料的生长年龄和生长时间。不同成熟度的原料,其品质会有差异。不同品种的原料对成熟度的要求是不同的,原料的成熟度恰到好处,其品质才最佳。

(4)原料的新鲜度

烹饪原料的新鲜度,是指烹饪原料的组织结构、营养物质、风味成分等在原料生产、加工、运输、销售以及储存过程中的变化程度。这是烹饪行业中检验原料品质的基本标准。原料的新鲜度越高,品质就越好。不同的原料,其新鲜度的标准是不同的,一般都可以从原料的形状、色泽、水分、重量、质地和气味等感官形状来判断。

(三)烹饪原料品质检验的方法

烹饪原料品质检验的方法,有感官检验和理化检验两大类。

1.感官检验

感官检验就是凭借人体自身的感觉器官,即凭借眼、耳、鼻、口和手等感觉器官,对原料品质的好坏进行判断。感觉检验根据所用感官的不同,可分为视觉检验、嗅觉检验、听觉检验、触觉检验和味觉检验五类。

（1）视觉检验

视觉检验是指利用人的视觉器官鉴别原料的形状、色泽、清洁程度等。如新鲜的蔬菜大都茎叶挺直、脆嫩、饱满、形状整齐,而不新鲜的蔬菜则干缩萎蔫、脱水变老或抽薹发芽。视觉检验应在白昼的散射光线下进行,以免灯光发生错觉。检验液态调料时,应将调料倒入无色的玻璃器皿中或将瓶子倒过来。

（2）嗅觉检验

嗅觉检验是指利用人的嗅觉器官来鉴别原料的气味。许多烹饪原料都有其正常的气味,一旦腐败变质,就会产生异味。这些异味,是我们利用嗅觉检验原料品质好坏的依据。原料中的气味,是一些具有挥发性的物质产生的,因此在进行嗅觉检验时可以适当加热,以增加挥发性物质的散发量和散发速度。但为了保证检验结果的准确性,最好是在 15℃～25℃ 的常温下进行。嗅觉检验的顺序,应当是先识别气味淡的,后检验气味浓的,以免影响嗅觉的灵敏度。

（3）味觉检验

味觉检验是指以人的味觉器官来检验原料的滋味,从而判断原料品质的好坏。味觉检验不但能尝到食品的滋味,而且对于食品原料中极其微小的变化,也能敏感地感觉到。味觉检验的准确性与食品的温度有关,最好使原料处在 20℃～45℃ 之间,以免温度变化影响分析结果的准确性。味觉检验的顺序,应当按照刺激性由弱到强的顺序,最后检验味道最强烈的原料。

（4）听觉检验

听觉检验是指利用人的听觉器官鉴别原料的振动声音来检验其品质。当原料内部结构发生改变时,可以从其振动时所发出声音表现出来。如用手拍击西瓜,听其发出的声响来判断其成熟度等。

（5）触觉检验

触觉检验是指通过手的触觉来检验原料的重量与质感等,从而判断原料的质量,这也是常用的检验方法之一。例如,检验肉类的硬度和弹性,检验蔬菜的柔韧性等。

在五种感官检验法中,以视觉检验和触觉检验应用的比较多。但这五种方法也不是孤立的,根据实际需要可以将几种不同的方法并用,这样检验出来的结果才准确可靠。

感官检验法是人们在长期实践中经验的积累。这种方法直观,手段简便,不需要借助特殊的仪器设备、专用的检验场所,并且能够觉察到理化检验方法所无法鉴别的某些微量变化。但感官检验也有缺陷,它只能凭人的感觉对原料的某些特点做出判断,而每个人的感觉和经验有一定的差别,感官的敏锐程度也有差异。

2. 理化检验

理化检验是指利用仪器设备和化学试剂,对原料品质的好坏进行判断。

理化检验包括理化方法和生物学方法两类。理化方法可以准确地分析原料的营养成分、风味成分和有害成分等。生物学方法主要是测定原料或食品有无毒性或生物污染,常用小动物进行毒理实验或利用显微镜等进行微生物检验,从而检验出原料中污染细菌或寄生虫的繁殖情况。

应用理化检验鉴别原料的品质,能精确地分析出烹饪原料的成分和性质,做出原料品质和新鲜度的科学结论,还能查出原料变质的原因。但是应用这种方法检验,必须要有专门的仪器

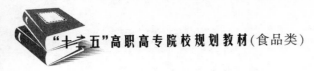

设备和专业人员,并且检验的周期比较长,因此在烹饪实践中用的比较少。

二、烹饪原料的储存

(一)导致烹饪原料腐败变质的原因

导致原料品质变化的原因很多,如化学变质、物理变质和生物变质,其中由生物因素导致的品质变化最为普遍。生物因素包括酶、微生物等。

1. 烹饪原料自身酶引起的品质变化

(1)植物性原料

①呼吸作用

呼吸作用是生物体中的大分子能量物质在多酶系统的参与下逐步降解为简单的小分子物质并释放能量的过程。这往往造成了原料营养成分的损失及品质的下降。

类型:有氧呼吸和无氧呼吸。原料保藏技术的关键是以维持最低强度的呼吸作用为前提。

②后熟作用

后熟作用是果实在采摘后继续成熟的过程。在原料储存过程中尽量延缓后熟作用,其方法有:适宜而稳定的低温、较高的相对湿度和恰当比例的气体、及时排除刺激性气体(乙烯)。

③失水萎蔫

重量减轻,损耗加大、萎蔫、破坏正常的代谢,降低果蔬的贮藏性。

④采后成长

果蔬贮藏时常会因采后成长而发生贮藏物质、水分在果蔬中的转化、转移、分解和重组合现象。后果是营养物质和水分从食用部位转移至生长点而引起食用部位品质下降。

(2)动物性原料

①尸僵作用

屠宰后的肉发生生物化学变化促使肌肉伸展性消失而呈僵直的状态,称为尸僵作用。

僵直形成是由于肉中的糖原在缺氧情况下分解为乳酸,使动物肉的 pH 下降,肉中的蛋白质发生酸性凝固,造成肌肉组织的硬度增加,因而出现僵直状态。尸僵阶段的肌肉组织紧密、挺硬,弹性差,无鲜肉的自然气味,烹调时不易煮烂,肉的食用品质较差。与保藏的关系:僵直期的动物肉的 pH 较低,组织结构也较紧密,不利于微生物繁殖,因此从保藏角度来看,应尽量延长肉类的僵直期。

②成熟作用

僵直的动物肉由于组织酶的自身消化,重新变得柔软并且具有特殊的鲜香风味,食用价值大大提高,这一过程称为肉的成熟。肌肉多汁、柔软而富有弹性,表面微干,带有鲜肉自然的气味,味鲜而易烹调,肉的持水性和粘结性明显提高,达到肉的最佳食用期。肉的成熟与外界温度条件有很大的关系。外界温度低时,成熟作用缓慢;温度升高,成熟过程加快。

③自溶作用

组织蛋白酶继续分解肌肉蛋白质引起组织的自溶分解,大分子物质进一步分解为简单物质,肌肉的性质发生改变。

此时的肉处于次新鲜状态,去除变色变味部分,经过高温处理尚可食用,但品质已大为降低,处于腐败前期。

④腐　败

自溶过程产生的低分子物质为微生物的生长提供了良好的营养条件,当外界条件适宜时,微生物就大量繁殖。首先在肉表面大量生长,并沿着毛细血管逐渐深入到肌肉内部,继而引起深层腐败。表现为肉的表面出现液化状态,发黏,弹性丧失,产生异味,肉色变为绿色、棕色等,失去食用价值。

2. 环境中微生物的作用

微生物是所有形态微小的单细胞、个体结构较为简单的多细胞甚至没有细胞结构的低等生物的统称。微生物的特点:种类繁多,生长繁殖迅速,分布广泛,在空气、土壤、水中无处不在,代谢能力强,绝大多数为腐生或寄生的,需从其他有生命的或无生命的有机体内获取营养。

微生物一旦污染烹饪原料,就大量地消耗原料中的营养物质,使原料发生变质,甚至失去食用价值。微生物会导致烹饪原料发生以下变质现象。

（1）腐　败

腐败是指在微生物作用下原料中有机物的恶性分解。常发生在富含蛋白质的原料中,如肉类、蛋奶类、鱼类和豆制品等。大多由细菌引起。

（2）霉　变

霉变是由霉菌污染原料而产生的发霉现象。多发生在高糖、高盐、含酸或干燥的粮食、果品、蔬菜及其加工制品。

（3）发　酵

发酵是微生物在缺氧情况下对原料中的糖不完全分解过程,主要产生各种醇、酸、酮和醛等代谢产物。

3. 影响烹饪原料品质的理化因素

（1）光　线

日光的照射会促进原料中某些成分的水解、氧化,引起变色、变味和营养成分损失。强光直接照射原料或包装容器可造成温度间接升高,产生与高温相类似的品质变化。

（2）温　度

温度过高或过低都会影响原料的品质。高温加速各种化学性的或生化性变化,增加挥发性物质和水分的损失,使原料成分、重量、体积和外观发生改变,产生干枯变质。而温度过低会在组织内产生冰冻,解冻后使质地变软、腐烂、崩解。

（3）湿　度

环境湿度过高或原料含水量高,微生物可旺盛生长,导致食品变质加速。环境湿度太低,含水量大的新鲜原料产生剧烈的蒸腾,造成原料重量下降,外观萎蔫。综合考虑,对于大多数原料而言,应尽量降低含水量和环境湿度,尤其是干货制品和调味品等,防止因吸湿受潮而霉变、结块;对于新鲜蔬菜水果则可通过地面洒水等方式,适当增加保藏环境的湿度。

（4）空　气

空气中的氧气可加速氧化反应。在有氧条件下,需氧微生物引起的变质速度比缺氧时快得多。一些兼性厌氧菌在有氧环境中引起的变质也比在厌氧环境中快得多。缺氧情况下只有厌氧性细菌及酵母菌能引起变质。

（5）渗透压

渗透压通过抑制微生物生长繁殖而有利于原料的保藏。原料保藏过程中大多采用食盐、

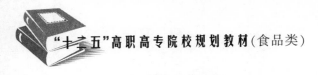

糖等物质来提高原料渗透压。

（6）酸碱度

大多数微生物要求生长环境的 pH 接近中性,过酸或过碱性条件常造成对微生物的毒害,从而使微生物受到抑制或死亡。

(二)烹饪原料的储存

1. 烹饪原料贮藏保管原理及总的原则

烹饪原料贮藏保管原理及总的原则是:减少物理作用和化学作用对原料的影响;消灭微生物(使酶失活或钝化)或造成不适于微生物生长(酶作用)的环境;防止食品与外界环境(水分、空气)接触,杜绝微生物的二次污染,从而尽量延长食品的保质期限。

2. 常用保藏方法

（1）低温保藏法

降低烹饪原料的温度并维持在低温状态的保藏方法,称为低温保藏法。常用低温为 15℃以下,这样能最大限度地保持原料的新鲜度、营养价值和固有风味。通过降低并维持原料的低温能有效抑制原料中酶的活性,减弱由于新陈代谢引起的各种变质现象,抑制微生物的生长繁殖,从而防止由于微生物污染而引起的食品腐败。低温还可延缓原料中所含各种化学成分之间发生的变化,降低原料中水分蒸发的速度,减少萎蔫现象。

①冷藏

将原料在稍高于冰点的温度中进行贮藏的方法。常用冷藏温度为 0℃～15℃。主要用于贮藏蔬菜、水果、禽蛋,以及畜禽肉、鱼等水产品的短期贮存,亦可用于加工性原料的防虫和延长贮存期限。在冷藏过程中,不同原料要求不同的冷藏温度。动物性原料要求温度越低越好,常用 0℃～4℃;植物性原料要防止产生生理冷害。

②冻藏

将原料冻结并在低于冰点的温度中进行贮藏的方法称为冻藏。常用于对肉、禽、水产品和预调理食品的保藏。原料冻结后,原料所含水分绝大部分形成冰晶体,减少了生命活动与生化变化所必需的液态水分,能高度减缓原料的生化变化,可以更有效地抑制微生物的活动,保证原料在贮藏期间的稳定性。快速冻结可较好地保持原料的品质。

（2）高温保藏法

利用高温(60℃以上)杀灭原料上粘附的微生物及破坏原料的酶活性从而延长原料保存期的方法称为高温保藏法。由于微生物和酶对高温的耐受能力较弱,当温度超过 60℃ 时,微生物的生理机能即减弱并逐渐死亡,因此可防止微生物对原料的影响。同时高温还可以破坏原料中酶的活性,防止原料因自身的呼吸作用、自溶等引起的变质,达到保藏的目的。

①巴斯德消毒法

将原料在 62℃～63℃ 的温度下加热 30min 以杀灭原料中致病菌的方法。适合于啤酒、牛奶、酱油、醋等原料的消毒。现代的高温短时杀菌法和超高温瞬时杀菌法,一般用于牛奶和果汁杀菌后的长期贮存。

②煮沸消毒法

将原料置于沸水中煮沸的消毒方法。杀菌消毒效果较巴氏消毒法要好,餐厅中多用于餐具、易腐的肉类及豆制品等的消毒。

③高温高压灭菌法

采用100℃～121℃的高温灭菌的方法。可以杀灭各种微生物及芽孢,烹调次新鲜的肉类可用高温高压杀菌法消毒杀菌后供食用。

（3）脱水保藏法

利用各种方法将原料中的水分减少至足以防止腐败变质的程度并维持低水分进行长期贮藏的保藏方法称为脱水保藏法。多用于对山珍海味、蔬菜水果的保藏,餐厅中可用干燥脱水的方法自行晒制干菜、猪响皮等。

①自然干燥

利用太阳晒干和风吹干食品。在较长的干燥时间里原料可继续完成后熟,形成特殊的风味。

②人工干燥

利用人工控制条件除去原料的水分,干燥效率高,常见的有热风干燥、真空干燥、冷冻干燥等,多见于工业化生产。

③烘烤油炸

餐厅可通过油炸或烘烤脱去原料水分,延长半成品保存期限。

（4）腌渍保藏法

利用较高浓度的食糖、食盐等物质对原料进行处理从而延长保存期的保存方法,称为腌渍保藏法。糖、盐等物质产生的高渗透压,可降低原料的水分活度,造成微生物细胞的质壁分离现象,细胞内蛋白质成分变性,杀死或抑制微生物活动。同时高渗透压可抑制酶的活力,达到保藏原料的目的。

①盐　腌

多用于肉类、禽类、蛋、水产品及蔬菜的保藏,依原料不同分别使用食盐及硝盐、香料等其他辅助腌剂。一般使用的食盐的含量在6%～15%。盐腌有时与脱水干燥相结合。

②糖　渍

主要用于水果和部分蔬菜的保藏加工,可制成蜜饯、果脯、果酱等制品。一般糖的含量在50%以上才具有良好的保藏效果。

（5）烟熏保藏法

烟熏保藏法是在腌制或干制的基础上,利用木柴、树叶等不完全燃烧时产生的烟气来熏制原料达到保藏目的方法。熏烟中含有醛、酚等具有抑菌作用的化学物质,烟熏过程中产生的热量可使原料部分脱水,同时温度升高也能有效地杀灭表面的微生物,减少表面粘附的微生物数量,具有较好的防腐效果。动物性腌腊制品的保藏,个别果蔬如乌枣、烟笋也用烟熏保藏。

（6）酸渍酒渍保藏法

①酸渍保藏法

酸渍保藏法是通过提高原料酸度而保存原料的方法。大多数腐败菌在 pH 为 5.5 以下时生长繁殖会受抑制,通过提高原料酸度,降低 pH 达 5.5 以下,即可达到贮存原料的目的。方法主要有酸渍。用风味纯正的可食用的有机酸,如乳酸、醋酸、柠檬酸等腌渍原料,除具有明显的保藏作用外,还可使原料具有独特的风味。也可利用微生物发酵产酸,如泡菜、酸菜。注意事项:用酸渍保藏时酸度一般都不大,往往需与低温或盐渍、糖渍结合使用。

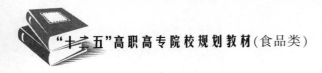

②酒渍保藏法

利用酒精的抑菌、杀菌作用保藏烹饪原料的方法称为酒渍保藏法。常用白酒、酒酿、香糟和黄酒来浸渍原料。白酒和酒酿等含酒精量高,杀菌力强,多用于水产品的腌渍,如红糟鱼、醉蟹;香糟、黄酒等适用于出水后酒渍的原料,如醉虾、醉鸡。酒渍保藏多加入盐、醋及香辛料以增加保藏效果。酒渍保藏法可以使制品带上特殊的酒香风味。

(7)活养贮存法

活养贮存法是餐厅对小型动物性原料进行饲养从而保持并提高其品质的特殊贮存方法。适用于稀少罕见、价格昂贵或对新鲜程度要求较高的动物性原料。原料随用随杀,可以充分保证原料的新鲜度;短期饲养可消除原料的不良风味,使风味更加鲜美;经长途运输的原料躯体消瘦,活养后,可使其恢复体力,提高食用质量。

(8)食品防腐剂保藏法

食品防腐剂是能抑制原料中微生物的生长从而延长保存期的一类食品添加剂。具有用量小、防腐效果明显、不改变食品原料的色香味、对人体无毒害作用的特点。常用的食品防腐剂有丙酸及其盐类、苯甲酸及其盐类、山梨酸及其盐类。

 本章小结

烹饪原料的分类方法较多,在烹饪领域没有统一的、认可的标准,对原料分类应尊重烹饪专业的传统习惯和人们的生活习惯进行分类。营养素主要指蛋白质、糖类、脂肪、维生素、无机盐、水和粗纤维,烹饪原料的营养价值高低主要体现在原料中营养素的质量。烹饪原料检验在生活中主要应用感官检验。烹饪原料的储存方法较多,不同的方法适合相应的原料与环境。

 练 习 题

1.烹饪原料的常用分类方法有哪些?

2.烹饪原料品质检验的方法主要有哪些?

3.烹饪原料贮藏保管原理及总的原则是什么?

第三章　粮食类烹饪原料

学习目标

1. 了解各类粮食及其制品的品种、结构及分布特点；

2. 掌握粮食类烹饪原料的质量鉴别标准、营养特点及食用价值，并能综合其特点在烹饪实践操作中正确地运用。

第一节　粮食原料概述

粮食是指烹饪食品中，作为主食的各种植物种子总称，也可概括称为"谷物"。粮食是制作各类主食的主要原料，主要包括谷类、豆类、薯类及它们的制品原料。所含营养物质主要是淀粉，其次是蛋白质。粮食是人们膳食结构中的重要组成部分，是最基本的食物原料，是人们所需能量的主要来源，因此，粮食是关系国计民生的重要物资。

我国粮食生产的历史悠久，早在6000多年前，我们的祖先就已经在长江流域种植水稻，在黄河流域种植粟米。我国自进入农业社会后，就以粮食作物为主食，粮食作物古代统称五谷或六谷。至于五谷、六谷所包括的品种，则历来说法不一，比较可信的说法是黍、稷、麦、菽、麻为五谷，六谷即再加上稻。随着社会经济的不断发展和遗传育种技术的应用，粮食的品种不断增加，粮食的质量也逐渐提高。

一、粮食类原料的分类

粮食的分类方法比较多，一般主要按其性质和应用范围来进行分类。

（一）按性质分类

1. 谷类粮食

谷类粮食又称为谷类作物，在植物分类上，除荞麦等少数品种以外，绝大多数隶属于禾本科，如稻、小麦、燕麦、玉米、高粱、粟、黍等。

2. 豆类粮食

豆类粮食在植物分类上都属于豆科植物，如黄豆、绿豆、蚕豆、扁豆、赤豆等。

3. 薯类粮食

薯类粮食在植物分类上属于不同的科，它们的块根或块茎都含有丰富的淀粉，可作为代粮食物，如甘薯（红薯、山芋、白薯）、木薯等。

4. 粮食制品

粮食制品根据加工所用的原料又可分为谷类制品、豆制品和淀粉制品三类。谷类制品（米面制品）如面筋、烤麸、米线等，豆制品如豆腐、豆干、百叶、腐竹等，淀粉制品如粉丝、粉皮等。

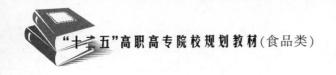

(二)按应用范围分类

1.主　粮

主粮是"当地主要粮食"的简称,指各地生产的主要粮食品种。从全国范围来看,现在的"主粮"主要指水稻与小麦。在我国,不同地区的主粮各不相同。如东北地区以高粱为主粮,华北地区以粟谷为主粮,河南省和西北地区以小麦为主粮,长江流域和珠江流域一般以稻谷为主粮。比如,在陕甘宁地区是主粮,但在华南地区又是杂粮。因此,"主粮"是一个相对而言的概念。

2.杂　粮

杂粮一般指粗粮,主要有两种说法:一是指除主粮以外的各种粮食作物的总称,二是指除稻谷、小麦以外的各种粮食作物的总称。其特点是生长期短、种植面积少、种植地区特殊、产量较低,一般都含有丰富的营养成分。

我国栽培粮食作物具有悠久的历史,而且长期以农业生产方式为主,故杂粮作物种类繁多,杂粮在人们的食物构成当中占有重要位置,是主粮不可缺少的补充。由于我国各地自然条件和粮食作物栽培环境的不同,"杂粮"就成了一个广义的概念,在《中国居民膳食指南(2007)》中指出:"食物多样,谷类为主,粗细搭配",另外"多吃薯类"也是对杂粮的一个正确定位。

二、粮食原料的营养成分特点

粮食中的营养成分主要有碳水化合物、蛋白质、维生素、无机盐,另外还含有少量脂肪及大量膳食纤维。

(一)碳水化合物

碳水化合物是谷类的主要成分,平均含量为70%左右,而且碳水化合物被人体吸收利用率高,所提供的热能占人体所需量的60%~70%,所以是供给人体能量最经济的来源。大豆中含碳水化合物比较少,薯类含丰富的淀粉。

(二)蛋白质

大豆含蛋白质35%~40%,其氨基酸组成接近人体的需要。大豆蛋白中含有丰富的赖氨酸、苏氨酸,而赖氨酸、苏氨酸正好是谷类粮食所缺乏的,因此把大豆及其制品与谷类粮食混合食用可明显地提高混合食物的蛋白质营养价值。其他豆类食品,如绿豆、小豆、豌豆、蚕豆等,其蛋白质的含量也明显高于谷类食物,而且含有丰富的赖氨酸。米类含蛋白质6%,面粉含10%,且谷类在人类膳食中所占比例较大,因此,它们也是人体蛋白质的重要来源。

(三)维生素

谷类是膳食中B族维生素的重要来源。谷胚、谷皮及糊粉层富含B族维生素,其次还含有维生素A和维生素E等。薯类含有丰富的胡萝卜素和维生素C及B族维生素,其维生素C的含量可与柑橘相媲美。

(四)无机盐

谷类中无机盐的含量为1.5%~3%,大部分集中在谷皮、糊粉层和胚中。人体所需的无机盐大部分都可以从谷类中获得。甘薯中含钙、磷、钾、镁等无机盐类。马铃薯所含无机盐以钾的含量为最多,其次是磷、钙等。

(五)脂 肪

豆类食品含有的脂肪最多,大豆油是世界上产量最多的油脂,含有大量的亚油酸。亚油酸为不饱和脂肪酸,是人体必需的脂肪酸,具有重要的生理功能。

三、粮食类原料在烹饪中的运用

粮食在烹饪中的应用范围很广,使用的方法也很多,归纳起来包括以下几个方面。

(一)制作主食

用粮食制作主食是中国烹饪的传统。由于全国各地生产粮食品种不同,各地用以制作主食的粮食品种也不同。如以大米制作主食多见于长江流域及其以南地区,如米饭、米粉、粥等。以面粉制作主食多见于黄河流域及其以北地区,如面条、馒头、烙饼、水饺等。

(二)制作菜肴

粮食制作菜肴,可作菜肴的主料,如锅巴菜、八宝粥等。作菜肴的配料,如糯米鸡、珍珠丸子、玉米羹、年糕炒肉丝等。

(三)制作糕点、小吃

以粮食为原料制作的糕点、小吃很多,风味各异。米制品主要有年糕、元宵、粽子、糍粑、米饼等,面制品常见的有烧卖、烧饼、馄饨、月饼、油条以及各种酥点等,其他的高粱、玉米、荞麦等粮食品种都可以磨粉应用。

(四)作为菜肴制作的辅助原料和调味料

由粮食加工而成的淀粉,是菜肴制作中挂糊、上浆、拍粉、勾芡等必用的原料,对保证菜肴质量起着重要的作用。粮食还是加工生产各种调味品的原料,如酱油、料酒、醋、酱类、味精等,都需要粮食加工。

第二节 烹饪中常用的粮食类原料

一、谷类原料

谷类粮食又称五谷,也叫谷类作物,包括小麦、稻谷、玉米、小米、高粱等,它们大多来源于粮食作物的种子,是将成熟的粮食作物果实收获后经去壳、碾磨等工序加工而成的人类所需的最基本的食物。

(一)谷类粮食的特点

1.结构特点与营养素分布

各种谷类种子形态大小不一,但其结构基本相似,除荞麦外,都是由谷皮、糊粉层、胚乳和

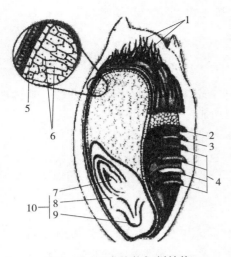

图 3-1　谷类粮粒解剖结构

1—冠毛；2—珠心组织；3—种皮；4—果皮；
5—糊粉层；6—胚乳细胞；7—胚芽；
8—胚轴；9—胚根；10—胚

胚四个主要部分组成，如图 3-1 所示。

（1）谷皮。为谷粒的外壳，有多层坚实的角质化细胞构成，对胚和胚乳起保护作用。主要成分为纤维素、半纤维素，食用价值不高，常因影响谷的食味和口感，因而在加工时去除。

（2）糊粉层。糊粉层位于谷皮与胚乳之间，除含有较多的纤维素外，还含有较多的磷和丰富的 B 族维生素及无机盐，具有重要营养作用。另外，糊粉层还含有一定量的蛋白质和脂肪。但在碾磨加工时，糊粉层易与谷皮同时脱落，混入糠麸中。

（3）胚乳。位于谷粒的中部，约占谷粒质量的83%～87%，是谷类的主要部分。由许多淀粉细胞构成，含大量淀粉和一定量的蛋白质。越靠近胚乳周边部位，蛋白质质量分数较高，越靠近胚乳中心，蛋白质质量分数越低。

（4）胚。位于谷粒的下端，约占谷粒质量的 2%～3%，富含脂肪、蛋白质、无机盐、B 族维生素和维生素 E。胚芽质地比较软而有韧性，不易粉碎，但在加工时因易与胚乳分离而损失。

2. 营养特点

（1）蛋白质

谷类蛋白质一般在 7%～15% 之间，主要由谷蛋白、白蛋白、醇溶蛋白和球蛋白组成。不同谷类各种蛋白质所占的比例不同。

大多数谷类蛋白质的必需氨基酸组成不平衡。一般而言，谷类蛋白质的谷氨酸、脯氨酸、亮氨酸质量分数高，赖氨酸质量分数少，苏氨酸、色氨酸、苯丙氨酸、蛋氨酸则偏低。

谷类蛋白质的生物价分别为大米 77、小麦 67、大麦 64、高粱 56、小米 57、玉米 60，其蛋白营养价值低于动物性食物。但由于谷类食物在膳食中所占比例较大，也是膳食蛋白质的重要来源。

为提高谷类蛋白质的营养价值，常采用氨基酸强化和蛋白质互补的方法，可明显地提高其蛋白质生物价值。

（2）碳水化合物

谷类碳水化合物质量分数大约为 70%，其中 90% 为淀粉，集中在胚乳的淀粉细胞内，糊粉层深入胚乳的部分也有少量淀粉。

谷类中的淀粉因结构上与葡萄糖分子的聚合方式不同，可分为直链淀粉和支链淀粉，其质量分数因品种而异，可直接影响食用风味。

（3）脂　肪

谷类脂肪以甘油三脂为主，还有少量的植物固醇和卵磷脂。

（4）矿物质

谷类含矿物质以磷、钙为主，此外，铜、镁、钼、锌等微量元素的质量分数也较高。总量约为1.5%～3%，谷类食物含铁较少，仅为（1.5～3）mg/100g。

（5）维生素

谷类是膳食中 B 族维生素的重要来源。

谷类原料中的维生素 A、维生素 D、维生素 C 的质量分数很低,或几乎不含。

（二）烹饪中常用的谷类粮食品种

1. 稻谷和大米

（1）稻 谷

稻谷,在植物学上属禾本科稻属普通栽培稻亚属中的普通稻亚种。稻谷在我国至少有 6000 年的栽培历史,它是我国最主要的粮食作物之一。目前,我国水稻的播种面积约占粮食作物总面积的 1/4,产量约占全国粮食总产量的 1/2,在商品粮中占一半以上。产区遍及全国各地。

普通栽培稻可分为籼稻和粳稻两个亚种。籼稻粒形细长,长度是宽度的三倍以上,扁平,茸毛短而稀,一般无芒,即使有芒也很短,稻壳较薄,腹白较大,硬质粒较少,加工时容易出碎米,出米率较低,米质胀性较大而粘性较弱。粳稻则粒形短切,长度是宽度的 1.4 ~ 2.9 倍,茸毛长而密,芒较长,稻壳较厚,腹白小或没有,硬质粒多,加工时不易产生碎米,米质胀性较小而粘性较强。

籼稻或粳稻,根据其生长期长短的不同,又可以分为早稻、中稻和晚稻三类。早稻的生长期为 90 ~ 125 天,中稻的生长期为 125 ~ 150 天,晚稻的生长期为 150 ~ 180 天。由于生长期长短和气候条件的不同,同一类型的稻谷的品质也表现出一些差别:早稻米一般腹白较大,硬质粒较少,米质疏松,品质较差;而晚稻米则反之,品质较好。

此外,根据栽种地区土壤水分的不同,又分为水稻和陆稻(早稻)。水稻种植于水田中,需水量多,产量高,品质较好;陆稻则种植于旱地,耐旱性强,成熟早,产量低,谷壳及糠层较厚,米粒组织疏松,硬度低,出米率低,大米的色泽和口味也较差。

稻的果实为颖果。带内外稃的通称"稻谷",除去内外稃的通称"米粒"(糙米),内外稃通称"谷壳",果皮、种皮和糊粉层合称"糠层(皮层)",碾米时将内外稃和糠层连同胚一同剥离,成为"精大米"。种皮有黄、红、紫黑等颜色,是区别品种的重要标志。

（2）大 米

大米是稻谷经清理、砻谷、碾米、成品整理等工序后制成的成品。

① 品种与产地

籼米:用籼型非糯性稻谷制成的米称为籼米。米粒粒形呈细长或长圆形,长者长度在 7mm 以上,蒸煮后出饭率高,粘性较小,米质较脆,加工时易破碎,横断面呈扁圆形,颜色白色透明的较多,也有半透明和不透明的。我国广东省生产的齐眉、丝苗是代表品种,主要产地在两湖、两广、江西、四川等省。

粳米:用粳型非糯性稻谷碾制成的米。米粒一般呈椭圆形或圆形。米粒丰满肥厚,横断面近于圆形,长与宽之比小于 2,颜色蜡白,呈透明或半透明,质地硬而有韧性,煮后粘性油性均大,柔软可口,但出饭率低。粳米主要产于我国华北、东北和苏南等地。著名的小站米、上海白粳米等都是优良的粳米。

糯米:又称江米,呈乳白色,不透明,煮后透明,粘性大,胀性小,一般不作主食,多用于制作糕点、粽子、元宵等,以及用作酿酒的原料。

种 类	形 状	硬 度	粘 性	涨 性
籼 米	米粒细长,色泽灰白,一般是半透明	质地疏松,硬度小,加工时容易破碎	粘性小,口感较差	胀性大,出饭率高
粳 米	米粒短圆,透明度较好	质地硬而有韧性,加工不易破碎	米饭粘性大,柔软可口	胀性小,出饭率低
糯 米 (江米、酒米)	有粳糯和籼糯两种。粳糯粒形短圆,籼糯粒形细长,两者均呈不透明的乳白色		粘性大	胀性小,出饭率低

②质量标准

根据稻谷收获季节,籼米分为早籼米和晚籼米。早籼米米粒宽厚而较短,呈粉白色,腹白大,粉质多,质地脆弱易碎,粘性小于晚籼米,质量较差。晚籼米米粒细长而稍扁平,组织细密,一般是透明或半透明,腹白较小,硬质粒多,油性较大,质量较好。

粳米根据收获季节,分为早粳米和晚粳米。早粳米呈半透明状,腹白较大,硬质粒少,米质较差。晚粳米呈白色或蜡白色,腹白小,硬质粒多,品质优。

糯米也有籼粳之分。籼糯米粒形一般呈长椭圆形或细长形,乳白不透明,也有呈半透明的,粘性大,粳糯米一般为椭圆形,乳白色不透明,也有呈半透明的,粘性大,米质优于籼糯米。

③营养与保健

大米中的各种营养素含量虽不是很高,但因其食用量大,也是具有很高营养功效的,是补充营养素的基础食物。大米是提供 B 族维生素的主要来源,是预防脚气病、消除口腔炎症的重要食疗资源。米粥具有补脾、和胃、清肺的功效。米汤有益气、养阴、润燥的功能,能刺激胃液的分泌,有助于消化,并对脂肪的吸收有促进作用。中医认为大米性味甘平,有补中益气、健脾养胃、益精强志、和五脏、通血脉、聪耳明目、止烦、止渴、止泻的功效,认为多食能令人"强身好颜色"。

④烹饪中的应用

籼米:通常用来制作米饭和粥类,还可以用干磨、湿磨、水磨等方法加工成米线、河粉等;用其磨制的米粉用于制作"粉蒸牛肉"、"粉蒸排骨"等粉蒸类菜肴。

粳米:其应用基本与籼米相同;但纯粳米调制的粉团具有粘性,一般不用于发酵。

糯米:一般不作主食,是制作各种风味食品、小吃、甜饭的主要原料,如"八宝饭"、"元宵"、"粽子等。

2. 小麦和面粉

(1)小 麦

小麦是小麦属植物的统称,是一种在世界各地广泛种植的禾本科植物,起源于中东地区。小麦是世界上总产量第二的粮食作物,仅次于玉米,而稻米则排名第三。小麦的颖果是人类的主食之一,磨成面粉后可制作面包、馒头、饼干、蛋糕、面条、油条、油饼、火烧、烧饼、煎饼、水饺、煎饺、包子、馄饨、蛋卷、方便面、年糕、意式面食、古斯米等食物;发酵后可制成啤酒、酒精、伏特加或生质燃料。

小麦富含淀粉、蛋白质、脂肪、矿物质、钙、铁、硫胺素、核黄素、烟酸及维生素 A 等。因品种和环境条件的不同,所含营养成分的差别较大。从蛋白质的含量看,生长在大陆性干旱气候区的麦粒质硬而透明,含蛋白质较高,达14%～20%,面筋强而有弹性,适宜烤面包;生于潮湿条件下的麦粒含蛋白质为8%～10%,麦粒软,面筋差,可见地理气候对作物形成过程的影响是十分重要的。面粉除供人类食用外,仅少量用来生产淀粉、酒精、面筋等,加工后副产品均为牲畜的优质饲料。

根据对温度的要求不同,分冬小麦和春小麦两个生理型,不同地区种植不同类型。在中国黑龙江、内蒙古和西北地区种植春小麦,于春天3～4月播种,7～8月成熟,生育期短,约100天;在辽东、华北、新疆南部、陕西、长江流域各省及华南一带栽种冬小麦,秋季10～11月播种,翌年5～6月成熟,生育期长达180天左右。

（2）面　粉

小麦经磨制加工后,即成为面粉,也称小麦粉。

①面粉的成分

面粉中所含营养物质主要是淀粉,其次还有蛋白质、脂肪、维生素和矿物质等。

蛋白质:面粉中的蛋白质占8%～14%是构成面筋质的成分,由麦醇溶蛋白和麦谷蛋白所组成,由于它们不溶于水,遇水后膨胀为富有黏性和弹性的面筋质,从而使面团具有弹性和柔韧性,便于烹饪加工。面筋质在面团中的作用主要是,加强面团的筋力,使制成的食品有弹性,切片不碎;保留气体和控制膨胀,使食品保持均与一致的性状;增强食品质构,吸收和保持水分,使食品疏松美观,延长保存期。

碳水化合物:面粉中含碳水化合物69%～76%,主要为淀粉67%,其余还有糊精及纤维素。面粉的等级不同,淀粉的含量也不同。在高级面粉中,淀粉含量多,纤维素含量少;而在低级面粉中则纤维素含量较多。

脂肪:面粉中含脂肪不多,约为2%～4%。面粉中的脂肪主要是不饱和脂肪酸,在受到光、热、氧、水分和酶的作用下易分解成游离脂肪酸,再受到氧化作用便会酸败变苦。因此,低级面粉不易储存。

②面粉的分类

按蛋白质的含量进行分类,目前我们通常把面粉分为以下三类。

高筋粉(强筋粉、高蛋白质粉或面包粉),蛋白质含量为12%～15%,湿面筋重量＞35%。颜色较深,本身较有活性且光滑,手抓不易成团状。高筋粉适宜制作面包、起酥糕点、泡夫和松酥饼等。

低筋粉(弱筋粉、低蛋白质粉或饼干粉),蛋白质含量为7%～9%。湿面筋重量＜25%。颜色较白,用手抓易成团。低面筋适宜制作蛋糕、饼干、混酥类糕点等。

中筋粉(通用粉、中蛋白质粉)是介于高筋粉与低筋粉之间的一类面粉。蛋白质含量为9%～11%,湿面筋重量在25%～35%之间。颜色乳白,介于高、低粉之间,体质半松散。中筋粉适宜做水果蛋糕,也可以用来制作面包。

除此之外专用粉、预混粉和全麦粉越来越受到焙烤企业的欢迎而得到应用。

专用粉:是对应以面粉为原料的食品,经过专门调配而适合生产专门食品的面粉。

预混粉:是按照焙烤产品的配方将面粉、糖、粉末油脂、奶粉、改良剂、乳化剂、盐等预先混合好的面粉。目前市场所售的海棉蛋糕预混粉、曲奇预混粉、松饼预混粉就是此类面粉。

全麦粉:是由整粒小麦磨成,包含胚芽、大部分麦皮和胚乳。麦皮和胚芽中含有丰富的蛋白质、纤维素、维生素和矿物质,具有较高的营养价值。

③营养与保健

面粉富含蛋白质、碳水化合物、维生素和钙、铁、磷、钾、镁等矿物质,有养心益肾、健脾厚肠、和除热止渴的功效。

④烹饪中的应用

可用于制作各种馒头、包子、饺子、面条、馄饨、饼等,因而面点制品成为我国最重要的日常食品之一。

在某些创新菜式中,锅魁(烧饼)、馒头、北方烙饼、麻花等也在菜肴的制作中作为配料使用,如锅魁回锅肉、酸辣豆花、金黄韭菜肉丸等。在某些油炸食品中用面粉调制面糊作为裹料加以应用。

图 3 - 2 玉米

3. 玉　米

玉米,亦称玉蜀黍、包谷、苞米、棒子,是一年生禾本科草本植物,也是全世界总产量最高的粮食作物。原产于墨西哥和秘鲁,我国主要产于华北、东北地区。

(1)品种与产地

玉米的种类很多,按颜色可分为黄玉米、白玉米、黑玉米、杂色玉米;按玉米的粒质可分为硬粒型、马齿型、半马齿型、糯质型、甜质型、粉质型、甜粉型、爆裂型、有稃型九种,其中以硬粒型玉米品质最好。硬粒型玉米主要作粮食;马齿型玉米适宜制作淀粉,也可用于酒精的生产;粉质型玉米在我国栽种较少,适于制作淀粉和酿酒;甜质型玉米多在其未完全成熟时收获,用来制作罐头食品和充当蔬菜。玉米在我国各地都有种植,尤以东北、华北和西南各省较多。东北地区普遍种植硬粒型玉米,华北地区多种植适于磨粉的马齿型玉米。

(2)营养与保健

玉米中所含的丰富谷氨酸能帮助和促进脑细胞呼吸;其所含的 B 族维生素能调节神经,是较好的减压食品;此外,玉米中所含的钙、镁、硒、纤维素、维生素 E、谷胱甘肽和不饱和脂肪酸等营养成分有助于延缓衰老;对于用眼过度的人来说,多吃富含叶黄素和玉米黄质的黄玉米,可以抵抗眼睛老化。由于玉米蛋白质中缺乏色氨酸,单一食用玉米易发生癞皮病,因此以玉米为主食的地区应多吃豆类食品。还有一种爆裂玉米,营养价值很高,一份不到50g的爆裂玉米花所提供的能量相当于两个鸡蛋的能量。中医认为,玉米性平味甘,有开胃、健脾、除湿、利尿、降压、促进胆汁分泌、增加血中凝血酶和加速血液凝固等作用。主治腹泻、消化不良、水肿等疾病。

(3)烹饪中的应用

制作主食或粥品、小吃,如窝头、玉米饼、玉米糁等。

嫩玉米和美洲玉米新品种——珍珠笋可作为菜肴的主料和配料,如玉米羹、松仁玉米。尚为成熟的极嫩的玉米,被称为"珍珠笋",可用来制作菜肴。

作为制取淀粉、提炼油脂和酿酒的重要原料。

4. 小 米

小米是粟脱壳制成的粮食,因其粒小,直径 1mm 左右,故名。原产于中国北方黄河流域,是我国古代的主要粮食作物。

图 3 - 3　小米

(1)品种与产地

按照小米的性质分为粳性小米、糯性小米两种。粳性小米由非糯性粟加工制成,米粒有光泽、粘性小,种皮多为黄、白色;糯性小米由糯性粟加工热成,米粒略有光泽,粘性大,种皮多为深浅不一的红色。一般来说,谷壳色浅者皮薄,出米率高,米质好;而谷壳色深者皮厚,出米率低,米质差。现主要分布于我国华北、西北和东北地区,著名品种有山西沁县黄小米、山东章丘龙山小米、山东金乡的金米、河北桃花米等。

(2)营养与保健

小米含蛋白质 9.2% ~ 14.7%、脂肪 3.0% ~ 4.6% 及维生素。一般粮食中不含有的胡萝卜素,小米每 100 克含量达 0.12mg,维生素 B_1 的含量位居所有粮食之首。由于小米不需精制,它保存了许多的维生素和无机盐,小米中维生素 B_1 的含量可达大米的几倍;小米熬粥营养价值丰富,有“代参汤”之美称。小米味甘、咸、性凉;入肾、脾、胃经;具有健脾和胃,补益虚损,和中益肾,除热,解毒之功效;主治脾胃虚热、反胃呕吐、消渴与泄泻。

(3)烹饪中的应用

在烹饪中主要作为主食原料,可以制成小米饭、小米粥;磨成粉后可以制作窝头、丝糕等;与面粉掺和后可制各式发酵食品。

图 3 - 4　高粱

5. 高 粱

高粱古称蜀黍,是因为我国蜀地民族最先种植的(一种说法由非洲传入),古书上还有叫蜀黍、木稷、荻粱、乌禾、芦檫等名称的,顾名思义,大都是以形态特征来称呼的。

(1)品种和产地

高粱分类方式比较多,按性状及用途可分为食用高粱、糖用高粱、帚用高粱等类,口感有常规的、甜的和黏的;株型有高杆的、中高杆的及多穗的等;高粱杆还有甜的与不甜的之分。其在热带和温带的许多国家都有栽培,在我国主要产于东北地区,山东、河南、河北等地也有栽培。

(2)营养与保健

高粱蛋白质中赖氨酸含量较低,属于半完全蛋白质。所含的铁和脂肪量高于大米。高粱的尼克酸含量也不如玉米多,但却能为人体所吸收,因此,以高粱为主食的地区很少发生“癞皮病”。高粱味甘、性温、涩,入脾、胃经;具有和胃、消积、温中、涩肠胃、止霍乱及凉血解毒的功效;主治脾虚湿困、消化不良及湿热下痢、小便不利等症。

（3）烹饪中的应用

在烹饪中主要作为主食原料食用，如制作饭粥，也可以磨成粉后制作糕、饼等。高粱中含有较多的鞣酸，味涩，且能抑制肠液分泌，影响人体对营养物质的吸收。由于鞣酸主要分布在高粱的皮层，因此加工精度较高，以除去鞣酸。

图 3-5　荞麦

6. 荞麦

荞麦又名三角麦、乌麦、花荞，是人们主要粮食品之一，原产于中国北方地区。古代由中国经朝鲜传入日本，现今荞麦及荞麦面条在日本十分流行。因其含丰富营养和特殊的健康成分颇受推崇，被誉为健康主食品。

（1）品种与产地

按照形态和品质，可将荞麦分为甜荞、苦荞、翅荞、米荞等品种，以甜荞的品质最好。现在主要分布在西北、东北、华北、西南的高山地带。

（2）营养与保健

荞麦面粉的蛋白质含量明显高于大米、小米、小麦、高粱和玉米面粉。荞麦面粉含18种氨基酸，氨基酸的组分与豆类作物蛋白质氨基酸的组分相似。脂肪含量也高于大米、小麦面粉和糌粑。荞麦中脂肪含9种脂肪酸，其中油酸和亚油酸含量最多，占脂肪酸总量的75%，还含有棕榈酸19%、亚麻酸4.8%等。此外，还含有柠檬酸、草酸和苹果酸等有机酸。另外，荞麦含有微量的钙、磷、铁、铜、锌和微量元素硒、硼、碘、镍、钴等及多种维生素：维生素B、维生素 B_2、维生素C、维生素E、维生素PP、维生素P，其中VP（芦丁）、叶绿素是其他谷类作物所不含有的。中医认为荞麦味甘、性凉，有开胃宽肠、下气消积的功效，适宜食欲不振、饮食不香、肠胃积滞、慢性泄泻、出黄汗之人和夏季痧症患者食用。

（3）烹饪中的应用

荞麦去壳后，可制作饭粥食用。也可以磨成粉，制作面条、饸饹、饼、饺子、馒头等。荞麦粉还可以与面粉混合制作各种面食，如朝鲜族的冷面。

7. 莜麦

莜麦又称燕麦等，主要生长在我国西北、西南东北、内蒙等地的牧区和半牧区。

（1）营养与保健

燕麦在禾谷类作物中蛋白质含量很高，且含有人体必需的8种氨基酸，其组成也平衡，维生素E的含量也高于大米和小麦，维生素B的含量比较多，脂肪的主要成分是不饱和脂肪酸，其中的亚油酸可降低胆固醇、预防心脏病。此莜面出粉率高，一般可达九成以上，吃水量大，0.5kg的莜面可做1kg成品。中医认为，燕麦性味甘平，能益脾养心、敛汗，有较高的营养价值，可用于体虚自汗、盗汗或肺结核病人。

（2）烹饪中的应用

经加工去掉麸皮后，可以用于做饭粥，还可以蒸熟

图 3-6　燕麦

或炒熟磨粉使用。燕麦中缺少麦醇溶蛋白,磨粉和面后不易成团,通常与面粉混合后,制作各种面食。另外,燕麦还可以加工成燕麦片。莜麦属于高热量耐饥食物,民间有"四十里的莜面,三十里的白面糕,二十里的玉米窝窝饿断腰"之说。

8.大　麦

大麦产生于中东,可追溯到西元前5000年,大麦是16世纪犹太人、希腊人、罗马人和大部分欧洲人的主要粮食作物。在世界谷类作物中,大麦的种植总面积和总产量仅次于小麦、水稻、玉米,居第四位。

（1）品种与产地

根据麦穗的排列和结实性的不同,大麦可分为六棱大麦、四棱大麦和二棱大麦。根据大麦子粒与麦稃的分离程度可将大麦分成青稞（元麦、裸大麦）和皮麦（有稃大麦）。现在我国的大麦多产于淮河流域及其以北地区。

（2）营养与保健

与大米、小麦、玉米主要粮食作物相比,大麦含有量多且质量较高的蛋白质和氨基酸,丰富的膳食纤维、维生素B复合体和尼克酸以及Fe,P,Ca等矿物质,其营养成分综合指标

图3-7　大麦

正好符合现代营养学所提出的高植物蛋白、高维生素、高纤维素、低脂肪和低糖的新型功能食品的要求。大麦味甘咸凉,有清热利水和胃宽肠之功效。

（3）烹饪中的应用

磨成粉后,可以制作饼、馍、糊糊等;去麸皮后压成片,可以用于制作饭粥等。此外,大麦还是酿造啤酒、制取麦芽糖的原料。

二、豆类原料

（一）豆类粮食的特点

1.结构特点

豆类粮食种类繁多,但均属于豆科植物,种子的结构基本相同,主要由种皮、胚和子叶三部分组成。

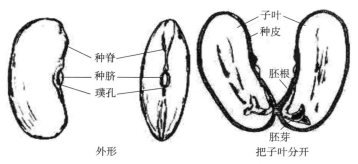

图3-8　种子的结构

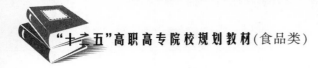

（1）种　皮

种皮位于种子的最外层,种皮的颜色有黄、青、黑、褐、红及杂色,是区别不同品种豆类的重要标志。种皮质量占种子总质量的 3% 左右,其主要化学成分为纤维素、半纤维素和蛋白质。种皮具有保护胚和子叶的作用。

（2）胚

豆类种子的胚位于子叶的基部,由胚芽、胚轴和胚根构成。这类作物种子成熟时,其胚乳退化,子叶是贮藏营养物质的部位,故豆粒显得非常肥厚,营养丰富。胚较小,其质量只占种子总重量的 2% 左右。

（3）子　叶

大豆为双子叶植物。子叶就是俗称的"豆瓣",被称为大豆种子的"营养仓库"。子叶体积大,其重量占全种子质量的 90% 以上。

2. 营养特点

豆类按食用部分的主要营养成分可分为以下两大类。

一类含高蛋白质（35% ~ 40%）、较少碳水化合物（35% ~ 40%）和中等脂肪（15% ~ 20%）,如大豆（黄豆、黑豆和青豆）、花生和四棱豆等。另一类含高碳水化合物（55% ~ 70%）、中等蛋白质（20% ~ 30%）和少量脂肪（5% 以下）,如豌豆、蚕豆、绿豆、赤小豆和芸豆等。

豆类是我国人民膳食中优质蛋白质的重要来源。下面以大豆为例,介绍豆类的营养特点。

蛋白质:大豆含有 35% ~ 40% 的蛋白质,是谷类的 3 ~ 5 倍,为植物性食品中含蛋白质最多的食品,黑大豆的蛋白质甚至高达 50%。大豆的蛋白质为优质蛋白,其氨基酸组成接近人体需要,8 种人体必需氨基酸的组成与比例也符合人体"理想蛋白质氨基酸组成模式"的需要,除蛋氨酸质量分数略低外,其余与动物性蛋白质相似。

脂肪:大豆约含脂肪 15% ~ 20%,其中不饱和脂肪酸占 85%,且以亚油酸最多,高达 55% 左右。此外,大豆脂肪中还含有 1.64% 的大豆磷脂和抗氧化能力较强的维生素 E。

碳水化合物:大豆中碳水化合物含量为 25% ~ 30%,其中一半是可供人体利用的,以五碳糖和糊精比例较大,淀粉较少;另一半是人体不能消化吸收的棉籽糖和水苏糖,存在于大豆细胞壁,在肠道细菌作用下发酵产生二氧化碳和氨,可引起腹胀。

维生素和无机盐:大豆含有丰富的钙、磷、铁,但由于大豆中膳食纤维等抗营养因子的影响,钙和铁的消化吸收率不高。大豆中的硫胺素、核黄素、尼克酸等 B 族维生素质量分数较谷类多,并含有一定量的胡萝卜素和维生素 E。

（二）烹饪中常用的豆类粮食品种

1. 大　豆

大豆,古称菽,起源于中国云贵高原一带,是一种其种子含有丰富的蛋白质的豆科植物。大豆是豆科植物中最富有营养而又易于消化的食物,是蛋白质最丰富最廉价的来源,被誉为"植物肉"。

（1）品种与产地

大豆根据种皮的颜色主要分为黄大豆、黑大豆、青大豆和褐大豆四类。

①黄大豆:可细分为白黄、淡黄、深黄和暗黄四种。中国大豆绝大部分为黄大豆,著名品种有辽宁的大粒黄、黑龙江的小黄粒、大金鞭等。

②黑大豆:包括黑皮青仁大豆、黑皮黄仁大豆,可细分为乌黑、黑两种,著名品种有山西太谷小黑豆、五寨小黑豆、广西柳江黑豆、灵川黑豆等。

③青大豆:包括青皮青仁大豆、青皮黄仁大豆,可细分为绿色、淡绿色、暗绿色三种,广西产小青豆,其他大部分地区产大青豆。

④褐大豆:可细分为茶色、淡褐色、褐色、深褐色、紫红色等几种。著名品种有广西、四川的小粒褐色泥豆,云南的酱色豆、马科豆,湖南的褐泥豆。

大豆在我国大部分地区都有出产,其中以东北所产的质量最佳。

（2）营养与保健

大豆中含有丰富的蛋白质、不饱和脂肪酸、钙、维生素等营养物质,而且不含胆固醇。大豆含有多种人体必需的氨基酸,对人体组织细胞可起到重要的营养作用,能提高人体免疫功能;黄豆中的卵磷脂可除掉附在血管壁上胆固醇,防治血管硬化,预防心血管疾病,保护心脏;大豆中含有一种抑胰酶的物质,对糖尿病有治疗效果。大豆味甘、性平,入脾、大肠经,能杀乌头、附子毒;具有健脾宽中,润燥消水、清热解毒、益气的功效;主治疳积泻痢、腹胀羸瘦、妊娠中毒、疮痈肿毒和外伤出血等。

（3）烹饪中的应用

大豆是重要的烹饪原料。既可以整粒运用制作菜肴、休闲食品或作粥品的辅料;也可以磨粉使用,制作主食和各种面点。

2. 赤　豆

赤豆,又名红小豆、小豆,起源于中国,栽培面积以中国最大,次为日本、朝鲜。

（1）品种与产地

赤豆的种皮多为赤褐色,也有些品种为黑色、白色、灰色、浅黄色以及杂色,赤豆的粒形与绿豆相似,多为短矩形。赤豆的品种较多,根据其纯度分为纯赤豆和杂赤豆两类。纯赤豆是指各色小豆互混限度总量为10%以下的赤豆,杂赤豆则为超过10%的互混限度或

图 3 - 9　赤豆

混入其他如菜豆、豇豆、绿豆等豆类的赤豆。黑龙江、吉林、辽宁、河北、河南、山东、安徽、江苏等省以及陕西的关中平原和甘肃的陇南等地都是赤豆的主要产区。赤豆的品质以粒大饱满、皮薄、红紫有光泽、脐上有白纹者最佳。

（2）营养与保健

赤豆每百克含水分12.6g、蛋白质20.2g、脂肪0.6g、碳水化合物63.4g、膳食纤维7.7g、维生素 A13μg、胡萝卜素80μg、维生素 E 14.36μg、钙74mg、磷305mg、钾860mg、镁138mg、铁7.4mg。赤豆性平味甘酸,无毒。有滋补强壮,健脾养胃,利水除湿,和气排脓,清热解毒,通乳汁和补血的功能。不仅可用于跌打损伤,淤血肿痛,且对于一切痈疽疮疖及赤肿（丹毒）也有消毒功用,特别有利于各种特发性水肿病人的食疗。被李时珍称为"心之谷"。

（3）烹饪中的应用

赤豆多用于制作羹汤、粥品;煮烂退皮后可加工制成赤豆泥、豆沙等,是制作糕点甜馅的主要原料;与面粉掺和后可做各式糕点;在菜肴的制作中可作为甜味夹酿菜的馅料,如夹沙肉、龙眼烧白、高丽肉、酿枇杷等。

3. 绿　豆

绿豆,又名青小豆、菉豆、植豆,原产印度、缅甸地区。它不但具有良好的食用价值,还具有非常好的药用价值,有"济世之食谷"之说。在炎炎夏日,绿豆汤更是老百姓最喜欢的消暑饮料。

(1)品种与产地

绿豆的种子大多为短矩形,种子外被蜡质层包裹,较坚硬,绿豆大多数品种的种皮呈翠绿色,有的为黄绿色和蓝绿色,种脐凸出呈白色。绿豆的品种按照其种脐的长短可分为长脐绿豆和短脐绿豆。长脐绿豆为青绿豆,在我国很少栽培,我国栽培的主要是短脐绿豆。绿豆按生产季节可分为春播绿豆和夏播绿豆,春播绿豆在 7 月便可收获,夏播绿豆一般在 9 月中旬～10月中旬收获,主要产区集中在华北及黄河平原地区,其中河南、山东、安徽、江西等省是我国绿豆栽培面积较大的地区,此外,吉林、江苏、河北等省的产量也较大。著名品种有明光绿豆、大绿豆、宣化绿豆、嘉兴绿豆等。绿豆以色浓绿、富有光泽、粒大整齐、形圆、煮之易酥者品质最好。

(2)营养与保健

绿豆中所含的蛋白质、磷脂均有兴奋神经、增进食欲的功能,为机体许多重要脏器增加营养所必需;绿豆中的多糖成分能增强血清脂蛋白酶的活性,使脂蛋白中甘油三酯水解达到降血脂的疗效,从而可以防治冠心病、心绞痛;绿豆中含有一种球蛋白和多糖,能促进动物体内胆固醇在肝脏中分解成胆酸,加速胆汁中胆盐分泌并降低小肠对胆固醇的吸收。绿豆味甘、性凉,归心、胃经,具有清热解毒、利尿、消暑除烦、止渴健胃和利水消肿之功效,主治暑热烦渴、湿热泄泻、水肿腹胀、疮疡肿毒、丹毒疖肿、痄腮、痘疹以及金石砒霜草木中毒者。

(3)烹饪中的应用

绿豆可单独或与大米等原料混合,制作饭、粥等;也常制成绿豆沙,在面点中作为馅心使用。此外,绿豆还是制取优质淀粉的原料,可用于品质优良的粉丝、粉皮的制作。

图 3 - 10　蚕豆

4. 蚕　豆

蚕豆,又称胡豆、佛豆、胡豆、川豆、倭豆、罗汉豆。起源于西南亚和北非,相传西汉张骞自西域引入中国。

(1)品种与产地

蚕豆的荚果呈扁平圆形,未成熟时豆荚为绿色,荚壳肥厚而多汁,荚内有丝绒状绒毛,因含丰富的络氨酸酶,成熟的豆荚为黑色。蚕豆颜色因品种而异,有乳白、灰白、黄、肉红、褐、紫、青绿等色,脐色有黑色与无色两种。自热带至北纬 63°地区均有种植。中国以四川为最多,次为云南、贵州、湖南、湖北、江苏、浙江、青海等省。

(2)营养与保健

蚕豆中含有调节大脑和神经组织的重要成分钙、锌、锰、磷脂等,并含有丰富的胆石碱,有增强记忆力的健脑作用。蚕豆中的钙,有利于骨骼对钙的吸收与钙化,能促进人体骨骼的生长发育。蚕豆中的蛋白质含量丰富,且不含胆固醇,可以提高食品营养价值,预防心血管疾病。蚕豆皮中的膳食纤维有降低胆固醇、促进肠蠕动的作用。蚕豆味甘、性平,入脾、胃经。中医认为,蚕豆有补中益气、健脾益胃、清热利湿、止血降压和涩精止带之功效。

（3）烹饪中的应用

嫩蚕豆多用于制作多种菜肴,如用作主料制作酸菜蚕豆、春芽蚕豆,用作配料制作鸡米蚕豆、翡翠虾仁等。老蚕豆多用于制作点心、小吃等面点,也可以制汤。

5. 豌豆

豌豆,又名麦豌豆、寒豆、麦豆、雪豆、毕豆、麻累、国豆等。起源亚洲西部、地中海地区和埃塞俄比亚、小亚细亚西部,因其适应性很强,在全世界的地理分布很广。

图 3-11 豌豆

（1）品种与产地

豌豆种子的性状因品种不同而有所不同,大多为圆球形,还有椭圆、扁圆、凹圆皱缩等形状,颜色有黄白、绿、红、玫瑰、褐、黑等颜色。豌豆可按株形分为软荚、谷实、矮生豌豆 3 个变种,或按豆荚壳内层革质膜的有无和厚薄分为软荚和硬荚豌豆,也可按花色分为白色和紫（红）色豌豆。豌豆在我国已有两千多年的栽培历史,现在各地均有栽培,主要产区有四川、河南、湖北、江苏、青海等十多个省区。

（2）营养与保健

豌豆中富含人体所需的各种营养物质,尤其是含有优质蛋白质,可以提高机体的抗病能力和康复能力。在豌豆荚和豆苗的嫩叶中富含维生素 C 和能分解体内亚硝胺的酶,可以分解亚硝胺,具有抗癌防癌的作用。豌豆所含的止权酸、赤霉素和植物凝素等物质,具有抗菌消炎、增强新陈代谢的功能。豌豆味甘、性平,归脾、胃经,具有益中气、止泻痢、调营卫、利小便、消痈肿以及解乳石毒之功效,主治脚气、痈肿、乳汁不通、脾胃不适、呃逆呕吐、心腹胀痛和口渴泄痢等病症。

（3）烹饪中的应用

嫩豌豆大多整粒使用,一般用于制作菜肴,如腊肉焖豌豆、清炒豌豆。老豌豆常磨粉后使用,可以制作糕点和馅心;用豌豆制取的淀粉可制作粉丝、凉粉等食品。

三、薯类原料

薯类主要指马铃薯、甘薯、木薯以及山药,是我国居民既作主食又当蔬菜的传统食物。马铃薯俗称土豆,甘薯又称红薯、白薯、番薯、地瓜、红苕等,木薯又称树薯、树番薯、木番薯、南洋薯、槐薯等。薯类常常种植在一般禾谷类作物不能种植的丘陵地带,因其容易种植、抗旱,是高产、稳产的作物。

（一）薯类原料的营养特点

1. 含有丰富的淀粉

淀粉是碳水化合物的重要来源,它所提供的能量占人体总能量的 60% ~70%。在每 100 克干薯类食物中含有（76~81）g 的碳水化合物,即高于谷类食物。薯类食物中含有优质的淀粉,尤其是由木薯生产的淀粉极易消化,常适宜于婴儿及病弱者食用。并且,淀粉又是烹调中

上浆、挂糊及勾芡的主要原料。

2.含有丰富的膳食纤维

每100克干薯中含有(1.5~2.0)g膳食纤维,是谷类稻米的1~2倍。薯类食物中所含有的纤维素、半纤维素、果胶等膳食纤维,有利于肠道蠕动和食物消化。

3.含有丰富的胡萝卜素和维生素C

每100克干红薯中胡萝卜素和维生素C的含量,分别为750μg和25mg,在土豆粉中分别为120μg和27mg,而在谷类食物中基本上不含这类维生素。

4.含有较多的矿物质

在薯类食物中钙、铁的含量较高,每100克薯类食物中含钙量为(100~200)mg,铁为10mg,分别为谷食物的5~10倍。

5.含有某些特殊的营养保健成分

如在薯类食物中所含有的粘体蛋白(一种多糖蛋白的混合物),可以预防心血管系统的脂肪沉积,保持动脉血管弹性,防止动脉粥样硬化过早发生。同时,对于减少干眼症的发生和预防某些癌症有着重要的作用。

(二)烹饪中常用的薯类粮食品种

1.红 薯

红薯,又名番薯、甘薯、山芋、地瓜、红苕、线苕、白薯、金薯、甜薯、朱薯、枕薯等。起源于美洲的热带地区,由印第安人人工种植成功,明朝中后期引入中国。与马铃薯、木薯被称为世界三大薯类。

(1)品种与产地

红薯为根浅叶密、茎多匍匐生长、部分根可膨大成块根的蔓生型作物。块根按形状分为纺锤形、圆筒形、球形和块形等,皮色有白、黄、红、紫、淡红、紫红等,肉色可分为白、黄、蛋黄、橘红或带有紫晕等。红薯在我国广为栽培,以淮海平原、长江流域及东南沿海各省区为主要产地。

(2)营养与保健

红薯含有丰富的淀粉、膳食纤维、胡萝卜素、维生素A、维生素B、维生素C、维生素E以及钾、铁、铜、硒、钙等10余种微量元素和亚油酸等,其营养价值很高,被营养学家们称为营养最均衡的保健食品。这些物质能保持血管弹性,对防治老年习惯性便秘十分有效。红薯味甘、性平,能补脾益气、宽肠通便、生津止渴,用于脾虚气弱、大便秘结、肺胃有热、口渴咽干。吃红薯时要注意一定要蒸熟、煮透。食用红薯不宜过量,中医诊断中的湿阻脾胃、气滞食积者应慎食。

(3)烹饪中的应用

除直接煮、蒸、烤食用外,还可以在煮熟后捣制成泥,与米粉、面粉等混合,制成各种点心和小吃,如红薯饼、苕梨等;晒干磨成粉后,与小麦粉等掺和,可做馒头、面条、饺子等;可作为甜菜用料或蒸类菜肴的垫底,如拔丝红薯、粉蒸牛肉等;可做为雕刻的用料;可提取淀粉制作红薯粉条、红薯粉等。此外,甘薯的嫩茎和叶可作为鲜蔬食用,如清炒红薯苗。

2.木 薯

木薯又称树薯、木番薯、槐薯等,原产于美洲热带,全世界热带地区广为栽培。

(1)品种与产地

木薯为热带和亚热带地区重要的粮食和饲料作物。木薯块根呈圆锥形、圆柱形或纺锤形,肉质,富含淀粉。木薯主要有苦木薯和甜木薯两种。前者淀粉含量高于甜味品种,氰酸较多,专门用来生产木薯粉,后者食用方法类似马铃薯。木薯主要分布在巴西、墨西哥、尼日利亚、玻利维亚、泰国、哥伦比亚、印度尼西亚等国家。中国于 19 世纪 20 年代引种栽培,现已广泛分布于华南地区,广东和广西的栽培面积最大,福建和台湾次之,云南、贵州、四川、湖南、江西等省亦有少量栽培。

图 3 – 12　木薯

（2）营养与保健

鲜木薯块根中,一般含水分为 69%、蛋白质为 1%、脂肪为 0.2%、淀粉约为 28%,另外维生素的含量也较丰富。木薯淀粉是优质淀粉,易于为人体吸收利用。木薯叶富含各种营养物质,鲜叶中含蛋白质 8%。嫩叶经浸水除去氰酸后,可作蔬菜食用。木薯味苦、性寒、小毒,可解毒消肿,主治疮疡肿毒与疥癣。

（3）烹饪中的应用

木薯的烹饪应用与甘薯基本相同,可直接煮、蒸、烤食用,或煮熟捣泥,与米粉、面粉等混合,制成点心和小吃。此外,木薯常用于提取淀粉。木薯淀粉成品色白细腻,为优质淀粉,可用于西米的加工。木薯块根中含有木薯氰苷,须先水浸去毒,并经过加工至熟后方可食用。

第三节　粮食制品

一、粮食制品概述

粮食制品是以谷类、豆类、薯类等粮食为原料,经加工制成的烹饪原料。

（一）种　类

按照加工原料的不同,粮食制品分为以下三类。

1. 谷制品

谷制品是以面粉、稻米为原料加工而成的粮食制品。主要品种有挂面面包渣、面筋、澄粉、糯米粉及米凉粉等。

2. 豆制品

豆制品是以各种豆类为原料加工而成的粮食制品。豆制品的种类很多,一般可以分为以下三类。

（1）豆浆和豆浆制品:用未凝固的豆浆制成,如豆浆、腐衣、腐竹等;

（2）豆脑制品:用点卤凝固后的豆脑制成,如豆花、豆腐脑、豆腐、豆干、百叶等;

（3）豆芽制品:成熟的豆粒在适合的条件下发芽形成的芽菜,如黄豆芽、绿豆芽、花生芽等;

（4）其他豆制品:其他的豆制品或用提取的大豆蛋白质人工制成的复制品等,如豆渣、红豆沙、绿豆沙、人造肉等。

3. 淀粉制品

淀粉制品是以从粮食中加工提炼出的淀粉为原料,再经加工而成的制品,如粉丝、粉条、粉

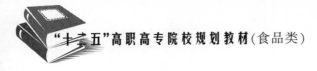

皮、凉粉等。

(二)粮食制品的共性

1. 大多本身没有特别显著的口味,搭配的适应性较强。

2. 适应于多种烹调方法,如煮、蒸、炸、炒、烧、煨、炖等均可。

3. 是制作素馔和仿荤菜肴的重要原料,如素鸡、素鸭、素火腿、素香肠、素肉丝等。

4. 是制作各种风味小吃的原料,如四川的汤圆及云南的米线。

粮食制品在烹饪原料中占有比较重要的地位,是中华民族以植物类原料为主的饮食结构中的主要组成部分。这些制品绝大部分供家常食用,是我国人民膳食中蛋白质的重要来源。随着生活水平的提高以及"富贵病"、"三高症"病人的增多,粮食类制品,尤其是豆制品已成为素食菜点生产中不可替代的主要原料,同时也成为筵席中的主要特色菜点。

二、粮食制品的种类

(一)谷制品

1. 面　筋

面筋是一种植物性蛋白质,将面粉加入适量水、少许食盐,搅匀上劲,形成面团,稍后用清水反复搓洗,把面团中的活粉和其他杂质全部洗掉,剩下的即是面筋。面筋主要由麦醇溶蛋白和麦谷蛋白质组成,占干重的85%以上。这两种蛋白质形成面筋的结构骨架,在其结构间隙含有少量淀粉、脂肪等。

(1)品种与产地

刚洗出的面筋叫做生面筋,生面筋容易发酵变质,不易储存,常按不同的加工方法进一步制成多种制品。

①水面筋:将生面筋制成块状或条状,用沸水煮熟制成,色灰白、有弹性。

②素肠:将生面筋捏成扁平长条,缠绕在筷子上,沸水煮熟后抽去筷子,成型为管状的熟面筋,质地、色泽均同水面筋。

③烤麸:将大块生面筋盛入容器内,保温让其自然发酵成泡,但发酵时间不宜过长,然后用高温蒸制成大块饼状,色橙黄,松软而有弹性,质地多孔,呈海绵状。

④油面筋:将生面筋吸干水分,按每1000克面筋加入300g面粉拌和,揉至面粉全部融入面筋中且外观光亮为止,摘成小团块,放入六成热油中油炸成圆球状。色泽金黄,中间多孔而酥脆,重量轻,体积大。

面筋在全国各地均有,油面筋为无锡的传统特产。

(2)营养与保健

面筋的营养成分尤其是蛋白质含量,高于瘦猪肉、鸡肉、鸡蛋和大部分豆制品,属于高蛋白、低脂肪、低糖、低热量食物,还含有钙、铁、磷、钾等多种微量元素,是传统的美食。面筋性甘、凉,和中、解热、止烦渴。

(3)面筋及其各种加工品的在烹饪中的应用

面筋及其各种加工品口感柔韧,富有弹性。在烹调中,既可以单独使用,也可以与其他原料配合,最宜与鲜美的动物性原料合烹,适用于炒、烩、烧、蒸、填馅、做汤等多种烹调方法。

2. 米 线

米线又称米粉、沙河粉,是以大米为原料,经过多道加工程序制成的线状原料。

(1)品种与产地

米线的品种随地域而变,著名的产品有福建兴化粉、桐口粉干、广东沙河粉、江西石城粉干等。米线的质量以质地洁白、柔韧滑爽、煮后不粘条、不糊汤、断条少、无斑点及无异味者为佳。

(2)营养与保健

米线富含碳水化合物,低脂或无脂,含少量蛋白质。肠胃不好的人不适宜多吃米线。

(3)烹饪中的应用

米线的食用方法很多,可以炒、煮、烩等,凉热皆宜。云南的"过桥米线"、"小锅米线"、广西的"桂林马肉米粉"、贵州"遵义牛肉米粉"等,都是我国著名的以米线为原料的食品。

(二)豆制品

1. 豆 腐

豆腐是以大豆为原料,经浸泡、研磨、滤浆、煮浆、点卤或加石膏等工序,使豆浆中的蛋白质凝固后压榨成型的产品。

(1)品种与产地

豆腐按使用凝固剂的不同,可分为南豆腐、北豆腐及内酯豆腐等。

①南豆腐:又称嫩豆腐,是以石膏点制凝固,成豆腐脑后在布包内转压成型的豆腐。水分含量约为 90% ,质地细腻,口感较嫩。适于拌、炒、烩、烧及制羹、氽汤,不适于炸、煎。

②北豆腐:又称老豆腐,是经点卤凝固,成豆腐脑后在模具中紧压成型的豆腐,其水分含量大约为 85% 。质地紧密,口感较老,适于煎、炸、炒、制馅等。

③内酯豆腐:是以葡萄糖酸 - b - 内酯作凝固剂制作的豆腐。内酯豆腐细腻有弹性,但微有酸味,适用技法同南豆腐。

豆腐的品质以表面光润、白洁细嫩、成块不碎、气味清香、柔嫩适口、无苦涩味或酸味,炸时易起蜂窝者为佳。

(2)营养与保健

豆腐营养丰富,含有铁、钙、磷、镁等人体必需的多种微量元素,还含有糖类、植物油和丰富的优质蛋白,素有"植物肉"之美称。豆腐的消化吸收率达 95% 以上。两小块豆腐,即可满足一个人一天钙的需要量。豆腐为补益清热养生食品,常食之,可补中益气、清热润燥、生津止渴、清洁肠胃。更适于热性体质、口臭口渴、肠胃不清、热病后调养者食用。现代医学证实,豆腐除具有增加营养、帮助消化、增进食欲的功能外,对齿、骨骼的生长发育也颇为有益,在造血功能中可增加血液中铁的含量;豆腐不含胆固醇,为高血压、高血脂、高胆固醇症及动脉硬化、冠心病患者的药膳佳肴。同时,也是儿童、病弱者及老年人补充营养的食疗佳品。豆腐含有丰富的植物雌激素,对防治骨质疏松症有良好的作用。另外还有抑制乳腺癌、前列腺癌及血癌的功能,豆腐中的甾固醇、豆甾醇,均是抑癌的有效成分。

(3)烹饪中的应用

豆腐在烹调中应用十分广泛,适于各种烹调方法,制作的菜肴多达上百种。著名的菜肴有"小葱拌豆腐"、"麻婆豆腐"、"生煎豆腐"、"泥鳅钻豆腐"、"锅贴豆腐"、"沙锅豆腐"等。

2. 豆 干

豆干,又名豆腐干、白干,是以大豆为原料,经浸泡、研磨、出浆、凝固、压榨等工序生产加工而成。

(1)品种与产地

直接用豆腐脑制成的豆腐干成为白豆腐干或白干,白豆腐干可进一步加工成五香干、茶干、臭干、兰花干等。著名品种有安徽采石矶茶干、四川五香豆腐干、江苏苏州卤干、如皋白蒲茶干等。

(2)营养与保健

豆腐干中含有丰富蛋白质,而且豆腐蛋白属完全蛋白,不仅含有人体必需的8种氨基酸,而且其比例也接近人体需要,营养价值较高;豆腐干含有的卵磷脂可除掉附在血管壁上的胆固醇,防止血管硬化,预防心血管疾病,保护心脏;含有多种矿物质,补充钙质,防止因缺钙引起的骨质疏松,促进骨骼发育,对小儿、老人的骨骼生长极为有利。平素脾胃虚寒,经常腹泻便溏之人应忌食豆腐干。

(3)烹饪中的应用

豆腐干可加工成卤干、熏干、酱油干等,是宴席中拌凉菜、炒热菜的上乘原料。

3. 百 叶

百叶,豆制品的一种,色黄白,可凉拌,可清炒,可煮食。百叶的叫法多见于苏北地区,北方地区称豆腐皮,赣、苏、皖地区称为千张。

(1)品种与产地

百叶是将大豆磨浆、煮沸、点卤后,将豆腐脑按规定分量舀到布上,分批折叠,压制而成的片状制品。质量好的百叶薄而均匀、质地细腻、色淡黄、味醇正、久煮不碎。著名品种有安徽芜糊千张、江苏徐州百叶等。

(2)营养与保健

上同于"豆干"。

(3)烹饪中的应用

百叶多通过拌、熏、酱等制成凉菜,也可通过烧、炒、煮、炖制成热菜,还可用于制作素鸡、素鹅、素火腿、素香肠等。

4. 腐 竹

腐竹是大豆磨浆烧煮后,将蛋白质上浮凝结而成的薄皮挑出后,卷成杆状烘干而成的豆制品。

(1)品种与产地

腐竹的品质以颜色浅麦黄,有光泽,蜂窝均匀,折之易断,外形整齐的质佳。著名品种有广西高田腐竹、江西高安腐竹、广西桂平社坡腐竹,河南许昌河街乡是全国最大的豆制品生产集散地,素有"腐竹之乡"之称。

(2)营养与保健

腐竹是豆制品的高档食物,以营养价值之高,被许多人广称为"素中之荤"。腐竹含有多种矿物质,可补充钙质,防止因缺钙导致的骨质疏松,增进骨骼发育。腐竹浓缩了黄豆中的精华,是豆制品中的营养冠军。常吃腐竹可健脑并预防老年痴呆症,防止血管硬化,保护心脏,降低血液中胆固醇含量,有防止高脂血症、动脉硬化的作用。同时具备清热润肺、止咳消痰的功效,几乎适合所有人食用。

（3）烹饪中的应用

腐竹适宜于烧、拌，可做配料；腐竹须用凉水泡发，这样可使腐竹整洁美观，如用热水泡，则腐竹易碎；用清水浸泡（夏凉冬温）3h～5h 即可发开；可荤、素、烧、炒、凉拌、汤食等，食之清香爽口，荤、素食别有风味。腐竹适于久放，但应放在干燥通风之处；过伏天的腐竹，经阳光晒、凉风吹数次即可。

（三）淀粉制品

1. 粉　丝

粉丝又称粉条、粉干、线粉等，是将绿豆、红薯、土豆等淀粉含量高的原料用糊化和老化的原理，经浸泡、磨浆、提粉、打糊、漏粉、理粉、晒粉、泡粉、挂晒等多道加工工艺制成的丝线状制品。

（1）品种和产地

按照原料的不同，粉丝主要有：

①豆粉丝：以各种豆类为原料制成，其中以绿豆制作的粉丝质量为佳，呈半透明状，弹性和韧性好，为粉丝中的上品，如山东龙口粉丝；

②薯粉丝：一般以甘薯、马铃薯等为原料加工而成，不透明，色泽暗；

③混合粉丝：一般以豆类原料为主，兼以薯类、玉米、高粱等混合制作而成，品质优于薯粉丝。

（2）营养与保健

粉丝里富含碳水化合物、膳食纤维、蛋白质、烟酸和钙、镁、铁、钾、磷、钠等矿物质。粉丝有良好的附味性，它能吸收各种鲜美汤料的味道，再加上粉丝本身的柔润嫩滑，更加爽口宜人；但是粉丝含铝很多，一次不宜食用过多。

（3）烹饪中的应用

粉丝广泛用于烹调中，既可以作为菜肴主料、配料，用于拌、炒、烧、作汤，也可以制作面点的馅心。"蚂蚁爬树"、"五色龙须"等菜肴，都是以粉丝为主料制作出的著名菜肴。

2. 粉　皮

粉皮是以豆类或薯类的淀粉为原料，利用糊化、老化的原理制成的片状制品。

（1）品种与产地

粉皮以纯绿豆制作的较好。粉皮外形有方形和圆形。制成后未经感知的称为水粉皮，多在产地销售；经干制的称为干粉皮，便于贮藏运输。著名品种有河北邯郸粉皮、河南汝州粉皮、安徽寿县粉皮等。

（2）营养与保健

粉皮主要营养成分为碳水化合物，还含有少量蛋白质、维生素及矿物质，具有柔润嫩滑、口感筋道等特点。粉皮在加工制作过程中添加了明矾，明矾即硫酸铝。摄入过量的硫酸铝，会影响脑细胞的功能，从而影响和干扰人的意识和记忆功能，因此不宜多食。

（3）烹饪中的应用

粉皮经切成块状、条状后，可以直接调拌作小吃或作冷菜，如"黄瓜拌粉皮"、"鸡丝拉皮"等；配荤料可以制作"砂锅鱼头粉皮"、"汤卷"、"猴戴帽"等热菜；油炸后可制作"拔丝粉皮"、

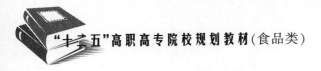

"火腿蛋粉皮"等菜式。

 本章小结

　　通过本章的学习,应该了解粮食及其制品的概念、主要品种与产地,掌握常用粮食类原料的营养特点及食用品质,理解其食疗特点并能在实践操作中正确地应用。本章的学习重点是粮食类原料的营养特点及其在烹饪中的应用。学习时要做到理论联系实际,进而理解其结构特点、营养特点与加工工艺之间的关系。

 练 习 题

　　1. 试述粮食原料的营养特点。

　　2. 试述谷类原料的结构特点。

　　3. 试举例说明粮食原料中蛋白质的互补作用的应用。

　　4. 试述杂粮在当今社会的重要性。

　　5. 试述绿豆对人体的重要作用。

　　6. 试述如何鉴别真假龙口粉丝。

　　7. 试比较老、嫩豆腐的特点。

第四章　蔬菜类烹饪原料

学习目标

1.了解蔬菜类原料的概念、品质特点及常用蔬菜的名称、产地、产季和营养价值;

2.理解蔬菜类原料的化学成分、蔬菜类原料品种与蔬菜制品的性质特点;

3.掌握蔬菜类原料的分类方法、分类内容、烹调运用及品质特点,掌握蔬菜制品的特点和烹调运用。

第一节　蔬菜原料概述

一、蔬菜类原料概念

蔬菜是重要的烹饪原料,是人们日常生活中不可缺少的副食品,蔬菜中还有丰富的营养成分,特别是对保持人体的酸碱平衡有着重要的作用。

我国的蔬菜栽培历史悠久,品种繁多,产量丰富,品质优良,随着农业科技的不断发展,绿色蔬菜、特色蔬菜等新品种不断涌现,使我们的蔬菜市场更加的丰富多彩。

蔬菜是指能够用于烹饪作为主辅料的除了粮食以外的植物(包括少数木本植物、草本植物和部分菌藻类植物)。

二、蔬菜的分类

蔬菜在不同的领域有很多不同的分类方法,例如植物学、农业学、生物学、食用部位等分类方法。这里我们主要研究食用部位的分类方法。

食用部位分类法是根据人们食用蔬菜的不同部位归纳分类。

1.根菜类蔬菜

是指植物粗大的具有食用价值的根部的一类蔬菜,如萝卜、胡萝卜、根用甜菜等。

2.茎菜类蔬菜

是指以植物的嫩茎或变态茎为食用部分的蔬菜,包括地上茎类蔬菜和地下茎类蔬菜,如竹笋、大蒜等。

3.叶菜类蔬菜

是指以叶片和叶柄为主要食用部分的蔬菜,包括白菜、生菜等。

4.花菜类蔬菜

是指以植物的花为食用部位的蔬菜,如黄花菜、花椰菜等。

5.果菜类蔬菜

是指以植物的果实或幼嫩的种子为食用部分的蔬菜,如菜豆、黄瓜等。

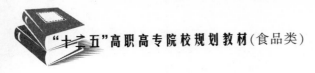

6. 菌藻类蔬菜

是指那些可供人体食用的菌类、藻类、地衣类等。

三、蔬菜的化学组成和营养价值

蔬菜是维持人体酸碱平衡的重要原料,它含有很多的化学成分,但因各种蔬菜的品种、产地、气候、栽培、管理等方面的不同,所以在化学成分的组成及含量上也有很大的差别。

(一)水　分

水分是很多蔬菜类原料的重要组成成分,一般占原料的 65% ~90% ,含水量是检验蔬菜类原料新鲜度的一个重要标准,蔬菜中的水分以两种形态存在:自由水和束缚水。

自由水是指不被植物细胞内胶体颗粒或大分子所吸附、能自由移动、并当作溶剂作用的水。在蔬菜体内流动性强,易蒸发加压可析离,是可以参与物质代谢过程的水。自由水还具有一定的运输作用,在生物体内流动,可以把营养物质运送到各个细胞,同时也把各个细胞在新陈代谢中产生的废物运送到排泄器官或者直接排除体外。

束缚水是被细胞内胶体颗粒或大分子吸附或存在于大分子结构空间,不能自由移动,具有较低的蒸汽压,在远离 0℃ 以下的温度下结冰,不起溶剂作用,并似乎对生理过程是无效的水。它有两个特点:(一)不易结冰(冰点为 -40℃);(二)不能作为溶质的溶剂。

(二)碳水化合物

碳水化合物是蔬菜中的主要成分,在体内的主要存在形式有糖、淀粉、果胶、纤维素等。

1. 单糖、双糖和糖醇

都是存在于蔬菜中甜味的主要呈现,包括葡萄糖、果糖、蔗糖、麦芽糖,这些糖类与植物中的许多营养物质搭配形成不同的风味,使蔬菜类原料有了不同的口味。

2. 多　糖

在蔬菜原料中,多糖主要以淀粉的形式存在,主要存在于根类和茎类蔬菜中。其中马铃薯中含 14% ~25% 、藕中含 12.77% 、板栗中含 33% 、未成熟的香蕉中含 9% ,荸荠和芋头当中也较多。

纤维素是一类复杂的多糖,是构成植物细胞壁的主要成分,多存在于蔬菜的茎、叶、果实和海藻类等。包括纤维素、半纤维素、木质素等,纤维素不能为人体所利用,但在人体的代谢过程中有着很重要的作用。

果胶物质主要存在于植物的初生细胞壁和细胞之间的中层内。果胶物质是细胞壁的基质多糖,在浆果、果实和茎中最丰富。利用果胶的性质蔬菜可以被制作成很多酱品类原料。

(三)维生素

蔬菜中含有丰富的维生素,是人体获得维生素的重要来源。其中,因为受清洗、烹调方法、加热时间、保存管理等方面的影响,蔬菜中的维生素 C 受到损失。因此我们在这个过程中要注意烹调方法不要过长,不要盛装在铁或铜的器皿中,加热时不要加碱等,减少维生素 C 的流失。

维生素 A 原、维生素 E 及维生素 K 都为脂溶性维生素,因此,在烹制富含这些成分的蔬菜时,宜多加油烹制。如炝炒豌豆苗、胡萝卜烧肉、韭菜炒鸡蛋等,以利于人体的吸收。

由于维生素 B_1 其分子组成中含有硫和氨基,因此叫做硫胺素或抗脚气病维生素,在中性环境中遇热容易遭到破坏。在烹调过程中如果过多加碱就会造成维生素 B_1 的损失,因为维生素 B_1 易溶于水,故在淘米或蒸煮时,常溶于水而流失。

维生素 B_2 溶于水而不溶于脂肪,在烹调过程中遇到碱性溶液时破坏会很大。因此在烹调过程中尽量选择水多的烹调方法,要大火急炒,预防加热时间过长。

(四)蛋白质

蔬菜中含氮的物质主要以蛋白质的形式存在。其中,豆类菜、果菜类含有丰富的蛋白质,而叶菜类蔬菜则含蛋白质较少。

(五)无机盐

蔬菜中的矿物质含量非常少,钙、磷、铁、镁、钾、钠、碘、铝、铜等以无机态或有机盐的形式存在于水果蔬菜中。但由于某些蔬菜含相当量的草酸,与钙、磷、铁等离子结合成不溶性的草酸盐,影响了钙、铁等无机离子的吸收。

(六)有机酸

有机酸在水果和蔬菜中含量丰富,主要包括柠檬酸、苹果酸和酒石酸,一般通称为果酸。此外,还含有少量的草酸、水杨酸、琥珀酸。这些有机酸以游离状态或结合成盐类的形式存在,形成了果实特有的酸味。有机酸和果实中所含的糖分共同构成的糖酸会直接影响果实的风味。

有机酸可以刺激食欲,保护蔬菜原料中的维生素 C,丰富菜肴的味感,但是某些蔬菜中含有较多的草酸,如菠菜、竹笋、叶用甜菜、食用大黄等,在烹制前应焯水处理,除去草酸,从而避免影响钙质的吸收、减少对胃肠道的刺激、降低酸涩味。

(七)色　素

蔬菜中的色素分为两大类,一类是水溶性色素,如花青素、花黄素等,另一类是非水溶性色素,如叶绿素和类胡萝卜素等。色素在烹调过程中与受热程度有很大的关系,因此色素是影响菜肴色泽鲜亮的一个重要条件。

(八)芳香物质

芳香物质含量虽少但成分非常复杂,主要是酯、醛、酮、烃、萜、烯等。有些以糖或氨基酸的形式存在,在酶的作用下分解生成挥发油才有香气,如蒜油。

烹饪中可以利用水果的特异性芳香气味制作出各式冷盘、冷点;利用蔬菜的香辛气味赋味增香、去腥除异。从而达到丰富菜肴的品种、刺激食欲、保护维生素 C 的目的。

四、蔬菜在烹饪中的运用

(1)可做菜肴的主料,如拔丝山药、开水白菜、鱼香茄子等。

(2)可做菜肴辅料,如鸡丝银芽、鱼香肉丝、回锅肉等。

(3)部分蔬菜类原料是重要的调味蔬菜。如葱、姜、蒜等原料可以除去异味增加香味,在炖羊肉的时候加入适当的萝卜可以去除羊肉的膻味。

(4)部分蔬菜类原料是面点中的重要馅心原料。如白菜、韭菜、大葱等都是做包子和饺子的重要馅心原料。

(5)作为雕刻的重要原料。如萝卜、南瓜、西瓜、冬瓜等。

(6)用于制作风味小吃的重要原料。如榨菜、腌雪里蕻、咸菜等。

五、蔬菜的品质鉴别

烹饪原料的品质鉴别主要是有理化鉴别和感官鉴别,对鲜嫩的蔬菜类原料主要是依靠感官鉴别。

1. 看

用眼睛察看蔬菜类原料的外形主要从原料固有的品质、有无病虫害、形状周正、色泽新鲜清洁、果实坚实肉厚、表皮光滑无锈斑、原料纯度较高以及原料的清洁卫生整齐等方面进行鉴定。

2. 闻

具有原料本身特有的清香,具有原料成熟的芳香,无腐烂臭味,无霉味。

3. 摸

原料表皮光滑细腻,果实圆润整齐,大小均匀,不松散,不缩水。

4. 尝

原料新鲜多汁,脆嫩爽口,味正香醇。

第二节 烹饪中常用的蔬菜原料

一、根菜类蔬菜

(一)根菜类蔬菜的特点

根菜类是以植物膨大的变态根作为食用部位的。可分为肉质直根和肉质块根,直根主要是植物的主根,有白萝卜和胡萝卜;块根主要是植物的侧根,有甘薯等。一般根菜类质地脆爽,富含水分较多,含淀粉、蛋白质较多。根菜类蔬菜一般可以生吃,富含淀粉多的原料可以做拔丝类菜肴,或者面点馅心等。

(二)根菜类蔬菜的常见品种

1. 萝 卜

萝卜又称莱菔,原产我国,一年四季均产,如图4—1所示。

(1)品种和产地

萝卜品种繁多按上市期分为春萝卜、夏萝卜、秋萝卜和四季萝卜。春夏萝卜有泡黑红、五月扬花萝卜、云南沾益、青岛刀把萝卜等。秋萝卜有青园脆、心里美、卫青萝卜、长白萝卜、四川的粉团萝卜、浙江大、广东火车头、广西的融安晚等。四季萝卜有小寒萝卜、四缨萝卜、扬花萝卜、上海红萝卜,其中又以秋萝卜中的红萝卜、白萝卜、青萝卜三种为最多。我国著名的优良品种有北京心里美、成都春不老等。

（2）营养价值

萝卜含有芥子油而有辛辣味，可促进胃肠蠕动，有助于体内废物的排除。由于萝卜本身含有丰富的维生素、矿物质和酶，中医认为其性平、味辛、甘、入脾、胃经，具有消积滞、化痰止咳、下气宽中、解毒等功效。民间有"冬吃萝卜，夏吃姜，不劳医生开药方"之说。

（3）烹饪中的应用

萝卜可以生吃，也可做凉菜，如"糖醋萝卜皮"等。萝卜还可以制汤，如"银鱼萝卜汤"。同时，萝卜还是很多雕刻作品及菜肴装饰物的重要原料。

2. 胡萝卜

胡萝卜又称红萝卜、黄萝卜、番萝卜、丁香萝卜，如图4-2所示。

（1）品种和产地

原产地中海沿岸，我国栽培甚为普遍，以山东、河南、浙江、云南等省种植最多，原产于阿富汗及邻国地区，现在整个温带地区都有种植。春季种植的胡萝卜一般在6~7月初收获，秋季播种的在11月上旬收获。

胡萝卜的品种很多，按色泽可分为红、黄、白、紫等数种，我国栽培最多的是红、黄两种。按形状可分为圆锥形和圆柱形。

（2）营养价值

胡萝卜有"小人参"之称，含有多种维生素和多种糖类，特别是胡萝卜素含量丰富，是目前补充维生素A最安全的食品。中医认为胡萝卜味甘、性平，有健脾和胃、补肝明目、清热解毒、壮阳补肾、透疹、降气止咳等功效，可用于肠胃不适、便秘、夜盲症（维生素A的作用）、性功能低下、麻疹、百日咳以及小儿营养不良等症状。

（3）烹饪中的应用

胡萝卜质细味甜、脆嫩多汁，可以生食，也可以熟食，适合多种刀法的操作，适宜于炒、烧、拌、拔丝等多种烹调方法，还可以做多种菜品的配料及多种菜肴的色泽搭配原料，亦可以做雕刻的重要原料。

图4-1 萝卜

图4-2 胡萝卜

第四章 蔬菜类烹饪原料

3. 根用甜菜

根用甜菜又称为红菜头、甜菜根、紫菜头等,如图 4 - 3 所示。

(1)品种和产地

原产欧洲地中海沿岸,我国有少量栽培。甜菜是两年生草本植物,古称忝菜,属藜科甜菜属。是我国的主要糖料作物之一,生活的第一年主要是营养生长,在肥大的根中积累丰富的营养物质,第二年以生殖生长为主,抽出花枝经异花受粉形成种子。

(2)营养价值

甜菜营养丰富,含有粗蛋白、可溶性糖、粗脂肪、膳食纤维、维生素 C、烟酸等,含有钾、钠、磷、镁、铁、钙、锌、锰、铜等矿物质。

(3)烹饪中的应用

西餐中可生食、凉拌、煮汤,中餐中可单独成菜,也可以与肉类等配用。由于其表皮和肉质均呈红色,纹路美观,故亦是装饰、点缀及雕刻的良好原料。菜品有莫斯科红菜汤、甜菜奶油汤等。

图 4 - 3　根用甜菜　　　　　图 4 - 4　辣根　　　　　图 4 - 5　牛蒡

4. 辣　根

辣根又称西洋葵菜、山葵萝卜等,如图 4 - 4 所示。

(1)品种和产地

原产于欧洲东部和土耳其,中国的青岛、上海郊区栽培较早,其他城郊或蔬菜加工基地有少量栽培。辣根的收获期可在当年的 11 月～翌年 3 月,一般在当年 11 月上中旬收获。当霜后叶片干枯,要及时挖出,留足种根,其余即可加工或出售。

(2)营养价值

肉质根的辛辣成分主要为黑芥子甙,经水解后产生挥发油,有刺鼻的辛辣味。有利尿、兴奋中枢神经和抗过敏的作用。含有人体所需的多种营养成分,具有抑制胃癌细胞繁殖,防治胃癌之功效。

(3)烹饪中的应用

在烹饪应用中,多用于调味。辣根以肥大的肉质根供食用。鲜用时将辣根磨碎制成酱,作为"芥末糊"使用。或制成干粉作为肉类的调味品,也用于咖喱粉的调配。此外,原产于日本的同属另种水辣根制成的绿色"芥末糊",广泛应用于生鱼片、生蚝等的蘸食上,还可以作为制作酱油的原料。

5. 牛　蒡

牛蒡又称为牛菜、恶实、牛蒡子、东洋参大力子、蝙蝠刺、东洋萝卜、黑萝卜以及蒡翁菜牛鞭菜等。

（1）品种和产地

牛蒡原产于中国,以野生为主,公元940年前后传入日本,并被培育成优良品种,现日本人把牛蒡奉为营养和保健价值极佳的高档蔬菜。牛蒡肉质根呈圆柱形,全部入土,长约(60～100)cm,直径约(3～4)cm。表皮厚而粗糙,暗黑色;根肉灰白色,水分少,有香味,质地细致而爽脆。

（2）营养价值

牛蒡根中含有丰富的膳食纤维,膳食纤维具有吸附钠的作用,并且能随粪便排出体外,使体内钠的含量降低,从而达到降血压的目的。牛蒡根中钙的含量是根茎类蔬菜中最高的,钙具有将钠导入尿液并排出体外的作用,从而达到降低血压的目的。牛蒡根中蛋白质的含量也极高,蛋白质可以使血管变的柔韧,能将钠从细胞中分离出来,并排出体外,也具有预防慢性高血压的作用。牛蒡根中所含有的牛蒡甙能使血管扩张、血压下降。

（3）烹饪中的应用

除肉质根外,嫩叶也可食用。初加工时应注意:其根肉细胞中含较多的多酚物质及氧化酶,切开后易发生氧化褐变,应注意保色。烹饪中将牛蒡除去外皮、放在清水中脱涩后,可单独或配排骨、鱼等炖、烧、煮食,或切成片裹面糊后炸食,也是制作酱菜、渍菜的原料。此外,嫩茎叶为西餐的冷餐佳品,用于色拉的制作及煮汤等。例如香辣牛蒡丝、沙茶牛蒡、牛蒡排骨汤、蜜汁牛蒡等菜品。

6.芜　菁

芜菁又称蔓菁、圆根、马王菜、扁萝卜、诸葛菜、油头菜等,如图4-6所示。

图4-6　芜菁

图4-7　芜菁甘蓝

（1）品种和产地

原产于地中海沿岸,我国主要分布在华北、西北及华东江浙一带。肉质根肥大,呈圆形、长圆形、圆锥形或扁圆形。根皮多为白色,也有上部绿或紫而下部白色者,还有紫、黄等色。质地较萝卜致密,有甜味,无辣味。

（2）营养价值

肉质根中含有大量的维生素A、维生素B、维生素C及多种糖类、氨基酸、钙、铁、磷等矿物质。功能:开胃下气,利湿解毒。治食积不化,黄疸,消渴,热毒风肿,疔疮,乳痈等病症。

（3）烹饪中的应用

在烹饪中可采用蒸、煮、炖、炒等多种烹调方法,也可腌渍、酱制。但腌制后质地变软,质感

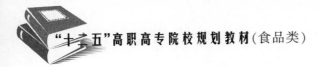

变差。例如酱大头菜、红辣大头菜、鲜虾煸大头菜等。

7. 芜菁甘蓝

芜菁甘蓝又称洋蔓菁、土苤蓝、大头菜、洋大头菜、洋疙瘩等,如图4-7所示。

(1)品种和产地

芜菁是我国古老的蔬菜之一。在我国华北、西北、云贵地区及江浙一带均有种植。为两年生草本植物,以肥大的肉质根为主要产品。因其容易栽培、产量高、茎叶均可利用,在我国各地栽培渐多。肉质根呈卵球形或圆锥形,根皮光滑,上部淡紫红色,下部白色微黄;根肉质地坚实,常呈黄色,有时为白色,无辛辣味,味甜美。

(2)营养价值

其根含蛋白质、粗纤维、磷、硫胺素、核黄素、烟酸、维生素等成分。还含脂肪油,内有二十碳-11-烯酸甲酯。功能主治:清湿热;散热毒;消食下气,主湿热黄疸;便秘(便秘食品)腹胀;热毒乳痈;小儿头疮;无名肿毒;骨疽。

(3)烹饪中的应用

在烹饪中除鲜食用于拌、炒、煮等外,主要用于腌制或酱制。

8. 根用芥菜

根用芥菜又称大头菜、疙瘩菜、冲菜等,为十字花科芥菜的变种之一。

(1)品种和产地

根用芥菜原产于我国。肉质根肥大,呈圆锥或圆筒形,上部绿色,下部灰白色。质地紧密,水分少,粗纤维多,有强烈的芥辣味,稍有苦味。除肉质根外,叶也可供食。以形状端正、皮嫩洁净、含水量少、无空心、无分权者为佳。

(2)营养价值

根用芥菜的肉质根含钙、磷、铁等矿物质和维生素C、蛋白质等。

(3)烹饪中的应用

根用芥菜在烹饪中主要供加工使用,可制成腌菜、泡菜、酱菜、辣菜和干菜等。若鲜食,可炒、煮、做汤等。

9. 豆 薯

豆薯又称地瓜、凉薯、沙葛、土萝卜、地萝卜、草瓜茹等,为豆科一年生蔓生草本植物。

(1)品种和产地

豆薯原产于热带美洲,在我国南部和西南各地普遍栽培。其主根膨大形成纺锤形肉质根,根皮黄白色,因含丰富的根皮纤维,很易撕去。根肉白色,脆嫩多汁、味甜。其豆荚称四棱豆,也可供食用。

(2)营养价值

豆薯含有糖分、维生素C、钙、磷、铁等成分,其质量要求为个大均匀、皮薄光滑、肉洁白、无损伤等。

(3)烹饪中的应用

豆薯除生食代水果外,在烹饪中可拌、炒,宜配荤,如地瓜炒肉丁,亦可作垫底。另外,老熟后可提取淀粉。

10. 婆罗门参

婆罗门参,又称为蒜叶婆罗门参、西洋牛蒡。

（1）品种和产地

婆罗门参原产于欧洲南部。人工栽培的历史有200多年,以比利时所产为较多。在我国上海、江苏一带有栽培。婆罗门参为两年生草本,通常高（60～100）cm。肥大肉质根呈长圆锥形,长约30cm,直径约3.5cm。外皮黄白色,根肉白色,致密、脆嫩。破损后有乳白色汁液流出。根据主根的皮色,可分为白皮婆罗门参、黑皮婆罗门参两种,其中,白皮婆罗门参味似鲜蚝,质较佳。

（2）营养价值

婆罗门参肉质根具有牡蛎的海鲜风味,有蔬菜牡蛎之称,营养丰富,含蛋白质、脂肪、糖类、维生素B、维生素B_1、维生素B_2和维生素C及钙、磷、铁等。

（3）烹饪中的应用

婆罗门参的肉质根可采用烘烤、挂面糊油炸、用黄油煎炒、煮汤等方法成菜。其嫩叶可生吃、做色拉,也可炒食或做汤。在烹调婆罗门参肉质根时,应在煮或蒸熟后再去皮,去皮后即放于有醋或柠檬汁的水中浸泡。一方面,可防止肉质根褐变;另一方面,可避免乳白色汁液的流失,保留婆罗门参特有的牡蛎风味。

11. 美洲防风

美洲防风,又称为洋防风、美国防风、欧洲防风、芹菜萝卜、荷兰防风等,简称欧防风。

（1）品种和产地

原产于欧洲和西伯利亚地区,作为蔬菜栽培已有2000余年历史。在我国北京、上海有少量栽培。美洲防风肉质根长呈圆锥形,似胡萝卜,长可达（45～60）cm。根皮淡黄色,肉质白色,质地粗糙而软。有甜味和香气,但较淡。

（2）营养价值

欧防风肉质根中含丰富的水分,为高钾和高磷蔬菜,此外,还含有矿物质、蛋白质、脂肪、碳水化合物、胡萝卜素和多种维生素等,营养丰富。

（3）烹饪中的应用

在西餐中,肉质根主要用于制作肉汤或清汤;或用炖熟的肉质根与油、面包干调制,做成具有独特风味的防风饼;也可煮食、炒食,或作为配菜。幼嫩叶片需用沸水烫后再煮食或做沙拉用料。此外,还用于做罐头食品的调味品。

12. 根芹菜

根芹菜,又称为根香芹、香芹菜根、根用香芹菜、荷兰芹、球根塘蒿等,为香芹菜的变种。

（1）品种和产地

根芹菜原产于地中海沿岸的沼泽盐渍土地,由叶用芹菜演变形成。1600年以前意大利及瑞士已有根芹菜栽培。目前,主要分布在欧洲地区。我国近年引进,但仅有少量栽培。其肉质根肥大,外形似芋;嫩叶柄也可做菜食用。质脆嫩,有芹菜的清香味。

（2）营养价值

根芹菜营养丰富,含蛋白质、脂肪、碳水化合物、粗纤维、钙、磷等多种营养物质,淀粉含量低,属低热量蔬菜。耐贮藏,风味佳。

（3）烹饪中的应用

根芹菜在烹饪运用中可凉拌、炒食、煮食,或做汤菜辛香料。在西餐烹饪中,可切丝、条、块拌制色拉生食;或焯烫后熟食;也常制成柔软润口的马铃薯根芹酱。

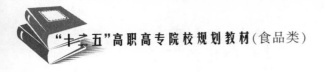

二、茎菜类蔬菜

(一)茎菜类蔬菜的特点

茎菜类是以植物的嫩茎或变态茎作为食用部分的蔬菜。按照供食部位的生长环境,可分地上茎菜类和地下茎菜类蔬菜。

茎菜类蔬菜营养价值大,用途广,含纤维素较少,质地脆嫩。由于茎上容易长芽,所以茎菜类一般适于短期贮存,并需防止发芽、冒苔等现象。

在烹饪运用上,茎菜类大都可以生食。另外,地上茎类、根状茎类常适于炒、炝、拌等加热时间较短的烹饪方法,体现其脆嫩、清香;地下茎中的块茎、球茎、鳞茎等一般含淀粉较多,适于烧、煮、炖等长时间加热的方法,以突出其柔软、香糯的特点。此外,许多茎菜类的品种还可作为面点的馅心;或作为调味蔬菜;或用于食品雕刻、造型;或用于腌渍、干制。

(二)茎菜类蔬菜的品种

1. 地上茎菜类蔬菜

(1)竹 笋

竹笋又称笋或闽笋,竹笋即竹类的嫩茎,如图4-8所示。

①品种和产地

原产于中国,有毛竹、桂竹、慈竹、淡竹等10多个品种,类型众多,适应性强,分布极广。全世界共计有30个属550种,盛产于热带、亚热带和温带地区。中国是世界上产竹最多的国家之一,共有22个属、200多种,分布在全国各地,以珠江流域和长江流域最多,秦岭以北雨量少、气温低,仅有少数矮小竹类生长。

按竹笋的收获季节可分为冬笋、春笋和夏末秋初的笋鞭。竹鞭和笋芽借土层保护,冬季不易受冻害,出笋期主要在春季。麻竹、绿竹等丛生型竹种在地下茎入土浅,笋芽常露出土面,冬季易受冻害,出笋期主要在夏秋季。竹原产热带、亚热带,喜温怕冷,主要分布在年降雨量(1000~2000)mm的地区。毛竹生长的最适温度是年平均(16~17)℃,夏季平均在30℃以下,冬季平均在4℃左右。麻竹和绿竹要求年平均温度(18~20)℃,1月份平均温度在10℃以上。故在我国南方竹林茂盛,而北方竹林稀少。

②营养价值

竹笋含有维生素 B_1、维生素 B_2、维生素 C 及胡萝卜素等多种维生素,竹笋所含的蛋白质比较优越,人体所需的赖氨酸、色氨酸、苏氨酸、苯丙氨酸、谷氨酸、胱氨酸等都有一定含量。另外,竹笋具有低脂肪、低糖、高纤维素等特点。食用竹笋,能促进肠道蠕动,帮助消化,促进排便,是理想的减肥佳蔬。竹笋的肉质脆嫩,因含有大量的氨基酸、胆碱、嘌呤等而具有非常鲜美的风味。但同时,有的品种因草酸含量较高,或含有酪氨酸生成的类龙胆酸,从而具有苦味或苦涩味。因此,鲜竹笋在食用之前,一般均需用水煮及清水漂洗,以除去苦味,突出鲜香,并有利于钙质吸收。

③烹饪中的应用

鲜竹笋细嫩、肉厚质脆、味清鲜、无邪味,是优良的烹饪原料,在烹调中的用途极为广泛。刀工成形时可加工成块、片、丝、丁、条等,适宜焖、炖、蒸、煨等多种烹调方法,可做主料制作"油焖冬笋"、"虾子烧冬笋"、"鸡汁冬笋"等多种菜肴,竹笋还是很多菜肴的辅料。

（2）茭　白

茭白又称茭首、菰首、菰笋、菰手、茭笋、茭粑、茭瓜、茭耳菜,如图4-9所示,是禾本科多年生水生宿根草本植物。菰的花茎经菰黑粉菌侵入后,刺激其细胞增生而形成肥大嫩茎,肥嫩似笋,较笋柔软。

①品种和产地

原产于我国,为我国特有蔬菜之一,与莼菜、鲈鱼并称为江南三大名菜。主要分布在长江以南的水泽地区,特别是江浙一带较多。北方黄河中下游流域,如山东济南等地亦有少量出产。茭白每年6～10月上市,按其采集季节可分为秋季单季茭、夏秋双季茭两种。

②营养价值

茭白的营养丰富,含糖类、水分、脂肪、蛋白质、纤维、灰粉等成分。含赖氨酸等17种氨基酸,其中苏氨酸、甲硫氨酸、苯丙氨酸、赖氨酸等为人体所必需的氨基酸。茭白的有机氮素以氨基酸状态存在,味道鲜美,营养价值较高。茭白还具有一定的药用价值。中医认为茭白性寒味甘,具有清湿热解毒催乳汁等功效,是高血压、高血脂者及减肥的佳品。

③烹饪中的应用

茭白在烹调运用中较广泛,可用作主料亦可用作辅料,可以增加菜肴的色泽,口感脆爽,多用于荤菜的配料。因含草酸,烹调前可焯水处理。

图4-8　竹笋

图4-9　茭白

（3）芦　笋

芦笋又称龙须菜,学名又称石刁柏,如图4-10所示。

①品种和产地

芦笋原产于欧洲,现在全球各地都有栽培,其中以我国和美国种植为最多。芦笋在春季收获。

②营养价值

芦笋含有丰富的维生素、叶酸、核酸、天冬氨酸、胱氨酸、硒等物质。近年来,现代医学研究证实芦笋对心血管、癌症等疾病有一定防治作用,营养学家和素食界人士均认为它是健康食品和全面的抗癌食品。

③烹饪中的应用

芦笋纤维柔软、细嫩,具有特殊的清香。在烹调中刀工成形较少,一般是整条或切段使用,适合炝、扒、烩、烧等烹调方法,做主料时可以制作"白扒芦笋"、"上汤芦笋"等,亦可做辅料,但不宜加热时间过长。

（4）茎用芥菜

茎用芥菜又称青菜头、菜头、儿菜、羊角菜等,如图 4-11 所示。

①品种和产地

产于我国的蔬菜品种。在我国东北及华北地区以冬春两季为主要蔬菜。

②营养价值

茎用芥菜营养很丰富,每 100 克食用部分含蛋白质 1.6g、脂肪 0.2g、碳水化合物 2.9g、钙 6mg、铁 0.8mg,还含有维生素。

③烹饪中的应用

榨菜的原料是一种茎用芥菜的肥嫩的瘤状菜头。鲜菜头也可做小菜,配肉炒或做汤,但更多用于腌制。

图 4-10 芦笋　　　　　图 4-11 茎用芥菜　　　　　图 4-12 茎用莴苣

（5）茎用莴苣

茎用莴苣又称为莴笋、青笋、白笋、生笋等,为菊科草本植物。莴苣的嫩茎,如图 4-12 所示。

①品种和产地

茎基部有瘤状突起,青绿色,分长茎和圆茎两类。长茎类又称榨菜类,肉质茎粗短,呈扁圆、圆或矩圆筒状,节间有各种形状的瘤状突起物,主要供腌制榨菜;圆茎类又称笋子菜类,肉质茎细长,下部较大,上部较小,主要用于鲜食。

②营养价值

茎用芥菜营养很丰富,每 100g 食用部分含蛋白质 1.6g、脂肪 0.2g、碳水化合物 2.9g、钙 6mg、铁 0.8mg,还含有维生素。

③烹饪中的应用

以食用肉质茎为主,可生拌、炒煮和腌制,其加工成品成榨菜。在烹饪中若用于鲜食,可炒、烧、煮或做汤,如干贝菜头、鸡油菜头;也可泡制成泡菜或用于榨菜的腌制。

（6）球茎甘蓝

球茎甘蓝又称茎蓝、疙瘩菜等,如图 4-13 所示。

①品种和产地

原产于地中海沿岸。肉质茎短缩肥大成球茎,呈扁圆、椭圆或球形,茎皮绿白、绿或紫色。球茎肉质致密、脆嫩,含水量较多,味甜。

②营养价值

球茎甘蓝维生素含量十分丰富,其所含的维生素 C 等营养成分有止痛生肌的功效,能促进胃与十二指肠溃疡的愈合。它所含有的大量水分和植物纤维,有宽肠通便的作用,可增加胃肠消化功能,促进肠蠕动,防治便秘,排除毒素。所含有丰富的维生素 E,有增强人体免疫功能的作用,球茎甘蓝中的吲哚,可在消化道中诱导出某种代谢酶,从而使致癌原灭活,所含微量元素钼,能抑制酸胺的合成,因而具有一定的防癌作用。中医认为它还有止咳化痰、清神明目、醒酒降火的作用。

图 4-13　球茎甘蓝

③烹饪中的应用

在烹饪中适宜凉拌、炒食或炖、煮,如酸辣苤蓝、鸡丝苤蓝、炝拌苤蓝丝;也可腌制、酱制或酸渍。

(7)仙人掌

①品种和产地

仙人掌,原产于墨西哥,是墨西哥等拉美国家甚至欧洲各国人民喜食的普通蔬菜。目前,我国已在海南省建成菜用仙人掌基地,北京、成都等地的温室大棚也已试种成功。

②营养价值

菜用仙人掌生长迅速,含水量大,纤维含量少,绿色扁平茎上的针状叶易脱落;口感清香,质地脆嫩爽口。除鲜嫩的扁平茎外,仙人掌的果实清香甜美,鲜嫩多汁。

③烹饪中的应用

用仙人掌可制作果酱、蜜饯或酿酒等。食用时,选用仙人掌的嫩茎(以出茎一月之内者为最佳),去刺去皮、洗净、刀工处理后,用盐水煮几分钟或在沸水中焯烫以去掉黏液,即可凉拌、炒食,或挂糊油炸、炖煮等。代表菜式,如凉拌仙人掌、仙人掌炒肉丝、仙人掌芦荟熘鱼片。还可以鲜吃。

2. 地下茎菜类蔬菜

(1)马铃薯

马铃薯,又称土豆、山药蛋、地蛋、洋芋等,如图 4-14 所示。

①品种和产地

马铃薯原产于南美洲,现我国各地均有栽培。马铃薯产于初夏,耐储存,故全年均有供应。

②营养价值

马铃薯含有大量碳水化合物,同时含有蛋白质、矿物质(磷、钙等)、维生素等。马铃薯块茎水分多、脂肪少、单位体积的热量相当低,所含的维生素 C 是苹果的 10 倍,B 族维生素是苹果的 4

图 4-14　马铃薯

倍,各种矿物质是苹果的几倍至几十倍不等。马铃薯既可以作蔬菜,也可以作粮食,被列为世界五大粮食作物之一(玉米、小麦、水稻、燕麦、马铃薯),被一些国家称为"蔬菜之王"、"第二面包"。

马铃薯含有多酚类的鞣酸,切制后在氧化酶的作用下会变成褐色。故切制后应放入水中浸泡一会儿并及时烹制。发芽的马铃薯中含有龙葵素不宜食用,会产生中毒现象。故食用发芽马铃薯时要挖掉芽儿根。

③烹饪中的应用

在烹饪中适于炒、煮、烧、炸、煎、煨、蒸等烹调方法,也可代粮作主食、入菜、制作小吃、提取淀粉等,还常用于冷盘的拼摆及雕花。在菜肴的制作中,适于各种烹调方法,适于各种调味,荤素皆宜,如拔丝土豆、醋熘土豆丝、土豆烧肉、土豆丸子、炸薯条、土豆泥、土豆粉等。

(2)山 药

山药,又称薯蓣、淮山药、土薯、玉延,如图4-15所示。

①品种和产地

原产于山西平遥,主产于河南省北部、山东、河北、山西及中南、西南等地区也有栽培。山药产于秋季,耐储存。

②营养价值

山药含有淀粉酶、多酚氧化酶等物质,有利于脾胃消化吸收功能,山药含有多种营养素,有强健机体,滋肾益精的作用。山药含有皂甙、黏液质,有润滑、滋润的作用,故可益肺气,养肺阴,治疗肺虚痰嗽久咳之症;山药含有粘液蛋白,有降低血糖的作用,可用于治疗糖尿病,是糖尿病人的食疗佳品;山药含有大量的黏液蛋白、维生素及微量元素,能有效阻止血脂在血管壁的沉淀,预防心血疾病,取得益志安神、延年益寿的功效。

③烹饪中的应用

山药是一种药食兼用的植物,在烹饪中,常以甜食为主,咸食次之,适用于炒、蒸、烩、烧、扒、拔丝等烹饪方法,亦可作糕点、作粥,如山药粥,薯蓣糕等。

图4-15 山药　　　　　　　　图4-16 菊芋

(3)菊 芋

菊芋,又称洋姜、鬼子姜、洋大头、姜不辣等,如图4-16所示。

①品种和产地

原产于北美洲,17世纪传入欧洲,后传入中国。秋季开花秋季收获。

块茎皮色可分为红皮和白皮两个品种。菊芋耐寒、耐旱,块茎在(6~7)℃时萌动发芽,(8~10)℃出苗,幼苗能耐(1~2)℃低温,(18~22)℃和12h日照有利于块茎形成,块茎可在(-40~-25)℃的冻土层内能安全越冬。

②营养价值

除了八成的水分以及能量、蛋白质、微量脂肪、多种维生素和矿物质以外,洋姜还含有丰富的菊淀粉、低聚糖等物质。

③烹饪中的应用

块茎主要供腌渍,也可鲜食,采用拌、炒、烧、煮、炖、炸等烹调方法制作菜肴、汤品或粥食,老熟后可制取淀粉。

（4）藕

藕，又称莲藕、莲菜等，如图4-17所示。

①品种和产地

藕原产于中国和印度，是中国特产之一。按上市季节可分为果藕、鲜藕和老藕。果藕7月份上市，质嫩色白，可生吃；鲜藕中秋前后上市，味鲜质脆；老藕全年都有出产。

我国的食用藕大体可分为白花藕、红花藕、麻花藕。白花藕的鲜藕表皮白色，老藕黄白色，全藕一般2~4节，个别的5~6节，皮薄、肉质脆嫩、纤维少、味甜，熟食脆而绵，品质较好。红花藕的鲜藕表皮褐黄色，全藕共三节，个别的4~5节，藕形共三节。藕形瘦长肉质粗糙，老藕含淀粉多、水分少、藕丝较多品质中等，麻花藕的外表略呈粉红色、粗糙、藕丝多，含淀粉多质量差。著名品种有：苏州花藕、杭州白花藕、宝应贡藕、雪湖贡藕、广州丝苗、长沙丝叶红等。

②营养价值

藕除富含淀粉外，还含有维生素C、柿子糖、水苏糖、果糖、蔗糖、多酚化合物以及矿物质等，具有滋补作用。

③烹饪中的应用

鲜藕既可单独做菜，也可做其他菜的配料。如藕肉丸子、藕香肠、虾茸藕饺、炸脆藕丝、油炸藕蟹、煨炖藕汤、鲜藕炖排骨、凉拌藕片等，都是佐酒下饭、脍炙人口的家常菜肴。

图4-17 藕

图4-18 荸荠

（5）荸荠

荸荠，又称又称为马蹄、水芋、红慈菇、乌芋、地栗等，如图4-18所示。

①品种和产地

原产于印度，在中国主要分布在江苏、安徽、浙江、广东、湖南等地区。荸荠皮色紫黑，肉质洁白，味甜多汁，清脆可口，自古有地下雪梨之美誉，北方人视之为江南人参。荸荠既可作为水果，又可当作蔬菜。

②营养价值

荸荠营养丰富，含有蛋白质、维生素C，还有钙、磷、铁、质、胡萝卜素等元素；具有清热润肺、生津消滞、舒肝明目、利气通化的作用。

③烹饪中的应用

在烹饪上适于熟食或制取淀粉；红马蹄型富含水分，茎柔甜嫩，粗渣少，适于生食及制罐。可生食代果或制成甜菜，如荸荠饼；也可采用炒、烧、炖、煮的方法烹制菜肴，常配荤料，如荸荠炒肉片、地栗炒豆腐、荸荠丸子等；还可提取淀粉，称为"马蹄粉"；也是制罐的原料，如糖水荸荠。

(6)姜

姜,又称生姜、鲜姜、黄姜等,如图4-19所示。

①品种和产地

原产于热带多雨的森林地区,要求阴湿而温暖的环境,生育期间的适宜温度为(22~28)℃,不耐寒,地上部遇霜冻枯死。8~11月(秋分)前后生长的嫩姜质量较好,秋分以后收获的姜经过霜冻后就老了,不宜食用。

以地区的品种来分,北方品种姜球小、辣味浓、姜肉蜡黄,分枝多,南方品种姜球大水分多,姜肉灰白,辣味淡,中部品种介于两者之间。著名的品种有山东莱芜生姜、湖北来凤姜等。

②营养价值

姜的芳香辛辣味主要含有挥发性的姜油酮和姜油酚。姜中的钾和铁含量很高,并含有丰富的碳水化合物和膳食纤维。生姜还具有解毒杀菌的作用。人体在进行正常新陈代谢生理功能时,会产生一种有害物质氧自由基,促使机体发生癌症和衰老。生姜中的姜辣素进入体内后,能产生一种抗氧化本酶,它有很强的对付氧自由基的本领,比维生素E还要强得多。因此,吃姜能抗衰老,老年人常吃生姜可除"老年斑"。

③烹饪中的应用

在烹饪制作中,嫩姜适于炒、拌、泡,蔬食及增香,如子姜牛肉丝、姜爆鸭丝等;老姜主要用于调味,去腥除异增香。此外,还可干制、酱制、糖制、醋渍及加工成姜汁、姜粉、干姜、姜油等。

图4-19 姜

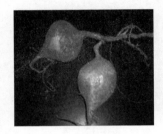
图4-20 凉薯

(7)凉薯

凉薯,又称豆薯、土瓜、萝沙果等,如图4-20所示。

①品种和产地

原产于热带美洲,现我国的南方和西南各地已普遍栽培,如广西等地均有栽培。凉薯按块根形状分为扁圆、扁球、纺锤形(或圆锥形)等。按成熟期分为早熟、晚熟两种。

②营养价值

凉薯食用部分为肥大的块根,含丰富的水分、碳水化合物,富含糖类、蛋白质及一些矿物质、维生素等;其肉质洁白、嫩脆、香甜多汁,可生食、熟食,并能加工制成沙葛粉,有清凉去热的功效。

③烹饪中的应用

凉薯可以生吃,也可以炒熟吃。生吃的味道有点像荸荠,熟吃的话可以和肉一起炒着吃。

(8)百合

百合,又称为白百合、蒜脑薯、蒜瓣薯、中逢花等,如图4-21所示。

①品种和产地

我国甘肃、湖南等地所产享有盛名。地下鳞茎近球形,由片状鳞片层层抱和而成。芳香中略带苦味。百合除作为药膳的常用原料外,还在烹饪中作甜菜用料。

②营养价值

百合除含有淀粉、蛋白质、脂肪及钙、磷、铁、维生素 B_1、维生素 B_2、维生素 C 等营养素外,还含有一些特殊的营养成分,如秋水仙碱等多种生物碱。这些成分综合作用于人体,不仅具有良好的营养滋补之功,而且还对有养秋季气候干燥而引起的多种季节性疾病有一定的防治作用。中医上讲鲜百合具心安神、润肺止咳的功效,对病后虚弱的人非常有益。

③烹饪中的应用

在烹饪中主要作甜菜的用料,如西芹炒百合、如百合羹、百合莲藕等;也可配荤素原料用于炒、煮、蒸、炖等菜式,如甲鱼百合红枣汤、百合炒肉片、百合猪蹄;或用于酿式菜肴,如百合酿肉;还可以煮粥,或提取淀粉制作糕点。

图 4 - 21 百合

图 4 - 22 藠头

(9)藠　头

藠头,又称为薤、荞头、荞葱、火葱等,如图 4 - 22 所示。

①品种和产地

藠头鳞茎呈狭卵形,横径为(1~3)cm,不分瓣;肉质白色,质地脆嫩,有特殊辛辣香味。主要品种有南藠、长柄藠和黑皮藠。

②营养价值

藠头,含糖、蛋白质、钙、磷、铁、胡萝卜素、维生素 C 等多种营养物质,是烹调佐料和佐餐佳品。藠头性未辛苦温,具有理气、宽胸、通阳、散结的功效。治胸痹心痛彻骨、脘腹痞痛不舒、泻痢后重、疮疖等。

③烹饪中的应用

在烹饪中主要用于腌渍和制罐,制成酱菜、甜渍菜,如甜藠头;也可鲜食,用于作馅、配菜、拌食、煮粥,如藠头炒剁鸡、薤白粥。

(10)茨　菰

茨菰,又称为慈姑、剪头草、白慈姑、白地栗等,如图 4 - 23 所示。

①品种和产地

茨菰是淡水植物,约 20 种,广布于全球。多年生,草本,生长于浅湖、池塘和溪流。叶似箭头,有肉质球茎,可食。花有 3 枚圆形花瓣。北美最常见种是宽叶茨菰,叶箭形至禾草状,被广

图 4-23 茨菰

泛引种以扩大禽类食源。茨菰分布于欧洲大部分地区,在中国栽培以食用其球茎。

②营养价值

主要成分含淀粉、蛋白质和多种维生素,富含钾、磷、锌等微量元素,对人体机能有调节促进作用。更主要的是,茨菰还具有益菌消炎的作用。中医认为茨菰性味甘平,能生津润肺、补中益气,所以茨菰不但营养价值丰富,还能够败火消炎,辅助治疗痨伤咳喘。

③烹饪中的应用

在烹饪中可炒、烧、煮、炖食,如慈姑烧鸡块、椒盐慈姑、慈姑烧咸菜;或蒸煮后碾成泥状,拌以肉沫制成慈姑饼;也常作为蒸菜类的垫底;还可加工制取淀粉。

(11)魔 芋

魔芋,又称为蛇六谷、蒟蒻、花杆莲,如图 4-24 所示。

①品种和产地

主要产于东半球热带、亚热带,中国为原产地之一,四川、湖北、云南、贵州、陕西、广东、广西、台湾等省山区均有分布。魔芋种类很多,据统计全世界有 260 多个品种,中国有记载的为 19 种,其中 8 种为中国特有。

②营养价值

其主要成分是葡甘聚糖,并含有多种对人体不能合成的氨基酸及钙、锌、铜等矿物质,是一种低脂、低糖、低热、无胆固醇的优质膳食纤维。

③烹饪中的应用

魔芋因含有毒的生物碱,需加工成魔芋粉后,在经石灰水或碱水进一步处理去毒后,加工成魔芋豆腐、魔芋粉条、素鸡胗、素肚花、雪魔芋等制品。口感柔韧,富有弹性。魔芋豆腐在烹饪中常用于烧烩菜式,如魔芋烧鸭、家常魔芋等;素鸡胗、素肚花可用于炒、拌等方法。此外,魔芋制品也是烫火锅的常用原料。

图 4-24 魔芋　　　　　　图 4-25 蒜

(12)蒜

①品种和产地

蒜,又称为大蒜、蒜头、胡蒜、独蒜等,如图 4-25 所示。地下鳞茎由灰白色外皮包裹,称为

"蒜头",内有小鳞茎5~30枚,称为"蒜瓣"。按蒜瓣外皮呈色的不同,分紫皮蒜、白皮蒜两类,蒜肉均呈乳白色;按蒜瓣大小不同,分为大瓣种和小瓣种两类;按分瓣与否,分为瓣蒜、独蒜。大蒜原产于中亚和欧洲南部,在我国南北各地均有栽培。一般在夏秋季收获,主要的品种有辽宁海城大蒜、山东苍山大蒜、山西应县大蒜、河南宋城大蒜、西藏拉萨大蒜等。

②营养价值

大蒜集100多种药用和保健成分于一身,其中含硫挥发物43种,硫化亚磺酸(如大蒜素)酯类13种、氨基酸9种、肽类8种、甙类12种、酶类11种。另外,蒜氨酸是大蒜独具的成分,当它进入血液时便成为大蒜素,这种大蒜素即使稀释10万倍仍能在瞬间杀死伤寒杆菌、痢疾杆菌、流感病毒等。蒜素与维生素 B_1 结合可产生蒜硫胺素,具有消除疲劳、增强体力的奇效。大蒜含有的肌酸酐是参与肌肉活动不可缺少的成分。大蒜还能促进新陈代谢,降低胆固醇和甘油三酯的含量,并有降血压、降血糖的作用,故对高血压、高血脂、动脉硬化、糖尿病等有一定疗效。大蒜外用可促进皮肤血液循环,去除皮肤的老化角质层,软化皮肤并增强其弹性,还可防日晒、防黑色素沉积,去色斑增白。

③烹饪中的应用

在烹饪中常用作调味配料,具有增加风味、去腥除异、杀菌消毒的作用,与葱、姜、辣椒合称为调味四辣,用于生食凉拌、烹调、糖渍、腌渍或制成大蒜粉;也可作为蔬菜应用于烧、炒的菜式中,如蒜茸苋菜、大蒜烧肚条、大蒜烧鲢鱼等。

(13)洋 葱

洋葱,又称为葱头、球葱、圆葱等,如图4-26所示。

①品种和产地

鳞茎大,呈球形、扁球形或椭圆形。品种繁多,按生长习性可分为普通洋葱、分蘖洋葱和顶生洋葱。其中,普通洋葱按鳞茎的皮色又分为黄皮洋葱、紫皮洋葱和白皮洋葱。洋葱原产于亚洲西部,现在我国普遍种植,夏秋收获。

②营养价值

洋葱营养丰富,且气味辛辣,能刺激胃、肠及消化腺分泌,增进食欲,促进消化,且洋葱不含脂肪,其精油中含有可降低胆固醇的含硫化合物的混合物。洋葱是目前所知唯一含前列腺素的植物,能减少外周血管和心脏冠状动脉的阻

图4-26 洋葱

力,对抗人体内儿茶酚胺等升压物质的作用,又能促进钠盐的排泄,从而使血压下降,是高血脂、高血压患者的佳蔬良药。

③烹饪中的应用

洋葱是西餐中重要的烹饪原料,中餐烹饪中主要供蔬食,可生拌、炒、烧、炸等,与荤类原料相配更佳,如炸洋葱圈、洋葱炒肉片、洋葱烧肉。在我国西北饮食行业中常用。

(14)芋

芋,又称为芋芳、芋头、芋魁、芋根等。

①品种和产地

芋原产于东南亚,在我国南方省份栽培较多。地下肉质球茎呈圆、卵圆、椭圆或长形;皮薄粗糙,褐色或黄褐色。肉质细嫩,多为白色或白色带紫色花纹,熟制后芳香软糯。芋的品种繁

多,主要分水芋和旱芋两类。旱芋栽培较为普遍,但水芋品质较好。以生长发育先后和球茎分蘖习性分为魁芋、多头芋及母芋、子芋、孙芋等。著名的优良品种有广西荔浦槟榔芋、台湾槟榔芋和竹节芋等。以球茎肥大、形状端正、组织饱满、未长侧芽、无干枯损伤者为佳,除球茎外,芋花、芋叶均可入菜。

②营养价值

芋的营养价值很高,每100克芋球茎中含水分(71～86.3)g、淀粉19.5g、粗蛋白质2.63g、粗纤维1.87g、蔗糖2.9g、聚糖(粘液汁)4.9g,还含有维生素B、维生素C等多种人体必需的营养物质。聚糖能增强机体的免疫机制,增加对疾病的抵抗力。因此,芋具有清热解毒、健脾强身、滋补身体的作用。

③烹饪中的应用

在烹饪制作中,芋可采用烧、炖、煮、蒸等烹制方法入菜,荤素皆宜,如芋艿全鸭、双菇芋艿、芋母烧肉;也用以制作小吃、糕点,如五香芋头糕、桂花糖芋艿;或用于淀粉的提取及制浆。

三、叶菜类蔬菜

(一)叶菜类蔬菜的特点

叶菜类蔬菜是指以植物的叶片和叶柄为食用部位的蔬菜。该类蔬菜水分含量较大,富含维生素、无机盐等营养成分,品种多,用途广,在烹饪原料中占有很重要的地位,是人们日常生活中不可缺少的烹饪原材料。

(二)叶菜类蔬菜的品种

此类原料可以分为,普通叶菜类、香辛叶菜类、结球叶菜类三种类型。

1.普通叶菜类

(1)青 菜

①品种和产地

青菜又称为白菜秧,在北京称油菜,为十字花科一年生或两年生草本植物。在我国各地均产。叶片绿色,倒卵形,叶面光滑,不结球,叶柄明显,绿色或白色,分为青梗青菜、白梗青菜。青菜纤维少,质地柔嫩,味清香。青菜是我国南方产量最大的蔬菜,但是夏季青菜常有苦味。常见的品种有上海青等。

②营养价值

青菜含有丰富的矿物质、粗纤维和维生素,也含有少量的蛋白质、脂肪和碳水化合物。

③烹饪中的应用

烹饪中用于炒、拌、煮等,或作馅心。筵席上多取用其嫩心,如鸡蒙菜心、海米菜心;并常作为白汁或鲜味菜肴的配料。秋冬青菜常干制、腌制。

(2)乌塌菜

①品种和产地

乌塌菜,又称瓢儿菜、油塌菜、黑菜、塌棵菜等,如图4-27所示。原产于中国,主要分布在长江流域。在上海市、江苏、安徽等地是食用习惯很普遍、栽培面积较大的大路蔬菜。特别在冬季,是主要的越冬蔬菜之一,四季均产。乌塌菜叶成椭圆形,叶色浓绿至墨绿,叶面平滑或皱缩。

②营养价值

乌塌菜营养丰富,产品中除含有蛋白质、碳水化合物和粗纤维外,还含有大量的矿物质和维生素。据测定:每千克鲜叶中含维生素 C 高达 70mg、钙 180mg,以及较多的铁、磷、镁等矿物质。乌塌菜所含维生素 C 之高较为突出,成人每食用 100g 鲜菜,人体所需维生素 C 已足够。乌塌菜也被称为"维他命"菜而受到国外的重视。

③烹饪中的应用

口感鲜嫩,入冬经霜后味更鲜美,可炒食、煲汤、凉拌、腌渍,又是烹调各种肉类菜的配菜,色、香、味俱佳。需注意的是炒乌塌菜不宜放酱油。

图 4 - 27 乌塌菜

图 4 - 28 菠菜

（3）菠　菜

①品种和产地

菠菜,又称赤根菜、鹦鹉菜、鼠根菜,如图 4 - 28 所示。为藜科菠菜一年或二年生草本植物,以叶片及嫩茎供食用。菠菜原产于亚洲西部的伊朗,约唐代传入我国,现全国各地均有栽培。一年四季均产。

菠菜根略带红色,有甜味,按品种可分为尖叶菠菜和圆叶菠菜两大类,代表品种有:黑龙江双城尖叶、北京尖叶菠菜、广州铁线梗、春不老菠菜等。

②营养价值

菠菜营养比较全面,富含维生素 C、胡萝卜素、蛋白质和钙、磷、铁等矿物质,菠菜分泌的激素对人的胃肠和胰腺的分泌功能有较好的作用。常吃菠菜,能促进消化和吸收的功能。菠菜中的草酸含量较高,有涩味,会影响人体对钙、镁的吸收,故菠菜烹调前应先焯水,以除去草酸。

③烹饪中的应用

菠菜在烹调中应用广泛,作为主料,适用于锅塌、拌、炒、作汤等烹调方法;也可作配料或围边点缀。菠菜还能作包子、饺子、元宵等点心的馅料。此外,用菠菜茎叶挤成的汁,是烹调中常用的绿色素之一。

（4）叶用芥菜

①品种和产地

叶用芥菜,又称芥菜、主园菜、梨叶、辣菜等,如图 4 - 29 所示。

叶用芥菜的叶有深绿、率、浅绿、绿间紫、紫红等颜色,叶面光滑或皱缩,叶缘锯齿状、波状或全缘,叶背有蜡粉或茸毛。按主要供食部位的不同一般分为根用芥菜、茎用芥菜、叶用芥菜、薹用芥菜、芽用芥菜和籽用芥菜六个变种。叶用芥菜可分为花叶芥、大叶芥、瘤芥、包心芥、分蘖芥、长柄芥、卷心芥等。

②营养价值

芥菜含有的维生素 A、B 族维生素、维生素 C 和维生素 D 很丰富。具体功效有提神醒脑的作用,芥菜含有大量的抗坏血酸,是活性很强的还原物质,参与机体重要的氧化还原过程,能增加大脑中氧含量,激发大脑对氧的利用,有提神醒脑、解除疲劳的作用。其次还有解毒消肿之功,能抗感染和预防疾病的发生,抑制细菌毒素的毒性,促进伤口愈合,可用来辅助治疗感染性疾病。还有开胃消食的作用,因为芥菜腌制后有一种特殊鲜味和香味,能促进胃、肠消化功能,增进食欲,可用来开胃,帮助消化。最后还能明目利膈、宽肠通便,是因芥菜组织较粗硬、含有胡萝卜素和大量食用纤维素,故有明目与宽肠通便的作用,可作为眼科患者的食疗佳品,还可防治便秘,尤宜于老年人及习惯性便秘者食用。

③烹饪中的应用

芥菜主要用于配菜炒来吃,或煮成汤,也可做饺子,馄饨等面食的馅料。

(5)苋　菜

①品种和产地

苋菜,又称青香苋、米苋、仁汉菜等,如图 4-30 所示。依叶形的不同有圆叶和尖叶之分,以圆叶种品质为佳;依颜色有红苋、绿苋、彩色苋之分。此外,在浙江、江西等省还有专取食肥大茎部的茎用苋菜。

②营养价值

苋菜富含易被人体吸收的钙质,对牙齿和骨骼的生长可起到促进作用,并能维持正常的心肌活动,防止肌肉痉挛(抽筋)。它含有丰富的铁、钙和维生素 K,可以促进凝血,增加血红蛋白含量并提高携氧能力,促进造血等功能。

③烹饪中的应用

烹饪中可炒、煸、拌、做汤或做配菜食用。烹调时要旺火速成。可做凉拌苋菜、鸡茸苋菜等,清炒时宜加蒜米。老茎可用来腌渍、蒸食,有似腐乳之风味。

图 4-29　叶用芥菜

图 4-30　苋菜

(6)叶用莴苣

①品种和产地

叶用莴苣,又称生菜、莴菜、千金菜、千层剥,如图 4-31 所示。生菜原产于欧洲地中海沿岸,由野生种驯化而来。古希腊人、罗马人最早食用。生菜传入我国的历史较悠久,在东南沿海大城市近郊、两广地区栽培较多,特别是台湾种植尤为普遍。近年来,栽培面积迅速扩大。

生菜按叶片的色泽区分有绿生菜、紫生菜两种。如按叶的生长状态区分,则有散叶生菜、结球生菜两种。前者叶片散生,后者叶片抱合成球状。

②营养价值

叶用莴苣的营养价值很高,富含碳水化合物、蛋白质及多种维生素、矿物质,其中维生素 A、维生素 B_1、维生素 B_2 及钙、铁的含量都较高。还含有具有苦味的莴苣素,有催眠镇痛作用,可提炼成药,治疗头痛、神经衰弱等症。

③烹饪中的应用

烹饪中生菜是西餐常用蔬菜之一,以生食为主,可用于凉拌、蘸酱、拼盘或包上已烹调好的菜饭一同进食,中餐中常用炒制或作汤菜,其叶色彩艳丽,可用作菜肴的点缀。

(7)蕹 菜

①品种和产地

蕹菜,又称空心菜、藤藤菜等,如图 4 - 32 所示。原产于我国南部,以中、南部地区栽种较多,近年来北方已开始引进栽种。蕹菜性喜温暖湿润、耐炎热、为夏、秋高温季节的蔬菜。

②营养价值

蕹菜营养价值高,维生素 A、维生素 C、钙、铁、粗纤维等含量较高,堪称"南方奇蔬"。空心菜是碱性食物,食后可降低肠道的酸度,预防肠道内的细菌群失调,对防癌有益。空心菜中的叶绿素有"绿色精灵"之称,可洁齿防龋除口臭,健美皮肤,堪称美容佳品。中医认为蕹菜性寒,味甘,有清热、凉血、止血之功效。广东民间有吃多会抽筋的说法。

③烹饪中的应用

在烹饪中可凉拌、炝炒、做汤,味美可口,如姜汁蕹菜、炒蕹菜等菜肴。

图 4 - 31　叶用莴苣　　　　　图 4 - 32　蕹菜　　　　　图 4 - 33　冬葵

(8)冬 葵

冬葵,又称君达菜、忝菜、甜菜、葵菜、达菜、冬寒菜、滑菜等,如图 4 - 33 所示。

①品种和产地

冬葵在国内主要分布于湖南、四川、贵州、云南、江西、甘肃等。以嫩叶、嫩叶柄作蔬菜。植株较矮,叶半圆形扇状。叶柄长约(10 ~ 12)cm,浅绿色。清香鲜美,入口柔滑。

②营养价值

冬葵含有大量维生素,被人体吸收后,能增强机体抵抗力,防病抗感染,流感病毒流行之时,食此菜有预防作用。还含有大量的植物纤维,能促进胃肠蠕动,增进消化功能,利于大便的排泄,具有宽肠通便作用,故可解除体内蓄积毒素,排出肠内寄生虫。其为为碱性蔬菜,可纠正体内酸性环境,有利于体内酸碱平衡。还含有大量微量元素,有利于水电解质紊乱的纠正,具有利尿止痢作用。

③烹饪中的应用

烹饪中主要用于煮汤、煮粥或炒、拌等,如鸡蒙葵菜、莙达菜蒸猪肉;也可作为奶汤海参的垫底。

(9)落　葵

落葵,又称胭脂菜、胭脂豆、藤菜、蔠葵、紫角叶软浆叶、木耳菜、豆腐菜等,如图4-34所示。

①品种和产地

按花的颜色分为红落葵和白落葵。柔嫩爽滑、清香多汁,原产于亚洲热带地区(中国南方、印度等地)。

②营养价值

木耳菜的营养素含量极其丰富,尤其钙、铁等元素含量最高,除蛋白质含量比苋菜稍少之外,其他项目与苋菜不相上下,药用时有清热、解毒、滑汤、凉血的功效,可用于治疗便秘、痢疾、疔肿、皮肤炎等病。因富含维生素 A、维生素 B、维生素 C 和蛋白质,而且热量低、脂肪少,经常食用有降血压、益肝、清热凉血、利尿、防止便秘等疗效,极适宜老年人食用。木耳菜的钙含量很高,是菠菜的 2~3 倍,且草酸含量极低,是补钙的优选经济菜。

③烹饪中的应用

因果实可提取食用红色染料,民间常用于糕团、馒头的印花。烹饪上多用以煮汤或爆炒成菜,如落葵豆腐肉片汤、蒜茸炒软浆叶。

图4-34　落葵　　　　　　图4-35　辣椒叶　　　　　　图4-36　番薯叶

(10)辣椒叶

①品种和产地

辣椒叶为茄科植物辣椒的叶,是一种药食两用的植物,如图4-35所示。辣椒叶可当蔬菜食用,其味甘甜鲜嫩,口感也好,完全可以当作一种绿叶蔬菜食用。辣椒叶作为时兴蔬菜,在港、澳及东南亚等地颇受欢迎,已成为畅销食品。

②营养价值

辣椒叶蛋白氨基酸种类齐全,总含量高出辣椒果实近 3 倍。其中,人体必需的氨基酸含量叶/果为 9.74%/2.84%;鲜味氨基酸含量叶/果为 4.1%/2.79%;甜味氨基酸含量叶/果为8.0%/2.36%。矿物元素分析:除镁的含量,叶比果低外,铁、钙、锰、铜、锌含量均明显高于果实,其中有防癌作用的元素硒,叶也高于果近 1 倍。此外,辣椒叶还含丰富的胡萝卜素与多种维生素等有益成分。

③烹饪中的应用

辣椒叶味甘而鲜嫩,口感好,吃法也多样。常用的吃法有:①凉拌:用开水焯一下,然后在凉水过一下,加入姜末,用盐、味精、醋凉拌,不用再加辣椒;②煮汤:鲜辣椒叶150g,鸡蛋2个。先用食用油将去壳鸡蛋煎黄,加入适量清水,煮沸后一会加入辣椒叶同煮,最后加食盐调味;③煎饼:将面糊拌上辣椒叶(稍切碎),加少许盐,用精油炸酥即可直接食用。此外,辣椒叶还可素炒、炒肉丝等。如果将辣椒叶放入鸡杂汤、猪肝汤、鱼汤中煮食。吃起来味道鲜香、滑腻,更是别有一番风味。辣椒叶无毒,有驱寒、养血、健胃功效,常吃能起到驱寒温胃、除湿健脾、增强食欲作用,尤其对虚寒性胃痛,有较好的食疗效果。因其富含维生素、矿物质,常吃还有补肝明目、减肥美容等保健作用。

(11)番薯叶

番薯叶,又称白薯叶、甘薯叶、地瓜叶、山芋叶等,如图4-36所示。

①品种和产地

番薯叶为旋花科植物番薯的叶。我国各地均有栽培。夏、秋季采收,洗净鲜用。

②营养价值

现代营养研究发现甘薯叶具有特殊风味和丰富营养,是多种蔬菜不可比拟的,维生素C、维生素B_2、胡萝卜素及α-生育酚含量颇丰,是人体所需矿物质良好的供给源。据分析,番薯叶所含的胡萝卜素、维生素C、钙、磷、铁及必需氨基酸丰富,而草酸含量又很少。番薯叶也含丰富的黄酮类化合物,能捕捉在人体内兴风作浪的氧自由基"杀手",具有抗氧化、提高人体抗病能力、延缓衰老、抗炎防癌等多种保健作用。另外,近代科学研究也表明,甘薯叶和块根中含有大量的液蛋白,能预防心血管系统的脂肪沉积,保持动脉血管的弹性,有利于预防冠心病,同时还能防止肝脏和肾脏中结缔组织的萎缩,保持消化道、呼吸道和关节腔的润滑。甘薯叶中富含的纤维还能加快食物在肠胃中运转,具有清洁肠道的作用。因其食疗保健作用番薯叶在香港被称为"蔬菜皇后",日本人则推崇其为令人长寿的新型蔬菜,是很有开发价值的保健长寿菜。

③烹饪中的应用

番薯叶因色泽碧绿,可作为菜肴的颜色装饰。可以凉拌制作菜肴,还可以通过制作热菜,如:"清炒番薯叶"、"耗油番薯叶"等。

(12)芦荟

芦荟,又称卢会、讷会、象胆、奴会、劳伟等,如图4-37所示。

①品种和产地

菜用芦荟多选择肥厚多汁的品种,如翠绿芦荟、中国芦荟、花叶芦荟等。叶片去皮后呈白色半透明状,味清淡、质柔滑,富含黏液。以生长两年以上的、宽厚、结实、边缘硬、切开后能拉出黏丝的叶片为佳。

②营养价值

芦荟富含烟酸、维生素B_6等,还富含铬元素,具有胰岛素样的作用,能调节体内的血糖代谢,是糖尿病人的理想食物和药物。芦荟富含生物素等,是美容、减肥、防治便秘的佳品,对脂肪代谢、胃肠功能、排泄系统都有很好的调整作用。芦荟多糖的免疫复活作用可提高机体的抗病能力。

③烹饪中的应用

在烹饪中,芦荟可凉拌生食;也可事先将去皮后的新鲜芦荟叶肉整块放入沸水中浸煮10min左右,以去除粘液,然后炒、煮、焖、炸或作汤;也可用酱油腌渍成芦荟酱菜,风味独特。代表菜式如酥炸芦荟条、芦荟软炸虾仁、芦荟炒鸡丁。

图 4 – 37　芦荟

图 4 – 38　叶用甜菜

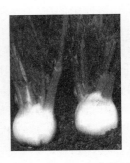
图 4 – 39　球茎茴香

（13）叶用甜菜

叶用甜菜，又称牛皮菜、甜白菜等。依照叶柄颜色分为白梗甜菜、绿梗甜菜和红梗甜菜等，如图 4 – 38 所示。

①品种和产地

牛皮菜是我国北方夏淡季节的常见食用叶菜，鲜嫩多汁，适口性好。

②营养价值

菜叶片富含还原糖、粗蛋白、纤维素、以及维生素 C、钾、钙、铁等微量元素。具有清热解毒，行瘀止血的功效。

③烹饪中的应用

烹饪中适于炒、煮、凉拌或用于汤中。由于植株中含草酸，故需用沸水煮烫后冷水浸漂，再行烹制。

（14）球茎茴香

球茎茴香，又称佛罗伦萨茴香、意大利茴香、甜茴香等，如图 4 – 39 所示。

①品种和产地

球茎茴香的叶柄粗大，且向下扩展成为肥大的叶鞘并相互抱合成质地脆嫩多汁的球茎，成为供食的主要部分；其根和种子也可作香料和蔬菜。球茎茴香在食用前要把外周坚硬的叶柄去掉，中心部位的嫩叶可保留。

②营养价值

球茎茴香含有较为全面的营养物质，每百克鲜食部分中含有蛋白质 1.1g，脂肪 0.4g，糖类 3.2g，纤维素 0.3g，维生素 C 12.4mg，钾 654.8mg，钙 70.7mg，此外茎叶中还含有 90mg/kg 的茴香脑有健胃促进食欲、驱风邪等食疗作用。球茎茴香性味甘温、辛，含高钾低钠盐，并含有黄酮甙、茴香苷；果实含丰富的芳香挥发油，其主要成分为茴香醚、右旋小茴香酮、右旋和左旋柠檬烯、蒎烯、二戊烯、茴香醛等成分，可健胃散寒。

③烹饪中的应用

烹饪食用方法多样，球茎茴香膨大肥厚的叶鞘部鲜嫩质脆，味清甜，具有比小茴香略淡的清香，一般切成细丝放入调味品凉拌生食，也可配以各种肉类炒食。在西餐制作中，常榨汁或直接作为调味蔬菜使用。中餐中可生食凉拌、炒、作汤、腌渍，也可用于调味。

（15）豆瓣菜

豆瓣菜，又称为水蔊菜、无心菜、水田芥等，俗称西洋菜，如图 4 – 40 所示。

①品种和产地

小叶卵形或椭圆形,深绿色。具一定的香辛气味,为十字花科豆瓣菜属多年生水生草本植物。原产于欧洲,19世纪由葡萄牙引入中国,我国、印度和东南亚很多地区都有野生品种。我国以广州、汕头一带和广西栽培较多。近几年,北方地区又从欧洲引进大叶优质品种,利用旱地种植或无土栽培,已较大两积开发利用,其嫩茎叶可食、气味辛香。豆瓣菜植株高约30cm,葡匐或半葡匐状丛生茎圆形,在幼嫩时实心,长老后中空,青绿色,具多数节;每节均能发生分枝和须根,遇潮湿环境须根即伸长生长。

②营养价值

国外的研究资料报道,豆瓣菜有通经的作用,并能干扰卵子着床,阻止妊娠,可作为避孕、通经及流产的辅助食物使用。我国医学认为,豆瓣菜味甘微苦,性寒,入肺、膀胱。具有清燥润肺、化痰止咳、利尿等功效,是治疗肺痨的理想食物。西方国家和我国广东人民认为,豆瓣菜是一种能润肺止咳、益脑健身的保健蔬菜。罗马人用豆瓣菜治疗脱发和坏血病。在伊朗,人们认为豆瓣菜是一种极好的儿童食品。秋天常吃一些豆瓣菜,对呼吸系统十分有益。故豆瓣菜有"天然清燥救肺汤"的美誉。

③烹饪中的应用

在烹饪中豆瓣菜口感脆嫩,营养丰富,适合制作各种菜肴,还可制成清凉饮料或干制品,很有食用价值。豆瓣菜的食法很多,可作沙拉生吃,作火锅和盘菜的配料,作汤粉和面条的菜料、汤料。

图4-40 豆瓣菜　　　　图4-41 香椿　　　　图4-42 莼菜

(16)香　椿

香椿,又称椿芽,为楝科椿树的嫩芽,如图4-41所示。

①品种和产地

香椿素有"树上青菜"之称。清明前后上市。其质柔嫩,纤维少,味鲜美,具独特清香气味。

②营养价值

香椿的营养价值较高,除了含有蛋白质、脂肪、碳水化合物外,还有丰富的维生素、胡萝卜素、铁、磷、钙等多种营养成分。中医认为,香椿不仅具有味苦性寒、清热解毒、健胃理气等功效,是蔬菜中不可多得的珍品。

③烹饪中的应用

在烹饪中食用香椿的方法很多,加热时间不宜长,最好起锅前或食用时放入。多可拌、炒、煎、如椿芽炒蛋、椿芽拌豆腐等;亦常加工成腌制品或干菜。如腌香椿。

(17)莼　菜

莼菜,又称淳菜、水葵、湖菜、水荷叶等,如图4-42所示。

①品种和产地

莼菜为一地方特产,以太湖、西湖所产为佳。按色泽分为红花品种(叶背、嫩梢、卷叶均为暗红色)和绿花品种(叶背的边缘为暗红色)。由于其有粘液,故食用时口感润滑,风味淡雅。

②营养价值

莼菜口感肥美滑嫩,有丰富的B族维生素、有丰富的锌富含氨基酸、阿拉伯糖、甘露糖、维生素等招牌营养素。莼菜的粘液质含有多种营养物质。

③烹饪中的应用

烹调时应先用开水焯熟,然后下入做好的汤或菜中。在烹饪中多制高级汤菜,润滑清香,如芙蓉莼菜、清汤莼菜等;也可拌、熘、烩,如鸡绒莼菜、莼菜禾花雀等。

2. 香辛叶菜类

(1)香　菜

香菜,又称芫荽、芫荽、香荽、胡菜、原荽等,如图4-43所示。

①品种和产地

香菜原产于亚洲西部、波斯及埃及一带,唐时由阿拉伯人传入中国。现在我国各地均有栽培,以华北最多。

②营养价值

香菜中含有许多挥发油,其特殊的香气就是挥发油散发出来的。它能祛除肉类的腥膻味,因此在一些菜肴中加些香菜,即能起到祛腥膻、增味道的独特功效。香菜提取液具有显著的发汗清热透疹的功能,其特殊香味能刺激汗腺分泌,促使机体发汗,透疹。另具和胃调中的功效,是因香菜辛香升散,能促进胃肠蠕动,具有开胃醒脾的作用。

③烹饪中的应用

香菜为食用香料。鲜叶初碎,为增加香味及美观的调料,为中国菜常用,亦可作凉菜、面、汤、调料及矫鱼腥味。种子粉末为欧洲人常用之调料,是"咖喱粉"的原料之一。香菜是鲁菜中芫爆菜肴的主要原料,可制作"芫爆里脊丝"、"芫爆鱿鱼卷"等。

(2)芹　菜

①品种和产地

芹菜,原产于中南海沿岸,在我国南北均有栽培。四季均产,其性喜冷凉、不耐炎热,故以秋冬季较多。生于沼泽地带的叫水芹,又名水英、野芹菜等;生于旱地的叫旱芹,又名药芹、香芹,如图4-44所示。选用芹菜时色泽要鲜绿,叶柄要厚,茎部稍呈圆形,内侧微向内凹,这种芹菜品质是上好的。

②营养价值

芹菜含有蛋白质、脂肪、碳水化合物、纤维素、维生素、矿物质等营养成分。其中,维生素B、维生素P的含量较多。矿物质元素钙、磷、铁的含量更是高于一般绿色蔬菜,芹菜不但营养丰富,而且有药用价值。历代医学文献都有论述,认为芹菜有"甘凉清胃,涤热祛风,利口齿、咽喉,明目和养精益气、补血健脾、止咳利尿、降压镇静"等功用。

芹菜能促进人的性兴奋,西方称之为"夫妻菜",在古时候曾经被古希腊的僧侣禁食。泰国研究还发现,常吃芹菜能减少男性精子的数量,对避孕有一定帮助。

③烹饪中的应用

芹菜适宜炒、拌、炝等烹调方法,刀工成形比较多,再加热时要注意时间不宜过长,可以做主料、辅料,以及配色原料,还可以做面点的馅心。芹菜不可加热过度,否则会失去脆嫩感及翠绿色。

图4-43 香菜

图4-44 芹菜

图4-45 韭菜

（3）韭 菜

韭菜,又称韭、山韭、长生韭、起阳草等,如图4-45所示。

①品种和产地

韭菜,现代人叫营养菜。原产于亚洲东部,现我国各地均有栽培。韭菜四季均有,但因韭菜喜凉冷气候,故以春、秋为佳,俗话说"三月韭,佛开口;六月韭,驴不瞅"。我国著名的品种有陕西汉中冬韭,山东寿光九巷的马蔺韭,甘肃兰州的小韭等。

②营养价值

韭菜的营养价值很高,有良好的药用价值。有一个很响亮的名字叫"壮阳草",还有人把韭菜称为"洗肠草"。其根味辛,入肝经,温中,行气,散瘀,叶味甘辛咸,性温,入胃、肝、肾经,温中行气,散瘀,补肝肾,暖腰膝,壮阳固精。韭菜可活血散瘀、理气降逆、温肾壮阳,韭汁对痢疾杆菌、伤寒杆菌、大肠杆菌、葡萄球菌均有抑制作用。

③烹饪中的应用

韭菜可以炒,拌,做配料、做馅等,隔夜的熟韭菜不宜再吃。夏季韭菜抽出的嫩茎又名"韭菜薹",可以炒食,或做馅心。韭菜花经腌制后为吃火锅的调料。

（4）葱

①品种和产地

葱属百合科,多年生草本植物,两年生栽培,如图4-46所示。原产于西伯利亚,我国栽培历史悠久,分布广泛,而以山东、河北、河南等省为重要产地。我国主要栽培大葱,龙爪葱(大葱的变种)、分葱、细香葱和韭葱等品种。分葱和细香葱则以南方栽培较多,韭葱在我国只有少量栽培。

大葱品种中最著名的是大葱,每年11月份上市。葱可以四季常长,终年不断,但主要以冬、春两季最多。

②营养价值

葱的主要营养成分是蛋白质、糖类、维生素A(主要在绿色葱叶中含有)、食物纤维以及磷、铁、镁、硒等矿物质等。含有维生素A、维生素 B_1、维生素C及钙、叶绿素、类胡萝卜素等。我国有谚语说道:"常吃葱,人轻松"、"一天一棵葱,薄袄能过冬"这两句谚语便充分说明了葱对我们的身体的保健作用。葱含有具有刺激性气味的挥发油和辣素,能祛除腥膻等油腻厚味菜肴中的异味,产生特殊香气,可以刺激消化液的分泌,增进食欲。挥发性辣素通过汗腺、呼吸道、泌尿系统排出时能轻微刺激相关腺体的分泌,而起到发汗、祛痰、利尿作用。因此,葱是许多食料偏方治疗感冒的常用原料。

③烹饪中的应用

葱在刀工成形上也是多种多样的,可切成段、丝、末、马蹄葱、灯笼葱等。葱在烹调中是重要的调味蔬菜,可起到去腥解腻的作用。葱在菜肴制作中应用广泛,几乎绝大多数菜肴都要用葱来调味。制作的菜肴有葱烧海参、葱爆肉等。

(5)茴香苗

①品种和产地

茴香苗原产于地中海地区,现在我国南北各地普遍栽培,但北方栽培较普遍。一般可常年收获。茴香苗是茴香的嫩茎及叶,其梗叶瘦小、叶色浓绿,呈羽状分裂,如图4-47所示。

②营养价值

茴香苗叶含有挥发油,故具有强烈的芳香气味,含有较多的维生素A和无机盐。

③烹饪中的应用

茴香苗的烹调中多作面点馅心,也可以炒食,亦可作冷盘的点缀原料。

(6)茼 蒿

①品种和产地

茼蒿,又称同蒿、蓬蒿等,如图4-48所示。原产于我国,现在我国各地已普通栽培。性喜冷凉,冬、春上市。茼蒿幼苗及嫩茎和叶可食用,较嫩柔软,具有特殊的香气。

②营养价值

中医认为茼蒿味辛甘,性平,有消痰利便之功效,所含精油有开胃、健脾作用。

③烹饪中的应用

烹调时可炒、拌、制汤等。我国朝鲜族喜食茼蒿。

图4-46 葱

图4-47 茴香苗

图4-48 茼蒿

3. 结球叶菜类

(1)卷心菜

①品种和产地

卷心菜,又称结球甘蓝、包心菜、圆白菜、洋白菜等,如图4-49所示。原产于地中海沿岸,现在我国各地均有栽培。卷心菜耐存放,一般6月份上市,晚春栽培的于7月份成熟,夏季栽培的于10月初上市。

卷心菜叶片厚,呈卵圆形、叶柄段,叶心包合成球。按其叶片的颜色大体可分为两类:一种是蓝绿色,另一种叶片成紫色,有人称其为紫卷心菜,紫甘蓝等。

②营养价值

卷心菜含有丰富的维生素 U,对消化管溃疡有一定的止痛愈合作用。

③烹饪中的应用

卷心菜适合于炒、拌、炝及制汤等,还可以利用其叶片大的特点做成菜卷,紫色卷心菜还可以制作菜肴的点缀等。

图 4－49　卷心菜

（2）白　菜

①品种和产地

白菜原产于我国北方,俗称大白菜。引种南方,在南北各地均有栽培。白菜按生长时节可分为春白菜、秋白菜、秋冬白菜。大白菜在我国北方的冬季餐桌上必不可少,有"冬日白菜美如笋"之说。

②营养价值

大白菜的营养价值很高,含蛋白质、脂肪、膳食纤维、水分、钾、钠、钙、镁、铁、锰、锌、铜、磷、硒、胡萝卜素、尼克酸、维生素 B_1、维生素 B_2、维生素 C 还有微量元素钼。由于大白菜营养丰富,味道清鲜适口,做法多种,又耐贮藏,所以是我国人们常年食用的蔬菜。白菜微寒、味甘、性平,归肠、胃经。具有解热除烦、通利肠胃、养胃生津、除烦解渴、利尿通便、清热解毒的功效;可用于肺热咳嗽、便秘、丹毒、漆疮。俗话说,鱼生火、肉生痰、白菜豆腐保平安,即所谓的"百菜唯有白菜美"。

③烹饪中的应用

大白菜在烹饪中的应用极为广泛。常用于炒、拌、扒、熘、煮等以及馅心的制作,亦可腌、泡制成冬菜、泡菜、酸菜,或制干菜。筵席上作主辅料时,常选用菜心,如金边白菜、油淋芽白菜、干贝秧白、炒冬菇白菜等。此外,还常作为包卷料使用,如菜包鸡、白菜腐乳等;并且是食品雕刻的原料之一,如用于凤凰尾部的装饰。

（3）菊　苣

①品种和产地

菊苣,又称欧洲菊苣、比利时苣荬菜、法国苣莫菜、苦白菜等,是以嫩叶、叶球为食用对象的野生菊苣的变种。原产于法国、意大利、亚洲北部和北非地区。菊苣为结球叶菜或经软化栽培后收获芽球的散叶状叶菜。芽球的叶呈黄白色或叶脉及叶缘具红紫色花纹。

②营养价值

菊苣略具苦味,口感脆嫩、柔美。富含胡萝卜素、维生素 C 及矿物质,具有清热解毒的作用。

③烹饪中的应用

在烹饪中,菊苣的芽球主要用于生吃,高温烹制后变为黑褐色。芽球的外叶可炒食。菊苣的根经过烤炒磨碎后,可加工成咖啡的代用品或添加剂。

（4）孢子甘蓝

①品种和产地

孢子甘蓝,又称球芽甘蓝、子持甘蓝,为甘蓝种中腋芽能形成小叶球的变种,原产于地中海沿岸,我国近年引进。菊苣孢子甘蓝主茎上的叶片较结球甘蓝小,近圆形,叶缘上卷呈勺子形,有长叶柄。每一叶腋的腋芽均能膨大发育成小叶球,近圆形的小叶球环抱于主茎之上,有深绿、黄绿、紫红等色。按叶球的大小又分为大孢子甘蓝及小孢子甘蓝(直径小于4cm),后者的质地较为细嫩。

②营养价值

孢子甘蓝种维生素 C 的含量比近亲种结球甘蓝高 3 倍左右,且含丰富的矿物质,包括微量元素钼,是营养丰富的珍贵特色蔬菜。选择时以包心紧实、鲜嫩、干净者为佳。

③烹饪中的应用

孢子甘蓝在烹饪中可清炒、清烧、凉拌、煮汤、腌渍等,方法多样。如奶汤小包菜、蚝油小甘蓝等。

四、花菜类蔬菜

花菜是以木本或草本植物的花为食用部位的蔬菜,主要品种有花椰菜、黄花菜、食用菊等。此类蔬菜品种不多但食用价值较高,是我们日常生活中常用到的烹饪原料。

1. 花椰菜

①品种和产地

花椰菜,又称花菜、菜花、椰菜花,如图 4 - 50 所示。原产于地中海东部海岸,约在 19 世纪初清光绪年间引进中国。花椰菜在夏秋季收货较多。

②营养价值

花椰菜含有多种营养成分,特别是其含有的维生素 U 对于防止消化管溃疡有一定的作用。

③烹饪中的应用

花椰菜肥嫩,洁白。其刀工成形为块,做主料适宜炒、拌、烩等烹调方法,可制作"海米拌菜花"、"火腿烧花椰菜"、"茄汁菜花"等。

图 4 - 50 花椰菜

图 4 - 51 食用菊

2. 食用菊

①品种和产地

食用菊,又称甘菊、臭菊,如图 4 - 51 所示。原产于中国,现在以江苏、浙江、江西、四川等省为主要产区,其中浙江生的抗菊驰名中外。食用菊秋季上市。

②营养价值

菊花除具有观赏价值之外,还具有药用、饮用和食用等经济价值。菊花的药用可以追溯到汉代。汉代第一本中药学专著《神农本草经》中就把菊花列为上品并这样写道："主风头眩,肿痛,目欲脱,泪出,皮肤死肌,恶风湿痹,久服利血气,轻身,耐老,延年"。这主要是因为菊花含有大量的菊甙、挥发油、黄酮类化合物、维生素 B_1、氨基酸等活性成分,能增强毛细血管抵抗力、降低血压。

③烹饪中的应用

菊花气味芬芳,绵软爽口,是入肴佳品。吃法很多,可鲜食、干食、生食、熟食、焖、蒸、煮、炒、烧、拌皆宜,还可切丝入馅,菊花酥饼和菊花饺都自有可人之处。

3. 朝鲜蓟

①品种和产地

朝鲜蓟,又称洋蓟、洋百合、菜蓟等,如图 4-52 所示。朝鲜蓟主要食用部位为幼嫩的头状花序的总苞、总花托及嫩茎叶。味清香,脆嫩似藕。茎叶经软化后可作菜煮食,味清新。原产于地中海沿岸,是由菜蓟演变而成,以法国栽培最多,19 世纪由法国传入我国上海。目前我国主要在上海、浙江、湖南、云南等地有少量栽培。

②营养价值

朝鲜蓟有助于降低血中的胆固醇和尿酸,具有保肝护肝、解酒等功效。对于高胆固醇、糖尿病、动脉粥样硬化、慢性肝炎、黄疸病患者而言,食用朝鲜蓟很有益处。此外,朝鲜蓟中还含有菜蓟素、黄酮类化合物和天门冬酰胺等对人体有益的成分。朝鲜蓟的花蕾可以制作开胃酒,在法国、西班牙、意大利等国均有洋蓟罐头和洋蓟开胃酒销售。

③烹饪中的应用

花蕾食用时,放入沸水中煮(25~45)min,至萼片易拨开时取出,剥下苞片,将总花托切片,将两者放入盆内,撒入精盐腌片刻,捞起稍挤去水分,拌以调料,制成色拉。或拌以鸡蛋、淀粉等制成的浆,放油锅炸至表面金黄色,捞出沥油,蘸花椒盐食用,都具独特风味。

4. 金针菜

①品种和产地

金针菜,又称黄花菜、忘忧草、金针菜、萱草花、健脑菜、安神菜、绿葱、鹿葱花、萱萼等,以幼嫩花蕾供食,如图 4-53 所示。以山西大同所产质量最好,湖南产量最多。在湖南省,邵阳市、衡阳市等各级政府的大力支持力,从 2000 年开始,祁东的黄花菜种植面积飙升到 16 万亩[①],菜农达 40 万人,总产量超过全国的一半,邵东县、祁东县还被国家命名为"黄花菜原产地"。金针菜常见品种有陕西省大荔县的沙苑金针菜、湖南省邵东县的荆州花、猛子花、茶子花、四川省渠县、巴中等地的渠县黄花、山西省雁北地区的大同黄花菜等。

②营养价值

黄花菜有较好的健脑、抗衰老功效,是因其含有丰富的卵磷脂,这种物质是机体中许多细胞,特别是大脑细胞的组成成分,对增强和改善大脑功能有重要作用,同时能清除动脉内的沉积物,对注意力不集中、记忆力减退、脑动脉阻塞等症状有特殊疗效,故人们称之为"健脑菜"。另据研究表明,黄花菜能显著降低血清胆固醇的含量,有利于高血压患者的康复,可作为高血压患者的保健蔬菜。黄花菜中还含有效成分能抑制癌细胞的生长,丰富的粗纤维能促进大便的排泄,因此可作为防治肠道癌瘤的食品。鲜黄花菜中含有一种"秋水仙碱"的物质,它本身虽

---

① 亩为非法定计量单位,1 亩 = 0.0667 公顷。

无毒,但经过肠胃道的吸收,在体内氧化为"二秋水仙碱",则具有较大的毒性。因此在食用鲜品时,每次不要多吃。

③烹饪中的应用

在烹饪中主要以干制的黄花菜为主,可用以炒、氽汤,或作为面食馅心和臊子的原料,如黄花炒肉丝、黄花鸡丝汤等。

图 4 - 52　朝鲜蓟

图 4 - 53　金针菜

图 4 - 54　霸王花

5. 霸王花

霸王花,又称量天尺花、剑花、霸王鞭,如图 4 - 54 所示。

①品种和产地

霸王花,花白色,漏斗状,长(25～30)cm,宽(6～8)cm,花开时达 11cm,夜开晨凋。原产于墨西哥、广西一带,我国主要分布在广东、广西,以广州、肇庆、佛山、岭南等为主产区。

②营养价值

霸王花性味甘微寒,具有丰富的营养价值和药用价值,对治疗脑动脉硬化、肺结核、支气管炎、颈淋巴结核、腮腺炎、心血管疾病有明显的疗效,它具有清热润肺、祛痰止咳、滋补养颜之功能,是极佳的清补汤料。

③烹饪中的应用

霸王花可鲜用或凋后蒸熟干制。烹饪中用以制汤,味鲜美,亦可作为配料使用。霸王花制汤后,其味清香、汤甜滑,深为"煲汤一族"的广东人所喜爱,是极佳的清补汤料。

6. 南瓜花

①品种和产地

南瓜花全球各地均产,亦蔬亦药。杏黄色,雌雄同株,单生。雄花花冠裂片大,先端长而尖;雌花花萼裂片叶状;柱头三枚,膨大,两裂。花柄长约 30cm。花托绿色,五角钟形。花柄、花托、花冠都能吃。

②营养价值

南瓜花的花粉含有丰富的蛋白质、氨基酸、脂肪、糖、B 族维生素和酶,南瓜花具有清利湿热、消肿散瘀等特性。对幼儿贫血、黄疸、痢疾、咳嗽、慢性便秘、大肠疾患、高血压、头痛、中风等病症有一定的疗效,又能调整神经状态,改善失眠。花中所含芸香甙,还有促进血管、心脏功能、促进血凝,预防出血的功能,是儿童和老年人理想的天然保健品。近年来研究发现,花中还含大量胡萝卜素,具有防癌抗癌之功效。据新加坡营养学家研究发现,食用南瓜花,还能有效地提高智商。被称为"全能蔬菜"、"微型营养宝库",堪称"完美的营养食品"。

③烹饪中的应用

南瓜花适合烹调的方法较多,蒸、炒、煲汤、制作点馅心等,如"青椒炒南瓜花"、"酿南瓜花"、"苦瓜拌南瓜花"等。

图4-55 南瓜花　　　　图4-56 荷花　　　　图4-57 玉兰花

7. 荷 花

荷花,又称莲、水花等,为睡莲科多年生水生草本植物,如图4-56所示。

①品种和产地

荷花在夏季开花,花大、红色、粉红色或白色,单瓣或重瓣,质地柔嫩,味道清香。

②营养价值

荷花能活血止血、去湿消风、清心凉血、解热解毒,荷叶能清暑利湿、止血,藕节能止血、解热毒。

③烹饪中的应用

在烹饪中可选择白色或粉色荷花的中层花瓣供食,如山东的炸荷花、广东的荔荷炖鸭等。

8. 玉兰花

玉兰花,又称辛夷,如图4-57所示。

①品种和产地

早春先叶开花,花大,芳香,纯白色,单生于枝顶。玉兰花瓣肉质较厚,而且具有清香的风味。

②营养价值

白玉兰的营养价值非常高,含有柠檬醛、丁香油酸、木兰花碱、望春花素、癸酸、芦丁、油酸、维生素A等成分;而且玉兰花性味辛、温,且有祛风散寒通窍、宣肺通鼻的功效。

③烹饪中的应用

烹饪中可挂糊后油炸,为筵席菜品;或夹豆沙后挂糊炸食,如云南的樱桃肉烧玉兰、福建的玉兰酥香肉。

五、果菜类蔬菜

果菜类蔬菜是以草本、木本植物的果实和幼嫩的种子为食用部位的蔬菜,此类蔬菜种类多。与烹饪有关的果实可分为三大类,即豆类蔬菜(荚果类蔬菜)、茄果类蔬菜(浆果类蔬菜)和瓠果类蔬菜(瓜类蔬菜)。

1. 豆类蔬菜

豆类蔬菜是指以豆科植物的嫩豆荚或嫩豆粒供食用的蔬菜。富含蛋白质及较多的碳水化

合物、脂肪、钙、磷和多种维生素,营养丰富,滋味鲜美。除鲜食外,还可制作罐头和脱水蔬菜。在蔬菜的周年均衡供应中占有重要地位。

（1）菜　豆

①品种和产地

菜豆,又称豆角、芸豆、四季豆、梅豆等,品种繁多,如图4-58所示。芸豆原产于美洲的墨西哥和阿根廷,我国在16世纪末才开始引种栽培。一般夏秋季节收获。

菜豆为一年生草本植物。荚果扁平、顶端有尖,嫩荚或成熟的种子都可作蔬菜,现多以嫩荚做蔬菜应用。菜豆按栽培方法可分为矮生和蔓生两种。

②营养价值

菜豆种有丰富的维生素A原和钙,中医认为菜豆有解热消肿等功效。菜豆的抗营养因子主要是存在于籽粒和嫩荚中的植物血细胞凝集素（PHA）,对人体是有毒的,但它对热呈不稳定性,在食用菜豆籽粒或豆荚时,一定要经过加热处理,使之变为无毒食物。

③烹饪中的应用

菜豆刀工成型可为丝、段等形状,适宜于拌、炝、炒、焖等烹调方法,作主料可制作"拌豆角"、"海米炝菜豆"、"炒菜豆"等菜肴,亦可作为面点馅心,制作水饺、蒸包等。

（2）刀　豆

①品种和产地

刀豆,又称中国刀豆、大刀豆、皂荚豆等,如图4-59所示。原产于美洲热带地区,西印度群岛。刀豆的嫩豆荚大而宽厚,表面光滑,浅绿色,质地较脆嫩,肉厚味美品种有大刀豆、洋刀豆之分。

②营养价值

刀豆富含蛋白质,且极易被人体所吸收。除具有一般豆类的营养外,另含微量元素锗、锌等,这是普通豆类和蔬菜所不具备的。

③烹饪中的应用

在烹饪中可炒、煮、焖或腌渍、糖渍、干制。成熟的籽粒供煮食或磨粉代粮。

　　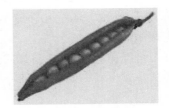

图4-58　菜豆　　　图4-59　刀豆　　　图4-60　嫩豌豆

（3）嫩豌豆

①品种和产地

嫩豌豆,又名青元、麦豆等,如图4-60所示。起源于亚洲西部、地中海地区和埃塞俄比亚、小亚细亚西部,因其适应性很强,在全世界的地理分布很广。豌豆在我国已有两千多年的栽培历史,现在各地均有栽培,主要产区有四川、河南、湖北、江苏、青海等十多个省区。

软荚豌豆即甜荚豌豆,以嫩荚和豆粒供蔬食,原产于英国。嫩豆荚质地脆嫩,味鲜甜,纤维少;当豆粒成熟后果皮即纤维化,失去食用价值,常称为荷兰豆。甜脆豌豆为软荚豌豆新品种,又称为蜜豆,原产于欧洲,以嫩荚果、嫩梢供食。与其他荚用豌豆相比,其荚果呈小圆棍形,果皮肉质化直至种子长大充满豆荚,仍然脆嫩爽口。硬荚豌豆即矮豌豆(白花豌豆),以青嫩籽粒供食用。

②营养价值

豌豆蛋白质不仅含量丰富,而且质量好,包含人体所必需的各种氨基酸,经常食用对孩子的生长发育会大有益处;豌豆含有较为丰富的维生素,还具有清肠的作用;豌豆是铁和钾的上等来源,对缺铁性贫血和因低钾而免疫力低下的患者来说,可以适量多吃一些。

③烹饪中的应用

在烹饪中常用于烩、烧、煮、拌,也可制泥炒食,或作配料,筵席上亦常选用。如豌豆泥、金钩青元、鱼香豌豆等,亦可速冻罐藏。

(4)豇 豆

①品种和产地

豇豆,又称腰豆、长豆、浆豆、带豆等,如图4-61所示。为豆科植物一年生草本。原产于印度和中东,但很早就栽培于中国。荚果为长圆条形,呈墨绿色、青绿色、浅青白色或紫红色。供食用的有三种,即豇豆、长豇豆和饭豇豆。其中,长豇豆肉质肥厚脆嫩,品种又有粗细之分,分称为菜豇豆和泡豇豆。

②营养价值

豇豆提供了易于消化吸收的优质蛋白质,适量的碳水化合物及多种维生素、微量元素等,可补充机体的招牌营养素。豇豆所含B族维生素能维持正常的消化腺分泌和胃肠道蠕动的功能,抑制胆碱酶活性,可帮助消化,增进食欲。豇豆中所含维生素C能促进抗体的合成,提高机体抗病毒的作用。豇豆的磷脂有促进胰岛素分泌、参加糖代谢的作用,是糖尿病人的理想食品。

③烹饪中的应用

在烹饪中,豇豆荤素搭配皆宜,以酱烧、烧肉为主,也可拌食、炒食;还可以干制、腌制。代表菜式如蒜泥豇豆、姜汁豇豆、烂肉豇豆、干豇豆烧肉等。

图4-61 豇豆

图4-62 扁豆

(5)扁 豆

①品种和产地

扁豆,又称鹊豆、峨嵋豆等,如图4-62所示。荚果微弯扁平,宽而短,倒卵状长椭圆形,呈淡绿、红或紫色,每荚有种子3~5粒,以嫩豆荚或豆粒供食。因嫩豆荚含有毒蛋白、菜豆凝集素及可引发溶血症的皂素,所以需长时加热后方可食用。

②营养价值

扁豆的营养成分相当丰富,包括蛋白质、脂肪、糖类、钙、磷、铁及食物纤维、维生素 A、维生素 B_1、维生素 B_2、维生素 C 和氰甙、酪氨酸酶等,扁豆衣的 B 族维生素含量特别丰富。此外,还有磷脂、蔗糖和葡萄糖。另外,扁豆中还含有血球凝集素,能有显著的消退肿瘤的作用。

③烹饪中的应用

在烹饪中常炒、烧、焖、煮成菜,如酱烧扁豆、扁豆烧肉、扁豆烧百页等;也可作馅,或腌渍和干制,干制后的豆荚烧肉风味独特。

2. 茄果类蔬菜

又称浆果类蔬菜,即茄科植物中以浆果供食用的蔬菜,此类果实的中果皮或内果皮呈浆状,是食用的主要对象。茄果类蔬菜富含维生素、矿物质、碳水化合物、有机酸及少量蛋白质,营养丰富。可供生吃、熟食、干制及加工制作罐头。产量高,供应期长,在果菜中占有很大比重。

(1)茄 子

①品种和产地

茄子,又称茄瓜、落苏等,如图 4-63 所示。茄子最早产于印度,公元 4~5 世纪传入中国,南北朝栽培的茄子为圆形,与野生形状相似,元代则培养出长形茄子,到清朝末年,这种长茄被引入日本,现在主要在北半球种植较多。夏季大量应市。茄子品种繁多,按果形可分为长茄、矮茄和圆茄三种,主要品种有天津二敏茄、南京紫线茄、广东紫茄、成都墨茄、济南一窝猴、北京小圆茄等。

②营养价值

茄子含有多种矿物元素和维生素,尤以钙、维生素 E、维生素 P 含量较高,现代医学证明常食茄子对心血管疾病有一定的预防作用。

③烹饪中的应用

在烹饪中常用以红烧、油焖、蒸、烩、炸、拌;或腌渍、干制。茄子适于多种调味,并常配以大蒜烹制,代表菜式如"鱼香茄子"、"软炸茄饼"、"酱烧茄条"、"琉璃茄子"等。

(2)番 茄

①品种和产地

番茄,西红柿、洋柿子、爱情果等,如图 4-64 所示。番茄为茄科一年生或多年生草本植物。番茄品种繁多,大小差异较大。果形有圆球形、扁圆形、椭圆形、梨形、樱桃形等多种。成熟的果色有火红、粉红、淡黄、橙黄、金黄等多种。番茄是全世界栽培最为普遍的果菜之一。美国、苏联、意大利和中国为主要生产国。番茄的质量以果形端正、无裂口、无虫咬、酸甜适口、肉肥厚、心室小者为佳。

②营养价值

番茄富含维生素 A、维生素 C、维生素 B_1、维生素 B_2 以及胡萝卜素和钙、磷、钾、镁、铁、锌、铜和碘等多种元素,还含有蛋白质、糖类、有机酸、纤维素。有助生津止渴、消化、润肠通便作用,可防治便秘。所含的维生素 C、芦丁、番茄红素及果酸,可降低血胆固醇,预防动脉粥样硬化及冠心病。另含有大量的钾及碱性矿物质,能促进血中钠盐的排出,有降压、利尿、消肿作用,对高血压、肾脏病有良好的辅助治疗作用。番茄红素具有独特的抗氧化能力,能清除自由基,保护细胞,使脱氧核糖核酸及基因免遭破坏,能阻止癌变进程。

③烹饪中的应用

在烹饪中可当水果生食,或做凉菜、沙拉,也可加鸡蛋、肉片、鸡丝等炒食,或与其他荤素料一起做汤。适于拌、炒、烩、酿、氽汤,还可制番茄酱。代表菜式如酿番茄、番茄烩鸭腰、番茄鱼片、番茄炒蛋等。

图 4-63　茄子

图 4-64　番茄

图 4-65　辣椒

（3）辣　椒

辣椒,又称海椒、番椒、香椒、大椒、辣子等,如图 4-65 所示。

①品种和产地

辣椒原产于中拉丁美洲热带地区,原产国是墨西哥。辣椒在夏季收获。辣椒有许多变种和品种,果形多样。根据辣味的有无,通常将蔬食的辣椒分为辣椒和甜椒两大类。甜椒果形较大,呈色为红、绿、紫、黄、橙黄等,果肉厚,味略甜,无辣味或略带辣味。甜椒按果型大小可分为大甜椒、大柿子椒和小圆椒三种。辣椒果形较小,常为绿色,偶见红色、黄色,果肉较薄,味辛辣。按果型可分为长角椒、簇生椒、灯笼椒、樱桃椒、圆锥椒等。

②营养价值

辣椒富含维生素 C 及维生素 A 等丰富的维生素,维生素 C 含量达 180mg/100g。可以控制心脏病及冠状动脉硬化,降低胆固醇。含有较多抗氧化物质,可预防癌症及其他慢性疾病。可以使呼吸道畅通,用以治疗咳嗽、感冒;其中红椒的色素成分是胡萝卜素和辣椒红素。

③烹饪中的应用

在烹饪中辣椒的嫩果可酿、拌、泡、炒、煎或调味、制酱等,代表菜式如酿青椒、虎皮青椒、青椒肉丝、青椒皮蛋等。

3. 瓠果类蔬菜

又称瓜类蔬菜,指葫芦科植物中以果实供食用的蔬菜。该类蔬菜大多起源于亚洲、非洲、南美洲的热带或亚热带区域,其果皮肥厚而肉质化,花托和果皮愈合,胎座呈肉质,并充满子房。

富含糖类、蛋白质、脂肪、维生素与矿物质。可供生吃、熟食及加工、制作罐头,亦是食品雕刻的常用原料之一。

（1）冬　瓜

①品种和产地

冬瓜,又称白瓜、枕瓜、水芝等,如图 4-66 所示。冬瓜起源于中国和印度东部,在我国各地均有栽培,以广东、台湾产量最多。夏、秋季供应上市。

冬瓜一般多按其果实大小分为小果型冬瓜和大果型冬瓜两类,主要品种有北京一串铃、四川成都五叶子、南京一窝蜂、广东青皮冬瓜、湖南粉皮冬瓜、江西扬子洲冬瓜、上海白皮冬瓜等。

②营养价值

冬瓜含有一定量的维生素 C,而不含脂肪,是减肥健身的佳蔬。冬瓜中含矿物质钠较少,是心血管疾病患者的理想食品。

③烹饪中的应用

冬瓜入馔,多用于烧、扒、烩、蒸或做汤,或瓤制"盅式"菜,冬瓜可用于加工蜜饯,也是食品雕刻的重要原料。

(2)南　瓜

①品种和产地

南瓜,又名麦瓜、番瓜、倭瓜、金冬瓜,台湾话称为金瓜,如图 4-67 所示。原产于北美洲。中国明代李时珍著的《本草纲目》中已有栽培南瓜的记载,现在全国各地普遍栽培,夏秋季大量上市。南瓜按果实的形状分为圆南瓜和长南瓜两类,著名品种有:湖北柿饼南瓜、甘肃磨盘南瓜、广东盆瓜、山东长南瓜、浙江十姐妹、江苏牛腿番瓜等。南瓜的品质以皮薄肉厚,组织细密,风味甜美,无损伤,皮不软,不烂者为佳。

②营养价值

南瓜的营养成分较全,营养价值也较高。南瓜含有丰富的糖类和淀粉;其蛋白质和脂肪含量较低,含有较丰富的维生素,其中含量较高的有胡萝卜素、维生素 B_1、维生素、维生素 C;此外,还含有必需的 8 种氨基酸和儿童必需的组氨酸,以及可溶性纤维、叶黄素和磷、钾、钙、镁、锌、硅等微量元素。

③烹饪中的应用

嫩南瓜味清鲜、多汁,通常炒食或酿馅,如"酿南瓜"、"醋熘南瓜丝"等。老南瓜质沙味甜,是菜粮相兼的传统食物,适宜烧、焖、蒸或作主食、小吃、馅心,代表菜点如"铁扒南瓜"、"南瓜蒸肉"、"南瓜八宝饭"、"焖南瓜"、"南瓜饼"等,并且是雕刻大型作品如龙、凤、寿星等的常用原料。

图 4-66　冬瓜

图 4-67　南瓜

(3)黄　瓜

①品种和产地

黄瓜,又称胡瓜、青瓜、王瓜等,如图 4-68 所示。原产于印度,现我国各地均普遍栽培。

黄瓜盛产在夏秋季,冬春季可在温室栽培。

黄瓜果实表面疏生短刺,并有明显的瘤状突起,也有的表面光滑。按果形可分为刺黄瓜、鞭黄瓜、短黄瓜和小黄瓜。

②营养价值

营养上,它含有蛋白质、脂肪、糖类、多种维生素、纤维素以及钙、磷、铁、钾、钠、镁等丰富的成分。特别是黄瓜中含有的细纤维素,可以降低血液中胆固醇、甘油三酯的含量,能促进肠道蠕动、加速废物排泄、改善人体新陈代谢。新鲜黄瓜中含有的丙醇二酸,还能有效地抑制糖类物质转化为脂肪,因此,常吃黄瓜可以减肥和预防冠心病的发生。

③烹饪中的应用

在烹饪中生熟均可,拌、炒、焖、炝、酿或作菜肴配料、制汤,并常用于冷盘拼摆、围边装饰及雕刻,还常作为酸渍、酱渍、腌制菜品的原料。代表菜式如炝黄瓜条、干贝黄瓜、蒜泥黄瓜、翡翠清汤等。

(4)佛手瓜

①品种和产地

佛手瓜,又名隼人瓜、安南瓜、寿瓜等,如图4-69所示。起源于墨西哥和中美洲,19世纪初传入中国,目前华东、华南和西南地区均有栽培,以云南、浙江、福建等省栽培最多。佛手瓜在夏季上市。

瓠果短圆锥形,果面具不规则浅纵沟;果皮呈淡绿色;果实尖端膨大处有种子一枚;长(8～20)cm,单重约350g。果肉脆嫩,微甜,具清香风味。佛手瓜按果皮颜色可分为绿皮佛手瓜和白皮佛手瓜两种。

②营养价值

它富含维生素、氨基酸及矿物元素。佛手瓜的糖类和脂肪含量较低,蛋白质和粗纤维含量较高,高蛋白低脂肪低热量是其特性,含有丰富的氨基酸、种类齐全、配比合理,并且在各种氨基酸中谷氨酸含量最高,还含有丰富的矿物元素,如钾、钠、钙、镁、锌、磷、铁、锰、铜等。

③烹饪中的应用

在烹饪上,可生食,其嫩果可炒、熘,老熟后可炖、煮,也可腌渍;此外,其嫩叶、块根亦可入烹,块根肥大如薯,除鲜食外,可提制淀粉。

图4-68　黄瓜　　　　　　　　图4-69　佛手瓜

(5)西葫芦

①品种和产地

西葫芦,又称菱瓜、白瓜、番瓜、美洲南瓜、云南小瓜、菜瓜、荨瓜,如图4-70所示。

原产于北美洲南部,现已广泛栽培。一年生草质藤本(蔓生),春季上市。西葫芦有矮生、半蔓生、蔓生三大品系。

②营养价值

西葫芦含有较多维生素C、葡萄糖等营养物质,尤其是钙的含量极高。中医认为西葫芦具有清热利尿、除烦止渴、润肺止咳、消肿散结的功能,可用于辅助治疗水肿腹胀、烦渴、疮毒以及肾炎、肝硬化腹水等症。西葫芦含有一种干扰素的诱生剂,可刺激机体产生干扰素,提高免疫力,发挥抗病毒和肿瘤的作用。西葫芦富含水分,有润泽肌肤的作用。

③烹饪中的应用

在烹饪中可供炒、烧、烩、熘,或作为荤素菜肴的配料及制汤、作馅。西葫芦不宜生食,加热时间不宜过长。

(6)苦 瓜

①品种和产地

苦瓜,又称凉瓜、锦荔枝、癞葡萄,如图4-71所示。苦瓜原产于亚热带地区印度尼西亚、印度东部。目前我国各地均有分布,以广东、广西等地栽培较多。在夏秋两季应市。

苦瓜按果形可分为短圆锥形苦瓜、长圆锥形苦瓜和长棒形苦瓜三类。主要品种有,广东三元里的大顶苦瓜、江门苦瓜、沙河滑身,四川、湖南产的白苦瓜,江苏产的小型白苦瓜。苦瓜以青边,肉白,皮薄,籽少,无损伤为佳。

②营养价值

苦瓜含有多种维生素、矿物质以及粗纤维,其中维生素C尤为丰富。中医认为,苦瓜有清暑涤热,明目、解毒,美容、降压降糖、利尿凉血、解劳清心、益气壮阳的功效。

③烹饪中的应用

苦瓜在烹调中,多作配料,适宜炒、烧、煎、焖、蒸及做汤。若嫌苦瓜味苦,可用盐稍腌,苦味即可减轻。

图4-70 西葫芦　　　　　　　　　　图4-71 苦瓜

(7)瓠 瓜

①品种和产地

瓠瓜,又称葫芦、瓠子等,如图4-72所示。原产于印度和非洲。在中国广泛分布,南方为主,为夏季重要蔬菜之一。著名品种有浙江早蒲、济南长蒲、江西南丰甜葫芦、台湾牛腿蒲等。瓠瓜以个形周正,皮色绿白,肉色洁白,质地柔嫩,无损伤,水分含量足者为佳。

②营养价值

瓠瓜含水分较多,但营养素含量不多,中医认为瓠瓜可用于治疗水肿腹胀、烦热口渴和疮毒等症。带有苦味的瓠瓜,食后易中毒,应弃之勿食。

③烹饪中的应用

瓠瓜常于夏季做汤菜,也可单独烹制或作配料,适宜炒、烧、烩等烹调方法,有时还可作馅心。在民间也有将瓠瓜刨丝后,和入面粉,制成煎饼。

(8)金丝瓜

①品种和产地

金丝瓜,又称搅丝瓜、粉丝瓜,如图4-73所示。金丝瓜原产于墨西哥,明朝时传入中国,现部分地区有栽培,主要产于上海崇明。

金丝瓜以老熟瓜供食用,食用前剖开,除去瓜瓤,隔水蒸10min,冷却后用筷子搅动,可搅出黄色粗纤维状组织,如同粉丝。金丝瓜的品质以果形小而周正,皮肉橘黄色,丝状物细致、脆爽,无损伤者为佳。

②营养价值

金丝瓜含多种微量元素和矿物质,特别是它含有一种普通瓜类所没有的葫芦巴碱,能调节人体代谢,具有减肥、抗癌防癌的药用功效。

③烹饪中的应用

金丝瓜作冷菜较多,适宜于拌、炝等烹调方法,也可炒食或做汤、制馅心。

图4-72　瓠瓜

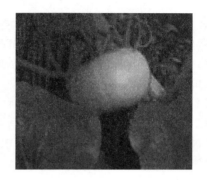

图4-73　金丝瓜

(9)丝　瓜

①品种和产地

丝瓜,又称天罗、锦瓜、布瓜、天络瓜等,为葫芦科一年生草本攀缘植物,以嫩果供食。原产于印度尼西亚,我国普遍栽培,夏季上市。丝瓜按瓠果上有棱与否,分为普通丝瓜和棱角丝瓜。普通丝瓜又称圆筒丝瓜、水瓜,瓠果呈短圆柱形或长圆柱形,表面粗糙,无棱,有纵向浅槽;肉厚,质柔软。棱角丝瓜又称粤丝瓜、胜瓜,瓠果为短或长圆柱形,具8～10条纵向的棱和沟;表皮硬。嫩果的肉质柔嫩,味微清香,水分多。选择时以果形端正、皮色青绿有光泽、新鲜柔嫩、果肉组织不松弛、不带果柄者为佳。

②营养价值

丝瓜营养价值高,除富含蛋白质、脂肪、淀粉和多种维生素外,还含有较多的磷、铁、钙等人体所必需的营养物质。

③烹饪中的应用

在烹饪中适于炒、烧、扒、烩,或作菜肴配料,并最宜于做汤;筵席上还常用其脆嫩肉皮配色作菜。代表菜式如丝瓜卷、丝瓜肉茸、丝瓜熘鸡丝、菱米烧丝瓜、滚龙丝瓜等。

(10)蛇　瓜

①品种和产地

蛇瓜,又称印度丝瓜、蛇豆、蛇形丝瓜、长栝楼,主要以嫩果供食,嫩茎和嫩叶也可食用,原产于印度。瓠果呈细圆柱条状;果皮光滑,绿白色,有深绿色或浅绿色相间的条斑;长(1～2)m,直径(3～4)cm,重(0.5～1.5)kg。果肉疏松,白色,具特殊清香,老熟后瓜瓤红色,以果实鲜嫩、无断裂、无损伤者为佳。

②营养价值

营养价值蛇瓜营养丰富,据分析100g蛇瓜中含蛋白质1.1g、脂肪0.1g,碳水化合物2.9g、热量17kcal、粗纤维0.8g、灰分0.3g,其蛋白质含量在瓜类中是比较高的。另外,还含有多种人体所需的维生素和氨基酸。

③烹饪中的应用

蛇瓜在烹饪中以炒食、做汤为主,亦可腌渍、干制。果肉中含有蛋白酶,可助食物中蛋白质的吸收。

(11)节　瓜

①品种和产地

节瓜,又称毛瓜、水影瓜,为冬瓜的变种,以嫩果供食。原产于我国,主要产于广东、广西、海南、台湾省等地。瓠果比冬瓜小,密布粗硬短茸毛。按果形可分为短圆柱形和长圆柱形两类,按栽培适应性分为春节瓜、夏节瓜和秋节瓜。果肉质地嫩滑,味清淡,以瓜形端正、皮色青绿、新鲜嫩滑、茸毛鲜明、带顶花、无黏液等为佳。

②营养价值

节瓜营养丰富,含蛋白质、脂肪、碳水化合物、膳食纤维、维生素C、维生素E、胡萝卜素、视黄醇当量、硫胺素、核黄素、烟酸和矿物质钾、钠、钙、镁、铁、锰、锌等。节瓜在瓜类蔬菜中,其钠和脂肪含量都较低,常吃可以起到减肥的作用。

③烹饪中的应用

烹饪用途与冬瓜类似。

六、菌藻类蔬菜

(一)菌藻类蔬菜的特点

菌藻蔬菜是指食用菌类、食用藻类、食用地衣类苔藓和蕨类植物的总称。该类蔬菜的营养价值和食用价值均很高,在烹饪中用途广泛。它的许多品种一直被人们作为珍品和滋补品,具有极高的经济价值。该类蔬菜独特的风味深受食客的喜爱,而且它们的营养价值比一般的蔬菜高,含有大量人体必需的氨基酸、矿物质、维生素和酶类,特别是所含的某些特殊成分还具有一定的药用价值。常见的品种有蘑菇、香菇、草菇、平菇、木耳、银耳、发菜、紫菜、海带等。

(二)菌藻类蔬菜的品种

1.食用菌类

(1)蘑　菇

①品种和产地

蘑菇,又称洋蘑菇、白蘑菇等,如图4-74所示。18世纪初起源于法国,中国在20世纪

30年代在上海、福州等地已开始引种，现以发展到江苏、浙江、四川、广东、广西、安徽、湖南等省，以福建的产量居全国之首。

蘑菇品种常见的有双环蘑菇、双孢蘑菇、四孢蘑菇。质地致密，鲜嫩可口。按菌盖的颜色可分为白色、奶油色、棕色三种。

②营养价值

蘑菇是高蛋白食品，它还含有人体所需的全部氨基酸，以及丰富的钙、磷、铁等矿物质。药理学认为蘑菇对病毒性疾病有一定的免疫作用，从其子实体内提取的一种异蛋白，具有一定的抗癌作用。

③烹饪中的应用

蘑菇在烹调中刀工成形以整形，片状较多，适宜拌、炝、烧等烹调方法，作为主料可制作"炝蘑菇"、"海米烧蘑菇"、"扒蘑菇"等菜肴，是制作素材中的上好原材料，是素材中的"三菇"（蘑菇、香菇、草菇）之首。

（2）香　菇

①品种和产地

香菇，又称香菌、草蕈、冬菇，为口蘑科香菇属木腐性伞菌，有"菌中皇后"的美誉，如图4-75所示。

香菇自我国南宋时就已有人工栽培，主要产地为浙江、福建、江西、安徽等省。香菇不耐高温，子实体常在立冬后至来年清明前产生。香菇多以干品应市。按外形和质量可分为花菇、厚菇、薄菇和菇丁四种，其中花菇质量最优，按生长季节可分为香菇、秋菇、冬菇三类。

②营养价值

香菇营养价值较高，它含有18种氨基酸和多种矿物质，对缺铁性贫血、小儿佝偻病、糖尿病、高血压都有良好的食疗作用，近年发现香菇还能阻扰癌细胞的生长，有防癌、抗癌的作用。

③烹饪中的应用

香菇在烹调中用途广泛，可作主料单烹，又可作辅料配用，适宜于卤、拌、炝、炒、烧、烹、煎、炸、烩、炖等多种烹调方法，香菇还可作面点的馅心和点缀料。

图4-74　蘑菇

图4-75　香菇

（3）金针菇

①品种和产地

金针菇，又称毛柄小火菇、构菌、朴菇、冬菇等，如图4-76所示。金针菇在自然界广为分布,在中国,北起黑龙江,南至云南,东起江苏,西至新疆均适合金针菇的生长。金针菇不含叶绿素,其肉质脆嫩、滑爽、清香味美。金针菇一般到冬季出菇。

②营养价值

金针菇含多种氨基酸,其中赖氨酸及多糖含量较高。常食可防止消化管疾病并有抗癌功效。

③烹饪中的应用

金针菇在烹调中刀工成形较少,作主料适宜拌、炝、炒烩等烹调方法,可制作"杏仁金针菇"、"金针菇炒肉丝"等。

(4)木 耳

①品种和产地

木耳,又称黑木耳、黑菜等,如图4-77所示。黑木耳在我国自古栽培,我国为世界黑木耳的主产地。黑木耳主要分布在温带和亚热带的高山地区,以湖北、湖南、四川、贵州、广西等地所产的质量好。

黑木耳的品质以色黑有光泽,肉厚,朵形大而均匀,体轻干燥,无杂质,无碎屑,无霉烂者为佳。

②营养价值

黑木耳矿物质含量较高,尤以铁的含量特别丰富,比叶类蔬菜中含铁量最高的芹菜还要多20倍,比动物性食品中含铁量最多的猪肝高近7倍,为各种食品含铁之冠。中医认为黑木耳对冠心病和脑、心血管病患者有保健治疗作用。

③烹饪中的应用

黑木耳可制作多款菜肴,既可作主料,又可作配料,适用于炒、烧、烩、炖、拌等烹调方法,还可作菜肴的配色、装饰料。

图4-76 金针菇

图4-77 木耳

(5)平 菇

①品种和产地

平菇,又称蚝菌、北风菌、侧耳等,如图4-78所示。平菇最早由欧洲开始人工栽培,目前我国已广泛栽培,是家常广泛应用的食用菌之一,也是世界四大栽培食用菌之一。

平菇的品质以色白,肉嫩肥厚,质地柔脆腴滑,具有一定鲜香气味者为佳。

②营养价值

平菇所含蛋白质有 8 种人体必需的氨基酸,矿物质元素的含量也较高,具有降血压的功效,对消化道疾病有一定的疗效。

③烹饪中的应用

平菇通常以鲜品供食用,适宜于炒、烧、拌、扒、烩、焰及作汤菜应用。

（6）草　菇

①品种和产地

草菇,又称苞脚菇、兰花菇,在国外称为"中国蘑菇",如图 4 - 79 所示。原产于我国,约 20 世纪 30 年代由华侨传入世界各国。

草菇肉质脆嫩滑爽,味鲜美,带甜味,香气浓郁。由于草菇在低温条件下易出现黄褐色粘液,并很快变质,因此不宜冷藏。

②营养价值

草菇的维生素 C 含量高,能促进人体新陈代谢,提高机体免疫力,增强抗病能力。它还具有解毒作用,如铅、砷、苯进入人体时,可与其结合,形成抗坏血元,随小便排出。草菇蛋白质中,人体八种必需氨基酸整齐、含量高,占氨基酸总量的 38.2%。草菇还含有一种异种蛋白物质,有消灭人体癌细胞的作用。所含粗蛋白超过香菇,其他营养成分与木质类食用菌也大体相当。

③烹饪中的应用

草菇可炒、熘、烩、烧、酿、蒸等,也可做汤,或作各种荤菜的配料,且适于做汤或素炒,无论鲜品还是干品都不宜浸泡时间过长。代表菜式如草菇蒸鸡、面筋扒草菇、鼎湖上素均为名菜佳肴。

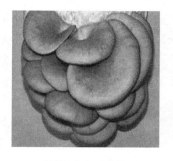
图 4 - 78　平菇

图 4 - 79　草菇

图 4 - 80　猴头菌

（7）猴头菌

①品种和产地

猴头菌,又称猴头菇、阴阳菇、刺猬菌等,如图 4 - 80 所示。我国大多数省份均产,以东北大、小兴安岭所产最著名。子实体肉质,块状,除基部外,均密生肉质、针状的刺,整体形似猴头。肉质柔软,嫩滑鲜美,微带酸味,柄蒂部略带苦味。

②营养价值

头菌营养全面,中医认为猴头菌助消化、利五脏,对消化道恶性肿瘤及胃、十二指肠溃疡、慢性胃炎等病有较好的疗效。

③烹饪中的应用

干品在食用前,需浸水一昼夜涨发,蒸煮后切片,炒食或烧汤。猴头菌菌肉脆炒、荤炒、清炖、蒸煮等。代表菜式如白扒猴头蘑、砂锅凤脯猴头。

图4-81 银耳

（8）银 耳

①品种和产地

银耳,又称白木耳、雪耳、银耳子等,如图4-81所示。分布于中国浙江、福建、江苏、江西、安徽等十几个省份。银耳有"菌中之冠"的美称。银耳干、鲜品均可食用,市场上一般干货制品较多。干货制品以色泽白略有淡黄,有光泽、肥厚、朵形整、无脚耳、地板小、无碎渣、无杂质、个大体轻、干燥、无斑点杂色者为佳品。

②营养价值

银耳的营养成分相当丰富,在银耳中含有蛋白质、脂肪和多种氨基酸、矿物质及肝糖。银耳蛋白质中含有17种氨基酸,人体所必需的氨基酸中的3/4银耳都能提供。历代皇家贵族将银耳看作是"延年益寿之品"、"长生不老良药"。

③烹饪中的应用

在烹制中,银耳常与冰糖、枸杞等共煮后作滋补饮料;也可采用炒、熘等方法与鸡、鸭、虾仁等配制成佳肴。代表菜式如珍珠银耳、雪塔银耳、银耳虾仁。

（9）竹 荪

①品种和产地

竹荪,又称僧笠蕈、竹参、竹菌,多见于我国四川、云南、广西、海南等地夏秋季的竹林和树林中,为名贵的野生食用菌类,现已有人工栽培。子实体幼时呈卵球形,白色至淡紫褐色,称为竹荪蛋,亦可供食。成熟时包被开裂,伸出笔状菌体,高(12～26)cm;顶部有具显著网格的钟状菌盖。菌盖下有白色网状菌幕,下垂如裙,长(10～20)cm,网眼多角形。菌柄白色、中空,基部粗,向上渐细。竹荪肉质细腻,脆嫩爽口,味鲜美。依菌裙长短,可分为长裙竹荪和短裙竹荪。食用时需切去有臭味的菌盖和菌托部分。

②营养价值

竹荪的营养十分丰富。据科学家们分析,它的矿物质含量很丰富,蛋白质含量与蘑菇相似,且消化率较高。竹荪可以预防肥胖症,治疗高血压、高胆固醇。中科院植物研究所和应用生态研究所等科研单位已研究开发出"竹荪酒",可用以治疗高血压、风湿病、肥胖症及疼痛症有明显疗效,尤其是扶正抗癌的作用,已引起医学界的注目。因此被称为菇中皇后的竹荪,不仅是庖厨之珍,也是药房之宝。

③烹饪中的应用

烹制时常用烧、炒、扒、焖的方法,尤适于制清汤菜肴,并常利用其特殊的菌裙制作工艺菜。如竹荪汆鸡片、鸡茸酿竹荪汤、明月竹荪、竹荪云片鸽蛋、竹荪汆刺参等。

（10）冬虫夏草

①品种和产地

冬虫夏草,又名中华虫草,又称为夏草冬虫,简称虫草,是麦角菌科真菌冬虫夏草寄生在蝙蝠蛾科昆虫幼虫上的子座及幼虫尸体的复合体,是一种传统的名贵滋补中药材,它主要产于中

国青海、西藏、新疆、四川、云南、甘肃、贵州等省及自
治区的高寒地带和雪山草原。

②营养价值

冬虫夏草是我国的一种名贵中药材,与人参、鹿
茸一起列为中国三大补药。冬虫夏草具有抗氧化、抗
衰老,可清除体内自由基、降血压、舒张血管和抗动脉
硬化、免疫调节、抗肿瘤、增强肺、肝、肾功能等作用。
中医认为,虫草入肺肾二经,既能补肺阴,又能补肾
阳,主治肾虚、阳痿遗精、腰膝酸痛、病后虚弱、久咳虚
弱、劳咳痰血、自汗盗汗等,是唯一的一种能同时平
衡、调节阴阳的中药。

图 4 - 82   冬虫夏草

③烹饪中的应用

在烹饪上通常可用烧、炖、煮、蒸等烹调方法,常与鸡鸭鸽子同炖,如虫草炖鸡。目前国家
卫生部规定禁止在菜品中使用冬虫夏草,要想使用必须有专业人士指导。

2. 食用藻类

(1)紫 菜

①品种和产地

紫菜在辽东半岛、山东半岛、浙江、福建沿海均有出产。

紫菜藻体呈薄膜状,紫色、褐黄或褐绿色,形态随种类而异,固着器为盘状,生长于浅海潮
间带的岩石上,如图 4 - 83 所示。紫菜种类较多,我国沿海主要产有圆紫菜、坛紫菜、条斑紫
菜、甘紫菜等。现人工养殖的较多。

②营养价值

紫菜性味甘咸寒,具有化痰软坚、清热利水、补肾养心的功效,用于甲状腺肿、水肿、慢性支
气管炎、咳嗽、脚气、高血压等疾病的治疗。

③烹饪中的应用

一般内地宾馆和家庭多用水发泡洗后的紫菜沏汤,其实紫菜的吃法还有很多,如凉拌、炒
食、制馅、炸丸子、脆爆,作为配菜或主菜与鸡蛋、肉类、冬菇、豌豆尖和胡萝卜等搭配做菜等。
食用前用清水泡发,并换 1~2 次水以清除污染、毒素。

(2)海 带

①品种和产地

海带,别名昆布、江白菜,如图 4 - 84 所示。我国海带主要产于辽东半岛、山东半岛、浙江、
福建沿海。现已大量人工养殖。海带一般夏季收获。商品海带是干货制品,分为淡干和盐干
两种。

海带以体厚宽大,长 150cm 以上,浓黑色或浓褐色,尖端无白烂、干燥、食盐量不超过 25%、
无沙土、无杂质为佳品,淡干海带因营养成分损失较少,较盐干海带质量好,且易于储存保管。

②营养价值

海带是一种营养价值很高的蔬菜,是一种含碘量很高的海藻,碘是人体必需的元素之一,
缺碘会患甲状腺肿大,多食海带能防治此病,还能预防动脉硬化,降低胆固醇与脂的积聚。海
带中褐藻酸钠盐有预防白血病和骨痛病的作用;对动脉出血亦有止血作用,口服可减少放射性

元素锶-90在肠道内的吸收。褐藻酸钠具有降压作用。海带淀粉具有降低血脂的作用。近年来还发现海带的一种提取物具有抗癌作用。

③烹饪中的应用

海带在烹调中可切丝、片等形状,作主料适宜于拌、炒、酥等烹调方法,可制作"拌海带丝"、"酥海带"等。

(3)石花菜

①品种和产地

石花菜,又称海冻菜、红丝、凤尾等,如图4-85所示。产于黄海、渤海、东海等水域。

②营养价值

石花菜含有丰富的矿物质和多种维生素,特别是它所含的褐藻酸盐类物质具有降压作用,所含的淀粉类的硫酸酯为多糖类物质,具有降脂功能,对高血压、高血脂有一定的防治作用。

③烹饪中的应用

石花菜泡发后可制作凉菜,制作时适当加些姜末或姜汁,以缓解寒性,也可以酱腌。

图4-83　紫菜　　　　　　　图4-84　海带　　　　　　图4-85　石花菜

3. 食用地衣类

(1)石　耳

①品种和产地

石耳,又称石木耳。多产于江西、安徽,因其形似耳,并生长在悬崖峭壁阴湿石缝中而得名,体扁平,呈不规则圆形,上面褐色,背面被黑色绒毛,如图4-86所示。

②营养价值

石耳含有高蛋白和多种微量元素,是营养价值较高的滋补食品,是一种稀有的名贵山珍。

③烹饪中的应用

用石耳制作的菜肴有"石耳炖鸡"、"石耳肉片"等。

(2)树　花

①品种和产地

树花,又称为树花菜、柴花、树胡子等。地衣体着生于树皮上,下垂,呈灌木状,多分枝,形似石花菜,如图4-87所示。采摘后以草木灰水或碱水煮去苦涩味后,漂净晒干。

②营养价值

每百克树花的干制品中营养成分的含量:水分15.14g,蛋白质4.891g,脂肪0.594g,粗纤维8.065g,灰分1.369g,铁10.03mg,钙111.95mg。

③烹饪中的应用

食用时以冷水泡发,沸水烫后拌食,口感脆嫩香美。代表菜式如树花拌猪肝、酸辣树花。

图4-86　石耳

图4-87　树花

4. 食用蕨类（蕨　菜）

①品种和产地

蕨菜,又称蕨、蕨儿菜、拳头菜等,如图4-88所示。以刚出土的嫩叶叶柄及蜷曲的幼叶供食,口感脆滑,有特殊香味,称为蕨菜。

②营养价值

富含淀粉,俗称蕨粉或山粉,亦可食用,可用来做粉丝、粉皮,或酿酒。鲜品使用时,先在沸水中焯烫,以除去粘液和土腥味。蕨菜素对细菌有一定的抑制作用,可用于发热

图4-88　蕨菜

不退、肠风热毒、湿疹、疮疡等病症,具有良好的清热解毒、杀菌清炎之功效;蕨菜的某些有效成分能扩张血管,降低血压;所含粗纤维能促进胃肠蠕动,具有下气通便的作用;蕨菜能清肠排毒,民间常用蕨菜治疗泄泻痢疾及小便淋漓不通,有一定效果;蕨菜可制成粉皮、粉长代粮充饥,有补脾益气,强健机体,增强抗病能力;近年来科学研究表明蕨菜还具有一定的抗癌功效。

③烹饪中的应用

在烹饪上常用重油并配荤料炒、炖、烩、熘、凉拌;干品经水发后,用以炖食。

第三节　蔬菜制品

一、蔬菜制品的概念及分类

蔬菜制品的概念:以蔬菜为原料经一定的加工处理而得到的制品。

保藏原理及目的:在加工过程中破坏蔬菜自身的酶、消灭或抑制污染蔬菜的微生物、防止外界微生物的侵染,从而保持蔬菜的品质或改善蔬菜的风味,延长蔬菜的食用期,并便于携带、运输。因此,蔬菜制品是调节蔬菜淡旺季供应的重要烹饪原料。

蔬菜制品的分类:按照加工方法的不同,蔬菜制品可分为酱菜类、腌菜类、干菜类、速冻菜、蔬菜蜜饯、蔬菜罐头以及菜汁(酱、泥)六大类。

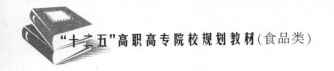

二、蔬菜制品的主要品种

1. 榨 菜

①品种和产地

榨菜为世界三大著名腌菜(四川榨菜、德国甜酸甘蓝、欧洲酸黄瓜)之一,同时也是四川四大腌菜之一,以涪陵榨菜最为著名。

榨菜是以茎用芥菜为原料,经穿剥、晾架、腌制、修剪、淘洗、拌料、分级装坛而成。因嫩茎经盐腌后榨去了多余的水分,故称之为榨菜,如图4-89所示。成品咸淡适口,芳香脆嫩,爽利开胃。

②营养价值

榨菜营养全面丰富,含有17种氨基酸,具有开胃生津、增强消化的功效。

③烹饪中的应用

除直接供食外,还常作为菜肴配料,用于拌、炒、烩或做汤、面码等,如榨菜炒肉丝、榨菜汤、香油榨菜、榨菜馅心等。

2. 腌雪里蕻

①品种和产地

腌雪里蕻,又称石榴红、春不老、雪菜,如图4-90所示。以叶用芥菜中的鲜雪里蕻为原料,以食盐、花椒等为辅料腌制而成,味鲜香微酸。

②营养价值

每百克雪菜中水分占91%,含蛋白质1.9g,脂肪0.4g,碳水化合物2.9g,灰分3.9g,钙(73~235)mg,磷(43~64)mg,铁(1.1~3.4)mg。人体正常生命活动所必需的维生素含量丰富,百克鲜菜中有胡萝卜素(1.46~2.69)mg,硫胺素(维B_1)0.07mg,核黄素(维生素B_2)0.14mg,尼克酸8mg,抗坏血酸(维C)83mg。而且由于它富含芥子油,具有特殊的香辣味,其蛋白质水解后又能产生大量的氨基酸。

③烹饪中的应用

加工后的雪菜色泽鲜黄、香气浓郁、滋味清脆鲜美,无论是炒、蒸、煮、汤作为佐料,还是单独上桌食用,都深受城乡居民喜爱。

图4-89 榨菜

图4-90 腌雪里蕻

3. 梅干菜

①品种和产地

梅干菜,又称咸干菜、梅菜等,如图4-91所示。主要产于浙江绍兴、慈溪、余姚、萧山等地和广东惠阳一带。

②营养价值

在腌菜中,梅干菜营养价值较高,其胡萝卜素和镁的含量尤显突出。其味甘,可开胃下气、益血生津、补虚劳。年久者泡汤饮,治声音不出。

③烹饪中的应用

梅干菜咸淡适宜、质嫩鲜香。在食用前,先用冷水迅速洗净,便可蒸炒、烧汤,制成荤素食品,如"梅干菜炒肉"、"虾米干菜汤"、"面筋干菜汤"等。用梅干菜制作包子馅心也别有风味。

4. 酸 菜

①品种和产地

以新鲜蔬菜为原料,经晾晒、烫熟、腌制、装缸发酵制成,如图4-92所示。由于各地制法不同,风味各有特点。味酸咸、爽口。除供直接佐餐外,也常作菜肴配料、馅料,或用于面条、面片以及汤菜。酸菜经长期贮放后,易霉变,同时产生大量硝酸盐,而有害于身体健康。

②营养价值

酸菜最大限度地保留了原有蔬菜的营养成分,富含维生素C、胺基酸、膳食纤维等营养物质。由于采用的是乳酸菌优势菌群的储存方法,所以含有大量的乳酸菌,有资料表明乳酸菌是人体肠道内的正常菌群,有保持胃肠道正常生理功能之功效。

③烹饪中的应用

酸菜在中国的北方饭桌上尤显重要,既可做主料也可做辅料,所制菜肴香气扑鼻,酸爽利口,典型的菜肴有"酸菜鱼"、"酸菜粉丝炖豆腐"、"酸菜粉丝汤"等。

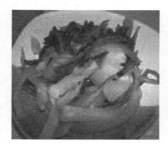

图4-91 梅干菜　　　　　　　图4-92 酸菜　　　　　　　图4-93 冬菜

5. 冬 菜

①品种和产地

冬菜,一种半干态非发酵性咸菜。中国名特产之一,有川冬菜、京冬菜、津冬菜、上海五香冬菜之分。后三者是以大白菜为原料腌制发酵而成,其中京冬菜在腌制时未加蒜,称为素冬菜;津冬菜因腌制时加蒜,称为荤冬菜。成品色金黄,味微酸。

②营养价值

冬菜营养丰富,含有多种维生素,具有开胃健脑的作用。

③烹饪中的应用

既可生食,又可作汤、熬鱼、炒羊肉制作馅心等。代表菜点如叶儿粑、冬菜包子、冬菜腰片汤等。

6.玉兰片

①品种和产地

玉兰片是用鲜嫩的冬笋或春笋,经加工而成的干制品,由于形状和色泽很像玉兰花的花瓣,故称"玉兰片"。主要产于浙江、福建、湖南、湖北等地。玉兰片按采收季节的不同分为:

a.尖片又称笋尖、尖宝、玉兰宝,以冬笋或春笋的嫩尖制成,表面光洁,笋节密集,肉质细嫩,为玉兰片中的上品。

b.冬片是以冬笋为原料纵劈两片制成,片面光洁,节距紧密,质嫩味鲜。

c.桃片又称为桃花片,是以刚出土或尚未出土的春笋制成,肉质稍薄,质地尚嫩。

d.春片又称大片,是以清明节后出土的春笋为原料制成,节距较疏,节楞突起,肉薄质老,品质最差。

玉兰片以色泽玉白、表面光洁、肉质细嫩、体小肉质厚实、笋节紧密、无老根、无焦片和霉变者为佳。

②营养价值

玉兰片含有蛋白质、维生素、粗纤维、碳水化合物以及钙、磷、铁、糖等多种营养物质。

③烹饪中的应用

玉兰片是笋类干制品中的珍品使用前要涨发。其应用广泛,刀工成形时可切成丝、片、丁、块、条等。作主料时适于烧、炒、烩等烹调方法,可制作"虾子烧玉兰片"等,玉兰片刀工成形较多,所以可以做很多菜肴的配料。

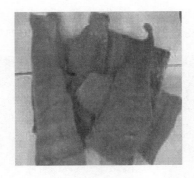
图4-94 玉兰片

图4-95 笋干

7.笋 干

①品种和产地

笋干是以笋为原料,通过去壳、蒸煮、压片、烘干、整形等工艺制取。笋干所用的鲜笋以清明节前后的为好,福建等地区挖笋期可长达45天。

笋干的品种很多,一般福建、浙江所产多为白笋干,江西产的多为烟笋干,其他地区大多为烟笋干和乌笋干。白笋干的制作要经削笋、煮笋、榨笋、晒笋四道工序。乌笋干则在榨压后经烘焙之成。烟笋干则是把鲜笋对劈两片,经烧煮后,放入竹楼内,压去水,晒干或利用烧饭的烟火余热熏干。

②营养价值

笋干性微寒、味甘,有清热消痰、利膈健胃的功效。

③烹饪中的应用

笋干须经水涨发后使用,它是大众化的干菜。刀工成形时多切成丝、片等;多作辅料使用;烧汤、炒菜时荤素皆宜。

 本章小结

　　本章主要讲述了蔬菜类原料的概念、分类、化学成分及常用品种的名称、品质特点、产地、产季、营养价值及烹调运用等。本章阐述的内容系统科学,每位同学在学习时能够理解得更加精细、完整。同时能够让每位同学在学习过程中掌握每种蔬菜类原料的特性,在选择原料时能够更加的科学化。

 练 习 题

1.蔬菜中的化学成分有哪些?

2.发芽的马铃薯为什么不能食用? 应如何预防?

3.如何保藏蔬菜?

4.菜叶类蔬菜分为哪几类?

5.简述蔬菜的营养价值以及在烹饪中的应用。

第四章　蔬菜类烹饪原料

第五章 果品类烹饪原料

学习目标

1. 掌握果品的概念、生物学和商品学的分类;
2. 掌握果品的主要化学成分及其与烹饪的关系;
3. 掌握果品在烹饪中的应用;
4. 掌握鲜果、干果、果品制品的品质特点及其烹饪运用特点。

第一节 果品原料概述

一、果品的概念

果品,一般是指木本果树和部分草本植物所产的可以直接生食的果实(如,苹果、草莓、西瓜等),也常包括种子植物所产的种仁(如,裸子植物的银杏、香榧子、松子及被子植物所产的莲子、花生等)。目前,人类栽培的果品已达数百种,其中比较重要的有300余种,作为商品供应的有100多种。

二、果品的分类

在商品经营中,一般将果品分为鲜果、干果和果品制品。其中,鲜果是果品中种类最多也是最为重要的一类。

按照上市季节,鲜果可以分为伏果和秋果两大类。伏果,即夏季采收的果实。包括伏苹果、桃、李、杏、樱桃等,不耐贮运。秋果,是在晚秋或初冬采收的果实。如,梨、秋苹果、柿子、鲜枣等,较耐贮运。按照分布,鲜果可分为南鲜和北鲜。南鲜水果,一般指常绿果树所产的果实,如柑橘、香蕉、荔枝、芒果、火龙果、山竹、榴莲、菠萝、枇杷、油梨等。北鲜水果,一般指落叶果树所产的果实,如梨、苹果、桃、杏、葡萄等。

三、果品的烹饪运用

果品除了直接供食用外,在烹饪中的应用也较广。主要表现为以下几个方面。

1. 果品可作为菜肴的主料。如蜜汁三鲜、拔丝白果、水果沙拉。

2. 果品可以作为菜肴的配料。可与畜肉、禽肉、水产以及蔬菜,粮食制品等原料相配成菜,如中菜的荔枝虾仁、板栗烧鸡、腰果鲜贝、西芹杏仁等。

3. 可用于菜点、饮品等的点缀、围边和装饰。如猕猴桃、樱桃、柠檬、火龙果等。

4. 常用于面点馅心、馅料的制作。果仁中的花生仁、瓜子仁、核桃仁、杏仁、松子仁等以及鲜果和水果罐头、果酱、果干等常用作中西式面点的馅料、馅心装饰料。如五仁月饼、水果匹萨、核仁面包等。

5.可作为食品雕刻、水果塔制作的重要原料。如中餐中的西瓜盅,西式酒会中集装饰和食用为一体的各种造型水果塔。

6.可用于果汁的制取。如西瓜汁、橙汁、木瓜汁等已成为中西餐宴会中的常用饮品。

7.可用于菜点的调味。如柠檬汁是西餐中重要的酸味调味剂,而熟花生、松子等则为菜点赋香,甜味突出的果酱则可为甜菜、甜点等赋甜味。

8.果品也常用于药膳及保健粥品的制作。如红枣莲子粥、冰糖贝母蒸梨等。

9.可用于食用油脂的榨取。某些果品如牛油果、油橄榄等鲜果以及花生,瓜子仁等干果含有丰富的油脂,为食用油的来源之一。

四、果品的品质检验与储存

(一)果品原料的品质检验

果品原料的品质检验有两种方法理化检验和感官检验法。理化检验法需要一定的理化仪器设备和具有专门技术的人员进行操作,在果品原料检验的实际应用中受到了限制,而感官检验法则是利用人的眼、耳、鼻、口手等对原料进行鉴别,较为方便实用。通过看其原料是否符合其原有的品质和形态来判断好坏,如含水量、形态的大小、是否虫蛀等。

(二)果品原料的储存

鲜果料在储存过程中一般都采用常温储存和低温储存为主,而果品原料中的干果类多数采用常温储存。

第二节 烹饪中常用的果品类原料

一、鲜果类

(一)鲜果的概念和特点

鲜果,通常是指新鲜的、可食部分肉质化、柔嫩多汁或爽脆适口的植物果实。在植物学分类中,包括梨果(苹果、梨、山楂、枇杷等)、核果(桃、杏、李、樱桃等)、柑果(橘、柑、橙、柚等)、瓠果(西瓜、哈密瓜、甜瓜等)、浆果(葡萄、草莓等)及复果(菠萝、无花果)等。

鲜果的通用选择标准以果皮细薄、有光泽、果肉脆嫩或柔嫩、汁多味甜、香气浓郁、果形完整、无疤痕、无虫蛀、无腐烂为佳。

需要注意的是,有些水果不可一次性食用过多,如柿子中含有大量的可溶性收敛剂,不宜空腹食用且一次不宜多食,以免形成"胃柿石",也不宜与寒性的螃蟹同食;荔枝一次大量食用或短时间内连续食用会引发低血糖症等。

(二)鲜果的常用品种

1.苹 果
(1)品种和产地

苹果,原产于欧洲东南部、中亚和我国新疆一带,为世界的四大水果(苹果、葡萄、柑橘、香蕉)之一。我国栽培已有 2000 多年的历史,以渤海湾产区为主要产区(见图 5-1)。

图 5-1　苹果

按照原产地,苹果分为西洋苹果和中国苹果两大类。西洋苹果原产于欧洲、中亚西亚一带,果实汁多、脆嫩、甜酸适口、耐贮藏。中国苹果原产于新疆一带,色泽美丽、富有香气,居于我国果品经营的四大水果(苹果、梨、柑橘、香蕉)之首。我国现有苹果品种 400 多种,市场常见的有 30 余种,均为西洋苹果。按照果实的成熟期不同,分为早熟种、中熟种和晚熟种,其中,以晚熟种占有较大的比例,如红富士、青冠、秦冠、胜利等。

（2）营养价值

苹果有"智慧果"、"记忆果"的美称。研究发现,多吃苹果有增进记忆、提高智能的效果。苹果中含有丰富的碳水化合物、维生素和微量元素。有糖类、有机酸、果胶、蛋白质、钙、磷、钾、铁、维生素 A、维生素 B、维生素 C 和膳食纤维,另含有苹果酸、酒石酸和胡萝卜素。

（3）烹饪中的应用

在烹饪中,苹果多用于甜菜的制作,如拔丝苹果、熘苹果、苹果布丁、脆炸苹果条等。此外,苹果还可加工成果干、果脯、果汁、果酱、果酒等多种制品。

2. 梨

（1）品种和产地

梨,可分为中国梨和西洋梨两大类。西洋梨原产于欧洲中部、东南部及中亚地区,在欧洲的栽培历史也很悠久,传入中国后已有 100 多年的栽培历史。中国梨为我国的特产,至今已有 2000 多年的栽培历史,是我国主要的果品。其产量仅次于苹果,以华北和西北栽培为多(见图 5-2)。

梨在我国果品市场的品种主要有:

①秋子梨系统。如,京白梨、香水梨、鸭广梨、延吉苹果梨等。

②白梨系统。如,鸭梨、雪花梨、秋白梨、长把梨、新疆库尔勒香梨等。

③沙梨系统。如,浙江三花梨、诸暨黄樟梨、江西麻酥梨、四川苍溪梨等。

④洋梨系统。如,巴梨、三季梨等。

（2）营养价值

梨是令人生机勃勃、精力十足的水果。它水分充足,富含维生素 A、维生素 B、维生素 C、维生素 D、维生素 E 和微量元素碘,能维持细胞组织的健康状态、帮助器官排毒、净化,还能软化血管,促使血液将更多的钙质运送到骨骼。

图 5-2　梨

（3）烹饪中的应用

梨在每年 7～10 月中旬上市,肉质清脆、甜香可口,含糖量丰富,在烹饪中可制作菜肴,如八宝梨、鸡丁炒梨丁、雪梨炒牛肉片、烩梨丁黄瓜等。此外,梨也可以加工成梨膏、梨脯、梨干等制品。

3．枇　杷

（1）品种和产地

枇杷，又称为卢橘，原产于我国湖北西部与四川东部一带，福建、浙江、江苏等地栽培最多（见图5－3）。

枇杷果呈圆球形或长圆形，根据其品质特点可分为草种枇杷、红种枇杷和白沙枇杷。草种枇杷，呈卵圆形，皮厚韧，果肉和果面均为淡黄色，核大肉薄，肉质较粗，味甜中带酸，主要产于浙江余杭一带，上市较早。红种枇杷果实为圆形或倒卵形，果皮橙红色或浓红色，较厚，易剥离，味甜质细，品质较好，上市较草种枇杷略迟，主要产于浙江、福建、安徽的一些地区。白沙枇杷，果实呈圆形或稍扁，果皮薄，易剥离，果面淡黄或微带白色，果肉洁白或微带黄色，汁多味甜，质细而鲜美，核小，上市较晚，质量最好。

图5－3　枇　杷

（2）营养价值

枇杷的营养特点是维生素含量很高，每100g枇杷肉中含维生素A原（胡萝卜素）高达0.9mg，维生素C 8mg，钙17mg，铁1.1mg，钠4.05mg，镁10mg，热量265.9kJ。此外还含有维生素B_1、维生素B_2、维生素B_6以及蛋白质、脂肪、纤维素和各种酸类物质。

（3）烹饪中的应用

枇杷为初夏佳果。可鲜食，也可加工成罐头、果酒、果酱、果膏等。枇杷核含淀粉，可用于酿酒。枇杷入馔主要做甜菜，如西米枇杷、豆茸酿枇杷、珊瑚枇杷等。

4．山　楂

（1）品种和产地

山楂，又称红果、山里红，为我国特产果品之一（见图5－4）。

（2）营养价值

山楂的果实近球形，直径1.5cm；果皮红色，具有淡化色斑、开胃消食、化滞消积、活血化瘀、收敛止痢的功效，且维生素C含量在果品中仅次于鲜枣。

（3）烹饪中的应用

因山楂的果肉酸味较重，多加工食用，如冰糖葫芦、白糖炒山楂。也可制成京糕、果酱等。京糕，即山楂糕，可制作拔丝京糕，或做菜肴的装饰、糕点馅料等。

图5－4　山　楂

5．桃

（1）品种和产地

桃原产于我国，各地均有栽培（见图5－5）。

根据其分布地区和果实类型可分为：

①北方品种群。主要分布于黄河流域的华北、西北地区。如蜜桃、硬桃、黄桃、油桃等。

②南方品种群。主要分布在长江流域的华东、华中、西南地区。如水蜜桃、蟠桃等。

③南欧品种群。系引入品种。如新瑞阳（主要产于陕西关中一带）、西洋黄肉（主要产于江

苏、浙江一带)等。

（2）营养价值

图5-5 桃

桃营养丰富据现代营养学家分析,每100g桃肉中含糖15g、有机酸0.7g、蛋白质0.8g、脂肪0.5g、钙8mg、磷20mg、铁1mg、维生素C(3~5)mg、维生素B10.01mg、维生素B₂0.02mg。由于桃的营养既丰富又均衡,故是人体保健比较理想的果品。

（3）烹饪中的应用

桃的成熟季节从5月下旬~9月上旬,果肉粘核或不粘核,汁多、味甜,香气浓郁。烹饪中适于酿、蜜渍等方法。如枸杞桃丝、蜜汁桃、猪肉炒桃丁、脆皮鲜桃夹、鲜桃栗子羹等。此外,还可加工成桃脯、桃酱、桃汁、蜜桃罐头等。

6.杏

（1）品种和产地

杏,原产于我国,栽培历史悠久,在西北、华北、东北各省区分布很广,黄河流域为其分布的中心地带。杏在我国主要种类有变通杏、辽杏、西伯利亚杏及其变种和自然杂交种。分为生食用杏、仁用杏和加工用杏三大类。主要品种有大接杏、沙金红杏、大香白杏、仰韶黄杏等(见图5-6)。

（2）营养价值

杏果味酸甜、汁液多,富含糖分及较多的蛋白质、钙、磷和多种维生素,尤其是胡萝卜素的含量在核果类中占首位。

图5-6 杏

（3）烹饪中的应用

杏生食具有解暑消夏的功效,亦可制杏干、杏脯、杏酱或榨取杏汁、酿制杏酒及制罐等。

7.李

（1）品种和产地

李,又称李子,我国栽培历史悠久,广为分布。李的品种有40种左右,常见的品种有樵李、朱砂红李、玉黄李、西安大黄李、济源黄甘李等。从颜色上分有红皮红肉、红皮黄心、青皮红心、青皮青肉和黄皮黄肉等种类。李在夏季成熟,香气馥郁,但不耐贮藏(见图5-7)。

（2）营养价值

李子中富含丰富的维生素如维生素B₁、维生素B₂、维生素B₆,尤其维生素B₁₂有促进血红蛋白再生的作用,贫血者适度食用李子对健康大有益处。

图5-7 李

（3）烹饪中的应用

李宜在成熟后食用,且不宜过多食用。除鲜食外,烹饪中可制作甜菜,还可加工成李干、蜜饯、果酱和罐头。

8.樱桃

（1）品种和产地

樱桃，又称含桃、莺桃、车厘子等，我国是樱桃起源地之一。根据其品种特征可分为中国樱桃、甜樱桃、酸樱桃和毛樱桃。其中以中国樱桃和甜樱桃两类品质好，著名品种，如大鹰嘴、红樱桃等（见图5－8）。

（2）营养价值

樱桃富含丰富的碳水化合物、蛋白质，也含有钙、磷、铁和多种维生素。尤其是铁的含量，每百克高达（6～8）mg，比苹果、桔子、梨高20～30倍，维生素A的含量比苹果、桔子、葡萄高4～5倍，所以食用樱桃具有促进血红蛋白再生及防癌的功效。

图5－8　樱　桃

（3）烹饪中的应用

鲜樱桃果形小，质地柔嫩、多汁；果皮很薄，红色。不耐贮藏，除鲜食外，常加工成果酱、果汁、果酒及罐头。中西餐烹饪中常用罐制樱桃（红、绿色车厘子）做围边、甜菜、冰淇淋、鸡尾酒、生日蛋糕等的装饰。

9.梅

（1）品种和产地

梅，为我国特有的果品之一，栽培历史悠久，多分布于长江以南各省。梅的外形与杏相近，品种很多。按果实的颜色分为白梅、青梅、花梅三大类。其中花梅又称红梅，果实向阳面熟时有红晕、质细脆而味清酸，为梅中佳品（见图5－9）。

图5－9　梅

（2）营养价值

梅含有大量的蛋白质、脂肪（脂肪油）、碳水化合物和多种无机盐、有机酸。青梅果实中有机酸含量一般在3.0%～6.5%，远远高于一般的水果。青梅所含的有机酸主要是柠檬酸、苹果酸、单宁酸、苦叶酸、琥珀酸、酒石酸等，具有生津解渴、刺激食欲、消除疲劳等功效，尤其是柠檬酸含量在各种水果中含量最多，柠檬酸是人体细胞物质代谢不可缺少的重要酸类，它能促进乳酸分解为二氧化碳和水排出体外，恢复疲劳，且有益于钙的吸收。

（3）烹饪中的应用

梅可鲜食，但多用于加工，如乌梅、话梅、陈皮梅等，还可制酸梅汤、梅酱、梅醋和梅酒等。在烹饪中作为酸味调料，制作梅子脆皮鹅、明炉梅子鸭、话梅藕片等。

10.葡萄

（1）品种和产地

葡萄，又称蒲桃、草龙珠等，是世界上最古老的果树之一，亦是世界上四大水果之一。原产于里海、黑海和地中海沿岸。我国引进历史约有2000余年，广为栽培。其中，辽宁、山东、山西、河北等省所产的葡萄除部分鲜食外，主要用于酿酒；新疆所产的葡萄除部分鲜销外，主要用

图 5 - 10　葡 萄

于干制、出口。常见的品种有玫瑰香、龙眼、巨峰、牛奶、无核白等品种(见图 5 - 10)。

(2)营养价值

葡萄含糖量高达 10% ～30% ,以葡萄糖为主。葡萄中的多量果酸有助于消化,适当多吃些葡萄,能健脾和胃。葡萄中含有矿物质钙、钾、磷、铁以及多种维生素 B₁、维生素 B₂、维生素 B₆、维生素 C 和维生素 P 等,还含有多种人体所需的氨基酸,常食葡萄对神经衰弱、疲劳过度大有补益。把葡萄制成葡萄干后,糖和铁的含量会相对高,是妇女、儿童和体弱贫血者的滋补佳品。

(3)烹饪中的应用

葡萄除鲜食外,可干制、酿酒、制醋。烹饪中,鲜葡萄可作为甜菜用料;葡萄干可作为面点、甜饭的配料或装饰用料。代表菜式,如拔丝葡萄、酒酿葡萄羹、八宝甜饭等。

11. 柿

(1)品种和产地

柿,又称柿子、米果、猴枣,原产于我国,栽培历史至少有 2500 余年。目前,以山东、河北、河南、山西、陕西 5 省栽培最多,多供鲜食或制柿饼。常见的品种有磨盘柿、火柿、火晶柿、桔蜜柿等(见图 5 - 11)。

(2)营养价值

鲜柿有较高的营养价值,富含糖、蛋白质、钙、铁、磷、钾和多种维生素;可促进人体血液中乙醇的氧化,有一定的解酒作用。

(3)烹饪中的应用

在烹调制作中,柿子可用于菜肴的制作。如,柿子沙拉、酿水果柿子、柿子炒火腿等。

图 5 - 11　柿

图 5 - 12　猕猴桃

12. 猕猴桃

(1)品种和产地

猕猴桃,又称阳桃、藤梨、羊桃、仙桃等,原产于我国,主要分布在长江以南地区,如湖南、湖北、浙江、福建等地。种类很多,如中华猕猴桃、葛枣猕猴桃等。100 多年前被引种至英国、新西兰、美国后,进行了品种改良,成为一种新兴的栽培水果。目前,新西兰为猕猴桃的主要出产国(见图 5 - 12)。

（2）营养价值

猕猴桃果肉绿色或黄色，中心绿色或红色，并有呈放射状排列的黑色小种子，风味独特，甜酸适口，色香味俱佳，是一种营养价值很高的水果。其中维生素 C 的含量每百克达（100～420）mg，为一般果品的几倍到几十倍。

（3）烹饪中的应用

在烹饪中，猕猴桃主要用来制作甜菜或中西式菜点的装饰；也可用于菜肴的制作。如四川的茅梨肉丝、猕猴桃炒鸡柳、鲜虾爆猕猴桃。此外，还可加工制作果酱、果酒等。

13. 香 蕉

（1）品种和产地

香蕉，是世界上四大水果之一，原产于亚洲东南部，我国南部地区即为原产地之一，现已有2000多年的栽培历史，以广东、海南、福建、台湾、云南等省为主产区。品种较多，主要有矮脚蕉、甘蕉和大蕉三类（见图 5—13）。

矮脚蕉，又称牙蕉、粉蕉，原产于我国，果形小，皮薄味甜，香味浓，品质极佳；甘蕉，又称为高脚蕉，果大味佳，为世界各地香蕉的主要栽培品种，品质优良；大蕉，淀粉含量高，生食时味不佳，常烹调代粮或做蔬菜食用，故又称烹食蕉。

（2）营养价值

香蕉含多种微量元素和维生素。其中维生素 A 能促进生长，增强对疾病的抵抗力，是维持正常的生殖力和视力所必需；硫胺素能抗脚气病，促进食欲、助消化，保护神经系统；核黄素能促进人体正常生长和发育。

图 5—13 香 蕉

（3）烹饪中的应用

香蕉质糯而味甘甜，可供鲜食，大蕉类可代粮食用。烹饪中香蕉适于拔丝、炸、熘等方法。如，软炸香蕉、熘蜜汁香蕉、脆皮香蕉球、茄汁香蕉条。

14. 西 瓜

（1）品种和产地

西瓜，又称寒瓜、水瓜、夏瓜，原产于非洲，我国引种历史悠久，广为栽培（见图 5—14）。

西瓜的品种较多，著名的品种有喇嘛瓜、三白瓜、小红子梨皮瓜、新疆瓜等。西瓜通常 6～8 月份上市，是夏令佳果；在西北一带，有时贮至冬季食用。

（2）营养价值

西瓜富含维生素 A、维生素 B_1、维生素 B_2、维生素 C、葡萄糖、蔗糖、果糖、苹果酸、谷氨酸和精氨酸等，有清热解暑、利小便、降血压的功效，对高热口渴、暑热多汗、肾炎尿少、高血压等有一定的辅助疗效。

图 5—14 西 瓜

（3）烹饪中的应用

西瓜除作为夏季主要的鲜果外，还可加工成西瓜汁、糖水西瓜、西瓜酱、西瓜酒等；瓜皮可以直接炒食或腌渍食用，如瓜皮丝拌木耳。瓜肉可以制西瓜冻及羹汤，如鲜藕西瓜汤。整瓜可以制作西瓜鸡等高档菜式。此外,西瓜还是食品雕刻的重要原料,如各种西瓜盅。

15. 香 瓜

（1）品种和产地

香瓜,又称甜瓜、梨瓜、小瓜,因其香气浓郁、味甘甜而得名。远在三四千年前长江、黄河流域就有栽培。现产地几乎遍及全国各地,特别是新疆、山东等省所产的香瓜以品质好、产量高而享誉中外。香瓜的优良品种较多,如:山东益都银瓜,辽宁的黄金道、青羊头,江西梨瓜,河北小面瓜、大面瓜等（见图5-15）。

图5-15 香 瓜

（2）营养价值

香瓜富含丰富的苹果酸、葡萄糖、氨基酸、甜菜茄、维生素C等,对感染性高烧、口渴等,都具有很好的疗效。

（3）烹饪中的应用

香瓜呈球形、卵形、椭圆形或扁圆形;果皮黄色、白色、红色或橙黄色;肉质爽脆或绵软,味香而甜。主要供鲜食,烹饪中可用于制作甜菜,如香瓜拌梨丝、蜜渍香瓜等。

16. 哈密瓜

（1）品种和产地

哈密瓜,又称厚皮甜瓜,为新疆特产,几乎全疆均有栽培,当地习惯称甜瓜（见图5-16）。

哈密瓜的果实较大,卵圆形至橄榄形;果皮黄色或青色,有网纹;果皮和果肉均较厚。果肉绵软,青色或红色,味极香甜。哈密瓜主要分为蜜极甘（维语"花裙"）和可口奈（维语"绿而脆嫩"）两大品系。此外,还有不少变种,著名的有洋不拉坎（黄金龙）、艾依斯汗可口奇（红心脆）、东湖瓜（秋瓜）等。

（2）营养价值

哈密瓜,性寒味甘,含蛋白质、膳食纤维、胡萝卜素、果胶、糖类、维生素A、维生素B、维生素C、磷、钠、钾等。哈密瓜果肉有利小便、止渴、除烦热、防暑气等作用,可治发烧、中暑、口渴、尿路感染、口鼻生疮等症状。

图5-16 哈密瓜

（3）烹饪中的应用

哈密瓜可供鲜食,或做餐后果品,或制作果盘、瓜盅,也是维吾尔族人制作抓饭的必需配料,还可晒制瓜干、制作蜜饯等,如拌哈密瓜丝、哈密瓜爆鲜贝、哈密瓜红枣汤。

17. 白兰瓜

（1）品种和产地

白兰瓜,又称兰州蜜瓜、绿瓤甜瓜,属于厚皮甜瓜的一个栽培变种。起源于中亚,后传入欧美,于1944年传入中国。白兰瓜主要产于甘肃兰州市郊和皋兰、武威等县,成熟期以7月份为主,主要品种有兰州蜜瓜、变种兰州蜜瓜和新疆兰州蜜瓜,以兰州蜜瓜品质最好（见图5-17）。

白兰瓜单瓜重一般为(1~2.5)kg;果实近球形;幼瓜期外皮为绿色,接近成熟时逐渐变为黄白色,充分成熟时,瓜皮向阳面为黄色,着地面为白色;瓜瓤翠绿,肉质柔软,汁液丰富,气味清香,味甘甜。

(2)营养价值

白兰瓜可消暑解渴,还能促进肾脏分泌,利尿消肿。

(3)烹饪中的应用

以鲜食为主,或制作果盘,还可制作菜肴或甜羹。

图5-17　白兰瓜

18. 柑橘类

柑橘类,是芸香科一大类果实的总称,其中经济价值较大的是柑、橘、橙、柚、柠檬。我国主要产于南方地区,以四川、广东、广西、福建、湖南、江西、浙江等省份产量最多。

(1)柑　橘

①品种和产地

柑橘,又称柑桔,原产于我国。包括柑和橘两大类型,其共同特点是果实扁圆形,果皮黄色、鲜橙色或红色,薄而宽松,容易剥离,故又称宽皮橘、松皮橘。两者的区别在于橘的果蒂处凹陷,柑的果蒂处隆起。著名品种有福建芦柑、广东芦柑、四川红橘、温州蜜柑等(见图5-18)。

②营养价值

柑橘富含维生素A,有抗癌作用,能防止肝脏疾病及动脉粥样硬化等的作用,而且能帮助预防及治疗肠胃方面的问题,所含钾及维生素C也比较丰富。

③烹饪中的应用

柑橘除鲜食外,在烹饪中主要用于制作甜菜或果盘,如拔丝橘子、水晶橘冻等,也可以加工成罐头、果酱、果汁、果粉、果酒和蜜饯。

图5-18　柑橘

(2)甜　橙

①品种和产地

甜橙,又称广柑、黄果、广橘、橙。原产于我国东南部,栽培历史悠久,在世界的热带果区均有分布。品种较多,常见的如冰糖橙、脐橙、血橙、鹅蛋柑、新会橙等。果实多呈球形或长圆形,果皮不易剥离,果瓣难以分开,汁多,味甜酸可口,香气较足。每年11~12月成熟,耐贮运(见图5-19)。

②营养价值

甜橙含水量高、营养丰富,含大量维生素C、枸橼酸及葡萄糖等十余种营养物质。食用得当,能补益肌体,特别对患有慢性肝炎和高血压患者,多吃蜜橘可以提高肝脏解毒作用,加速胆固醇转化,防止动脉硬化。

③烹饪中的应用

橙可供鲜食,做餐后水果,榨取果汁,制作蜜饯和果饼;可用于甜菜的制作,如橙子羹小汤圆;也可用于菜肴的制作,如海带拌橙丝、橙子酿鲜虾等。

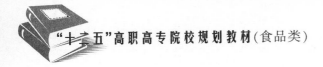

（3）柚

①品种和产地

柚，又称为朱栾、胡柑、文旦等，我国特产鲜果之一，栽培历史悠久，主要产于广西、福建、四川等地。柚果形大，呈球形、扁球形或梨形，直径(10～25)cm，瓤瓣12～20个；果皮厚，有大油腺，难剥离。果肉白色或红色；果味甜酸适口。秋末成熟，耐贮藏。我国有上百个品种、品系，著名的如福建文旦柚、广西沙田柚等（见图5－20）。

图5－19　甜橙

图5－20　柚

②营养价值

柚子营养价值很高，含有丰富的糖类、有机酸、维生素A原、维生素B_1、维生素B_2、维生素C、维生素P和钙、磷、镁、钠等营养成分。每100克柚肉含维生素C 57mg，比梨高10倍，含钙519mg。

③烹饪中的应用

柚可鲜食、制罐和榨汁，果皮可制果脯，如柚皮糖、青红丝等。将柚皮在水中浸煮可提取果胶，而除去苦味的果皮可制菜肴，如蚝油柚皮、柚皮炖鸭、豉汁柚皮等。

（4）柠　檬

①品种和产地

柠檬，又称洋柠檬，是世界重要的果品。原产于马来西亚，我国主要产于四川、台湾、广东、广西、福建等地。果呈椭圆形或卵圆形，长(5～7)cm；表皮黄色或绿色，表面粗糙，先端呈乳头状果皮厚而香，果汁极酸。每年10月上市。著名品种有油力克柠檬、里斯本柠檬、香柠檬等（见图5－21）。

②营养价值

柠檬含柠檬酸、苹果酸等有机酸和橙皮甙、柚皮甙、圣草次甙等黄酮甙，还含有维生素C、维生素B_1、维生素B_2和烟酸、糖类、钙、磷、铁等多种营养成分，以及香豆精类、谷甾醇类、挥发油等物质。

③烹饪中的应用

柠檬一般不生食，大多切片加糖后冲调饮料，酸甜可口，清香宜人。在烹调中，柠檬汁可作为酸味调味剂或用于生食牡蛎、三文鱼等的调料，具有去腥除异的作用；削下的柠檬表层薄皮可作为菜点的增香料；柠檬也可用于菜肴的制作，如糖拌柠檬、西柠软煎鸡、柠檬烩鸡丁等。此外，还加工果汁、柠檬露、柠檬粉、柠檬酸、柠檬酒，或制作蜜饯、果酱等。

19. 石　榴

（1）品种和产地

石榴，又称安石榴，原产于伊朗及其附近地区，我国各地均有栽培。

图 5 - 21　柠檬

图 5 - 22　石榴

石榴的浆果近球形,外种皮肉质半透明,多汁,为供食部位;内种皮革质。名品如,安徽怀远水晶石榴、陕西临潼大红蛋石榴、粉红石榴等(见图 5 - 22)。

(2)营养价值

酸石榴的营养及药用价值酸石榴含有多种营养成分。可溶性固形物为17%,总含糖量为8.5%~12.8%,总酸为2.14%~5.3%,果汁中含有维生素 C、蛋白质和 17 种人体必不可少的氨基酸与丰富的矿物质元素,特别是磷、钙、铁的含量较高,对人体健康起着重要作用。

(3)烹饪中的应用

石榴主要供鲜食,或用于制作果汁与清凉饮料。

20.草　莓

(1)品种和产地

草莓,又称洋莓果、洋莓等,原产于南美,现在我国南北各地都有栽培。

草莓的果实为聚合果,花托增大肉质化、柔软多汁,其上生有多枚种子状瘦果,聚合成红色浆果状体,形状有圆锥形、圆形、心脏形。品种有五月香、小鸡心、紫晶等(见图 5 - 23)。

(2)营养价值

草莓营养丰富,富含多种有效成分,每百克鲜果肉中含维生素 C 60mg,比苹果、葡萄含量还高。果肉中含有大量的糖类、蛋白质、有机酸、果胶等营养物质。此外,草莓还含有丰富的维生素 B_1、维生素 B_2、维生素 C、维生素 PP 以及钙、磷、铁、钾、锌、铬等人体必需的矿

图 5 - 23　草莓

物质和部分微量元素。草莓是人体必需的纤维素、铁、钾、维生素 C 和黄酮类等成分的重要来源。

(3)烹饪中的应用

草莓宜鲜食,也可拌以奶油或甜奶,制成"奶油草莓"食用,风味别致。若能稍加冰镇味道更佳,也可加糖制成果酱、果汁、果酒和罐头,西餐常用。

21.无花果

(1)品种和产地

无花果,又称蜜果、奶浆果、优昙果,原产于亚洲西部。我国长江流域以南及山东沿海地区和西北等地有种植,新疆南部栽培较多(见图 5 - 24)。

图 5-24　无花果

无花果的花隐于囊状花序托内,外观只见果而不见花,故名"无花果"。果实由总花托及其他花器组成,呈扁圆形或卵形,成熟后顶端开裂,黄白色或紫褐色,肉质柔软,味甜。

(2)营养价值

无花果含有丰富的氨基酸,鲜果为 1.0% ,干果为 5.3% ;目前已经发现 18 种。不仅因人体必需的 8 种氨基酸皆有而表现出较高的利用价值,且尤以天门冬氨酸(1.9% 干重)含量最高,对抗白血病和恢复体力,消除疲劳有很好的作用。因此,国外将一种无花果饮品作为"咖啡代用品"。

(3)烹饪中的应用

无花果以鲜食为主,或制蜜饯、果酱、果干等。此外,果肉中富含蛋白酶,可用于肉的嫩化处理。广东常用做菜肴辅料,用以烤肉、炖鸡或做猪杂汤。

22. 荔　枝

(1)品种和产地

荔枝,又称离支、丹荔、水晶丸、水浮子,为我国特产鲜果之一,已有 2000～3000 年的栽培历史,主产于我国南方。荔枝品种很多,佳种如糯米糍、桂味、桂绿、妃子笑等(见图 5-25)。

荔枝核果球形或卵形,外果皮革质,有瘤状突起,熟时红色;假种皮白色、半透明,与种子极易分离,味甘多汁。每年 6～7 月份成熟,不耐贮存。

图 5-25　荔枝

(2)营养价值

荔枝含有丰富的糖分、蛋白质、多种维生素、脂肪、柠檬酸、果胶以及磷、铁等,果肉中含糖量高达 20% ;每一百毫升果汁中,维生素 C 含量达 70mg,还含有蛋白质、脂肪、柠檬酸、果酸、磷、钙、铁等成分。

(3)烹饪中的应用

荔枝除鲜食外,在烹饪中可制甜、咸菜式,如荔枝羹、荔枝炖莲子、荔枝烧鸭、荔枝炒鸡柳等。此外,还可制罐头、压榨果汁、制作果酱等。

23. 龙　眼

(1)品种和产地

龙眼,又称桂圆、圆眼、益智、龙目等。为我国特产鲜果之一,已有 2000 多年的栽培历史,主产于福建、广东、广西、四川、云南和台湾等省区。品种较多,著名的如普明庵、乌龙岭等(见图 5-26)。

(2)营养价值

龙眼果实球形,果壳淡黄色或褐色,质薄、粗糙;假种皮(即果肉)白色、透明,汁多味甜。鲜龙眼含维生素 C 较多,蛋白质、糖及钙、磷、铁含量也丰富。中医认为具有补心肺、养血安神的功效。

（3）烹饪中的应用

除鲜食外，龙眼常加工成干制品或罐头食品；亦可用于甜菜的制作，如桂圆蛋羹、冰糖炖桂圆；或采用煮、炖等方法制作咸味菜肴、保健菜肴，如龙眼炖猪心、桂圆炖鸡、桂圆红枣乌鸡煲等。

图 5 - 26　龙眼

图 5 - 27　菠萝

24. 菠　萝

（1）品种和产地

菠萝，又称凤梨、黄梨、草菠萝等，原产于巴西，是世界著名热带果品之一。我国主要产于广东、广西、福建、云贵高原南部（见图 5 - 27）。

（2）营养价值

果实球果状，果肉中含有丰富的营养物质，香气浓郁，风味独特。除鲜食外，可制成罐头。鲜食时应用淡盐水浸渍，以去除果肉中所含的皂素，减少对口腔的刺激。

（3）烹饪中的应用

在烹调中可用于各种香甜、咸香菜式的制作，如酿菠萝、菠萝鸡片、鲜虾烩菠萝、菠萝牛肉汤等。此外，由于菠萝中含有较多的蛋白酶，烹饪中可用菠萝汁进行肉类的嫩化处理。

25. 芒　果

（1）品种和产地

芒果，又称杜果、檬果、蜜望子，原产于亚洲南部。在我国广东、广西、福建、云南等地有引种。

芒果的核果肾形，长（5 ～ 10）cm，淡绿色或淡黄色，果肉肉质细腻、味甜，有独特的香气，汁多。成熟的芒果果皮为鲜黄色、紫色、绿色、红色等，每年 4 ～ 6 月成熟。

（2）营养价值

芒果果实营养价值极高，维生素 A 含量高达 3.8%，比杏子还要多出 1 倍。维生素 C 的含量也超过橘子、草莓。芒果含有糖、蛋白质及钙、磷、铁等营养成分，均为人体所必需。

（3）烹饪中的应用

芒果可鲜食，也可用于烹调多种菜式，如芒果烩双鲜、芒果鸡条、红枣芒果粥等。此外，还可制果汁、果干、蜜饯、果酒等。

26. 木菠萝

（1）品种和产地

木菠萝，又称菠萝蜜、树菠萝、优珠昙、婆那娑、树萝、牛肚子果等。原产于印度和马来西亚，在我国广东、海南和云南南部均有栽培。每年 9 ～ 10 月成熟（见图 5 - 28）。

菠萝蜜为聚花果,果形椭圆,果实大,大者可重20kg。果皮外层有六角形瘤状突起;果肉为种子外的假种皮,形如橘囊,厚而多汁、奇香,味甜美。有硬肉类和软肉类两个品种。硬肉类的果实多汁、香气浓郁;软肉类的果皮柔软,果肉松脆,香味和甜味稍差。

图5-28 木菠萝

(2)营养价值

木菠萝的营养价值很高,含有碳水化合物、糖分、蛋白质、淀粉、维生素、氨基酸、钙、铁、钾,并含有一定量的植物脂肪以及对人体有用的各种矿物质,是一种美容益气的果品。

(3)烹饪中的应用

菠萝蜜可供鲜食,蘸盐水食用更佳,也可制蜜饯。果核状如鸡蛋,富含淀粉。烹饪中单用或配肉、配鸭,适用于煮、炒、炖、焖等。代表菜式,如菠萝蜜鸡脯、菠萝蜜炖鸭。

27. 椰　子

(1)品种和产地

椰子,又称椰栗,原产于东南亚。我国已有2000余年的栽培史,为热带佳果之一(见图5-29)。

核果呈坚果状,圆或椭圆形,顶端微具三棱,直径(20~30)cm,成熟时褐色;外果皮较薄,中果皮为厚纤维层,内果皮角质而坚硬。椰肉(胚乳)白色,质脆滑,富含脂肪,具有花生仁和核桃仁的混合香味;胚乳内部的汁液(椰汁)可做饮料。

(2)营养价值

椰子含有的营养成分更多,如果糖、葡萄糖、蔗糖、蛋白质、脂肪、维生素B、维生素C以及钙、磷、铁等微量元素及矿物质。

(3)烹饪中的应用

椰肉、椰汁除可供鲜食外,可制成椰丝、椰蓉、椰油,作为糖果、糕点等的配料;也可作为菜肴原料,制成多种甜、咸菜式,如冰糖雪耳椰子盅、果子椰丝条、原盅椰子炖鸡、椰汁咖喱鸡等。

图5-29 椰子

图5-30 山竹

28. 山　竹

(1)品种和产地

山竹,原产于印度尼西亚和马来西亚,其他地区少有栽培。果实大小如柿,深紫色;外果皮厚,表层木质化,内有数瓣白色果肉,味甜略带酸,质地细腻,具独特香味,被誉为"果中之后"。具解热止咳之功效(见图5-30)。

(2)营养价值

山竹果肉含丰富的膳食纤维、糖类、维生素及镁、钙、磷、钾等矿物元素。

(3)烹饪中的应用

山竹主要供鲜食,也可加工成果汁和罐头,或加白糖煮沸食用。耐贮性差,需及时食用。

29. 榴 莲

(1)品种和产地

榴莲,又称韶子,原产于马来西亚、菲律宾、缅甸等地。近年来我国广东、海南等省有栽培,成熟期为11月至次年2月和6~8月。果呈卵形、球形或椭圆形,重可达(3~5)kg,长达25cm;成熟时果面为褐黄色,并有众多木质尖突;内有种子数十颗,其乳白色肉质假种皮(有的品种假种皮表面为红色或黄色),为食用的主要部分(见图5-31)。

(2)营养价值

榴莲的营养价值很高,除含有很高的糖分外,含淀粉11%,糖分13%,蛋白质3%,还有多种维生素、脂肪、钙、铁和磷等。

(3)烹饪中的应用

榴莲的果实气味浓郁,味甜,被誉为"果中之王",为东南亚著名鲜果。成熟果实供鲜食或加工,也可与肉类,如榴莲炖鸡,或加虾做成虾酱;未熟果可做蔬菜,煮食或炖食;种子味同板栗,富含淀粉,可供炒食。不耐贮藏,需及时食用。

图5-31 榴莲

图5-32 火龙果

30. 火龙果

(1)品种和产地

火龙果,又称红龙果、青龙果、情人果等,原产于中美洲,现在我国海南岛等地有种植(见图5-32)。

火龙果的果形大,呈橄榄状,鲜红色、鲜黄色外皮亮丽夺目,果肉雪白、玫红、深红黄、橙黄,果肉中有近万粒芝麻状种子,又称"芝麻果"。味甜而不腻,清淡略芳香。主要品种有红皮白肉、红皮红肉和黄皮系列,以红皮红肉和黄皮系列为佳。

(2)营养价值

火龙果含有维生素E和一种更为特殊的成分——花青素。花青素在葡萄皮、红甜菜等果蔬中都含有,但以火龙果果实中的花青素含量最高。它们都具有抗氧化、抗自由基、抗衰老的作用,还能提高对脑细胞变性的预防,抑制痴呆症的作用。同时,火龙果还含有美白皮肤的维生素C及丰富的具有减肥、降低血糖、润肠、预防大肠癌的水溶性膳食纤维。

(3)烹饪中的应用

火龙果的果形美丽,风味独特。主要用于生食、榨汁和制沙拉;也可作为烹饪原料用于羹汤、菜肴的制作。其花朵即为"霸王花",也可入烹。如,红龙果色拉虾、火龙果熘鸡丁。

31.红毛丹

(1)品种和产地

红毛丹原产于马来西亚。我国海南省有引种。

红毛丹的果呈球形、卵圆形或长圆形,直径约(4~8)cm;果皮艳红色,具红色茸毛;假种皮白色肉质,晶莹半透明,味甜、汁多,内有褐色种子(见图5-33)。

(2)营养价值

红毛丹含有丰富的维生素,如维生素A、维生素B、维生素C和丰富的矿物质如钾、钙、镁、磷等,具有滋养强壮、补血理气、健美发肤之功效。红毛丹热量颇高,能增强疾病抵抗力、补充体力,改善下痢及腹部寒凉不适。红毛丹含铁量亦高,有助于改善头晕、低血压等。

(3)烹饪中的应用

红毛丹果味佳,除鲜食外,还可加工成果汁、果子露等。

图5-33　红毛丹　　　　　　　　　　　图5-34　莲雾

32.莲　雾

(1)品种和产地

莲雾,又称辇雾、琏雾、爪哇蒲桃,为珍优特种水果。原产于马来半岛,现在我国广东、海南、福建、广西、云南和四川等省(区)均有栽培(见图5-34)。

莲雾的果实呈钟形,果皮色乳白、青绿、粉红、深红、黑色,鲜艳美丽;果肉海绵质,水分含量很高,略有苹果香气。味道清甜,微酸,清凉,具有独特香味,是清凉解渴的佳品。一般单果重(70~80)g。

(2)营养价值

具有开胃、爽口、利尿、清热及安神等食疗功能,其性味甘平,功能润肺、止咳、祛痰、凉血、收敛。

(3)烹饪中的应用

莲雾鲜食时需注意清洗底部藏有的脏物,果肉略在盐水中浸泡后食用更佳。除鲜食外,也可盐渍、糖渍、制罐及脱水蜜饯或制成果汁等。在烹饪中可用于制作水果色拉,亦可炒食,如莲雾双脆芹。

33. 橄　榄

(1)品种和产地

橄榄,又称青果、白榄,系我国南方特有果品之一。

橄榄的核果呈椭圆形、卵圆形或纺锤形等,绿色,成熟后为淡黄色。果核坚硬,纺锤形。果肉坚脆少汁,入口酸涩,但回味甜(见图5-35)。

(2)营养价值

橄榄果实的营养价值很高,尤其含钙质和VitC十分丰富,对孕妇及儿童大有补益,据报道,用橄榄或橄榄油制成的食品有保护心脏的作用,是老少皆宜的营养保健食品。

(3)烹饪中的应用

橄榄可鲜食或加工,入烹常用炖、煮方式成菜,如青果炖肚子。另种乌榄果实为紫黑色,不可生食,专用来制作榄豉,供调味使用;其种子称为榄仁,可供榨油或作为糕饼馅料及菜肴配料,如榄仁鸡丁、榄仁炒苋菜等。

34. 番木瓜

(1)品种和产地

番木瓜,又称万寿果、番瓜、木瓜等,原产于热带美洲。在我国台湾、广东、广西、福建、云南等地栽培较多。名品,如岭南木瓜。

番木瓜的浆果肉质,长椭圆形至近球形,成熟时黄色或淡绿色,重(1.5~4.0)kg;果肉厚,红色或黄色,肉质细嫩柔滑,酥香清甜(见图5-36)。

(2)营养价值

番木瓜富含17种以上氨基酸及钙、铁等,还含有木瓜蛋白酶、番木瓜碱等。

(3)烹饪中的应用

番木瓜可作为水果鲜食、榨汁;也可作为蔬菜入烹,适宜于炖、煮汤、酿料后蒸等烹制方法或制甜菜,如木瓜炖排骨、木瓜鱼翅煲、木瓜鲜奶羹等。果肉中富含木瓜蛋白酶,可用于肉类原料的嫩化处理。

图5-35　橄榄

图5-36　番木瓜

35. 番荔枝

（1）品种和产地

番荔枝，原产于热带美洲。我国广东、福建、台湾、海南等地有栽培，为热带著名水果。番荔枝的聚合浆果球形或心状圆锥形，直径(2~8)cm，黄绿色，外有白色粉霜。因果的外形酷似荔枝，故名"番荔枝"（见图5-37）。

（2）营养价值

番荔枝营养极丰富，热量极高，能养颜美容、补充体力、清洁血液、健强骨骼、预防坏血病、增强免疫力、抗癌。自古称为上等滋补品，营养价值极高。

（3）烹饪中的应用

番荔枝果肉呈酱状，白色，味甜，富含糖分和维生素C，供鲜食或加工饮料。

36. 番石榴

（1）品种和产地

番石榴，又称洋蒲桃、鸡矢果、缅桃、拔仔，原产于热带美洲。我国广东、福建、广西、海南、云南等省区有栽培（见图5-38）。

番石榴的浆果球形或卵形，直径通常为(4~5)cm；果肉淡黄色至淡红色，香软可口，具独特风味。

（2）营养价值

番石榴果实中维生素C含量特高，每百克鲜果维生素C含量高达330多毫克，还有丰富的维生素A、维生素B、脂质、矿物质和纤维质及钾、钙、磷、铁等人体必需的微量元素。另外果实也富含蛋白质。

（3）烹饪中的应用

番石榴除鲜食外，常用于果汁、果酱、蜜饯的加工。烹饪中可用做甜菜料。

图5-37 番荔枝

图5-38 番石榴

37. 西番莲

（1）品种和产地

西番莲，又称鸡蛋果、洋石榴、热情果，原产于巴西。我国福建、广东、广西、海南、云南等地有栽培（见图5-39）。

西番莲的浆果呈圆形、椭圆形，长(5~7)cm，果皮紫色、黄色或绿色；种子小，多枚，外具柔滑多汁而透明的黄色假种皮，为供食的部位。果味酸，略带涩。

（2）营养价值

西番莲果内维生素A、维生素B、维生素C含量丰富，还含有磷、钙、钾、铁和17种氨基酸等

5种化合物,营养和药用价值很高。

（3）烹饪中的应用

西番莲鲜用时需配以食糖,口感酸甜,果香浓郁。主要用于加工果汁饮料,有"果汁之王"的美誉,还常添加在其他果汁饮料中以提高品质。

38.杨　桃

（1）品种和产地

杨桃,学名为五敛子,又称阳桃、羊桃,分布于亚洲的热带地区。我国华南地区均有栽培（见图5-40）。

杨桃的浆果椭圆形,长（5～8）cm,有五棱,间或3～6棱;未熟前果皮青绿色,熟时黄色。分为甜杨桃和酸杨桃两种。前者果形小、果棱丰满、甜酸适口、质地脆嫩、清甜无渣,供鲜食和制罐,可分为"大花"、"中花"、"白壳仔"三个品系,其中以广州郊区花都产的"花红"品味最佳;后者果形大、果棱狭瘦、味酸略涩,俗称"三稔",较少生吃,多作为烹调配料或加工蜜饯。

（2）营养价值

杨桃营养价值较高,含蛋白质、脂肪、糖和枸橼酸,还有多种维生素和矿物质,果实好芳香清甜。可加工成蜜饯,果汁能促进食欲,帮助消化、治疗皮肤病的功效。

（3）烹饪中的应用

烹饪中可供蒸制牛肉,或加糖后烹制酥炸肉丸、离骨子鸭等,风味别致。

图5-39　西番莲

图5-40　杨桃

39.黄　皮

（1）品种和产地

黄皮,又称黄檀子、黄弹、王枇,我国特有果品之一,在南方多有栽培。

黄皮的浆果黄色,球形、椭圆形至卵圆形,直径（1.5～2.0）cm,重（5～10）g,数十个果簇生在一起,果肉与果皮相连。果肉甜酸适口,香味独特,分为甜酸两个品系。良种有如鸡心黄皮、水西甜黄皮、红嘴黄皮（见图5-41）。

（2）营养价值

黄皮果实富含糖分、有机酸、果胶、维生素C、挥发油、黄酮甙等。

（3）烹饪中的应用

除鲜食外,黄皮可作为甜菜料,也可用于罐头、果干、蜜饯、饮料等的加工。

40.油　梨

(1)品种和产地

油梨,是世界上重要的水果之一。因其果实富含脂肪,外形似梨,故称为油梨;又因某些品种表面的斑纹色彩似鳄鱼皮,亦称做鳄梨;再因果肉色、质似黄油,又称为牛油果。原产于中、南美洲热带地区和部分亚热带地区,现在世界上有 30 多个国家有栽培,我国的云南、广西、浙江、广东、福建等地有试种或栽培(见图 5 - 42)。

油梨为肉质核果,呈梨形、球形、长卵形;果皮绿色、黄绿色或有红紫色晕斑,厚(0.7 ~ 2.0)mm,革质或木质化,稍坚硬;果肉黄色,质若奶油。

(2)营养价值

油梨的营养价值极高,果肉的脂肪含量为 40% ~ 70% ,是其他水果的 10 ~ 100 倍,而且极易消化吸收;蛋白质含量为 1% ~ 1.41% ,并含有多种维生素和矿物质。由于果肉含糖量低,所以是糖尿病人理想的高能低糖食品。

(3)烹饪中的应用

油梨可鲜食,亦广泛运用于西餐菜点的制作中,与肉、鸡、海鲜等共烹,或制作酿式菜肴,如牛油果忌廉鸡汤、蟹肉腌油梨、猪肉酿油梨;用其制作的色拉,风味独特,被誉为"生菜之王";也可将果肉切块后加入牛奶、可可或柠檬汁等制作餐后甜点、冷饮等。此外,也可作为三明治、汉堡包的夹馅料。

图 5 - 41　黄皮

图 5 - 42　油梨

二、干果类

1.核　桃

(1)品种和产地

核桃,又称胡桃、羌桃,是世界四大干果之一(另外三种是腰果、榛子、巴旦杏仁)。原产于欧洲东南部及亚洲西北部。我国河北、山东、山西、陕西、云南、河南、湖北、贵州、四川、甘肃和新疆等地种植较多(见图 5 - 43)。

核桃的外果皮、中果皮肉质,成熟后干燥成纤维质,内果皮木质而坚硬且有皱脊;种仁称为桃仁,富

图 5 - 43　核桃

含脂肪、蛋白质、钙、磷等多种维生素,营养丰富。分为绵桃和铁桃两大类。名品,如山西的光皮绵核桃、新疆的纸皮核桃、河北的露仁核桃。

（2）营养价值

核桃果肉中还含有对人体有重要作用的钙、镁、磷及锌、铁等22种矿物元素,有很高的营养价值。

（3）烹饪中的应用

在烹饪制作中,鲜桃仁可烹制各种时菜,如桃仁炒鸡丁、鸡粥桃仁、凉拌桃仁等,以突出其清香。干桃仁适于冷菜的制作或作为甜菜用料及馅料,如琥珀桃仁、怪味桃仁、伍仁月饼、核桃面包等,以突出其干香爽口的口感。此外,还常熟制后剁碎用于菜点的增香。

2. 板 栗

（1）品种和产地

板栗,又称栗、毛栗子,原产于我国,在全国各地均有栽培。板栗可分为南方栗和北方栗两类。南方栗的粒形大,种皮稍难剥离,含糖量低,淀粉含量较高,适于烹制菜肴;北方的栗粒形小,种皮易剥离,蛋白质与糖分的含量较高,适于炒食。常见的品种,如房山栗、兰溪栗、罗田板栗、迁西栗等(见图5-44)。

（2）营养价值

板栗富含维生素、胡萝卜素、氨基酸及铁、钙等微量元素,长期食用可达到养胃、健脾、补肾、养颜等保健功效。

（3）烹饪中的应用

在烹饪制作中,板栗适于烧、煨、炒、炖、扒、焖、煮等多种烹调方法;咸甜均可;做主料可用于冷盘,或作为菜肴的配料,如菊花板栗、菊花鲜栗羹、西米栗子、板栗烧鸡、栗子红焖羊肉、栗子炒冬菇等。用板栗加工的栗子粉可制作各种糕点,而糖炒板栗则是人们普遍喜爱的大众炒货。

图5-44　板栗

图5-45　榛子

3. 榛 子

（1）品种和产地

榛子,又称榛栗,原产于我国,至少有6000多年的食用历史,主要产于内蒙古、黑龙江、吉林等地。迄今为止,榛子仍属野生山果,鲜见果园栽培(见图5-45)。

榛子的小坚果近球形,主要品种是平榛和毛榛。平榛颗粒较大,壳厚顶平,空只较多,品质差;毛榛颗粒较小,壳薄顶尖,仁肉饱满,空只少,品质佳。

(2)营养价值

榛子营养丰富,果仁中出除含有蛋白质、脂肪、糖类外,胡萝卜素、维生素 B₁、维生素 B₂、维生素 E 含量也很丰富;榛子中人体所需的 8 种氨基酸样样俱全,其含量远远高于核桃;榛子中各种微量元素如钙、磷、铁含量也高于其他坚果。

(3)烹饪中的应用

榛子的含油量高于花生和大豆,可达 45% ~60% 。主要以炒货供食,一般先用盐水浸泡后沥干炒熟即可。此外,也可作为糕点、糖果的配料。

4.莲　子

(1)品种和产地

莲子,又称为莲米,原产于我国,主要产于湖南、湖北、福建、江苏、浙江、江西等地。莲子球形,白色,两枚子叶合抱,中有绿色莲心。莲心味苦,除去后称为通心莲。除去种皮后,称为白莲子;保留种皮的称为红莲子。以湖南湘潭所产品质最佳,称湘莲。湘莲皮色淡红,皮纹细致,粒大饱满,生食微甜,煮食易酥,食之软糯清香(见图 5 – 46)。

(2)营养价值

莲子具有养心、益肾、补脾、涩肠的功效。

(3)烹饪中的应用

鲜莲子可供生食,也可作为菜肴的配料,清利爽口,如鲜莲鸡丁、鲜莲鸭羹。

干莲子是高级甜菜的用料,如冰糖莲子羹、拔丝莲子等。此外,还可用于制糕点的馅心,如莲蓉月饼、莲蓉蛋糕等,并常用于药膳的制作。

图 5 – 46　莲子　　　　　　　　　　　　图 5 – 47　松子

5.松　子

(1)品种和产地

松子,为松科植物白皮松、红松、华山松等松果内的种子。

松的种子长形或长卵形。松子的含脂量可高达 63% ,具松脂香,风味独特;蛋白质和铁的含量也较高。按产地及颗粒形状不同分为东北松子、西南松子和西北松子三类,以东北松子最佳(见图 5 – 47)。

(2)营养价值

松子的营养价值很高,在每百克松子肉中,含蛋白质 16.7g,脂肪 63.5g,碳水化合物 9.8g 以及矿物质钙 78mg、磷 236mg、铁 6.7mg 和不饱和脂肪酸等营养物质。

（3）烹饪中的应用

松子除常制作炒货外，烹饪应用也十分广泛，可制作多种甜、咸菜肴，如松仁玉米、松子酥鸭、网油松子鲤鱼等。此外，还可作为糕点馅料，如松仁黑麻月饼。

6. 白　果

（1）品种和产地

白果，为银杏的种子，系我国特产干果之一。种子呈核果状，椭圆形或倒卵形，外种皮肉质，中种皮骨质，内种皮膜质。具有化痰止咳、补肺通经、止浊利尿等功效（见图5-48）。

（2）营养价值

白果是营养丰富的高级滋补品，含有粗蛋白、粗脂肪、还原糖、核蛋白、矿物质、粗纤维及多种维生素等成分。

（3）烹饪中的应用

白果在食用时应注意不可生食，因种仁中含有氰苷等有毒物质，且以绿色胚芽含量高，故食用时应去胚芽并熟制后方可食用，但也不宜多食。经熟制后的白果色泽青黄，口感香糯。在烹饪中可制成多种甜、咸菜式或做药膳用料、糕点醒料，如蜜汁白果、白果鸡丁、白果炖鸡等。

7. 杏　仁

（1）品种和产地

杏仁，又称杏扁，为杏的果仁。杏仁扁形，浅棕色，含丰富的淀粉、脂肪与蛋白质。按味感的不同，分为甜杏仁、苦杏仁两类（见图5-49）。

（2）营养价值

具有止咳平喘、祛痰散寒、润肠通便的功效。

（3）烹饪中的应用

甜杏仁可供食用，或作为食品工业的优良原料；或用于制作糕点馅料、腌制酱菜；或入馔制作多种杏仁味的甜、咸菜式，如杏仁奶露、杏仁豆腐、杏仁酪、杏仁鸡卷等。苦杏仁因含有毒的苦杏仁甙，只有焙炒脱毒后方可入药使用。同属另种巴丹杏又称为扁桃、八达杏，原产于亚洲西部，在欧洲栽培较多，我国新疆、甘肃、陕西有栽培。其果实扁圆形，被短茸毛；果肉薄而少汁；成熟时干燥裂开，果核脱出，专供取种仁食用。可分为苦巴丹杏和甜巴丹杏两类，其成分及食用方法类似于杏仁。

图5-48　白果

图5-49　杏仁

8. 花 生

(1)品种和产地

花生,又称为落花生、长寿果,为落花生的果实。原产于巴西,我国广为栽培(见图5－50)。

花生开花受精后,子房柄迅速伸长,钻入土中,子房在土中发育成茧状荚果。种子(花生仁)呈长圆、长卵、短圆等形,种皮呈淡红、红色。

(2)营养价值

富含蛋白质、脂肪、矿物质等,营养丰富。

(3)烹饪中的应用

花生的运用极为广泛,可制成多种炒货、花生糖、花生酥等;可加工花生蛋白乳、花生蛋白粉等营养食品;可用于腌渍,制作酱菜;可烹调入馔,制作佐餐小菜、面点馅心或甜咸菜肴,如扁豆花生羹、盐水花生、花生米虾饼、糖粘花仁、宫保鸡丁等。

图 5 - 50　花生

图 5 - 51　夏威夷果仁

9. 夏威夷果仁

(1)品种和产地

夏威夷果仁,又称为夏果、澳洲胡桃、昆士兰果,原产于欧洲,被誉为"坚果之王"。我国广西、云南、四川等地现已引种栽培(见图5－51)。

(2)营养价值

夏威夷果的种皮坚硬,木质,厚约2mm;果仁直径约1cm,近球形,脂肪和蛋白质含量高,芳香味美,松脆可口。

(3)烹饪中的应用

图 5 - 52　腰果

通常以适量盐和椰油调味后焗干,即装罐供食。除直接食用外,在烹饪中可用于菜肴的制作,如雀巢夏果双珍、西芹炒夏果;也可作为巧克力的馅心或裹料,如果仁巧克力。

10. 腰 果

(1)品种和产地

腰果,又称鸡腰果,为常绿灌木或小乔木腰果的果实,原产于非洲及巴西、印度等国。我国广东、海南等地引种栽培(见图5－52)。

(2)营养价值

腰果的果实由两部分组成。果蒂上具有膨大的肉质

花托,称假果或果梨,长(3~7)cm,红色或黄色,柔软多汁,味甜酸,具香味,可作为水果鲜食或加工;果蒂上方为肾形的腰果,由果壳、种皮和种仁三部分组成,富含蛋白质和脂肪。

（3）烹饪中的应用

腰果还可作为糕点、糖果的配料等,烹饪中的使用方法与花生相似,可炒、炸、煎,如腰果西芹、腰果鲜贝等。

11. 香榧子

（1）品种和产地

香榧子,又称榧、玉山果、赤果等,为香榧的种子,系我国特产的珍贵干果,主产于浙江、安徽、江西、福建等地,以浙江诸暨枫桥所产最佳(见图5-53)。

（2）营养价值

香榧子的种子核果状,呈广椭圆形,初为绿色,成熟后为紫褐色。品种分为香榧、米榧、园榧、雄榧和芝麻榧五类。脂肪含量为51%,蛋白质为10%。

图5-53 香榧子

（3）烹饪中的应用

香榧子味道甘香、脆美,可制作炒货。烹饪中可作为糕点配料及甜、咸菜品原料,如香榧汤、香榧焖鸡脯等。

三、果品制品

果品制品是指以鲜果为原料,经干制、用糖煮制或腌渍而得的制品。其中加入高浓度的糖制成的制品,由于糖多甜味重,又称为"糖制果品",如果脯、蜜饯和果酱等。

按加工方法不同,果品制品可分为果干类、果脯和蜜饯、果酱、果汁和水果罐头五类。

1. 果干类

果干是将鲜果经脱水干燥而制得的制品。具有营养成分集中、风味独特、口味柔软、甜味绵长的特点,如干枣、山楂干、葡萄干、香蕉干、柿饼、杏干和桂圆等。果干可直接食用,也常作为中西式面点的馅料,如枣泥月饼、葡萄干面包。

2. 果脯、蜜饯类

果脯、蜜饯是将鲜果经糖煮或糖渍后制成的制品。若浸煮后再经晒干或烘干,即为果脯;若浸煮后稍干燥,即为蜜饯。

果脯的果身干爽、保持原色、质地透明。按加工方法可分为北方果脯和糖衣果脯两大类。北方果脯是将鲜果经糖液浸煮后干燥制成的。表面较干燥,一般呈半透明、不黏手,基本保持鲜果原来的色泽,如北京、河北产的苹果脯、杏脯桃脯、梨脯、金丝蜜枣等。糖衣果脯是将鲜果用糖液浸煮后冷却而成。表面挂有细小的砂糖结晶,质地清脆,如浙江、江苏、福建、广东、四川等地生产的桔饼、糖冬瓜、糖藕片糖姜片、青红丝等。

蜜饯的果形丰润、甜香俱浓、风味多样。按加工方法可分为糖衣蜜饯、带汁蜜饯和甘草蜜饯三类。糖衣蜜饯是将鲜果浸煮后稍干燥,成品表面有一层半干燥糖膜,光亮润泽,如上海、福建、广东等地生产的话梅、蜜饯片、蜜芒果等。带汁蜜饯又称糖渍蜜饯,是将鲜果浸煮后不经干燥,成品表面带有糖汁,如北京的蜜饯红果、蜜饯海棠,广东的糖青梅、糖桂花等。甘草蜜饯又称晾果,是将鲜果用盐腌、蜜制后,再加入甘草、丁香、肉桂等调料赋味干后制成,如广东和顺的

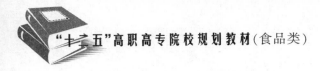

橄榄、上海的丁香山楂、奶油话梅等。

果脯和蜜饯可直接食用,亦常作为中西式点心的馅料、甜饭、甜菜的配料。

3. 果酱类

果酱是将鲜果破碎或榨汁后加糖煮制成的带有透明果肉的胶稠酱体。产品主要有果冻、果酱和果泥等。果酱成品晶莹透明、果味浓郁、营养丰富、口感细腻,代表产品有苹果酱、杏酱、草莓酱、什锦果酱等。果酱除了直接作为西餐中的涂抹食品外,常用于蛋糕和西饼、派的夹馅,或作为蛋糕体之间的粘稠剂,如瑞士卷;也可加少许水或柠檬汁稀释煮开后,涂抹于甜点表面作为光亮剂,或作为镜面果胶的替代品;也常作为炸制品的蘸料;或配成开胃碟在宴席、酒会上食用。

4. 果汁类

果汁是以鲜果为原料而制成的液体状加工品。一般以压榨法和浸出法制成,可保持原浓度或进行浓缩,无论在风味和营养上都十分接近鲜果,代表产品如橙汁、苹果汁、猕猴桃汁、山楂汁等。除直接食用外,也可以作为甜菜、甜酸菜的浸渍料。

5. 水果罐头

水果罐头是将整只鲜果或经去皮、去核、切块、热汤处理后,浸泡于糖水中,再装罐、密封、杀菌后的制品。成品果香浓郁、口感绵软、甜酸可口,便于储藏运输。代表产品如苹果罐头、蓝莓罐头、樱桃罐头、菠萝罐头、黄桃罐头等。水果罐头常用于蛋糕夹馅、甜点表面装饰等。

 本章小结

通过对果品类烹饪原料的全面学习,不仅扩充了对各类果品烹饪应用的认识,还充分了解了各类果品的品质特点、应用特点,以便在实际工作中根据果品的品质特点加以正确地运用。

 练 习 题

1. 在商品学上可将果品分为几类?
2. 常用的鲜果有哪些?在烹饪中的运用特点是什么?
3. 常用的干果有哪些?在烹饪中的运用特点是什么?
4. 果品制品可分为几类?各自的特点是什么?

第六章　畜类烹饪原料

学习目标

1. 了解畜类原料、家畜副产品、畜肉制品的概念；
2. 了解野畜的组织结构特点，掌握畜类原料的品质检验与储存；
3. 掌握常用家畜副产品、畜肉制品及野畜的主要种类。

第一节　畜类原料概述

一、畜类原料概念

畜类原料是指家畜或野畜的肉及其副产品和制品的统称。

二、畜类原料的烹饪运用

畜类原料种类多，应用广泛，不同的部位可采用不同的方法，烹调方法多样。畜类肉可切配成块、片、丁、丝、条等形状，适用于煎、炒、烹、炸、焖、炖、煨等方法。面点中可将畜类肉斩碎制成肉糜用于面点的馅料，适用于煎、蒸、煮等方法。冷菜中可采用酱、卤等方法制作拼盘。畜类的骨骼可以制汤，使汤中含有蛋白质、脂肪、维生素及丰富的磷酸钙、骨胶原、骨粘蛋白等，为幼儿和老人提供钙质，防止骨质疏松。畜类的内脏富含多种营养物质，可切配成基本料形或者是花刀，如麦穗花刀、蓑衣花刀等，适用于爆、熘、炸等方法。畜类的血也是较好的原料，可切块，适用于炒、烧或作为汤的主料和辅料使用。

三、畜类原料的品质检验与储存

（一）家畜肉的品质检验

家畜肉的品质检验主要从外观、气味、弹性、脂肪、煮沸后的肉汤对原料的品质进行质量优劣的检验。

1. 外　观

新鲜肉外表有微干或微湿润的外膜，呈淡红色，有光泽，切断面稍湿，不沾手，肉汁透明；次鲜肉外表有微干或微湿润的外膜，呈暗灰色，无光泽，切断面比新鲜肉色泽暗，有粘性，肉汁浑浊；变质肉表面外膜极度干燥，呈灰色或淡绿色，发粘并有霉变现象，切断面也呈暗灰色或淡绿色，很粘，肉汁严重浑浊。

2. 气　味

新鲜肉具有鲜肉正常的气味；次鲜肉在肉的表面能嗅到轻微的氨味、酸味或酸霉味，但在肉的深层却没有这些味；腐败变质的肉，无论在肉的表面还是深层均有腐败气味。

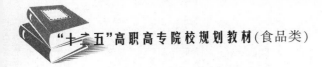

3.弹　性

新鲜肉的肉质紧密富有弹性,用手指按压凹陷后立即复原;次鲜肉的肉质比新鲜肉柔软、弹性小,用指头按压凹陷不能马上复原;变质肉的肉组织失去原有的弹性,用指头按压的凹陷不能恢复,有时会将肉刺穿。

4.脂　肪

新鲜肉脂肪呈白色,有光泽,柔软富有弹性;次鲜肉脂肪呈灰色,无光泽,有时略带油脂酸败的气味和哈喇味;变质肉脂肪表面污秽,有黏液,霉变,色泽呈淡绿色,脂肪组织很软,具有油脂酸败的气味。

5.煮沸后的肉汤

新鲜肉的肉汤透明芳香,汤表面聚集大量油滴,气味和滋味鲜美;次鲜肉的肉汤浑浊,表面油滴少,没有鲜香滋味,略带油脂酸败和霉变的气味;变质肉的肉汤严重浑浊,汤内漂浮絮状的烂肉片,表面几乎无油滴,具有浓厚的油脂酸败或腐败的臭味。

(二)家畜肉的储存

家畜肉保存不当,极易发生腐败变质。因此,畜肉在储存过程中,要阻碍微生物繁殖对家畜肉品质变化的影响,延长肉的储存期限。

1.冷却保鲜

冷却保鲜为短期储存,目的是使屠宰后的肉体迅速排出内部热量,阻止微生物生长繁殖,在肉的表面形成一层干膜,延长肉的储存时间。另外,也完成肉的成熟或排酸。冷却保鲜的温度在 $-1.5℃ \sim 4℃$,不同品种的肉类冷却保鲜的时间与温度不同。猪肉一般在 $0℃ \sim 4℃$ 条件下可储存 $3 \sim 7$ 天, $-1.5℃ \sim 0℃$ 条件下可储存 $7 \sim 14$ 天;牛肉储存则会达到一个月左右;羊肉一般在 $-1℃ \sim 0℃$ 条件下可储存 $7 \sim 14$ 天。

2.肉的冷冻

肉的冷冻为长期储存。肉在低温冻结时内部脱水会形成冰晶,微生物的生长繁殖与酶的活性受阻。冷冻温度一般控制在 $-23℃ \sim -18℃$,在此条件下可较长时间保藏。饭店、食堂、家庭应用较广。

第二节　家畜类

家畜一般是指由人类饲养驯化并且可以人为控制其繁殖的动物。一般用于食用、劳役、毛皮、宠物、实验等功能,包括猪、牛、羊、马、骆驼、家兔、狗等。

一、家畜肉

(一)家畜肉的概念

家畜肉的概念包括广义和狭义两种。

家畜肉广义的概念是指肉。在食品学中,一般指动物躯体中可供食用的部分。

家畜肉狭义的概念是指在肉类工业中,经屠宰后去皮(大牲畜)、毛、头、蹄及内脏后的胴体。

（二）家畜肉的组织结构

家畜肉的组织中包括肌肉、脂肪、骨骼、韧带、血管、淋巴等组织及以肌肉组织和结缔组织为主的部分。肉的质量高低主要以肌肉组织的含量多少为主要标准。家畜肉的组织结构从形态上主要由肌肉组织、脂肪组织、结缔组织、骨骼组织等部分构成。

1. 肌肉组织

各种家畜的肌肉占整个肉尸重量的 50%～60%，肌肉组织俗称为瘦肉，是构成肉的主要成分，在肉食原料中为最重要的一种组织，是决定肉质优劣的主要条件。

畜肉的肌肉组织分为 3 类，即骨骼肌、心肌与平滑肌。

（1）骨骼肌

骨骼肌是动物体的主要肌肉，对脊椎动物而言，可达体重的 40% 左右。组成横纹肌的肌纤维长短不一，细胞质中含有细长的肌原纤维，其上有明暗相间的横纹，故称为横纹肌。常分布于四肢、体壁、横膈、舌、食道上段及眼周围等部位，大多数附着于骨骼上，并受运动神经的支配，所以又称为骨骼肌、体肌或随意肌。除肌纤维外，横纹肌中还有少量的结缔组织、脂肪组织、肌腱、血管、神经、淋巴或腺体等，按一定的组织规律构成。横纹肌是用于烹饪加工的主要部分，由于呈肉块状如"疙瘩肉"，便于烹调时任意切成片、丁、丝、条、块等形态。但由于结缔组织即肌束膜、肌腱的存在，若需快速烹调，则应在初加工过程中，剔除白色的结缔组织。

（2）平滑肌

平滑肌存在于消化、呼吸、泌尿、生殖及循环等系统的管壁。皮肤的束毛肌、眼的瞳孔开大肌及括约肌等也是平滑肌。组成平滑肌的肌纤维呈长梭形，肌原纤维上无横纹，常重叠成层或成束，有时则分散在结缔组织中，肌束膜薄而不明显。在管状器官壁上的平滑肌通常排列成两层，环肌层收缩时管道缩细，舒张时变粗；纵肌层收缩时管道变短，舒张时伸长。由于组成平滑肌的肌纤维之间有结缔组织的伸入，从而使得肉质具有脆韧性。烹饪中，可采用炒、卤、熘、煮、蒸等方法，如红烧大肠、九转大肠；也可采用烫、涮、爆的快速加热法，烹制脆嫩的菜肴，如火爆鸭肠、冒鹅肠等。此外，还常利用肠、膀胱等的韧性来加工香肠、香肚。

（3）心　肌

心肌是组成心脏的肌肉组织，由于不随动物的意志而收缩或舒张，又称为不随意肌。心肌纤维为有横纹的短柱状结构，肌束膜薄而不明显，但组成心室和心房的肌纤维有所不同。心室的肌纤维粗而长，且有分支，彼此连接成网状；心房的肌纤维则较短且无分支。由于组织结构的特点，心肌的质地通常较细嫩，适于快速烹调法如炒或爆，体现脆嫩的质感，如爆炒羊心、鲜藕炒心花；也常采用卤、拌、酱等较长时烹调法，体现其绵软的口感，如卤五香猪心、酱猪心、猪心拌瓜片等。

构成肌肉的基本单位是肌纤维，每 50～150 根肌纤维集聚成肌束，而在每个肌束的表面包围一层结缔组织的薄膜，该肌束膜称为初始肌束，而在纤维束外面包围的结缔组织膜称为肌内膜。由数十条初始肌束集结并被以浓厚的结缔组织膜所包围形成了二次肌束，外表包围的肌膜叫肌束膜。由多个二次肌束集结，表面再包围很厚的膜构成了大块肌肉。肌肉最外面包围的膜叫肌外膜。

肌纤维的性质特点因动物种类、性别不同而有差异，会影响到肉的嫩度及质量。水牛肉肌

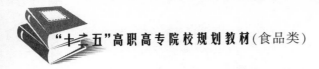

纤维最粗,黄牛肉、猪肉次之,绵羊肉最细;公畜肉粗,母畜肉细。

肌肉组织在牲畜上的分布是不均匀的,在臀部和腰部具有大量的肌肉组织;在肋骨、四肢下部则肌肉较少。

2. 脂肪组织

脂肪组织俗称为肥肉,主要由大量群集的脂肪细胞构成,聚集成团的脂肪细胞由薄层疏松结缔组织分隔成小叶,分布在许多器官周围,如肾、肠以及皮下、肌纤维之间。具有贮存脂肪,保持体温和缓冲机械压力的功能。

按照脂肪组织在动物体中的分布,一般可分为两类,即储备脂肪和肌间脂肪。

(1)储备脂肪

分布于皮下、肾周围、肠周围、腹腔内等易剥离部分的脂肪,烹饪行业中被称为肥肉、板油、网油的即是指此。

(2)肌间脂肪

夹杂于肌纤维之间,随动物的肥育而蓄积,难以手工剥离。由于肌间脂肪的存在,使肌肉的横断面呈大理石纹状,并可防止水分在加热过程中的蒸发,使肉的质地、风味细嫩而鲜美。另外,当肌束膜、肌外膜中有脂肪蓄积时,则结缔组织失去弹性,肌束易分离、易咀嚼,肉的嫩度提高。

不同的家畜脂肪颜色不同,猪、羊脂肪颜色是白色,马脂肪呈黄色,黄牛脂肪呈微黄色,水牛脂肪呈白色。幼畜的脂肪比老龄牲畜脂肪颜色浅。

3. 结缔组织

结缔组织在动物体内分布广,种类多,包括固有结缔组织(疏松结缔组织、致密结缔组织、网状组织、脂肪组织)、血液、淋巴、软骨和骨组织。

结缔组织在肉中的含量不同,一般畜体的前半部高于后半部,下半部高于上半部。富含结缔组织的肉口感较差营养价值低。

4. 骨骼组织

骨骼组织在动物体内的含量根据家畜的种类、品种、年龄、性别等是不相同的。猪骨骼一般占 5% ~9% ,牛骨骼占 7.1% ~32% ,羊骨骼占 8% ~17% 。

家畜的骨骼组成分为躯干骨、头骨、前肢骨、后肢骨,骨骼的构造又分为骨膜、内部构造、骨髓。

(三)家畜肉的性质特点

1. 蛋白质

畜肉蛋白质含量可达到 10% ~20% ,肌肉组织中的蛋白质主要有肌球蛋白、肌红蛋白、球蛋白等,属于完全蛋白质。存在于结缔组织中的间质蛋白,主要是胶原蛋白和弹性蛋白,由于必需氨基酸组成不平衡,如色氨酸、酪氨酸、蛋氨酸的质量分数很小,蛋白质的利用率很低,属于不完全蛋白质,对于正常人利用营养价值不高,但是胶原蛋白对创伤愈合有良好的作用,对于防止衰老也有明显的作用。

2. 脂　肪

畜肉的脂肪质量分数因牲畜的肥瘦程度及部位不同有较大差异,育肥的畜肉脂肪的质量分数可达 30% 以上。同一畜体,肥肉的脂肪质量分数高,瘦肉和内脏脂肪质量分数较低。畜类脂肪以饱和脂肪酸为主,其主要成分是甘油三酯、少量卵磷脂、胆固醇和游离脂肪酸。胆固醇多存在于动物内脏,脑中含量最高。

3. 维生素

畜肉肌肉组织和内脏器官的维生素含量差异较大,肌肉组织中的维生素 A、维生素 D 含量少,B 族维生素较高,内脏器官各种维生素含量都较高,尤其是肝脏,它是动物组织中多种维生素含量最丰富的器官。

4. 矿物质

每 100g 肉类矿物质总量为 0.8mg ~ 1.2mg,瘦肉高于肥肉,肉类富含磷、铁等元素,肉类中的铁以血红素铁的形式存在,生物利用率高,吸收率不受食物中各种干扰物质的影响。肝脏是铁的储藏器官,含铁量为各部位之冠。此外,畜肉中锌、铜、硒等微量元素较丰富,且吸收利用率比植物性食品高,畜肉中钙含量较低,磷含量较高。

5. 碳水化合物

畜肉中的碳水化合物的质量分数极低,一般以游离或结合的形式广泛存在动物组织或组织液中,主要形式为糖原,肌肉和肝脏是糖原的主要储存部位。宰杀后动物的肉尸,在保存过程中,由于酶的分解作用,糖原质量分数会逐渐下降。

6. 含氮浸出物

在畜类原料中含有一些含氮浸出物,是使肉汤具有鲜味的主要成分。这些含氮浸出物主要包括肌肽、肌酸、肌酐、氨基酸、嘌呤化合物等,成年动物中含氮浸出物的含量高于幼年动物。

二、家畜的种类

(一) 猪

猪又名"乌金"、"黑面郎"、"黑爷",为杂食类哺乳动物,如图 6 - 1 所示。

1. 形态特征

身体肥壮,四肢短小,鼻子口吻较长,肉可食用,皮可制革,体肥肢短,性温驯,适应力强,易饲养,繁殖快,有黑、白、酱红或黑白花等色。

2. 品种与产地

按商品用途不同将其分成三大类:瘦肉型(又称腌肉型),其瘦肉率高于 60%,肥膘厚低于 3.5cm;脂用型,其瘦肉率低于 40%,肥膘厚高于 4.5cm;肉脂兼用型猪,其瘦肉率在 40% ~60%,肥膘厚度在 3.5cm ~4.5cm。按产区不同将其分类为:华北猪、华南猪、华中猪、江海猪、西南猪。

图 6 - 1　猪

猪的品种约有一百多种,我国的主要品种分布在浙江、东北、四川、广东、湖南、湖北、河南、河北等地区,猪的产地、品种与特点如表 6 - 1 所示。

表 6 - 1 猪的产地、品种与特点

产　地	品　　种	特　　点
浙江	金华猪	皮薄肉嫩,瘦肉多,脂肪少,出肉率65%以上
东北	一种为本地猪,如东北民猪;另一种为改良品种,如新金猪和哈白猪	新金猪的肉质柔嫩皮薄,脂肪多,出肉率高达75%以上
四川	荣昌猪、内江猪	荣昌猪肉质肥嫩,板油多;内江猪肉质为肥肉多,猪皮较厚
广东	梅花猪	皮薄,肉质嫩美,出肉率为65%以上
湖南	宁乡猪	皮薄,脂肪含量高,肉质鲜美,肥瘦均匀
河南	项城猪	皮厚,肉质差,出肉率低

3. 质量标准

新鲜猪肉以肉质外表有微干或微湿润的外膜,色泽淡红,有光泽,有鲜猪肉正常的气味,脂肪呈白色,柔软富有弹性为质量优。

4. 营养价值

猪肉营养丰富,在每百克瘦猪肉中,含蛋白质20.3g,脂肪6.2g,碳水化合物1.5g,钙6mg,铁3mg,维生素B_1 0.54mg,维生素B_2 0.1mg,烟酸5.3mg NE等多种营养物质。

猪肉味甘,性平,能滋阴、润燥、补血。用于温热病后,热退津伤,口渴喜饮;肺燥咳嗽,干咳痰少,咽喉干痛;肠道枯燥,大便秘结;气血虚亏,羸瘦体弱。

另外,肥胖和血脂较高者忌食肥肉,服用降压药和降血脂药时也不宜多食肥肉。

5. 烹饪运用

猪体肌肉组织部位图如图6-2所示。

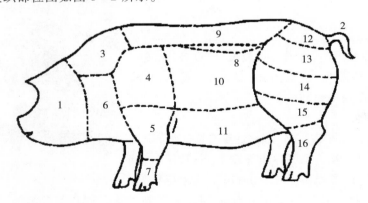

图 6-2　猪体肌肉组织部位图

1—猪头;2—猪尾;3—上脑;4—夹心肉;5—前蹄髈;6—颈肉;

7—前蹄;8—里脊;9—通脊;10—肋条;11—腹肉;12—臀尖;

13—坐臀;14—弹子肉;15—后蹄髈;16—后蹄

猪肉分割部位及运用如表6-2所示。

表 6－2　猪肉分割部位及运用

名　称	烹 饪 运 用
猪　头	宜于酱、烧、煮、腌,多用来制作冷盘,其中猪耳、猪舌是下酒的好菜
猪　尾	多用于烧、卤、酱、凉拌等烹调方法
上脑肉	又叫前排肉,是背部靠近脖子的一块肉,瘦肉夹肥,肉质较嫩,适于作米粉肉、炖肉用
夹心肉	位于前腿上部,质老有筋,吸收水分能力较强,适于制馅,如制肉丸子。在这一部位有一排肋骨,叫小排骨,适宜做糖醋排骨,或煮汤
前蹄膀	位于前腿下部,红烧或清炖均可
颈　肉	又称血脖,这块肉肥瘦不分,肉质差,一般多用来做馅
前　蹄	适于烧、炖等方法
里脊肉	是脊骨下面一条与大排骨相连的瘦肉。肉中无筋,是猪肉中最嫩的肉,可切片、切丝、切丁,适于炸、熘、炒、爆等方法
通　脊	又称扁担肉,适用于炒、熘、炸、余等方法
肋　条	又称五花肉,为肋条部位肘骨的肉,是一层肥肉一层瘦肉夹起的,适于红烧、白炖和粉蒸肉等用
腹　肉	在肋骨下面的腹部。结缔组织多,均为泡泡状,肉质差,多熬油用
臀　尖	位于臀部的上面,都是瘦肉,肉质鲜嫩,一般可代替里脊肉,多用于炸、熘、炒等
坐　臀	位于后腿上方,臀尖肉的下方臀部,全为瘦肉,但肉质较老,纤维较长,一般用于制作白切肉或回锅肉
弹子肉	适宜炒、熘、爆、炸、煎等
后蹄膀	位于后腿下部,后蹄膀又比前蹄膀好,红烧或清炖均可
后　蹄	适于烧、炖等方法

猪肉适用的烹调范围广,而且烹调后滋味较好,质地细嫩,气味醇香。猪肉在菜肴中可作为主料,刀工切配形式多样,可与任何原料搭配成菜。另外,猪肉的烹调方法多样,如煎、炒、烹、炸等,可制作众多菜肴、小吃和主食。由于猪肉各部位的肉质不同,具体操作时必须根据肉的特点选择相应的烹调方法,才能达到理想的烹调效果。代表菜有猪肉炖粉条、锅包肉、软炸里脊、京酱肉丝、鱼香肉丝等。

（二）牛

牛为食草性反刍家畜。哺乳纲偶蹄目牛科牛属和水牛属家畜的总称,如图 6－3 所示。牛具有多种用途:肉和乳可供食用,皮属工业原料;牛还可为农业生产等提供役力。

1. 形态特征

身体强大,四肢短。有角一对,无分支,生于头骨上,终身不脱。前额平,鼻阔,眼耳皆大。四趾当中,第三与第四趾特别发达为蹄。上颚无门牙及犬牙,上下

图 6－3　牛

颚的臼齿皆坚硬,喉下有敖肉。牛的寿命约25年。

2. 品种与产地

牛按用途不同将其分为役用牛、肉用牛、乳用牛及兼用型牛。按种类分有黄牛、水牛、牦牛。牛的种类、品种、产地、用途与特点如表6-3所示。

表6-3 牛的种类、品种、产地、用途与特点

种 类	品 种	产 地	用 途	特 点
黄 牛	秦川黄牛、南阳黄牛、鲁西黄牛、晋南黄牛等	陕西、河南、山东、山西等地	役肉兼用	肉质细嫩,大理石纹明显
奶 牛	黑白花奶牛	全国均有饲养	乳用	肉质细嫩,大理石纹明显
水 牛	四川德昌水牛、湖南滨湖水牛、浙江温州水牛等	四川、湖南、浙江等	役用	肉呈深红色,肉纤维粗而松,脂肪白色,干燥而粘性小
牦 牛	青海高原牦牛、西藏高山牦牛、九龙牦牛、天祝白牦牛、麦洼牦牛等	西藏、四川、甘肃等	乳肉兼用	呈鲜红色,肉质细嫩,肌肉呈大理石纹状

3. 质量标准

从品种上看,黄牛、奶牛的肉质优于牦牛,牦牛优于水牛;从用途上看,肉用牛优于乳用牛,乳用牛优于役用牛。

牛肉以肉质坚实,切面呈大理石纹状,色泽呈棕红或鲜红为质量优。

4. 营养价值

牛肉营养丰富,在每百克瘦牛肉中,含蛋白质20.2g,脂肪2.3g,碳水化合物1.2g,钙6mg,铁2.8mg,维生素B_1 0.07mg,维生素B_2 0.13mg,烟酸6.3mg NE等多种营养物质。

牛肉味甘,性平(水牛肉偏寒)。能补脾胃,益气血,强筋骨。用于虚损赢瘦;脾虚少食,水肿;筋骨不健,腰膝酸软等。

另外,牛肉不能与红糖、腌菜、鲶鱼、田螺同食,否则会导致中毒。

5. 烹饪运用

牛组织部位图如图6-4所示。

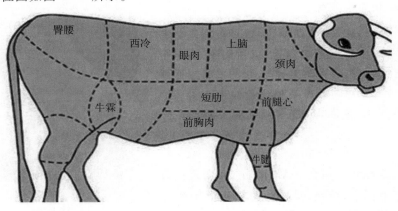

图6-4 牛组织部位图

牛的取料部位和用途如表6-4所示。

表6-4　牛的取料部位和用途

部位与名称		特　点	用　途
前肢部分	颈　肉	瘦肉多,脂肪少,纤维纹理纵横,质量较差,属三级牛肉	煮、酱、卤、炖、烧等方法,更适于做馅
	短　脑	位于颈脖上方	用途同颈肉
	上　脑	位于脊背的前部,靠近后脑,与短脑相连。其肉质肥嫩,属一级牛肉	适宜加工成片、丝、粒等,用于爆、炒、熘、烤、煎等
	前　腿	位于短脑、上脑的下部,属三级牛肉,剔除筋膜后可作为一级牛肉使用	适宜红烧、煨、煮、卤、酱及制馅等
	胸　肉	位于前腿中间,肉质坚实,肥瘦间杂,属二级牛肉	适宜加工成块、片等,适用于红烧、滑炒等
躯干部分	肋　条	位于胸口肉后上方。肥瘦间杂,结缔组织丰富,属三级牛肉	适宜加工成块、条等,适用于红烧、红焖、煨汤、清炖等
	腹　脯	在肋条后下方,属三级牛肉,但筋膜多于肋条,韧性大	适用于烧、炖、焖等
	外　脊	位于上脑后,米龙前的条状肉,为一级牛肉。其肉质松而嫩,肌纤维长	适宜加工成丝、片、条等,适用于炒、熘、煎、扒、爆等
	里　脊	即牛柳,质最嫩,属一级牛肉,也有将其列为特级牛肉	适用于煎、炸、扒、炒等
	榔头肉	肉质嫩,属一级牛肉	适宜切丝、片、丁,适用于炒、烹、煎、烤、爆等
后肢部分	底　板	即仔盖,属二级牛肉,若剔除筋膜,取较嫩部位可视为一级牛肉使用	用法与榔头肉相同
	米　龙	相当于猪臀尖肉,属二级牛肉。肉质嫩,表面有脂肪	用法与榔头肉相同
	黄瓜肉	与底板和仔盖肉相连,其肉质与底板肉相同	用法与底板肉相同
	仔　盖	位于后腱子上面,与黄瓜肉相连,属一级牛肉。其肉质嫩,肌纤维长	适宜切丝、片、丁、块,适用于炒、煎、烤、熘、炸等
	腱子肉	后腱子肉较嫩,属于二级牛肉	适用于卤、酱、拌、煮等

　　烹饪中牛肉常作为菜品的主料,也可作为特色的配料,还可作为馅心的用料。对肌纤维粗糙而紧密,结缔组织多,肉质老韧的牛肉,多采用长时间加热的方法。如炖、煮、焖、烧、卤、酱等,且多与根菜类蔬菜原料相配;对牛的背腰部和臀部所得的净瘦肉,因结缔组织少,肉质细嫩,可以切成丝、片,以快速烹调的方法成菜,如炒、爆、熘、煸、炸等,且多配以叶菜类蔬菜。为尽量去除牛肉的膻臊味,常采取在烹调中加入少量香辛原料,香味蔬菜及淡味蔬菜,从而抑制及吸收膻味。代表菜如干煸牛肉丝、红烧牛肉、蚝油牛肉、水煮牛肉、灯影牛肉等。

（三）羊

羊，哺乳纲偶蹄目牛科羊亚科的统称，如图 6-5 所示。

1. 形态特征

羊为食草性反刍动物，体长约 1.2m，肩高（60～66）cm。毛色有黑、白、褐、杂色等，有些为卷曲。头部有角或无角，有角的羊角呈镰刀状或螺旋状。羊的尾部较短，尾部形状也不相同。寿命约为 12 年。

图 6-5　羊

2. 品种与产地

主要产于新疆、内蒙古及西藏高原，其次是河北、河南、四川等省的山区和丘陵地带。羊的品种较多，作为家畜的羊主要有绵羊、山羊。羊的种类、品种、产地与特点如表 6-5 所示。

表 6-5　羊的种类、品种、产地与特点

种　类	品　种	产　地	特　点
绵　羊	蒙古绵羊、西藏绵羊、哈萨克羊和改良羊	蒙古、西藏、新疆等地	色呈暗红，肉纤维细而软，肌间有白色脂肪，脂肪较硬而脆。绵羊肉及脂肪均无膻味
山　羊	关中奶山羊、波尔山羊、辽宁绒山羊	陕西、江苏、山东、重庆、辽宁等地	关中奶山羊为乳用型；波尔山羊为肉用型；辽宁绒山羊为绒用型。山羊肉及脂肪均有明显的膻味

3. 质量标准

新鲜羊肉以色泽暗红，肉纤维细而软，肌间白色脂肪较硬而脆，无明显的膻味为质量优。

4. 营养价值

羊肉营养丰富，在每百克瘦羊肉中，含蛋白质 20.5g，脂肪 3.9g，碳水化合物 0.2g，钙 9mg，铁 3.9mg，维生素 B_1 0.15mg，维生素 B_2 0.16mg，烟酸 5.2mg NE 等多种营养物质。

羊肉性温，味甘，有补虚祛寒、温补气血、益肾补衰、通乳治带、助元益精、开胃健力的作用。另外，羊肉不能与南瓜、乳酪、豆酱、竹笋、红豆同食，会导致中毒或影响营养成分吸收。

5. 烹饪运用

羊肉在烹调运用时，羊的后腿肉和背脊肉是用途最广泛的部位，适于炸、烤、爆、炒和涮等，代表菜如炸五香羊肉片、烤羊肉串、大葱爆羊肉、酱爆羊肉、羊方藏鱼等，成菜讲究细嫩。羊的前腿、肋条、胸脯肉肉质较次，适于烧、焖、扒、炖、卤等，代表菜如红烧羊肉、扒茄汁羊肉条、酱五香羊肉等，成菜讲究熟软。由于羊肉膻味重，烹调中放些葱、姜、孜然等作料可以去掉膻味，也常用洋葱、胡萝卜、西红柿、香菜等除去膻味。

（四）兔

兔为哺乳纲兔形目全体草食性脊椎动物的统称，兔子在我国各地都有饲养，如图 6-6 所示。

1. 形态特征

兔为哺乳动物，头部略像鼠，短尾巴，长耳朵，上嘴唇中间裂开，尾短而向上翘，前肢比后肢短，善于跳跃。

2. 品种与产地

目前,世界上饲养的家兔大约有60多个品种,200多个品系,我国饲养的家兔品种大约有20多个,其中少数是由我国自己培育的,而多数由国外引进。按家兔的经济用途不同,可分为毛用、皮用、肉用和兼用四种类型;按着烹饪利用,兔子可分为肉用型和皮肉兼用型两种。肉用型品种包括新西兰兔、加利福尼亚兔、比利时兔、塞北兔、哈白兔等。皮肉兼用型品种包括青紫蓝兔、花巨兔、中国白兔、大耳黄兔等,在我国各地均有饲养。

图 6 - 6　兔

3. 质量标准

兔肉以质地细嫩,坚实富有弹性,肉色为粉红,肌纤维细而软,脂肪为白色或浅蔷薇色为质量优。

4. 营养价值

兔肉营养丰富,在每百克兔肉中,含蛋白质19.7g,脂肪2.2g,碳水化合物0.9g,钙12mg,铁2mg,维生素 B_1 0.11mg,维生素 B_2 0.1mg,烟酸5.8mg NE 等多种营养物质。

兔肉味甘,性凉,能补脾益气、止渴清热。用于脾虚气弱或营养不良,体倦乏力,脾胃阴虚,消渴口干,胃肠有热,呕逆,便血。

另外,兔肉不能与橘子、芥末、鸡蛋、姜、小白菜等同食,会导致胃肠道症状。

5. 烹饪运用

兔肉风味清淡,在烹制加工过程中,极易被调味料或其他鲜美原料赋味,又称"百味肉"。兔在制作前可剥皮或烫皮去毛而用。生长期在一年以内的兔,肉质细腻柔嫩,多用于煎、炸收、拌、炒、蒸类等方法;生长期一年以上的兔肉肉质较老,多用于烧、焖、卤、炖和煮制的菜品。用兔肉整体制作的菜品有缠丝兔、红板兔等;以切块制作的有粉蒸兔肉、黄焖兔肉等;以丝、片、丁成菜的有鲜熘兔丝、茄汁兔丁、花仁拌兔丁、小煎兔等。

(五) 驴

驴为奇蹄目马科马属,如图6 - 7所示。

1. 形态特征

驴的体型比马和斑马都小,形象似马,多为灰褐色,头大且耳朵长,胸部稍窄,四肢瘦弱,躯干较短,因而体高和身长大体相等,呈正方型。颈项皮薄,蹄小坚实,体质健壮,抵抗能力很强。

图 6 - 7　驴

2. 品种与产地

我国地域辽阔,养驴历史悠久。驴可分大、中、小三型,中国五大优良驴种分别是关中驴、德州驴、广灵驴、泌阳驴、新疆驴。大型驴有关中驴、泌阳驴,这两种驴体高130cm 以上;中型驴有辽宁驴,这种驴高在(110～130)cm 之间;小型俗称毛驴,以华北、甘肃、新疆等地居多,这些地区的驴体高在(85～110)cm 之间。

3. 质量标准

驴肉以色泽暗红,纤维粗,肌肉组织结实而有弹性,肌间结缔组织极少,脂肪颜色淡黄为质

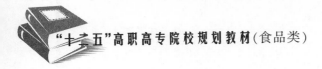
量优。

4. 营养价值

驴肉营养丰富,在每百克驴肉中,含蛋白质20.2g,脂肪4.8g,碳水化合物0.4g,钙2mg,铁4.3mg,维生素B_1 0.03mg,维生素B_2 0.16mg,烟酸1.4mg NE等多种营养物质。

驴肉性平,味甘,有除烦祛风、通经活络、健脾和胃、补血益气的作用。常被用作为积年劳损,久病初愈,气血亏虚,气短乏力,食欲不振者的补益食疗佳品。

另外,脾胃虚寒,有慢性肠炎,腹泻患者忌食。

5. 烹饪运用

驴肉味道鲜美,素有"天上龙肉,地上驴肉"之称,是人们对驴肉的最高褒扬。鲁西、鲁东南、皖北、皖西、豫西北、晋东南、晋西北、陕北、河北一带许多地方形成了独具特色的传统食品和地方名吃,烹调方法可用煮、炖、酱等。代表菜如驴肉蒸饺、莒南老地方驴肉、高唐潘佳驴肉、河间驴肉烧饼、广饶肴驴肉、保定驴肉卷火烧、曹记驴肉、上党腊驴肉等。

(六)马

图6-8 马

马为草食性家畜,哺乳纲马科,如图6-8所示。马在古代曾是农业生产、交通运输和军事等活动的主要动力。

1. 形态特征

马的头面平直而偏长,耳短,四肢长,骨骼坚实,肌腱和韧带发育良好,附有掌枕遗迹的附蝉(俗称夜眼),蹄质坚硬,能在坚硬地面上迅速奔驰。毛色复杂,以骝、栗、青和黑色居多;被毛春、秋季各脱换一次。胸廓深广,心肺发达,适于奔跑和强烈劳动。

2. 品种与产地

马有役用、骑乘用、肉用三种类型,我国以役用为主。马在我国主要分布于东北、西北和西南地区。

3. 质量标准

马肉以肉色红褐并略微显青色,肌肉纤维较粗,肉质较硬,脂肪柔软略带黄色为质量优。

4. 营养价值

马肉营养丰富,在每百克马肉中,含蛋白质20.1g,脂肪4.6g,碳水化合物0.1g,钙5mg,铁5.1mg,维生素B_1 0.06mg,维生素B_2 0.25mg,烟酸2.2mg NE等多种营养物质。

马肉味甘酸,性寒,有除热下气、长筋骨、强腰脊、状体、强志轻身等功效。

另外,马肉与猪肉不能同食,患有痢疾、疥疮者忌食。

5. 烹饪运用

马肉适宜以清水漂洗干净,除尽血水后煮熟食用,不适宜炒食。马肉具有的腥味,多采用香料将异味去除。烹调方法多采用炖、煮、卤、酱、烧等。代表菜如桂林马肉米粉、呼和浩特车架刀片五香马肉、哈萨克族的马肉腊肠等。

(七)狗

狗,哺乳纲,犬科,又称犬、地羊等,如图6-9所示。

1. 形态特征

狗耳短直立或下垂,听觉、嗅觉灵敏。齿锐利,舌长而薄,有散热功能。前肢五趾,后肢四趾,有勾抓。尾上卷或下垂。

2. 品种与产地

狗的品种较多,按用途可分为警犬、牧羊犬、比赛犬、看家犬、救助犬、猎狐犬、捕鼠犬、伴侣犬等。狗在全国各地均有饲养,各地都有食用。

3. 质量标准

狗肉以肉色暗红,肌肉坚实,切面呈颗粒状,脂肪为白色或灰白色为质量优。

图 6 - 9　狗

4. 营养价值

狗肉营养丰富,在每百克狗肉中,含蛋白质 16.8g,脂肪 4.6g,碳水化合物 1.8g,钙 52mg,铁 2.9mg,维生素 B_1 0.34mg,维生素 B_2 0.2mg,烟酸 3.5mg NE 等多种营养物质。

狗肉性热,味咸、甘、酸,有温补脾胃、补肾助阳、轻身益气、祛寒壮阳的作用。

另外,狗肉不能与绿豆、杏仁、菱角、鲤鱼同食,容易引起腹胀等不良反应。

5. 烹饪运用

狗肉味道鲜味,但腥味较重,可将狗肉放在水中浸泡数小时,再用清水洗净放入沸水中,加葱、姜、料酒等煮透即可。烹调方法可选用炖、焖、烧、煮等长时间加热的方法。狗肉中含有寄生虫,若加热不彻底很容易得寄生虫病,不适宜用爆、炒、熘等旺火速成的方法。代表菜有五香狗肉、黑豆焖狗肉、麻辣狗肉、酸辣狗肉、火锅狗肉、砂锅狗肉等。

三、家畜副产品

(一)家畜副产品的概念

家畜副产品又称"下水"、"杂碎",是指除胴体外一切可食部分。主要包括内脏副产品(肝、心、肾、胃、肠、肺)及头、尾、蹄、内脏、血液和公畜外生殖器等。家畜副产品根据软硬又可分为"硬下水"与"软下水"两大类。"硬下水"带有皮和骨,包括头、蹄、爪、尾;"软下水"指组织结构疏松,包括心、肝、肺、腰、肚、肠等。烹饪中常用的是猪、牛、羊的副产品。

(二)家畜副产品的种类

1. 畜　肝

图 6 - 10　畜肝

畜肝仅指动物的肝脏,能作为烹饪原料的家畜肝种类多,主要有猪肝、牛肝、羊肝、狗肝、马肝、兔肝等,如图 6 - 10 所示。

(1)形态特征

新鲜的肝脏有光泽,且质细柔软,富有弹性。肝脏的大小随动物大小的而异,动物体大者肝脏也大,肝小叶也随之而大,肝脏质地就越粗老。反之,质越细。如牛肝、猪肝的质地粗老,羊肝、兔肝质地细嫩。

（2）质量标准

家畜肝呈淡红棕色，有光泽，柔软有弹性为质量好。

（3）营养价值

家畜肝脏营养丰富，在每百克牛肝中，含蛋白质 19.8g，脂肪 3.9g，碳水化合物 6.2g，钙 4mg，铁 6.6mg，维生素 B$_1$ 0.16mg，维生素 B$_2$ 1.3mg，烟酸 11.9mg NE 等多种营养物质。

肝的食疗价值较广，猪肝味甘、苦，性温，归肝经，有补肝、明目、养血的功效。用于血虚萎黄、夜盲、目赤、浮肿、脚气等症。

另外，畜肝也与一些食物相克，猪肝与鹌鹑同食易使脸上生黑斑。牛肉肝与西红柿、毛豆同食不利于维生素 C 吸收。羊肝与猪肉同食引起胃肠不适等。

（4）烹饪运用

烹调加工时，依据不同动物的肝脏，采用不同的烹调方法。由于肝细胞成分多，含水量大，且连接肝细胞的结缔组织少而细软，所以在初加工及刀工处理时要求较高。初加工时，需小心去除胆囊，以免胆囊破裂，胆汁污染肝脏。若污染，可用酒、小苏打或发酵粉涂抹在污染的部分使胆汁溶解，再用冷水冲洗，苦味便可消除。刀工处理时一般多为片状，烹调中要保持细胞内水分而使成品柔嫩，多采用上浆的方法能保持嫩度，烹调方法采用爆、熘、氽等快速加热方式。另外，也可采用如酱、卤等一些技法，成品质地较硬。代表菜如熘肝尖、盐水肝、白油肝片、软炸猪肝、猪肝羹、竹荪肝膏汤、炒羊肝等。

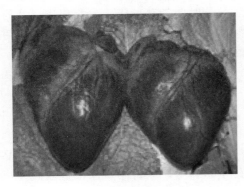

图 6 - 11　畜心

2. 畜　心

畜心仅指动物的心脏，能作为烹饪原料的畜心种类多，主要有猪心、牛心、羊心等，如图 6 - 11 所示。畜的心脏是由心肌组织构成的中空的肌质器官。

（1）形态特征

色泽紫红，质地细嫩，带有腥味。心脏壁肌肉组成结实、富有弹性，分为三层：外层为心外膜、中层为心肌、内层为心内膜。

（2）质量标准

畜心以肌肉组织坚实，有弹性，用手挤压有鲜红血液流出为质量优。

（3）营养价值

畜心营养丰富，在每百克猪心中，含蛋白质 16.6g，脂肪 5.3g，碳水化合物 1.1g，维生素 A 13μgRE，维生素 B$_1$ 0.19mg，维生素 B$_2$ 0.48mg，烟酸 6.8mg NE，钠 71.2mg，钙 12mg，铁 4.3mg 等多种营养物质。

畜心的食疗价值较广，猪心味甘咸、性平，归心经，可治心脏病、养血安神、补血，用于惊悸、怔忡、自汗、不眠等症。羊心味甘，性温，归心经，有补心益血的作用，可治疗心悸、失眠、气短、劳心膈痛等症。

另外，猪心不可与吴茱萸同食。

（4）烹饪运用

初加工时，须纵向破开，洗去污血。畜心的肌纤维中肌浆丰富，烹调加工时，可采用上浆方法保持细胞内水分。技法多采用爆、炒、熘、酱、卤、烩等，也可煮后凉拌等。代表菜如卤猪心、炒猪心、凉拌猪心、葱爆猪心、红烩牛心、熘牛心花、锅炸羊心片等。

3. 畜 肾

畜肾仅指动物的肾脏，俗称"腰子"，能作为烹饪原料的家畜肾主要有猪肾、牛肾、羊肾等，以猪肾应用较多，如图6-12所示。

（1）形态特征

以猪肾为例，呈长扁圆形，色褐红，质脆嫩。肾的表面包有一层薄而坚韧的纤维膜，表面柔润有光泽。肾分内、外两部分，外部是皮质，位于表层，呈红褐色，为主要食用部位；内部是髓质，位于皮质的深部，颜色较淡，呈线纹状。中间为腰臊，异味较大，常在加工时除去。马肾、羊肾的皮质和髓质部分合并，初加工难度大，一般不用。牛肾由多个肾叶组成，每个肾叶分为浅部皮质和深部髓质，应用较少。

图6-12　畜肾

（2）质量标准

畜肾以色泽浅红，体表有一层薄膜，表面有光泽及弹性为质量优。

（3）营养价值

畜肾营养丰富，在每百克猪肾中，含蛋白质15.5g，脂肪4.8g，碳水化合物0.7g，钙12mg，铁6.1mg，维生素$B_1$0.38mg，维生素$B_2$1.12mg，烟酸8mg NE，胆固醇405mg等多种营养物质。

肾的食疗价值较广，猪肾味甘咸、性平，入肾经，有补肾、强腰、益气的作用。牛肾味咸，性温，入肾经，有补肾气、益精之功效，治肾阳虚衰、髓海不足、头晕头昏、眼花耳鸣、腰膝酸软、阳萎早泄、遗精滑精、舌淡脉弱等症。羊肾味甘，性温，入肾经，有补肾气、益精髓的作用，用于肾虚劳损、腰膝酸软、足膝痿弱、耳聋、消渴、尿频、肾虚阳痿、早泄遗精、遗尿等症。

另外，猪肾中胆固醇含量较高，血脂偏高者，高胆固醇者忌食。

（4）烹饪运用

外部皮质由排列紧密的细胞组成，无肌肉细胞的方向性，且加工时内外无筋膜，所以可进行各种刀工处理，尤其适合于剞花刀，如麦穗花刀、十字花刀等。肾的质地脆嫩、柔软，与肝脏有相似之处，所以烹调时也应上浆或用温油过油，并采用快速烹调而成菜，保持其脆嫩质感。烹调方法如炒、爆、熘、汆、炝、拌、烫等。代表菜式如火爆腰花、炝腰片、宫保腰花、炸桃腰、清汤腰片、荔枝腰花等。

4. 畜 胃

畜胃俗称"肚子"，烹调中常用的有猪肚、牛肚、羊肚等，如图6-13所示。胃为动物消化道的扩大部分，是肌肉层特别发达的部位。

（1）形态特征

由于动物的种类不同，胃在外形和结构上有所差异。按胃的室数，可分为单胃和复胃。大多数哺乳类动物只有一个胃囊，称为单胃。猪胃即是单胃典型的代表。在外形上分为贲门部、

图6-13　畜胃

胃体和幽门部三部分。胃壁从内到外分别由黏膜、黏膜下层、肌层、浆膜层等构成。黏膜由黏膜上皮、固有膜和黏膜肌层组成;粘膜下层由结缔组织构成;肌层特别厚,分为三层。内层肌肉斜行,分布于胃的前后壁;中层肌肉围绕胃的纵轴成环行排列,分布在胃的全部;外层肌肉纵行排列,分布在胃的大弯和小弯。幽门部的环行肌厚实,俗称"肚头"、"肚仁"或"肚尖",具有脆韧性。复胃是反刍动物特有的胃,牛、羊、马的动物的胃即属此种结构。从外形上分为瘤胃、网胃、瓣胃和皱胃四部分。前三个胃是食道的变形,皱胃为胃本体。复胃的胃壁结构也同单胃一样。瘤胃肌肉层发达,粘膜和粘膜下层向内突起形成角质乳突,乳突排列密集;网胃的肌肉层也较发达,粘膜突起呈蜂窝状排列,所以又称蜂窝胃;瓣胃和皱胃肌肉层不发达,其粘膜和粘膜下层呈片状向内折叠突起,其上生短小肉毛。由于复胃的内部均长有肉毛,所以烹饪行业中将其称为"毛肚"。有的还分的更细,由于瘤胃的肉毛最发达最长将其称为"毛肚";网胃的肉毛排列成蜂窝状而称为"蜂窝肚";瓣胃和皱胃的皱褶壁密集称为"千层肚"或"百页肚"。

(2)质量标准

家畜的胃以有光泽,颜色白中略带一点浅黄为质量好。其次,畜胃肚壁厚的质量高于肚壁薄的。

(3)营养价值

畜胃营养丰富,在每百克猪胃中,含蛋白质15.2g,脂肪5.1g,碳水化合物0.7g,钙11mg,铁2.4mg,钠75.1mg,维生素B_1 0.07mg,维生素B_2 0.16mg,烟酸3.7mg NE,胆固醇165mg等多种营养物质。

畜胃的食疗价值较广,猪肚味甘,性微温,归脾、胃经,补虚损,健脾胃,用于虚劳羸弱、泄泻、下痢、消渴、小便频数、小儿疳积等症。羊肚味甘,性温,入脾、胃经,具有健脾补虚、益气健胃、固表止汗之功效,用于虚劳羸瘦、不能饮食、消渴、盗汗、尿频等症。牛肚性平,味甘,归脾、胃经,有补虚、益脾胃的作用,用于病后虚羸、气血不足、消渴、风眩。

(4)烹饪运用

胃通常外表有很多黏液,内壁有杂物,用清水很难清洗,只能去杂物,黏液很难去除,加工时一般用盐和醋揉搓,在里外翻洗使黏液脱离。胃常用爆、炒、熘、拌等方法加工成菜。而其他肌肉层较薄的部位,结缔组织较多,质地绵软,多用于烧、烩等烹调。毛肚和蜂窝肚肌肉层发达,也可烧、卤而成菜。千层肚肌肉层极薄,主要食用部位是其粘膜和粘膜下层,以结缔组织为主,所以脆性强,常撕片切丝供爆炒、拌制成菜,也是常用的火锅原料之一。代表菜如大蒜烧肚条、红油肚丝、爆双脆、口蘑汤泡肚等。

5. 畜　肺

肺仅指动物的呼吸器官,能作为烹饪原料的家畜肺主要有猪肺、牛肺、羊肺等,如图6-14所示。

(1)形态特征

肺是气体交换的场所,位于胸腔内、纵隔的两侧,左、右各一,有3个面和2个缘。肺的外侧面为肋面,后面与膈相贴为膈面,内侧为纵隔面。肺的纵隔面上有肺门,是支气管、血管、淋巴管和神经出入肺的地方。上述结构被结缔组织包裹成束,称为肺根。肺的分叶中,猪肺分叶明显,左、右肺均分为前、中、后叶,右肺有副叶。马肺分叶不明显。牛、羊的肺分叶明显,左肺分前叶、中叶(又称心叶)和后叶(又称膈叶)。右肺前叶又分为前部和后部,有副叶。

图 6-14　畜肺

（2）质量标准

家畜的肺以淡粉红色,光洁有弹性为质量好。

（3）营养价值

畜肺营养丰富,在每百克猪肺中,含蛋白质 12.2g,脂肪 3.9g,碳水化合物 0.1g,维生素 A 3.9μgRE,维生素 B_1 0.04mg,维生素 B_2 0.18mg,烟酸 1.8mg NE,钠 81.4mg,钙 6mg,铁 5.3mg 等多种营养物质。

肺的食疗价值较广。猪肺味甘,性平,入肺经,补肺虚,止咳嗽。牛肺味咸,性平,入肺经;有补肺止咳的作用,治肺虚咳嗽。羊肺性平,味甘,归肺经;能补肺气,调水道,可用于肺痿咳嗽,消渴,小便不利。

（4）烹饪运用

肺里面分布着许多毛细血管,用灌水洗涤的方法使肺内部的淤血和杂质溢出,适用于炖、焖、煨、炒、煮、酱等方法。代表菜如海蜇炖猪肺、卤猪肺、熘羊肺片、白菜煲牛肺等。

6. 畜大肠

烹调中常用的畜大肠主要有猪肠、牛肠、羊肠等,如图 6-15 所示。

（1）形态特征

肠的结构与胃相似,但肌肉层没有胃的肌层发达,只有内外两层肌肉,分小肠和大肠两部分。大肠中的结肠段是常用的部分,由于脂肪含量高,又称"肥肠"。小肠用于做红肠的肠衣。

（2）质量标准

畜大肠以色白黄、柔润、无污染、有粘液为质量好。

（3）营养价值

大肠营养丰富,在每百克猪大肠中,含蛋白质 6.9g,脂肪 18.7g,钙 10mg,铁 1mg,维生素 B_1 0.06mg,维生素 B_2 0.11mg,烟酸 1.9mg NE 等多种营养物质。

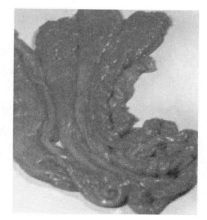

图 6-15　畜大肠

大肠的食疗价值较广。猪大肠性寒,味甘,有润肠、去下焦风热、止小便数的作用。用猪大肠治疗大肠病变,有润肠治燥、调血痢脏毒的作用,古代医家常用于治疗痔疮、大便出血或血痢。

另外,感冒期间及脾虚便溏者忌食。

（4）烹饪运用

大肠内部有很多的杂物,有些人喜食,有些人把内部清空只留肠皮,适于烧、煨、卤、火爆

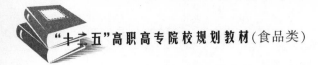

等。此外,也常利用小肠和大肠以结缔组织为主的粘膜下层作为天然肠衣灌制香肠。代表菜如山东九转大肠、陕西葫芦头、吉林白肉血肠、四川火爆肥肠等。

7. 其他副产品

其他副产品还包括畜蹄筋、畜皮、畜舌、畜脑、畜尾、畜血等,其种类如表6-6所示。

表6-6　其他副产品种类

副产品种类	形态特征	质量标准	营养价值	烹饪运用
畜蹄筋	分前蹄筋和后蹄筋,前蹄筋短小,一端呈扁形,另一端分开两条,也呈扁形;后蹄筋一端呈圆形,另一端分开两条,也呈圆形	鲜品色白,呈束状,包有腱鞘;干制品呈分叉圆条状,透明,色白或淡黄	牛蹄筋含蛋白质、硫胺素、核黄素、钙、磷、钾、钠、镁、锌、硒等多种营养物质	烹饪中多用干制品,烹制前必须涨发(油发、水发、盐发、蒸发等),适用于炖、烧、烩、煨等,代表菜如红烧蹄筋、扒蹄筋等
畜皮	由表皮、真皮、皮下脂肪组成,烹饪用的是真皮部分,常用猪皮	新鲜猪皮,皮白有光泽,毛孔细而深,无残留毛及皮伤,去脂干净,成型好为质量优	猪皮主要富含蛋白质较多,其含量是猪肉的2.5倍	猪皮在烹饪中作为凉菜的主料,热菜作配料,可制成冻,也可适用于烧、炖等方法,还可煮透晒成干制品,代表菜有猪皮冻、香辣猪皮等
畜脑	位于颅腔内,分为大脑、小脑、脑干,烹饪中常用猪脑、牛脑	新鲜猪脑色白,质如豆腐	猪脑富含钙、磷、铁、胆固醇,患有高血脂、高胆固醇血症、冠心病切勿多食	加工时先用牙签剔去脑的血筋、血衣,烹调方法适用于熘、烧等,代表菜有炸熘猪脑、肉末猪脑等
畜尾	动物的尾巴,由皮质和骨节组成,烹饪中常用猪尾、牛尾等	新鲜猪尾色白有光泽,无残留毛及皮伤为质量优	猪尾含丰富的蛋白质及胶质,有补腰力、益骨髓的功效,民间多用其治疗遗尿症	多用于烧、卤、酱、凉拌等烹调方法,代表菜如红烧猪尾、黄豆焖猪尾等
畜血	畜类的血液,暗红色,有腥气味,烹调中常用猪血	新鲜猪血色泽暗红,易碎,有淡淡腥味为质量优	猪血含丰富的蛋白质及矿物质。另外,猪血忌与黄豆和海带同食,会引起消化不良和便秘	多用于炒、烧、炖等烹调方法,代表菜如猪血炖豆腐、烧猪血、韭菜炒猪血等

第三节　野畜类

野畜又称野生兽,指不由人类饲养驯化,且不可以人为控制其繁殖,处于野生或半野生状态的哺乳动物。我国地域辽阔,野生兽种类繁多,许多野生兽用来作珍贵的烹饪原料滋补药。

野畜的开发利用使野生兽类数量减少,滥捕滥杀使野生兽类资源已濒临枯竭,禁止滥捕滥杀,遵守《野生动物保护法》才能有效地遏制对野生兽类资源的破坏。如今,野生兽类已经可以人工饲养,并且野生兽类的开发利用越来越广泛。

一、野畜的组织结构特点

野畜肉的组织结构与家畜组织结构基本相似,但不同的是体型较大野畜善于奔跑和跳跃,体型较小的野畜善于行走。因此,野畜的肌肉组织发达且肌纤维较粗;野畜的脂肪组织中,大部分肌间脂肪含量少;野畜肉大多异味较重,也有无异味的。另外,野畜肉具有较高的药用价值。

二、野畜的主要种类

(一)刺 猬

刺猬,又名刺球,刺猬是属哺乳纲食虫目猬科动物,如图6-16所示。

1. 形态特征

体长约25cm。体背和体侧满布棘刺,头、尾和腹面被毛,吻尖而长,尾短,前后足均具五趾,少数种类前足四趾,齿36~44枚,均具尖锐齿尖,受惊时,全身棘刺竖立,卷成如刺球状,头和四足均不可见。

2. 品种与产地

刺猬广泛分布在我国北方、长江流域、浙及闽等地山林或平原的草丛中,现已人工饲养。

3. 营养价值

刺猬肉含有丰富的蛋白质、脂肪、多种维生素与矿物质,具有一定滋补强壮作用。

刺猬肉味甘,性平,有降气镇痛、凉血止血、行气解毒、消肿止痛等功效。

4. 烹饪应用

刺猬肉味鲜美,适用于炒、炖、烧、煨等方法,代表菜如红烧刺猬肉、炒刺猬肉等。

图6-16 刺猬

图6-17 竹鼠

(二)竹 鼠

竹鼠又称竹馏、芒狸、竹狸、竹根鼠、冬毛老鼠等,属哺乳纲啮齿目竹鼠科竹鼠属,如图6-17所示。

1. 形态特征

竹鼠一般体长在 16cm ~ 23cm,头圆眼小,耳隐于皮内,尾与四肢均短,全身披长毛,但尾无毛或短而稀,头骨粗壮坚实,颧弓外扩,骨脊高起,肌肉发达,上门齿特别粗大,共有 16 颗牙齿。

2. 品种与产地

竹鼠主要有中华竹鼠、银星竹鼠、大竹鼠、小竹鼠四种。

(1)中华竹鼠

中华竹鼠又称竹鼠、芒鼠。成体长约 30cm ~ 40cm,体重 2kg ~ 4kg,分布在云南、贵州、广东、福建、湖北、四川等地。

(2)银星竹鼠

银星竹鼠体长约 34cm,体重约 2kg ~ 2.5kg。分布在福建、广东、广西、云南、贵州、四川等地。

(3)大竹鼠

大竹鼠别名红颊竹鼠、红大竹鼠。体长 38cm ~ 48cm,体重 2.2kg ~ 2.8kg,分布在云南南部地区。

(4)小竹鼠

小竹鼠身体较小,体长 15cm ~ 27cm,体重约 0.5kg ~ 0.8kg,分布在云南西部地区。

3. 营养价值

竹鼠肉营养丰富,富含蛋白质、磷、铁、钙、维生素 E 等营养物质,脂肪含量低。

竹鼠肉,性味甘平,具有益气养阴、解毒、治痨瘵、止消渴的功效。

4. 烹饪应用

竹鼠肉肉质细嫩,烹调方法较多,适用于烧、蒸、炖、煨、烩等方法,代表菜如清蒸竹鼠、蒜烧竹鼠等。

(三)野 兔

野兔是哺乳纲兔形目兔科野生兔类的通称,如图 6 - 18 所示。

1. 形态特征

野兔头小,长有一对比家兔小得多的耳朵,耳尖呈黑色,四肢细长、健壮,后肢十分强健,体型小于家兔,体长 35cm ~ 43cm,尾长 7cm ~ 9cm,成年野兔一般在 2.5kg ~ 3kg。野兔毛色比较暗,以灰色、蓝灰色为主,夹杂星点黄色,体背棕土黄色,背脊有不规则的黑色斑点。尾背毛色与体背面腹毛为淡土黄色、浅棕色或白色,其余部分是深浅不同的棕褐色。毛较长,蓬松且质地柔软。

图 6 - 18 野兔

2. 品种与产地

我国野兔种类有 9 种,分别是雪兔、草兔、灰尾兔、东北兔、东北黑兔、华南兔、塔里木兔、海南兔、云南兔。

(1)雪 兔

体长为 45cm ~ 54cm,体重为 2kg ~ 5.5kg。在我国分布于黑龙江、内蒙古东北部和新疆北部一带。

（2）草　兔

草兔又叫山跳子、跳猫、蒙古兔等。体长36cm～54cm，体重平均为2kg。在我国分布较广，东北、华北、西北和长江中下游一带。

（3）灰尾兔

灰尾兔又叫高原兔。体长平均42cm～48cm，体重约2kg～3kg。在我国分布于甘肃、西藏、青海、新疆、四川、贵州和云南等地。

（4）东北兔

东北兔又叫野兔、革兔、山兔、黑兔、满洲兔、山跳猫等。体长34cm～50cm，体重1.4kg～4kg。

（5）东北黑兔

东北黑兔体长41cm～45cm，体重平均为1.8kg。分布于我国黑龙江、吉林、内蒙古。

（6）华南兔

华南兔又叫山兔、短耳兔、糯毛兔、野兔等。体长35cm～47cm，体重1.3kg～1.9kg。分布于江苏、浙江、安徽、江西、湖南、湖北、福建、广东、广西、贵州、四川和台湾等地。

（7）塔里木兔

塔里木兔又叫南疆兔、莎车兔。体长为29cm～43cm，体重1.2kg～1.6kg。分布于新疆塔里木盆地及罗布泊地区。

（8）海南兔

海南兔体长35cm～39cm，体重1.1kg～1.8kg。分布在海南的陵水、东方、白沙、儋县、乐东、昌江等地。

（9）云南兔

云南兔也叫西南兔，体长33cm～48cm，体重1.5kg～2.5kg。分布在云南西北山地和贵州西南部高原，四川西南部一带。

3. 营养价值

野兔肉营养丰富，富含优质蛋白，低胆固醇，矿物质以钙含量丰富。

野兔肉味甘，性凉，具有补中益气、凉血解毒等作用。

4. 烹饪应用

野兔肉烹调方法较多，适用于炒、爆、炸、烧、焖、卤等方法，代表菜如软炸兔肉、红烧兔肉、麻辣兔肉、炖兔肉、扒野兔肉等。

（四）果子狸

果子狸又称花面狸、玉面狸、白鼻狗、花面棕榈猫等，为哺乳纲食肉目灵猫科动物，如图6－19所示。

1. 形态特征

体长48cm～50cm，尾长37cm～41cm，体重3600g～5000g。体色为黄灰褐色。头部色较黑，眼下及耳下具有白斑，背部体毛灰棕色。后头、肩、四肢末端及尾巴后半部为黑色，四肢短壮，各具五趾，趾端有爪，爪稍有伸缩性，尾长约为体长的2/3。

图6－19　果子狸

2. 品种与产地

果子狸在我国广泛分布,北京、山西大同、陕西秦岭山地、海南岛等地均有。目前人工饲养繁殖数量相当多。

3. 营养价值

果子狸营养价值较高,含有高蛋白、低脂肪、多种矿物质等。

果子狸肉味甘,性平;补中益气,治诸疰,去游风,愈肠风下血等作用。

4. 烹饪应用

果子狸肉质细嫩,香浓鲜美,适用于炖、炒、炸、焖等烹调方法,代表菜如红烧果子狸、清炖果子狸等。

(五)梅花鹿

梅花鹿又称花鹿,鹿等,为哺乳纲偶蹄目鹿科动物,如图6-20所示。

1. 形态特征

梅花鹿属中型鹿类,体长125cm～145cm,尾长12cm～13cm,体重70kg～100kg。头部略圆,颜面部较长,鼻端裸露,眼大而圆,眶下腺呈裂缝状,泪窝明显,耳长且直立,颈部长。四肢细长,主蹄狭而尖,侧蹄小,尾巴较短。雌兽无角,雄兽有角,角尖稍向内弯曲,非常锐利。

2. 品种与产地

梅花鹿过去曾广布中国各地,但是现在仅残存于黑龙江、吉林、辽宁、内蒙古中部、安徽南部、江西北部、浙江西部、四川、广西等有限的几个区域内,目前国内现已大量饲养。

3. 营养价值

鹿肉营养价值较高,含有高蛋白、低脂肪、多种维生素及矿物质。

鹿肉味甘,性温;可补脾胃、益气血、助肾阳、暖腰脊、补五脏、调血脉等作用。

4. 烹饪应用

鹿肉有膻腥味,加工时要浸泡去异味。鹿全身都是宝,适用于烤、烧、炖、炸、烩、汆、扒、煨等烹调方法,代表菜如金钱鹿肉、炸鹿肉排、清汤鹿尾、火腿扒鹿膝、鲜蘑鹿鞭等。

　　图6-20　梅花鹿　　　　　　　　　　　图6-21　狍子

(六)狍　子

狍子又称矮鹿、野羊、山狍子、草上飞,属偶蹄目鹿科,草食动物,如图6-21所示。

1. 形态特征

体长 100cm ~ 140cm,尾长仅 2cm ~ 3cm,体重 25kg ~ 45kg。鼻吻裸出无毛,眼大,有眶下腺,耳短宽而圆,内外均被毛。颈和四都较长,后肢略长于前肢,蹄狭长,有敖腺,尾很短,隐于体毛内。雄狍有角,雌无角。

2. 品种与产地

狍子分布于欧、亚两洲,中国产于东北、华北和新疆等地区。

3. 营养价值

狍子肉营养丰富,富含蛋白质、矿物质,全身无肥膘是瘦肉之王。

狍子肉味甘,性平,有温暖脾胃、强心润肺、利湿、壮阳及延年益寿之功能。

4. 烹饪应用

狍子肉营养丰富,细嫩鲜美,肝、肾等均可食。狍子肉有很大的土腥气及草腥味,烹制前必须用水浸泡 2 ~ 3 天,适用于烧、焖、炖、炒、炸等烹调方法,代表菜如焦熘狍肉、红烧狍肉、红焖狍肉等。

(七)黑 豚

黑豚是哺乳类草食动物,又称荷兰猪、荷兰鼠、豚鼠,因它全身黑色而得名,如图 6 – 22 所示。

1. 形态特征

黑豚全身黑毛,眼睛、嘴巴、脚均为黑色,无尾巴,耳朵及四肢短小,不善跳跃。体型小,一般重 1kg ~ 1.5kg。

2. 品种与产地

黑豚原产于南美洲秘鲁一带,黑豚的食性很杂,饲养方式多样,现在我国各地均有饲养。

图 6 – 22　黑豚

3. 营养价值

黑豚营养丰富,在每百克黑豚肉中,含蛋白质 19.7g,脂肪 1.5g,钙 53mg,磷 201mg,铁 3.29mg,锌 5.47mg,维生素 A 76μgRE,维生素 D 45μg,维生素 E 409μg 等多种营养物质。

黑豚味甘性平,有益气、补血、解毒三大功效,还可预防血栓,对美容也有特殊效果。

4. 烹饪应用

中国古代就有食用黑豚肉的习惯,黑豚肉质细嫩鲜美,适用于烧、焖、蒸、炒、炸等方法,代表菜如蒜烧黑豚、脆皮糯米豚、清炖黑豚等。

第四节　畜肉制品

一、畜肉制品概述

(一)畜肉制品的概念

畜肉制品是指以畜肉或副产品为原料,经过干制、腌制、熏制加工而成的成品或半成品。

(二)畜肉制品的分类

根据加工方法不同,可以将畜类制品分为如下八类:
(1)香肠制品:包括中式香肠、西式香肠、发酵香肠、熏煮香肠和生鲜肠;
(2)火腿制品:包括干腌火腿、熏煮火腿、压缩火腿等;
(3)腌腊制品:包括咸肉、腊肉、酱封肉、风干肉等;
(4)酱卤制品:包括白煮肉、酱卤肉、糟肉类等;
(5)熏烧烤制品:包括熏鸡、熏口条、烤鸭、烤乳猪、烤鸡等;
(6)干肉制品:包括肉干、肉松和肉脯类等;
(7)油炸制品:包括炸肉丸、炸鸡腿、麦乐鸡等;
(8)罐头制品:包括猪、牛、羊、兔、驴等肉类的罐头制品。

二、畜肉制品的种类

(一)火 腿

火腿又名"火肉"、"兰熏",是用猪后腿经修坯、腌制、洗晒、整形、发酵、堆叠等十几道工序加压腌腊制成。火腿发明于宋朝,最早出现火腿二字的是北宋,苏东坡在他写的《格物粗谈·饮食》明确记载火腿做法:"火腿用猪胰二个同煮,油尽去。藏火腿于谷内,数十年不油,一云谷糠"。火腿在全国各地都有盛产。

西式火腿一般由猪肉加工而成,与我国传统火腿的形状、加工工艺、风味等有很大不同,习惯上称其为西式火腿。

1. 品种与产地

(1)中式火腿

火腿的著名品种包括浙江金华火腿、江苏如皋火腿和云南宣威火腿三类。

图 6-23 金华火腿

①浙江金华火腿

浙江金华火腿又称"南腿",为浙江金华的著名特产,如图 6-23 所示。盛产火腿的地区有金华、东阳、兰溪、义乌、武义、浦江、永康,这些地方都属于金华,统称金华火腿。生产中选用当地特产"两头乌"型猪所制。金华火腿皮色黄亮、形似琵琶、肉色红润、香气浓郁、营养丰富、鲜美可口,素以色、香、味、形"四绝"闻名于世,便于贮存和携带,已畅销国内外,在国际上享有声誉。

②江苏如皋火腿

如皋火腿又称"北腿",如图 6-24 所示。如皋火腿的生产始于公元 1851 年,清末先后获檀香山博览会奖和"南洋劝业会"优异荣誉奖状,与浙江金华火腿、云南宣威火腿齐名,为全国三大名腿之一。如皋火腿薄皮细爪,形如琵琶,色红似火,风味独味,生产中选用如皋、海安一带饲养的尖头细脚、薄皮嫩肉的优种生猪为原料。对猪腿也按一定规格精选,择其重量长度恰当、腿心肌肉丰满者,再经多道工序精细加工制成。

图 6-24　如皋火腿

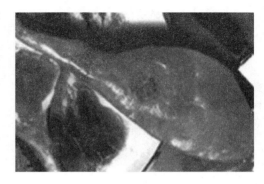

图 6-25　宣威火腿

③云南宣威火腿

云南宣威火腿又称"云腿",如图 6-25 所示。云南省著名特产之一,素以风味独特而与浙江金华火腿、江西安抚火腿齐名媲美,蜚声中外。宣威火腿,因产于宣威县而得名。形似琵琶,皮薄肉厚肥瘦适中;切开断面,香气浓郁,色泽鲜艳,瘦肉呈鲜红色或玫瑰色,肥肉呈乳白色,骨头略显桃红,品质优良,足以代表云南火腿。宣威火腿驰名中外,早在 1915 年的国际巴拿马博览会上荣获金质奖,成为云南省最早进入国际市场的名特食品之一。

（2）西式火腿

世界上著名的西式火腿品种有法国烟熏火腿、苏格兰整只火腿、德国陈制火腿、黑森林火腿、意大利火腿等。

西式火腿根据加工方法的不同分为带骨火腿、去骨火腿、盐水火腿等。

①带骨火腿

带骨火腿是将猪前、后腿肉经盐腌后加以烟熏,同时赋以香味而制成的半成品,如图 6-26 所示。带骨火腿有长形火腿和短形火腿两种。成品特点具有外观匀称,厚薄适度,表面光滑,断面色泽均匀,肉质纹路较细,具有特殊的芳香味。

图 6-26　带骨火腿

图 6-27　去骨火腿

②去骨火腿

去骨火腿一般都经水煮,故又称其为去骨熟火腿,如图 6-27 所示。去骨火腿是用猪后大腿经整形、腌制、去骨、包扎成型后,再经烟熏、水煮而成。成品特点具有长短粗细配合适宜,粗细均匀,断面色泽一致,瘦肉多而充实,或有适量肥肉但较光滑。

图 6 - 28　盐水火腿

③盐水火腿

盐水火腿是用大块肉经整形修割、盐水注射腌制、嫩化、滚揉、充填,再经熟制、烟熏或不烟熏等工艺制成的熟肉制品,如图 6 - 28 所示。火腿是欧美各国人民喜爱的肉制品,也是西式肉制品中的主要产品之一。成品特点具有保持原料肉的鲜香味,产品组织细嫩,色泽均匀鲜艳,口感良好。

2. 质量标准

品质好的火腿,从外观看,呈黄褐色或红棕色;切面的瘦肉是深玫瑰色或桃红色,脂肪色白或微红,有光泽;组织致密而结实,切面平整;鼻闻具有火腿特有的香腊味。品质稍次的火腿,切开后瘦肉切面呈暗红色,脂肪呈淡黄色,光泽较差,组织稍软,切面尚平整,稍有异味。变质的火腿,切面瘦肉呈酱色,且有各色斑点,脂肪变黄或黄褐色,无光泽,组织松软甚至粘糊,有腐败的气味或很大酸味。

3. 营养价值

火腿营养丰富,在每百克中式火腿中,含蛋白质 16.4g,脂肪 51.4g,钙 88mg,磷 146mg,铁 3mg 等多种营养物质;在每百克西式火腿中,含蛋白质 16.2g,脂肪 5g,碳水化合物 1.9g,钙 1mg,磷 202mg,铁 3mg 等多种营养物质。

火腿有益肾、养胃、生津、壮阳、固骨髓、健足力之功能,其骨和脚爪可清积食,止吐泻。用于医治鼠咬伤及小儿头癣等,都有一定疗效。

4. 烹饪应用

西式火腿烹饪中用来制作冷盘,也可加工成小的块、片、丁、条做主配料,也可作为沙拉的原料及火锅的配料等。

中式火腿菜肴的烹调方法丰富多彩。火腿可单独蒸煮食用,也可做菜肴的主料,更多的是作高级肴馔的辅料,起调味作用,或作为菜点装饰点缀的上等原料。瘦火腿肉做菜肴辅料适用范围极广,山珍野味、水产、禽蛋、蔬菜、豆制品及鲜肉等菜类及甜菜、芙蓉菜、瓤制菜、象形冷盘、各式拼盘等均可配用。从烹调方法上讲除常用的蒸、炖和煮外,还可以烩、炒、烧、煎、炸、烤、贴、熘、扒、拌、拔丝、蜜汁、做羹以及各种点心及小吃做馅等。代表菜如浙江风味的"薄片火腿"、"火踵神仙鸭"、"火腿蚕豆"、"火烩蹄筋"、"清汤火方"、"火腿炖芽菜"、"酒凝金腿";四川风味的"锅贴火腿"、"火腿冬瓜夹";广东风味的"金华玉树鸡"、"南腿蒸乳鸽"、"宫保火腿丁";湖南风味的"火方银鱼"、"蜜汁白果火腿";福建风味的"生煎金华腿"、"火腿烧螺";上海风味的"火腿煮干丝"、"明虾火腿";安徽风味的"荷叶包火腿"、"火腿炖鞭笋";山东风味的"糟蒸火腿";北京风味的"锅贴三夹火腿"、"火腿鱼"及山西风味的"火腿烧鸡米"等。

(二)咸　肉

咸肉指用盐腌的肉,如牛肉或猪肉,又称为渍肉、腌肉、盐肉,如图 6 - 29 所示。咸肉是通过向肉食品中加入食盐,使其成为高渗,以抑制或杀灭肉品中的某些微生物,同时高渗环境也可减少肉制品中的含氧量,并抑制肉中酶的活性,从而达到食品保藏的目的。咸肉加工简单、费用低,味美可口,又可长期保存,特别是在南方历来就有腌肉的习惯。

1. 品种与产地

我国各地均有咸肉的加工,以江苏、四川、浙江、江西、上海、安徽等省加工较普遍。较著名的品种有浙江咸肉、江苏如皋咸肉、四川咸肉、上海咸肉等。咸肉按照产区的不同分为"北肉"与"南肉","北肉"指长江以北产区,如江苏如皋、泰兴、南通等地;"南肉"指长江以南产区,如浙江金华一带。咸肉按照所用部位不同又可分为连片(整个半片猪胴体,无头尾,带脚爪,腌制后每片重量在 13kg 以上)、段头(不带后腿及猪头的猪肉体,腌成重量在 9kg 以上)、咸腿(猪的后腿,腌成重量不低于 2.5kg)。

2. 质量标准

咸肉以外表干燥清洁,呈苍白色,无霉菌,无黏液,肉质坚实紧密,有光泽,瘦肉呈粉红、胭脂红或暗红色,肥膘呈白色,切面光泽均匀,质坚硬,有正常的清香味,煮熟时具有腌肉的香味为质量好。

3. 营养价值

咸肉营养丰富,在每百克咸肉中,含蛋白质 16.5 克,脂肪 36 克,维生素 A 20ugRE,维生素 B_1 0.77mg,维生素 B_2 0.21mg,烟酸 3.5mgNE,钠 195.6mg,钙 10mg,铁 2.6mg 等多种营养物质。

咸肉具有开胃祛寒,消食等功效。老年人忌食,胃溃疡和十二指肠溃疡患者禁食。

4. 烹饪应用

咸肉含盐较多,口味较咸,加工前用清水浸泡咸肉,以除掉一部分盐分,然后再进行各种加工。烹调方法适于炒、炖、蒸、煮、烧等方法,代表菜如咸肉蒸百叶、咸肉煮冬瓜、咸肉炖百叶、美极炒咸肉、腌笃鲜等。

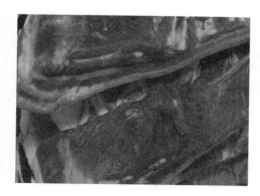

图 6-29 咸肉

图 6-30 腊肉

(三)腊 肉

腊肉是指肉经腌制后再经过烘烤(或日光下曝晒)的过程所制成的加工品,一般在农历腊月加工,因而称为"腊肉",如图 6-30 所示。腊肉的防腐能力强,能延长保存时间,并增添特有的风味。

1. 品种与产地

腊肉在我国已有几千年的历史,加工制作腊肉的传统习惯不仅久远,而且普遍。腊肉按产地分有广东腊肉、四川腊肉、云南腊肉、湖南腊肉、江西腊肉、贵州腊肉、陕西腊肉、湖北腊肉等;

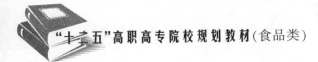
以原料分有腊猪肉、腊牛肉、腊羊肉、腊狗肉、腊兔肉等。湖南、广东生产腊猪肉较多,华北、西北生产腊牛肉、腊羊肉较多。

2. 质量标准

腊肉以色泽鲜明,肌肉呈鲜红或暗红色,脂肪透明或呈乳白色,肉身干爽、结实、富有弹性,并且具有腊肉应有的腌腊风味为质量好。

3. 营养价值

腊肉营养丰富,在每百克腊肉中,含蛋白质 11.8g,脂肪 48.8g,碳水化合物 2.9g,维生素 A 96μgRE,维生素 E 6.23mg,钙 22mg,铁 7.5mg 等多种营养物质。腊肉不仅风味独特,而且具有开胃、去寒、消食等功能。

4. 烹饪应用

腊肉可用于多种烹调方法,如炒、烧、煮、蒸、炖等技法,还可制作成冷盘、大菜等菜式。代表菜如腊味合蒸、菜薹炒腊肉、腊肉炒面、腊肉炒荷兰豆、腊肉炒三蔬等。

(四) 肉 松

肉松是我国著名特产,以畜、禽瘦肉为原料,经煮制、撇油、调味、收汤、炒松、搓松制成的肌肉纤维蓬松成絮状的肉制品,如图 6-31 所示。

1. 品种与产地

肉松按原料种类进行分类,有猪肉松、牛肉松、鸡肉松、鱼肉松等;也可按形状分为绒状肉松、粉状肉松、球状肉松。猪肉松是大众最喜爱的一类产品,以太仓肉松和福建肉松最为著名,太仓肉松属于绒状肉松,福建肉松属于粉状肉松。

2. 质量标准

肉松以形态呈絮状,纤维柔软蓬松,允许有少量结头,无焦头;色泽呈均匀金黄色或浅黄色,稍有光泽;口味浓郁鲜美,甜咸适中,香味纯正,无杂质及其他不良气味为质量好。

3. 营养价值

肉松营养丰富,在每百克猪肉松中,含能量 396kcal(1kcal = 4.19kJ),蛋白质 23.4g,脂肪 11.5g,碳水化合物 49.7g,维生素 A44μgRE,硫胺素 0.04mg,核黄素 0.13mg,烟酸 3.3mgNE,钙 41mg,铁 6.4mg 等多种营养物质。

4. 烹饪应用

肉松烹饪中可作为花色冷盘的垫底料、围边料、拼摆料,也可作为酿菜的馅料,还可作为面点的馅料。

图 6-31　肉松

图 6-32　肉干

（五）肉　干

肉干是以精选瘦肉为原料，经切碎、煮制、烘烤等工艺加工而成的肉干制品，如图 6 - 32 所示。

1. 品种与产地

肉干的种类繁多，可按原料、风味、形状、产地等进行分类。按原料分有猪肉干、牛肉干、羊肉干、马肉干、兔肉干等；按风味分五香、咖喱、麻辣、孜然等；按形状有片、条、丁状肉干等。著名品种有哈尔滨五香牛肉干、天津五香猪肉干、江苏靖江牛肉干、上海猪肉条等。

2. 质量标准

肉干以块状均匀，无焦斑碎屑，褐红色，口味鲜美为质量好。

3. 营养价值

肉干营养丰富，在每百克牛肉干中，含能量 550kcal，蛋白质 45.6g，脂肪 40g，碳水化合物 1.9g，胆固醇 120mg，硫胺素 0.06mg，核黄素 0.26mg，烟酸 15.2mgNE，钙 43mg，磷 464mg，钾 510mg，钠 412.4mg，镁 107mg，铁 15.6mg，锌 7.26mg，硒 9.8 微克，铜 0.29mg，锰 0.19mg 等多种营养物质。

4. 烹饪应用

肉干口味鲜香，可作为筵席上冷菜及消闲的零食。

（六）肉　脯

肉脯用猪、牛瘦肉为原料，经切片（绞碎）、调味、腌渍、摊筛、烘干、烤制等工艺制成薄片型的肉制品，如图 6 - 33 所示。

1. 品种与产地

肉脯根据其产品可分为猪肉（糜）脯、牛肉（糜）脯等。较为著名的有江苏靖江肉脯、上海猪肉脯、汕头猪肉脯、湖南猪肉脯等。

图 6 - 33　肉脯

2. 质量标准

肉脯以片型规则整齐，厚薄基本均匀，色泽呈棕红，滋味鲜美、醇厚、甜咸适中为质量好。

3. 营养价值

肉脯含丰富的蛋白质、脂肪、钙、镁、钾、钠、铁、烟酸、维生素 A 等多种营养成分。

4. 烹饪应用

肉脯应用于冷菜或花式冷盘的点缀。

（七）灌　肠

灌肠是以新鲜肉为主料，经过切碎加配料，调味后灌入肠衣经晾晒、烘烤、蒸煮、烟熏等工序制成的风味制品。

1. 品种与产地

灌肠按生产方式分：中式灌肠与西式灌肠。中式灌肠与西式灌肠在原料、调料及加工方法

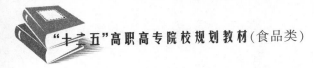

上都有差异,中式灌肠多为生制品,西式灌肠多为熟制品。

(1)中式灌肠

中式灌肠指的是香肠。香肠俗称腊肠,是指以肉类为主要原料,经切、绞成丁,配以辅料,灌入动物肠衣再晾晒或烘焙而成的肉制品。香肠是我国肉类制品中品种最多的一大类产品,也是我国著名的传统风味肉制品。传统中式香肠以猪肉为主要原料,瘦肉不经绞碎或斩拌,而是与肥膘都切成小肉丁,或用粗孔眼筛板绞成肉粒,原料不经长时间腌制,而有较长时间的晾挂或烘烤成熟过程,使肉组织蛋白质和脂肪在适宜的温度、湿度条件下受微生物作用自然发酵,产生独特的风味,辅料一般不用淀粉和玉果粉,成品有生、熟两种,以生制品为多,生干肠耐贮藏。

香肠按馅料不同可分为猪肉香肠、猪肝香肠、牛肉香肠、鸡肉香肠、兔肉香肠、鱼肉香肠、鸭肝香肠等。按风味不同可分为广东香肠、四川宜宾广味香肠、江苏如皋香肠、浙江香肠、湖南大香肠、武汉香肠、哈尔滨正阳楼风干香肠、山东招远香肠等。我国较有名的香肠有广东腊肠、武汉香肠、哈尔滨正阳楼风干香肠等。由于原材料配制和产地不同,风味及命名不尽相同,但生产方法大致相同。

①哈尔滨正阳楼风干香肠

哈尔滨正阳楼风干香肠调味料具有特色,调料采用砂仁、紫蔻、企边桂等名贵药料,如图 6-34 所示。

哈尔滨正阳楼风干香肠具有滋味清香,肥而不腻,瘦而不柴,有明显砂仁味的特点。

图 6-34　风干香肠

图 6-35　广东香肠

②广东香肠

广东香肠属于广东风味小吃,采用猪瘦肉、猪肥肉、精盐、白糖、白酒、白酱油、硝酸钠等按一定比例加工,通过晾晒,烘烤后而成,如图 6-35 所示。

广东香肠具有色泽鲜艳,红白分明,表面干燥,每条香肠长短相似,粗细均匀,肥瘦肉比例适宜,具有特殊香味等特点。

(2)西式灌肠

西式灌肠是用猪肉、牛肉等经绞碎或切丁后,加入淀粉和调味原料如食盐、味精、胡椒粉、辣椒粉等制成馅,然后灌入肠衣中,经烘干、蒸煮、烟熏等工序制成的风味制品。西式灌肠最早见于欧洲,是当地人民喜爱的一种风味食品,后传到世界各地。

我国目前生产的西式灌肠或是结合我国人民的口味喜好加以改变,或是仍按西式方式加以制作,花色品种较多。主要品种有哈尔滨商委红肠、秋林里道斯红肠、哈肉联红肠、火腿肠、粉肠、色拉米香肠等。

①秋林里道斯红肠

原产于东欧的立陶宛,采用猪、牛精肉为主料,添加各种香辛料,经腌制、制馅、灌肠、烤、煮、熏等传统工艺精制而成,如图6－36所示。外观呈枣红色,皱纹均匀有弹性,有烟熏芳香气味,肠体结构紧密,切面光滑细腻,是欧式传统产品的代表。

②火腿肠

火腿肠是深受广大消费者欢迎的一种肉类食品,它是以畜禽肉为主要原料,加入填充剂(淀粉、植物蛋白粉等)、调味品(食盐、糖、酒、味精等)、香辛料(葱、姜、蒜、豆蔻、砂仁、大料、胡椒等)、品质改良剂(卡拉胶、维生素C等)、护色剂、保水剂、防腐剂等物质,采用腌制、斩拌(或乳化)、高温蒸煮等加工工艺制成,如图6－37所示。其特点是肉质细腻、鲜嫩爽口、携带方便、食用简单、保质期长。

图6－36　秋林红肠

图6－37　火腿肠

③粉　肠

粉肠是中国广东和香港的一种食品,吃下去有些粉状的口感,而形状则像肠一样,因而得名,如图6－38所示。粉肠是用猪肥瘦肉、淀粉为主料,经绞馅、斩拌、加入芝麻香油及各种香辛料灌入各种肠衣,经煮制熏烤而成。其特点具有香味宜人,入口松嫩,香而不腻之特色。

④小红肠

又称热狗,是美国最普通的一种食品,如图6－39所示。据调查,美国一年之中所吃掉的热狗至少有一百多亿条。所谓热狗就是在剖开的长形小面包中夹一条香肠。它以羊肠作肠衣,肠体细小,形似手指,稍弯曲,长约12cm～14cm,外观为红色,肉质呈乳白色,鲜嫩细腻,味香可口。

图6－38　粉肠

图6－39　小红肠

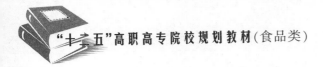

⑤大红肠

大红肠是欧洲人主要佐餐之一,因西欧人常在吃茶点时食用,又称茶肠,如图6-40所示。制作时除选用牛肉与猪肉外,还添加猪脂肪丁,采用"牛拐头"做肠衣,形体粗大,肠体较松嫩,口感香而不腻,是典型的欧式产品。

⑥色拉米香肠

色拉米香肠是意大利风味的西式肉制品,以猪的通脊肉和牛的黄瓜条肉为原料,切碎后加入香辛料、发酵剂,在恒温恒湿的条件下,发酵四个月而成,如图6-41所示。色拉米香肠具有鲜嫩适口、略带辣味。

图6-40 大红肠

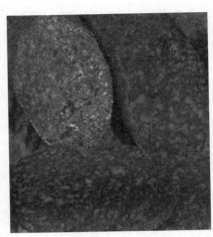

图6-41 色拉米香肠

2. 质量标准

中式灌肠以肠衣干燥完整且紧贴肉馅,全身饱满,肥瘦肉粒均匀,瘦肉呈鲜玫瑰红色,肥肉白色,色泽鲜明光润,无粘液和霉点,香气浓郁而无异味为质量好。

西式灌肠以肠衣干燥、无霉点和条状黑痕、无黏液、肠衣与肉馅不分离、无空洞、气泡,组织坚实有弹性、无杂质、异味为质量好。

3. 营养价值

香肠营养丰富,含有蛋白质、脂肪、钙、磷、钾、钠、镁、铁、锌、维生素 B_1、维生素 B_2、烟酸等多种营养物质。

4. 烹饪应用

中式灌肠在烹调中既可以作凉菜也可作热菜的主配料,调味方法适用较广,可用于炒、炖、煮、炸、煎等方法,代表菜如尖椒炒香肠、麻辣香肠、香肠煎蛋等。

西式灌肠在西餐中可用于制作沙拉、三明治、开胃菜等,也可作为热菜的辅料;在中餐可作为冷盘菜肴,烹调方法适用于炒、烧等。

(八)香 肚

香肚,又叫小肚,是用猪的膀胱做外衣,内装配制好的肉馅,经过晾晒而制成,如图6-42所示。

1. 品种与产地

香肚的品种目前主要有南京香肚、哈尔滨水晶肚、天津桃仁小肚等。其中以南京香肚最具特色,在1910年的南洋劝业会上,南京香肚曾获奖状,从此驰名中外,远销各地,是南京著名特产之一。

哈尔滨水晶肚的不同之处是水晶肚的外皮有两种:一种是用猪大肠灌制,另一种是猪膀胱灌制。无论肚的外皮是哪一种,都不用淀粉凝结,而是靠猪肉皮冻凝固而成。天津桃仁小肚因在原料中添加了桃仁而得名。

2. 质量标准

南京香肚外观形如苹果,外皮细薄富有弹力,肉质紧密,切开红白分明,口感香嫩爽口。天津桃仁小肚外观圆形,色泽金黄,清香味美,具有芳香醇厚和桃仁特有的甘香风味。哈尔滨水晶肚肉质紧密有弹性,切面光滑,肉冻分明,清香爽口。

图 6 - 42　香肚

3. 营养价值

香肚选料考究,制作精细,营养价值较高。其中含较多蛋白质、脂肪、维生素 E、维生素 B_1、维生素 B_2、钾、钠、钙、镁、铁、锌等营养物质。

4. 烹饪应用

香肚先要置冷水中浸泡半小时,洗去外表尘土,置锅中加冷水烧沸后改小火再煮半小时,熟透捞出,晾凉剥皮即可。香肚适用于凉菜,花拼及菜肴围边,也可作配料烹调,名菜有五彩香肚、八宝香肚、罗汉小香肚等。

 本章小结

畜类原料在人们的膳食中占有重要的地位,通过学习掌握各种畜类的结构特点及烹饪运用,熟知畜类原料的营养价值及感官鉴别,从而在烹饪中科学合理的选料及配菜。

 练 习 题

1. 简述畜肝、畜心的营养价值与烹饪应用。
2. 简述牛肉、羊肉的营养价值与烹饪应用。
3. 简述狍子、野兔的营养价值与烹饪应用。
4. 畜肉制品的分类是什么?
5. 畜肉的保存方法是什么?

第七章 禽类烹饪原料

学习目标

1. 了解禽类原料、禽类制品的概念;
2. 了解禽类的组织结构特点,掌握禽类原料的品质检验与储存、营养价值;
3. 掌握常用家禽、野禽、禽制品、禽蛋及禽蛋制品的主要种类与在烹饪过程中的运用。

第一节 禽类原料概述

一、禽类原料概念

禽类原料是指家禽和野禽的肉、蛋、副产品及其制品的统称,主要包括鸡、鸭、鹅、鸽子、鹌鹑等的肉、蛋、副产品和制品。

二、禽类的烹饪运用

禽类原料应用广泛,不同的品种、不同的部位皆可采用不同的方法,烹调方法多样。禽类肉可切配成块、片、丁、丝、条等形状,适用于煎、炒、烹、炸、焖、炖、煨等方法。面点中可将禽类肉切丝或斩碎制成肉糜用于面点的馅料,适用于煎、蒸、煮等方法。冷菜中可采用酱、卤等方法制作拼盘。禽类原料多可以制汤,使汤中含有蛋白质、脂肪、维生素及丰富的磷酸钙、骨胶原、骨粘蛋白等,鲜味足,用其熬的高汤多用于高档菜肴的提鲜。禽类的内脏富含多种营养物质,可切配成基本料形或者是花刀,如麦穗花刀、蓑衣花刀等,适用于爆、熘、炸等方法。禽类的血也是较好的原料,可切块,适用于炒、烧或作为汤的主料和辅料使用。禽类原料制作的菜肴非常多,如宫保鸡丁、北京烤鸭、红烧鸡翅、纸包鸡、黄焖仔鹅、广东烧鹅、花椒鹅块等。

三、禽类原料的品质检验与储存

(一)禽类的品质检验

市场出售的禽类分为毛禽、光禽和冻禽。因此,禽类品质检验一般有鲜活禽类的品质检验和光禽、冻禽的品质鉴别两种形式。

1. 鲜活禽类的品质检验

鲜活禽类主要是检验其健康程度和老嫩程度。禽类的健康状况通常采用感官鉴别的方法来进行观察。一般健康的鸡,精神活泼,叫声洪亮,羽毛紧密而油润;眼睛有神、灵活,眼球充满整个眼窝;冠与肉髯颜色鲜红,冠挺直,肉髯柔软;两翅紧贴身体,毛有光泽;爪壮有力,行动自如。眼睛、口腔、鼻孔无异常分泌物,肛门周围无绿白、稀薄粪便、黏液。病鸡则没有以上特征。有的鸡用手摸鸡胸和嗉囊感觉臌胀有气体或积食发硬;站立不稳都是不可使用的。禽类的品种很多,其成年期各不相同,在不同的生长期中,其肉质的老嫩程度有较大的差别。

2. 光禽、冻禽的品质检验

光禽是指宰杀拔除毛后的待售禽只,也是市场上销量最好的种类;冻禽是指利用低温保藏法保存的光禽。两者的感官鉴别主要从眼球、色泽、粘度、弹性、煮沸后的肉汤来进行质量优劣的鉴别。

(1)眼　球

新鲜的光禽眼球饱满。次鲜的禽肉眼球皱缩凹陷,晶体稍混浊。变质的眼球干缩凹陷,晶体混浊。

(2)色　泽

新鲜的光禽皮肤有光泽,肌肉切面有光亮。次鲜的皮肤色泽较暗,肌肉切面稍有光泽。变质的体表无光泽。禽肉暗红,淡绿或灰色。

(3)粘　度

新鲜的外表微干或微湿润,不粘手。次鲜外表干燥或粘手,新切面湿润。变质的外表干燥或粘手,新切面发粘。

(4)弹　性

新鲜的禽压后凹陷立即恢复。次鲜的则恢复较慢。变质的不能恢复并留有痕迹。

(5)气　味

新鲜禽具有的气味正常。次鲜的无异味。变质的体表和腹均有不快味和臭味。

(6)煮沸后的肉汤

新鲜的汤清味香,脂肪聚于表面。次鲜的稍有混浊,香味差。变质的汤混有腥臭味。

(二)禽类肉的储存

禽类屠宰后在组织酶的作用下,会发生僵直、成熟、自溶、腐败等一系列变化。如果保存不当,极易发生腐败变质。保藏光禽和禽肉最常用的是方法是低温保藏法。因为低温能抑制酶的活力和微生物的生长繁殖,可以较长时间保存禽体的组织结构状态,在保藏前要去尽光禽的内脏,如果是冻禽,应立即冷藏。

1. 冷却保藏

光禽和禽肉如能在1个星期内用完,可在冷却条件下保存。如鸡肉,在温度为0℃、相对湿度85%～90%的条件下,可保藏7～11天。

2. 冻结保藏

宰杀后成批的光禽或禽肉,如果需要保藏较长的时间,必须进行冻结保藏。即在(-30～-20)℃,相对湿度85%～90%的条件下冷冻24h～48h,然后在(-20～-15)℃、相对湿度90%的环境下冷藏保存。

第二节　家禽类

家禽一般指是人类为了经济目的或其他目的而驯养的鸟类,一般包括鸡、鸭、鹅、鸽子、鹌鹑等。

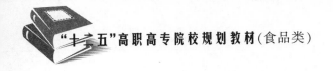

一、家禽肉

(一)家禽肉的概念

家禽肉一般指人类饲养的鸡、鸭、鹅等禽类的肉。在食品学中,一般指禽类躯体中可供食用的部分。

(二)家禽体的组织结构

从烹饪加工与运用情况来看,禽体由肌肉组织、脂肪组织、结缔组织和骨骼组织构成。

1.肌肉组织

禽类的肌肉组织发达,特别是胸肌和腿肌,胸肌和腿肌占禽体 50%。雌禽的肌肉纤维较细,结缔组织较少,雄禽的肌肉组织较雌禽粗糙些。鸭、鹅等的肌肉组织较鸡的粗糙些。肌肉组织是禽类的主要食用部分,所含的营养成分价值高,主要提供人体需要的优质蛋白质。

2.脂肪组织

禽类的脂肪组织分布于禽体的体腔内部、皮下以及肌肉组织中。禽类脂肪中含丰富的亚油酸,熔点低,有利于人体消化,在烹调过程中还有提鲜的作用。人们多用禽类脂肪组织制油,味道鲜美。

3.结缔组织

禽肉的结缔组织不如畜肉的结缔组织发达,正由于结缔组织少,肉纤维极其柔嫩,故肉的硬度较低。结缔组织在禽肉中的含量与部位有关:一般白肌中含结缔组织较少,红肌中含结缔组织相对较多,禽体的腿部及前肢含量比其他部位要多。

4.骨骼组织

禽类骨骼主要分为中轴骨和附肢骨两部分,中轴骨又分为头骨、脊柱、肋骨和胸骨,附肢骨分为前肢骨和后肢骨。禽类骨和畜类骨骼有区别,长骨中空且有气囊穿入,骨架相对畜类小。烹调多用于熬汤,食用价值较其他组织低。

(三)家禽肉的性质特点

家禽肉所含营养成分丰富,主要包含人体所需要的蛋白质、脂肪、糖类、维生素、无机盐以及水等。家禽肉的营养成分受到禽的种类、营养状况、饲养状况、宰后变化等因素的影响,其构成略有差异。

1.蛋白质

禽肉一般含蛋白质 16%~20%,都是优质蛋白质。去皮鸡肉和鹌鹑的蛋白质含量比畜肉稍高,为 20% 左右。鸭、鹅蛋白质含量分别为 16% 和 18%。和畜肉相比,禽肉一般有较多的柔软结缔组织,且均匀地分布于肌肉组织内,故禽肉较畜肉更细嫩、更容易消化。禽类肉中肌红蛋白的含量和性质对禽肉的颜色影响极大,禽肉因品种不同有淡红色、灰白色或暗红色,仔鸡肉的颜色比老鸡淡些,瘦鸡肉呈暗红色或淡青色,一般急宰的鸡多呈淡黄色。

2.脂　肪

禽肉脂肪熔点低,易于消化吸收,含有质量分数为 20% 的亚油酸,营养价值较畜类的高,禽肉中的不饱和脂肪酸的含量要高于饱和脂肪酸的含量。禽类脂肪的质量分数较畜肉少,比如鸡肉脂肪中亚油酸的含量为 20%，其脂肪熔点较低，消化吸收率较家畜高。禽类脂肪的质量分数因种类、饲养方式而异，如野生禽的脂肪低于家禽，育肥家禽的脂肪最高，有些种类的禽类脂肪的质量分数比较低，如鹌鹑、乌鸡、火鸡，而鸽、鸭的脂肪较多。

3. 维生素

禽肉中 B 族维生素含量丰富，特别是富含烟酸，鸡胸脯中含烟酸 10.8mg/100g，肝脏中各种维生素的含量均很高，其含量高于畜类维生素 A、维生素 D、维生素 B_2，含量丰富，在禽类的肌肉中还含有一些维生素 E，抗氧化酸败的作用比畜类要好。

4. 无机盐

与畜肉相比，禽肉中铁、锌、硒等矿物质含量很高，但钙的含量不高，禽类肝脏和血中的铁含量可达 (10～30)mg/100g，可称为铁的最佳膳食来源。

5. 碳水化合物

禽类碳水化合物较缺乏，一般以游离或结合的形式广泛存在动物组织或组织液中，主要形式为糖原，肌肉和肝脏是糖原的主要储存部位。宰杀后的禽体，在保存过程中，由于酶的分解作用，糖原质量分数会逐渐下降。

6. 含氮浸出物

随着禽的种类、年龄、生态环境的不同，含氮浸出物的含量和成分略有差异，禽肉中含有含氮浸出物与畜类原料相比更多，因而禽肉炖出的汤也更鲜；老禽比小禽肉的含氮浸出物含量高；野禽肉的含氮浸出物更高。因此，在烹调运用过程当中要充分考虑相关因素，比如老母鸡适宜炖汤，而仔鸡适合爆炒。

二、家禽的种类

（一）鸡

鸡，按动物学分类，属于鸟纲鸡行目鸡属动物。鸡是人类饲养最普遍的家禽。家鸡源出于野生的原鸡，其驯化历史至少约 4000 年，但直到 1800 年前后鸡肉和鸡蛋才成为大量生产的商品。

1. 形态特征

（1）鸡头部分

鸡冠，是皮肤衍生物，一般有 7 种类型，颜色以红色为多。

图 7-1　鸡

鸡喙，是表皮衍生物，颜色与跖一致，不同品种稍有区别，以黄黑为多。鸡脸，一般蛋鸡清秀，肉鸡丰满，多呈鲜红色。鸡眼，健康的鸡其鸡眼圆大有神向外突出。耳叶，位于耳孔下部椭圆或圆形，有皱纹，常见为红白颜色。肉垂，是鸡体用于调节体温的部位。胡须，胡为脸颊两侧羽毛，须为颔下羽毛，以光亮为好。

（2）鸡颈部分

根据鸡颈部分的羽毛可判断鸡的性别，一般公鸡颈部羽毛尾端较尖，母鸡颈部羽毛尾端圆钝。

（3）体躯部分

鸡的体躯宽深发达，一般母鸡腹部容积相对于公鸡较大。鸡的尾部羽毛分为主尾羽和覆

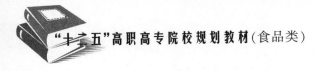

尾羽,公鸡覆尾羽相对发达,浓密粗长。

2.品种与产地

鸡的种类很多,按照用途不同,可以分为肉用鸡、蛋用鸡、肉蛋兼用鸡、药食兼用鸡四类。鸡在我国境内各地均有养殖,品种达70多种。部分地区特产的鸡肉质较好,称为特产鸡,如表7-1所示。

表7-1 鸡的类型和用途

类 型	品 种
肉用鸡	山东九斤黄、浦东鸡、武定鸡、桃源鸡、杏花鸡、茶花鸡、阳山鸡、怀乡鸡、文昌鸡、边鸡、大骨鸡、北京油鸡等
蛋用鸡	仙居鸡(梅林鸡)、白耳黄鸡、济宁白日鸡、汶上芦花鸡、北京白鸡等
肉蛋兼用鸡	狼山鸡、大骨鸡(庄河鸡)、北京油鸡、浦东鸡、寿光鸡、萧山鸡(越鸡)、边鸡、彭县黄鸡、峨眉黑鸡等
药食兼用鸡	乌骨鸡、黑凤鸡等

(1)肉用鸡

肉用鸡以产肉为主,产蛋为次的鸡种。一般体型较大,外形呈方圆形,动作迟缓,生长迅速。其肉质细嫩鲜美,品种有九斤黄、浦东鸡、惠阳鸡、桃园鸡等,进口品种包括白洛克、科尼什等。

①九斤黄

九斤黄鸡是我国有名的肥肉鸡,多为棕黄色,背部宽,胸部肥厚,臀部发达,雄鸡体重可达九斤,雌鸡可达七八斤。通称"九斤黄"。产于山东、安徽及长江流域一带。

②浦东鸡

上海浦东鸡出产在黄浦江以东地区的原川沙和现南汇、奉贤等县,鸡的外形高冠、胸背宽阔、壮健、羽毛丰满、耳叶及脸呈红色,皮肤呈黄色,喙脚为黄色或带褐色。公鸡呈金黄色或红棕色,深色的胸部有黑羽,尾羽带黑纹,母鸡体态丰硕。浦东鸡,品种优良,其中以南汇县的泥城、书院、老港、大团等地区养育的更为出名。

③惠阳鸡

惠阳鸡又名三黄胡须鸡。主要产于广东省博罗、惠阳、惠东、龙门等地区。素以肉质鲜美、皮摧骨细、鸡味浓郁、肥育性能好而在港澳活鸡市场久负盛名。惠阳鸡胸深背宽,后躯丰满,蹠短,黄喙、黄羽、黄蹠,其突出特征是颌下有发达而张开的细羽毛,状似胡须,头稍大,单冠直立,无肉髯或仅有很小的肉垂。主尾羽与主翼羽的背面常呈黑色,但也有全黄色的。皮肤淡黄色,毛孔浅而细,宰后去毛其皮质显得细而光滑。

④白洛克鸡

白洛克鸡单冠,冠、肉垂与耳叶均为红色,喙、胫和皮肤均为黄色,全身披白羽。该品种早期生长速度快,胸、腿肌肉发达。主要作肉鸡配套杂交母系使用,其商品肉鸡增重快,是国内外较理想的肉用鸡。

⑤科尼什鸡

科尼什鸡,著名肉鸡品种,原产英国康瓦耳,是一种杂食家养鸟。该品种羽毛有浅花,白,红等色,以白色较普遍。豆冠、喙、胫、皮肤为橙黄色,羽毛紧贴皮肤。体质坚实,体躯丰满紧凑、胸阔而深,胸、腿肌肉发达。胫,脚和腿粗壮。

（2）蛋用鸡

蛋用鸡以产蛋为主,产蛋多而大,体型一般较小,活泼好动,肉质差。品种有白来航鸡等。

白来航鸡原产于意大利,现已遍布全世界。白来航鸡体型小而清秀,全身羽毛白色而紧贴,冠大鲜红,公鸡的冠较厚而直立,母鸡冠较薄而倒向一侧,喙、胫、趾和皮肤均呈黄色,耳叶白色。白来航鸡成熟早,无就巢性,产蛋量高而饲料消耗少。

（3）肉蛋兼用鸡

肉蛋兼用鸡体型介于肉用鸡和蛋用鸡体型之间,保持两者优点,肉质良好,产蛋较多。我国品种有狼山鸡、鹿苑鸡、寿光鸡、北京油鸡等。国外品种包括新汉夏鸡、澳洲黑鸡等。

①狼山鸡

狼山鸡为我国著名优良肉卵兼用鸡品种,并在世界家禽品种中负有盛名。狼山鸡原名岔河大鸡或马塘黑鸡。原产于江苏省如东县境内,以马塘、岔河为中心,旁及掘港、拼茶、丰利及双甸,南通县的石港等地也有分布。该鸡集散地为长江北岸的南通港,港口附近有一游览胜地,称为狼山,从而得名。狼山鸡以产蛋多、蛋体大、体肥健壮、肉质鲜美而著称,按毛色分为黑白两种。黑色的称之为狼山黑,羽毛黑而发绿、发蓝,熠熠生辉,色彩绚丽。狼山黑中有一品种,头冠后有一蓬毛,又称作狼山凤,如东人称之为蓬头鸡。白色的叫狼山白,狼山白数量极少,其羽毛洁白无瑕,配以鲜红的鸡冠,红白分明,赏心悦目。

②鹿苑鸡

鹿苑鸡又名鹿苑大鸡,属兼用型鸡种,产于江苏省沙洲县鹿苑镇而得名,以鹿苑、塘桥、妙桥、西张和乘航等乡为集中产区。体型高大,体质结实,胸部较深,背部平直,头部冠小而薄,肉垂、耳叶亦小,眼中等大,瞳孔黑色,虹彩呈粉红色,喙中等长、黄色,有的喙基部呈褐黑色,全身羽毛黄色,紧贴体躯,且使腿羽显得比较丰满,颈羽、主翼羽和尾羽有黑色斑纹,公鸡羽毛色彩较浓,梳羽、蓑羽和小镰羽呈金黄色,大镰羽呈黑色,皆富有光泽、胫、趾黄色,两腿间距离较宽,无胫羽,雏鸡绒羽黄色。

③寿光鸡

寿光鸡又叫慈伦鸡,属肉蛋兼用的优良地方鸡种,原产于山东省寿光县稻田乡一带,以慈家村、伦家村饲养的鸡最好。寿光鸡的特点是体型硕大、蛋大。寿光鸡有大型和中型两种,还有少数是小型的。大型寿光鸡外貌雄伟,体躯高大,骨骼粗壮,体长胸深,胸部发达,胫高而粗,体型近似方形。成年鸡全身羽毛黑色,颈背面、前胸、背、鞍、腰、肩、翼羽、镰羽等部位呈深黑色,并有绿色光泽,其他部位羽毛略淡,呈黑灰色,单冠,公鸡冠大而直立,母鸡冠形有大小之分,喙、胫、趾灰黑色,皮肤白色。

④北京油鸡

北京油鸡是北京地区特有的地方优良肉蛋兼用型品种,以肉味鲜美、蛋质佳良著称。原产地在北京城北侧安定门和德胜门外的近郊一带,以朝阳区所属的大屯和洼里两个乡最为集中,其邻近地区,如海淀、清河等也有一定数量的分布。北京油鸡体躯中等,羽色美观,主要为赤褐色和黄色羽色,赤褐色者体型较小,黄色者体型大。公鸡羽毛色泽鲜艳光亮,头部高昂,尾羽多为黑色。母鸡头、尾微翘,胫略短,体态敦实。北京油鸡羽毛较其他鸡种特殊,具有冠羽和胫羽,有的个体还有趾羽,不少个体下颌或颊部有髯须。

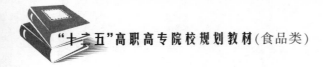

⑤新汉夏鸡

新汉夏鸡育成于美国新汉夏州,属兼用型鸡种,已遍布全世界。新汉夏鸡羽毛呈浅红色,尾羽黑色,体躯呈长方形,头中等大,单冠,脸部、肉垂和耳叶均鲜红色,喙褐黄色,胫、趾黄色或微带红色,皮肤黄色,背部较短,体躯各部肌肉发达,体质强健,适应性强。

⑥澳洲黑鸡

澳洲黑鸡是原产澳洲的肉蛋兼用型品种。1945年国内首次从澳大利亚引进该品种鸡于南京。澳洲黑鸡全身羽毛黑色而富有光泽,喙、胫、趾均呈黑色,脚底呈白色。

(4)药食兼用鸡

药食兼用鸡具有明显的药用性能,同时也具有很高的食用性。品种有乌鸡、黑凤鸡等。

①乌 鸡

乌鸡又称武山鸡、乌骨鸡,是一种杂食家养鸟。它源自于中国江西省的泰和县武山,不仅喙、眼、脚是乌黑的,而且皮肤、肌肉、骨头和大部分内脏也都是乌黑的。乌鸡的药用和食疗作用更是普通鸡所不能相比的,被人们称作"名贵食疗珍禽"。

②黑凤鸡

黑凤鸡,又名黑羽药鸡,是我国独有的珍稀种源。黑凤鸡具有黑丝毛、黑皮、黑肉、黑骨、黑舌以及丛冠、缨头、绿耳、胡须、五爪十大特点,符合"十全明代乌鸡"特征。更为奇特的是:其眼睛、血液、内脏、脂肪也近黑色,烧熟后象甲鱼一样胶着,味道十分鲜美。黑凤鸡含有17种氨基酸,其中有人体不可缺少的赖氨酸等多种维生素和抗癌元素硒、铁等矿物质,还含大量有极高滋补保健价值的黑色素,有美容、抗衰老、抗癌等独特功效,这是甲鱼、驼鸟无法比的。其胆固醇含量极低,是高蛋白、低脂肪的高级补品。该鸡的营养价值、药用价值及增强机体免疫功能,与李时珍《本草纲目》中记载的完全一致,故称药鸡。具有滋补肝肾、大补气血、调经止带等功效,因药效卓越神奇,在民间广为应用,销量极大,自古流传"滋补胜甲鱼,养伤赛白鸽,美容如珍珠"。

3.质量标准

鸡肉的品质好坏是以肉的新鲜度来确定的,鸡肉的新鲜程度通常采用感官检验的方法加以鉴定。主要检验嘴部、眼部、皮肤、脂肪、肉的弹性和气味、肉汤状况以及脂肪滴的大小等。新鲜鸡肉和不新鲜鸡肉的感官指标如表7-2所示。已腐败的鸡肉会发出严重腐败气味,并产生有害于人体的物质,不能食用。

表7-2 鸡质量的判断内容、新鲜与不新鲜

判断内容	新 鲜	不 新 鲜
嘴 部	有光泽,干燥有弹性,无异味	无光泽,部分失去弹性,稍有异味
眼 部	眼球充满整个眼窝,角膜有光泽	眼球部分下陷,角膜无光
皮 肤	呈淡白色,表面干燥,有该家禽特有的新鲜气味	呈淡灰色或淡黄色,表面发潮,有轻度腐败气味
脂 肪	白色略带淡黄,有光泽无异味	色泽稍淡,或有轻度异味
肌 肉	结实而有弹性,鸡肉呈玫瑰色,有光泽,胸肌为白色或淡玫瑰色;鸭、鹅的肌肉为红色,幼禽有光亮的玫瑰色稍湿不粘,有特殊的香味	弹性小,指压时留有明显的指痕,带有轻度酸味及腐败气味
肉 汤	透明,芳香,表面有大的脂肪滴	不太透明,脂肪滴小,有特殊气味

4. 营养价值

鸡肉营养丰富,在每百克鸡肉中,含蛋白质 18.5g,脂肪 9.6g,碳水化合物 1.4g,钙 17mg,铁 0.9mg,维生素 B_1 0.07g,维生素 B_2 0.08mg,烟酸 5mg 等多种营养物质。

鸡肉味甘,性微温。用于虚损羸瘦,病后体弱乏力;脾胃虚弱,食少反胃,腹泻;气血不足,头晕心悸,或产后乳汁缺乏;肾虚所致的小便频数,遗精,耳鸣耳聋,月经不调;脾虚水肿;疮疡久不愈合等。凡感冒发热,以及内火偏旺和痰湿偏重之人,肥胖者和患有热毒疖肿之人忌食。高血压和血脂偏高忌食。患有胆囊炎、结石症忌食。鸡肉与鲤鱼、蜂蜜同食会损伤肠胃,与大蒜同食会降低营养价值,与芥末同食会伤元气。与李子同食会引起食物中毒,与糯米同食会引起身体不适。

另外,鸡肉不但含脂肪量低,且所含的脂肪多为不饱和脂肪酸,为小儿、中老年人、心血管疾病患者、病中病后虚弱者理想的蛋白质食品。鸡肉蛋白质的含量比例较高,种类多,而且消化率高,很容易被人体吸收利用,有增强体力、强壮身体的作用。鸡肉含有对人体生长发育有重要作用的磷脂类,是中国人膳食结构中脂肪和磷脂的重要来源之一。鸡肉对营养不良、畏寒怕冷、乏力疲劳、贫血、虚弱等有很好的食疗作用。

5. 烹饪运用

在烹饪运用中,鸡可以整只入烹,也可以在分档取料后使用。整只鸡一般用于制汤或炖菜如白果炖鸡、清炖鸡汤,也用于制作烤、炸菜肴,如叫化鸡、酥炸全鸡、香烤仔鸡。对鸡进行分档取料后,根据部位的特点不同,在烹饪中的应用也各有不同。鸡头肉少,适宜制汤;鸡颈肉虽少但质地细嫩,可以烧、卤,如红卤鸡颈;鸡翅膀,又称"凤翅",皮多肉少,适合烧、卤、拌、炖,如红烧鸡翅;鸡爪又称"凤爪",肉少,富含胶原蛋白,适宜烧、卤、泡、拌,如泡椒凤爪、卤鸡爪等。鸡胸脯和鸡腿是鸡肉的主要来源。鸡脯肉厚质嫩筋少,可切片、丝、丁,用于炒、爆、熘最佳,也制成泥,用于制作鸡糁、鸡圆等;鸡腿肉厚但筋较多,既适于炒、爆等烹调方法,也适于烧、炸、煮、扒等。以鸡胸脯和鸡腿为原料,制作的菜肴很多,著名的代表菜式如宫保鸡丁、碎米鸡丁、辣子鸡丁、纸包鸡等。

(二) 鸭

鸭是雁形目鸭科鸭亚科水禽的统称,或称真鸭。鸭分为饲养鸭、野生鸭,在烹饪中运用广泛,除了肉可食用之外,鸭的皮毛亦可用于工业用途。

1. 形态特征

鸭的体型相对较小,颈短,一些属的嘴要大些。腿位于身体后方,因而步态蹒跚。公鸭尾有短羽 4 根,母鸭好叫,公鸭则嘶哑。大多数鸭与天鹅、雁不同,具有下列特征:雄鸟每年换羽两次,雌鸟每窝产卵数亦较多,卵壳光滑;腿上覆盖着相搭的鳞片。

2. 品种与产地

我国家鸭有 200 多种,按用途不同将其分为肉用型、蛋用型和兼用型三种类型。其中以麻鸭数量最多,盛产于湖港水乡地区。

图 7 - 2 鸭

(1) 肉用型

肉用鸭体型大,体躯宽厚,肌肉丰满,肉质鲜美,性情温顺,行动迟钝。早期生长快,容易肥

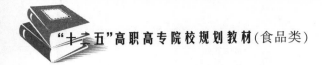

育。具有代表性的是北京鸭、樱桃谷鸭、狄高鸭、番鸭、天府肉鸭等。

①北京鸭

北京鸭是世界著名的肉用型鸭品种。原产于北京玉泉山一带,因此而得名。除北京外,还分布于天津、上海、广东、辽宁、黑龙江、内蒙古、山西、河南等地。北京鸭已传入外国,世界各国都有分布。该鸭羽毛纯白色,皎白秀丽,嘴、腿和蹼呈橘红色,头和喙较短,颈长,体质健壮,肌肉丰满,体躯硕大,外貌十分美观,生长快。北京鸭肉肥味美,驰名中外的北京烤鸭,就是用北京鸭烤制而成的。北京烤鸭专选用以独特的人工"填鸭"法养出的肥美北京鸭作为原料,由明、清朝至今,已有几百年历史。现如今北京鸭正在濒临绝迹,而以中国北京鸭配种繁育出来的英国樱桃谷鸭,取而代之成为北京烤鸭的真正原料。

②樱桃谷鸭

樱桃谷鸭曾经源于中国鸭种、经过英国人优化繁育后而成,是世界著名的瘦肉型鸭。具有生长快、瘦肉率高、净肉率高和饲料转化率高,以及抗病力强等优点。樱桃谷鸭体型较大,成年体重公鸭(4~4.5)kg,母鸭(3.5~4)kg。现如今很多北京烤鸭所烤的并非人们耳熟能详的传统北京鸭,取而代之的是樱桃谷鸭,甚至享誉中外的中华老字号"全聚德"也不例外。

③狄高鸭

狄高鸭是澳大利亚狄高公司引入北京鸭选育而成的大型配套系肉鸭,20世纪80年代引入我国。狄高鸭的外型与北京鸭相近似,雏鸭红黄色,脱换幼羽后,羽毛白色,头大稍长,颈粗,背长阔,胸宽,体躯稍长,胸肌丰满,尾稍翘起,喙黄色,胫、蹼桔红色。

④番 鸭

番鸭又叫瘤头鸭、洋鸭、麝鸭,与一般家鸭同种不同属。番鸭主产于古田、福州市郊和龙海等地,分布于福清、莆田、晋江、长泰、龙岩、大田、浦城等市县。番鸭体型与家鸭不同,体型前尖后窄,呈长椭圆形,头大、颈短,嘴甲短而狭,嘴、爪发达,胸部宽阔丰满,尾部瘦长,不似家鸭有肥大的臀部,嘴的基部和眼圈周围有红色或黑色的肉瘤,雄者展延较宽,翼羽矫健,长及尾部,尾羽长,向上微微翘起。番鸭羽毛颜色为白色、黑色和黑白花色三种,少数呈银灰色。羽色不同,体形外貌亦有一些差别。

白番鸭的羽毛为白色,嘴甲粉红色,头部肉瘤鲜红肥厚,呈链状排列,虹彩浅灰色,脚橙黄。若头顶有一摄黑毛的,嘴甲、脚则带有黑点。

黑番鸭的羽毛为黑色,带有墨绿色光泽,仅主翼羽或复翼羽中,常有少数的白羽,肉瘤颜色黑里透红,且较单薄,嘴角色红,有黑斑,虹彩浅黄色,脚多黑色。

黑白花番鸭的羽毛黑白不等。常见的有背羽毛为黑色,颈下、翅羽和腹部带有数量不一的白色羽毛,还有全身黑色,间有白羽,嘴甲多为红色带有黑斑点,脚呈暗黄色。

⑤天府肉鸭

天府肉鸭体型硕大丰满,羽毛洁白,喙、胫、蹼呈橙黄色,母鸭随着产蛋日龄的增长,颜色逐渐变浅,甚至出现黑斑。初生雏鸭绒毛呈黄色。该品种是由四川农业大学家禽研究室育成的优良肉鸭新品系,已通过了四川省畜禽品种审定委员会的审定。

(2)蛋用型

蛋用型鸭体型较小,体躯细长,羽毛紧密,行动灵活,性成熟早,产蛋量多,但蛋型小,肉质稍差。具有代表性的有绍兴鸭、金定鸭、攸县麻鸭等。

①绍兴鸭

绍兴鸭又称绍兴麻鸭、浙江麻鸭、山种鸭,因原产地位于浙江旧绍兴府所辖的绍兴、萧山、诸暨等县而得名,是我国优良的高产蛋鸭品种。浙江省、上海市郊区及江苏的太湖地区为主要产区。目前,江西、福建、湖南、广东、黑龙江等十几个省均有分布。绍兴鸭根据毛色可分为红毛绿翼梢鸭和带圈白翼梢鸭两个类型。红毛绿翼梢,公鸭深褐羽色,头颈羽墨绿色,喙、胫、蹼橘红色;带圈白翼梢,颈中部有白羽圈,公鸭羽色深褐,头、颈墨绿色,主翼羽白色,虹彩蓝灰,喙黄色,胫、蹼橘红色。

②金定鸭

金定鸭又称绿头鸭、华南鸭。金定鸭是福建传统的家禽良种,这种生蛋为主的优良卵用鸭主要产于龙海市紫泥镇,该镇有村名金定,养鸭历史有200多年,金定鸭因此得名。公鸭的头颈部羽毛有光泽,背部褐色,胸部红褐色,腹部灰白色,主尾羽黑褐色,性羽黑色并略上翘,喙黄绿色,颈、蹼橘黄色,爪黑色;母鸭全身披赤褐色麻雀羽,分布有大小不等的黑色斑点,背部羽毛从前向后逐渐加深,腹部羽毛较淡,颈部羽毛无斑点,翼羽深褐色,有镜羽,喙青黑色,胫、蹼橘黄色,爪黑色。但现在正宗的金定鸭已经很少。

③攸县麻鸭

攸县麻鸭是一种产于湖南攸县境内的洣水和沙河流域的小型蛋用品种鸭。公鸭颈上部羽毛呈翠绿色,颈中部有白环,颈下部和前胸羽毛赤褐色,翼羽灰褐色,尾羽和性羽黑绿色;母鸭全身羽毛呈黄褐色麻雀羽,胫、蹼橙黄色,爪黑色。

(3)兼用型

具有代表性的有高邮鸭、建昌鸭、巢湖鸭、桂西鸭等。

①高邮鸭

高邮鸭是较大型的蛋肉兼用型麻鸭品种。主产于江苏省高邮、宝应、兴化等县市,分布于江苏北部京杭运河沿岸的里下河地区。公鸭头和颈上部羽毛深绿色,有光泽,背、腰、胸部均为褐色芦花羽,腹部白色,臀部黑色,喙青绿色,喙豆黑色,虹彩深褐色,胫、蹼橘红色,爪黑色;母鸭全身羽毛褐色,有黑色细小斑点,如麻雀羽,主翼羽蓝黑色,喙青色,喙豆黑色,虹彩深褐色,胫、蹼灰褐色,爪黑色。

②建昌鸭

建昌鸭以生产大肥肝而闻名,故有"大肝鸭"的美称。主产于四川省凉山彝族自治州境内的安宁河谷地带的西昌、德昌、冕宁、米易和会理等县市。西昌古称建昌,因而得名建昌鸭。该鸭体躯宽深,头大颈。公鸭头和颈上部羽毛墨绿色而有光泽,颈下部有白色环状羽带,胸、背红褐色,腹部银灰色,尾羽黑色,喙黄绿色,胫、蹼橘红色;母鸭羽色以浅麻色和深麻色为主,浅麻雀羽居多,喙橘黄,胫、蹼橘红色。

③巢湖鸭

巢湖鸭主要产于安徽省中部,巢湖周围的庐江、居巢、肥西、肥东等县区。该鸭体型中等大小,体躯长方形,匀称紧凑。公鸭的头和颈上部羽毛墨绿,有光泽,前胸和背腰部羽毛褐色,缀有黑色条斑,腹部白色,尾部黑色,喙黄绿色,虹彩褐色,胫、蹼橘红色,爪黑色;母鸭全身羽毛浅褐色,缀黑色细花纹,翼部有蓝绿色镜羽,眼上方有白色或浅黄色的眉纹。巢湖鸭是制作无为熏鸭和南京板鸭的良好材料。

④桂西鸭

桂西鸭是大型麻鸭品种,主产于广西的靖西、德保、那坡等地。羽色有深麻、浅麻和黑背白腹 3 种。分别被当地群众称作"马鸭"、"凤鸭"和"乌鸭"。年产蛋量 140 ~ 150 枚。蛋重(80 ~ 85)g,蛋壳以白色为主。成年鸭体重(2.4 ~ 2.7)kg。

3. 质量标准

品质好的全鸭腰部呈圆形,肌肉发达,全身脂肪多,尾部脂肪厚,其色呈淡红色或黄色。鸭肉结实而有弹性,具有正常色泽,剖面为红色。

4. 营养价值

鸭肉营养丰富,在每百克鸭肉中,含蛋白质 15.5g,脂肪 19.7g,碳水化合物 0.2g,钙 6mg,铁 2.2mg,维生素 B_1 0.08g,维生素 B_2 0.22mg,烟酸 4.2mg 等多种营养物质。

鸭肉性寒、味甘、咸,归脾、胃、肺、肾经,可大补虚劳、滋五脏之阴、清虚劳之热、补血行水、养胃生津、止咳自惊、消螺蛳积、清热健脾、虚弱浮肿,治身体虚弱、病后体虚、营养不良性水肿。凡身体虚寒或受凉引起的不思饮食、胃部冷痛,腹泻、腰痛及寒性痛经之人忌食。另外,鸭肉与甲鱼、核桃同食易引发水肿腹泻,与木耳同食易引发腹痛、腹泻,配菜时应注意。

5. 烹饪运用

鸭子一般用烤、蒸等烹调方法制作,且整只制作较多,在宴席中多作大件使用。鸭子的内脏如肝、胗、心、舌、血等皆可作为主料制作菜肴。还有以烤鸭为主菜制作的"全鸭席"、肥鸭还是制汤的重要原料。鸭肉鲜嫩味美,营养价值高,使用方法与鸡基本相同,一般以突出其肥嫩、鲜香的特点为主,代表菜式如虫草鸭子、海带炖老鸭、豆渣鸭脯、北京烤鸭、干菜鸭、葫芦鸭等。此外,鸭还参与高级汤料的调制,如熬制奶汤,其提鲜增香的作用十分明显。

(三) 鹅

图 7 - 3 鹅

鹅是鸟纲雁形目鸭科动物的一种,古称家雁、舒雁。鹅在世界各地均有生长,其生长速度快,肉质美,分为饲养鹅、野生鹅,寿命较其他家禽长。在烹饪中运用广泛,除了肉可食用之外,鸭的皮毛亦可用于工业用途。

1. 形态特征

鹅头大,喙扁阔,前额有肉瘤,脖子很长,身体宽壮,龙骨长,胸部丰满,尾短,脚大有蹼。

2. 品种与产地

鹅的种类较多,按主要用途可以分为肉用型鹅、蛋用型鹅以及肉蛋兼用型鹅。在各地均有饲养,其中一些品种较为出名,肉质较好。

(1)肉用型鹅

一般仔鹅 60 ~ 70 日龄体重达 3kg 以上的鹅种均适宜作肉用鹅。主要有皖西白鹅、浙东白鹅、马冈鹅、长乐鹅、溆浦鹅等。还有一些品种,如清远鹅、太湖鹅,体型虽小,60 ~ 70 日龄体重只有(2 ~ 2.5)kg,但肉质好,亦可作肉用鹅选用。

①皖西白鹅

皖西白鹅产区位于安徽省西部丘陵山区和河南省固始一带,主要分布皖西的霍丘、寿县、六安、等县市。皖西白鹅体型中等,体态高昂,气质英武,颈长呈弓形,胸深广,背宽平。全身羽毛洁白,头顶肉瘤呈橘黄色,圆而光滑无皱褶,喙橘黄色,喙端色较淡,虹彩灰蓝色,胫、蹼均为橘红色,爪白色,约 6% 的鹅颌下带有咽袋。少数个体头颈后部有球形羽束,即顶心毛。公鹅肉瘤大而突出,颈粗长有力,母鹅颈较细短,腹部轻微下垂。皖西白鹅的类型有:有咽袋腹皱褶多,有咽袋腹皱褶少,无咽袋有腹皱褶,无咽袋无腹皱褶等。皖西白鹅肉质鲜美,羽绒质量极佳,绒朵大,膨松度高,堪称世界之最。

②浙东白鹅

浙东白鹅产地在浙江省东部。中等体型,结构紧凑,体躯长方形和长尖形两类,全身羽毛白色,额部有肉瘤,颈细长腿粗壮。喙、蹼幼时橘黄色,成年后橘红色,爪白色。

③马冈鹅

马冈鹅是广东省地方优良鹅种之一。在开平市马冈镇家家户户都有养鹅的习惯,有水的地方就有马冈鹅。马冈鹅体型适中,头、嘴、脚皆乌黑色,羽毛灰黑色,头大颈粗、胸宽、脚高,皮薄,肉纹纤细,肉质好,脂肪适中,味道鲜美。

④长乐鹅

长乐鹅主产福建省的长乐市。羽毛灰褐色,纯白色的很少,成年鹅,从头到颈部的背面,有一条深褐色的羽带,与背、尾部的褐色羽区相连。皮肤黄色或白色。喙黑色或黄色,肉瘤多黑色,胫、蹼黄色。

⑤溆浦鹅

溆浦鹅产于湖南沅水支流的溆水两岸。体型高大,体质结实,羽毛着生紧密,体躯稍长,有白、灰两种颜色。以白鹅居多,灰鹅背、尾、颈部为灰褐色。腹部白色。头上有肉瘤,胫、蹼呈橘红色。白鹅喙、肉瘤、胫、蹼橘黄色,灰鹅喙、肉瘤黑色,胫、蹼橘红色。

（2）蛋用型鹅

主要以产蛋量多为主的鹅。主要品种有豁眼鹅、籽鹅。

①豁眼鹅

豁眼鹅又称五龙鹅、疤拉眼鹅、豁鹅。分布于辽宁昌图、山东莱阳、吉林通化及黑龙江省的延寿县等地。体型轻小紧凑,头中等大小,额前有表面光滑的肉瘤。眼呈三角形。上眼睑有一疤状缺口。额下偶有咽袋。体躯蛋圆形,背平宽,胸满而突出。喙、肉瘤、胫、蹼橘红色,羽毛白色。

②籽 鹅

籽鹅是世界上产蛋量最多的鹅种,一般年产蛋 14kg 左右,高产个体可达 20kg。集中于黑龙江绥化市和松花江地区。体型小,略呈长圆形,颈细长,头上有小肉瘤,多数头顶有缨。喙、胫和蹼为橙黄色。额下垂皮较小,腹部不下垂,白色羽毛。

（3）肉蛋兼用型鹅

肉蛋兼用型鹅的主要品种有四川白鹅、太湖鹅。

①四川白鹅

四川白鹅产于四川省温江、乐山、宜宾、永川和达县等地,广泛分布于平坝和丘陵水稻产区。四川白鹅全身羽毛洁白、紧密,喙、胫、蹼橘红色,虹彩灰蓝色。公鹅体型稍大,头颈较粗,体躯稍长,额部有一呈半圆形的肉瘤,母鹅头清秀,颈细长,肉瘤不明显。

②太湖鹅

太湖鹅产于长江三角洲太湖地区。全身羽毛洁白,偶尔眼梢、头颈部、腰背部出现少量灰褐色羽毛。喙、胫、蹼橘红色,爪白色。肉瘤淡姜黄色。咽袋不明显,公母差异不大。

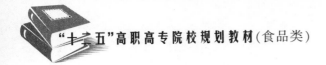

3. 质量标准

品质好的全鹅腰部呈圆形,肌肉发达,全身脂肪多,尾部脂肪厚,其色呈淡红色或黄色。鹅肉结实而有弹性,具有正常色泽,剖面为红色。

4. 营养价值

鹅肉营养丰富,在每百克鹅肉中,含蛋白质17.9g,脂肪19.9g,钙4mg,铁3.8mg,维生素 B_1 0.07g,维生素 B_2 0.23mg 等多种营养物质。鹅肉蛋白质的含量很高,富含人体必需的多种氨基酸、多种维生素、微量元素,并且脂肪含量很低。鹅肉营养丰富,脂肪含量低,不饱和脂肪酸含量高,对人体健康十分有利。鹅肉含有人体生长发育所必需的各种氨基酸,其组成接近人体所需氨基酸的比例,从生物学价值上来看,鹅肉是全价蛋白质,优质蛋白质。鹅肉中的脂肪含量仅比鸡肉高一点,比其他肉要低得多。鹅肉不仅脂肪含量低,而且品质好,不饱和脂肪酸的含量高,特别是亚麻酸含量均超过其他肉类,对人体健康有利。鹅肉性平、味甘;归脾、肺经。具有益气补虚、和胃止渴、止咳化痰,解铅毒等作用。鹅肉与鸡蛋同食会损伤脾胃,与鸭梨同食会损伤肾脏,与柿子同食易引起严重的中毒。

5. 烹饪运用

鹅肉的风味鲜美,但质地大多比较粗糙,且腥味较重。烹调时,常采用蒸、烧、烤、焖、炖等烹调方法整只或斩件烹制,如黄焖仔鹅、挂炉烤鹅、广东烧鹅、荷叶粉蒸鹅、花椒鹅块等。

(四)家 鸽

家鸽,属于鸟纲鸠鸽科家禽,由原鸽驯化而成。世界上不同地区的原始野鸽,经过不断地驯化、选种、育种而形成各种不同的家鸽品种。按用途可分竞翔、食用和玩赏三大类。食用鸽体型大,产肉多,肉质好,又不善飞翔,人们饲养它是以吃肉为目的。目前,我国肉鸽产量与消耗量均位居世界前列。

图7-4 家鸽

1. 形态特征

家鸽体形大小悬殊,最小的玩赏鸽体重约300g,最大的食用鸽体重约1500g。羽色多种多样,有红、黄、蓝、白、黑,以及雨点和花等。家鸽足短矮,嘴喙短。食谷类植物的子实。其嗉囊发达,雌鸽生殖时期能分泌"鸽乳"哺育幼雏,属晚成禽类。配偶终身基本固定,一年产卵5~8对。雌鸽在夜间孵卵,雄鸽在白天孵卵,孵化期14~19天。按能否飞行,家鸽可分为善飞的快速鸽与不善飞的地鸽。

2. 品种与产地

家鸽在我国各地均有养殖,较为出名的品种有以下4种。

(1)石歧鸽。原产于广东中山市石歧镇,系1995年由华侨从美国带回的贺姆鸽、王鸽及仑替鸽与当地鸽杂交选育而成。体形小,骨软肉嫩,成年公鸽体重750g,母鸽600g。

(2)王鸽。世界著名肉用鸽,育成于美国。体型矮胖,喙短而鼻瘤细小,头盖骨圆且向前隆起,尾短,性情温顺。

(3)卡奴鸽。原产于比利时和法国的北部,羽毛赤红色,故又称赤鸽,为肉用和观赏兼用鸽。外观魁梧、颈粗、胸阔、翼短。雄鸽体重800g,雌鸽体重750g左右,18日龄的仔鸽一般体重500g左右。

（4）地鸽。主要产于法国,因不善飞行,在地上行走而得名。其特点是个体大,体躯丰满,体重1kg左右,最重可达1.25kg,而且繁殖能力强,肉质优良,是一种很受欢迎的肉鸽。

3.质量标准

肉鸽按年龄有乳鸽、中鸽、老鸽之分。乳鸽眼圈白色,大都有小黄羽,身上羽毛尚未长全,肉质鲜嫩;中鸽有黄色眼圈,羽毛已长全,肉质次之,老鸽眼圈红色,肉质较老。肉鸽的质量检验可分为活鸽与光鸽的检验。活鸽主要是检验其健康状况与老嫩程度;光鸽则是检验肥壮程度与新鲜度。

4.营养价值

鸽肉营养丰富,其肉中含有的蛋白质量高达22.2%,还含有多种维生素和矿物质,以及卵磷脂,激素和多种人体所必需的氨基酸。鸽肉是典型的高蛋白,低脂肪,低蛋固醇食物,在各种肉类中,以鸽肉含蛋白质最丰富,而脂肪含量极低,消化吸收率高达95%以上。与鸡、鱼、牛、羊肉相比,鸽肉所含的维A、维B$_1$、维B$_2$、维E及造血用的微量元素也很丰富。民间有"鸽胜九鸡"之说。鸽肉还具有较高的药用价值,鸽肉味咸,性平,具有滋肾补气,祛风解毒之功效,适用于产妇、老人补益作用很好。

5.烹饪运用

肉鸽在烹调中常以整只烹制,最适宜炸、烧、烤,也可蒸、炖、扒、熏、卤、酱等。代表菜如炸乳鸽、油焖乳鸽、脆皮乳鸽、贵妃乳鸽、焗乳鸽、清蒸乳鸽、三煲乳鸽、红烧乳鸽、五味乳鸽、柠檬乳鸽、枸杞蒸鸽、青椒炒鸽丝、滑嫩鸽肉、人参蒸鸽、酱鸽等。此外,鸽舌、鸽胸、鸽脑、胗杂等也可应用。

（五）鹌 鹑

鹌鹑古称鹑鸟、奔鹑、秃尾巴鸡等,属于鸡形目雉科。

1.形态特征

鹌鹑体型似鸡雏,头小尾部光秃,头顶呈黑色,具有栗色细斑,头顶中间有棕白色冠纹,头两侧有同色纵纹,自嘴基越眼而达颈侧,上背栗黄色,两肩、下背、尾均黑色,羽缘蓝灰色,背面两侧各有一纵列的棕白色大型羽干纹。额、头侧及喉等均为砖红色。胸栗黄,下体栗色,眼栗褐色,嘴黑褐色,脚淡黄褐色。

2.品种与产地

鹌鹑按主要用途分为蛋用型和肉用型两类,在世界各地均有生长、养殖,较为有名的品种主要有日本鹌鹑、朝鲜鹌鹑、法国鹌鹑。

图 7－5 鹌鹑

3.质量标准

肉用鹌鹑以胸肌发达,骨细肉厚,肉质细嫩,肌纤维短者为质量优。鹌鹑的质量检验可分为活鹌鹑与光鹌鹑的检验。活鹌鹑主要是检验其健康状况与老嫩程度;光鹌鹑则是检验肥壮程度与新鲜度。

4.营养价值

鹌鹑肉比其他家禽肉更为鲜美可口,营养丰富,被誉为"动物人参"。

5.烹饪运用

鹌鹑是禽类原料中的上品。在烹饪中,鹌鹑多以整只烹制,适宜烧、卤、炸、扒,也可煮、炖、焖、烤、蒸等。若加工成小件,可适用于炒、熘、烩、煎等烹调方法。此外,鹌鹑的内脏也是上好的烹饪原料。

图7-6 火鸡

(六)火 鸡

火鸡,又名七面鸟或吐绶鸡,属鸟纲鸡形目火鸡科,是一种原产于北美洲的家禽。现代的家火鸡是由墨西哥的原住民驯化当地的野生火鸡而得来。美国人喜欢在感恩节与圣诞节烹制火鸡,成为节日特色菜肴。然而国内烹饪界对火鸡的运用呈现逐渐减弱状态。

1. 形态特征

火鸡体型比一般鸡大,可达10kg以上,雄鸟体高约1000mm,雌鸟稍矮,嘴强大稍曲,头颈几乎裸出,仅有稀疏羽毛,并着生红色肉瘤,喉下垂有红色肉瓣,背稍隆起,体羽呈金属褐色或绿色,散布黑色横斑,两翅有白斑,尾羽褐或灰,具斑驳,末端稍圆,脚和趾强大。火鸡有两种,一种是分布于北美的野生火鸡,另一种是分布于中美洲的眼斑火鸡。

2. 品种与产地

野生火鸡原产于美国南部与墨西哥,19世纪传入我国,到20世纪80年代已被人们熟悉,在全国各地不断推广并迅速发展。火鸡品种很多,按主要用途分为肉用型、蛋用型、肉蛋兼用型。较为有名的品种包括青铜色火鸡、荷兰白色火鸡、波旁红火鸡、纳拉更塞特火鸡等。

3. 质量标准

火鸡以体大肉厚者质量为佳。其质量的判断和其他禽类相似。

4. 营养价值

火鸡在营养价值上有"一高二低"的优点。一高是蛋白质含量高,二低是脂肪低、胆固醇低,并含有丰富的铁,锌,磷,钾及B族维生素。火鸡肉含蛋白质约30%,脂肪含量少,肉中胆固醇比所有家禽都低,是肉食佳品。

5. 烹饪运用

火鸡在烹调中应用较广,适用于炸、熘、爆、炒、烹、炖、烧等技法,也可分档取料制作多种口味的菜肴。代表菜如醋椒火鸡、蒜苗火鸡排、火鸡三明治等。

第三节 野禽类

野禽是指在野外自然生长不受人类饲养的鸟类。野禽种类繁多,风味独特。随着人类活动范围的扩大,野禽生长环境受到破坏,许多野禽数量急剧减少甚至绝种,加上许多过去烹饪中常用的野生鸟类已被列入国家保护动物目录。因此,可作为烹饪原料的野禽并不多。常用的野禽有禾花雀、野鸡、野鸭、斑鸠、鹧鸪等。

一、野禽肉

(一)野禽肉的概念

野禽肉是指在野外自然生长不受人类饲养的鸟类的肉。在食品学中,一般指野禽类躯体中可供食用的部分。

（二）野禽体的组织结构

野禽的组织结构与家禽的组织结构基本相同,禽体也由肌肉组织、脂肪组织、结缔组织和骨骼组织构成。

（三）野禽肉的性质特点

野禽肉所含营养成分和家禽一样,主要包含人体所需要的蛋白质、脂肪、糖类、维生素、无机盐以及水等。由于生存环境的区别,野禽的皮肤要薄而松,肌肉特别是胸肌比较发达,出肉率远比家禽高。野禽觅食过程中飞翔跑动量大,相比家禽,肉质细嫩,味道鲜美。值得一提的是,中医理论认为野禽肉均有食疗作用,受到人们的喜爱。

二、烹饪中常用野禽的种类

（一）禾花雀

禾花雀又称铁雀、寒雀、秋风雀,属雀科动物,是一种羽色漂亮的观赏鸟,鸣叫似"拉拉犁犁、拉拉犁犁"的简单重复,鸣叫声动听。

1.形态特征

禾花雀体长约15cm。体形似麻雀而稍长,雄鸟头顶、背为栗色,两翅各有一白斑,腹面黄色。胸前有一栗色带,雌鸟头和背暗褐色有暗纹,腹部淡黄色。栖居于草原或森林草原,主食植物种子和昆虫,迁徙途中成大群啄食稻子、麦子、谷子、高粱等作物种子,故对农业有一定危害。月繁殖,营巢在草丛间,巢呈碗状,由草根、草叶、马尾等构成。产4枚卵,卵呈绿灰色,布以更灰色和褐色斑纹。

图7-7　禾花雀

2.品种与产地

禾花雀分布于全国各地,在大部分地区为旅鸟,广东沿海一带为候鸟,主产于广东南海、番禺、顺德一带,多在秋季捕获。在迁徙过程中,大量的禾花雀会破坏庄稼作物,是一种农业害鸟,可捕食。

3.质量标准

禾花雀以骨松脆而肉鲜嫩肥美者质量为佳。

4.营养价值

禾花雀有滋阴补肾、壮血健体之功,被人们称为天上人参。禾花雀肉含丰富的蛋白质及脂肪等,食用不仅可以强身健体,而且其性温、味甘,有滋补、通经络,壮筋骨、祛风、壮阳的作用,主治头晕目眩、肾亏、中气虚弱、阳衰不举等症。

5.烹饪运用

禾花雀经过除去毛、内脏后洗净。适用于炸、焗、烤、烧、炒、卤等烹调方法,吃时宜加柠檬汁,既可去腥,又可改善肉质。

(二)野　鸡

野鸡又称雉、雉鸡、山鸡,属雉科动物。野鸡从周龄开始到 16 ~ 18 周龄为育肥阶段,此阶段野鸡体重呈直线上升趋势。

图 7 - 8　野鸡

1. 形态特征

野鸡外形雄雌区别较大,一般雄鸡体长,羽毛华丽,颈部有一圈白色羽环;雌鸡形体较小,尾长较短,全体呈褐色,具斑。雌鸡外观不美,差于雄鸡。

2. 品种与产地

野鸡种类多,国内分布最广的是环颈雉,主要产于黄河以南的华东及中南地区,喜栖于蔓生草莽的丘陵中,冬天迁至山脚草原及田野间,以谷类、浆果、种子和昆虫为食。

3. 质量标准

野鸡冬季肉质较肥,为时令的山珍,野鸡的品质以肉质细嫩鲜香,胸部肌肉发达,味道鲜美者为佳。

4. 营养价值

野鸡富含蛋白质、维生素和矿物质,且脂肪少,滋补力强,药膳效果好,是上乘的烹饪原料。野鸡肉的钙、磷、铁含量较一般高很多,并且富含蛋白质、氨基酸,对贫血患者、体质虚弱的人是很好的食疗补品,对贫血患者、体质虚弱的人是很好的食疗补品。野鸡肉还有健脾养胃、增进食欲、止泻的功效。野鸡肉有祛痰补脑的特殊作用,能治咳痰和预防老年痴呆症,是野味中的名贵之品。

5. 烹饪运用

野鸡入馔,由来已久。早在《周礼·天官》中就将雉列为可食的六禽之一。现烹调中,除整鸡烹制外,还可批片、切丝切丁、剞花、剁块及斩茸为馅,适用于炸、爆、烹、煎、贴、炖、煨、煮、扒、烧、烤、卤等多种烹调方法,各地均有名菜。

(三)野　鸭

野鸭又称山鸭、水鸭,野鸭属鸟纲、雁形目、鸭科;其数量非常多,是多种野生鸭类的通俗名称,有十余个种类。野鸭能进行长途的迁徙飞行,最高的飞行速度能达到时速 110km。

图 7 - 9　野鸭

1. 形态特征

野鸭在形态上雄雌稍有区别,一般雄野鸭体型较大,体长(55 ~ 60)cm,体重(1.2 ~ 1.4)kg,雌野鸭体型较小,体长(50 ~ 56)cm,体重约 1kg。鸭尾部羽毛大部分白色、中央 4 枚羽为黑色并向上卷曲如钩状者为雄野鸭,雌野鸭无此特征。

2. 品种与产地

野鸭品种多达十余种,较为出名的有赤麻鸭、翘鼻鸭、针尾鸭、绿翅鸭、斑嘴鸭、赤膀鸭、毛眉鸭等。野鸭是一种迁徙性候鸟,一般是春夏在北方繁殖,秋冬在南方越冬。东北的北大荒、华北的白洋淀和长江中下游环境僻静的湖区较为常见。每年冬末初春大量捕获,是我国重要的经济水禽。

3. 质量标准

野鸭是上等野味,受到人们喜爱。其品质以体形肥大,肌肉结实,肉味香鲜者为佳。

4. 营养价值

野鸭体内含有丰富的蛋白质、碳水化合物、无机盐和多种维生素,中医认为,野鸭具有补中益气、消食和胃、利水解毒之功效。野鸭的营养价值很高,可食部分野鸭肉中的蛋白质含量约16% ~25%,比畜肉含量高得多。野鸭肉蛋白质主要是肌浆蛋白和肌凝蛋白。另一部分是间质蛋白,其中含有溶于水的胶原蛋白和弹性蛋白,此外还有少量的明胶,其余为非蛋白氮。

5. 烹饪运用

野鸭肉质肥而嫩,香味足而浓,受到人们喜爱。野鸭整只烹制,适用于酱、焖、煮、炖、烧等烹调方法;分件后,也可用炒、爆、炸、熘、蒸、煮等法烹制成菜,还可以做火锅、小吃、煮粥或者充当面点馅料等,用途较广。

(四)斑 鸠

斑鸠又称雉鸠,属鸠鸽科动物。斑鸠体型似鸽,大小及羽毛色彩因种类而异。是我国常见鸟类。

1. 形态特征

图 7 - 10　斑鸠

斑鸠上体羽以褐色为主,头颈灰褐,染以葡萄酒色;额部和头顶灰色或蓝灰色,后颈基两侧各有一块具蓝灰色羽缘的黑羽,肩羽的羽缘为红褐色;上背褐色,下背至腰部为蓝灰色;尾的端部蓝灰色,中央尾羽褐色;颏和喉粉红色;下体为红褐色。雌雄羽色相似。主要在林缘、耕地及其附近集数只小群活动。

2. 品种与产地

斑鸠在我国分布较广的是山斑鸠和珠项斑鸠,几乎遍及全国。冬季飞迁南方及长江中下游越冬,在春天肉质肥美,此时为捕获季节。

3. 质量标准

斑鸠是常见野味,受到人们喜爱。其品质以肉质细嫩,鲜香味美者为佳。

4. 营养价值

斑鸠营养丰富,自古入药,其蛋白质含量高于家禽,脂肪低于家禽,有很好的消化吸收率。中医认为。斑鸠味苦咸,平,无毒,入肺、肾经,益气,明目,强筋骨。治虚损,呃逆。

5. 烹饪运用

斑鸠是各菜系野味的常用烹饪原料,适宜于炒、炸、烧、炖、焖、熘等烹调方法。

(五)鹧 鸪

鹧鸪又称越雉、花鸡,属雉科动物。鹧鸪既是一种非常美丽的观赏鸟,又是一种经济价值很高的美食珍禽,鹧鸪肉厚骨细,风味独特,营养极为丰富。

图 7 – 11　鹧鸪

1. 形态特征

鹧鸪其外形似母鸡,头如鹌鹑,一般体长 30cm 左右,羽毛大多黑白相杂,尤以背上和胸腹部的眼状斑更为显著,喜爱生活在丘陵地带。

2. 品种与产地

鹧鸪在我国主要产于广东、广西、福建、云南、贵州、江西、湖南、浙江、山东等地,民间有"山食鹧鸪肉,海食马鲛龙"的谚语。

3. 质量标准

鹧鸪的品质以骨细肉厚,内脏小,出肉率高,肉质洁白细嫩,肉味肥美者为佳。

4. 营养价值

鹧鸪肉高蛋白、低脂肪,营养全面且组合均衡。具有壮阳补肾、强身健体的功效,是男女老少皆宜的滋补佳品。《本草纲目》中提有"鹧鸪补五脏、益心力"、"一鸪顶九鸡"之说,足见其营养、滋补、保健功效的神奇。

5. 烹饪运用

鹧鸪是我国南方人最爱吃的一种野禽,适用于烧、炖、炸、蒸、烩等烹调方法。

(六)竹　鸡

竹鸡亦称泥滑滑、竹鹧鸪或扁罐罐,属鸡形目,雉科,一些品种是我国特产野味,受到人们喜爱。

1. 形态特征

竹鸡体长约 30cm,成年鸡可达 450g 左右,喙黑色或近褐色,额与眉纹为灰色,头顶与后颈呈嫩橄榄褐色,并有较小的白斑,胸部灰色,呈半环状,下体前部为栗棕色,渐后转为棕黄色,肋具黑褐色斑,跗跖和趾呈黄褐色。

2. 品种与产地

竹鸡在国内外均有,国外产于泰国、缅甸、印度等地,国内主要在长江流域和长江以南地区。品种很多,在我国产的主要是棕胸竹鸡和灰胸竹鸡,其中灰胸竹鸡是我国特产品种。

图 7 – 12　竹鸡

3. 质量标准

竹鸡品质以肉质肥嫩味美者为佳,是野味佳品。

4. 营养价值

竹鸡营养价值较高,具有高蛋白、低脂肪、低胆固醇的营养特性。其蛋白质含量为 30.1%,脂肪含量为 3.6%,并含人体所必需的 18 种氨基酸。竹鸡味甘,性平,具有补中益气、杀虫解毒,主治脾胃虚弱、消化不良、大便溏泄、痔疮等症。

5. 烹饪运用

竹鸡肉味极鲜美,为野味珍品。适宜于炒、煎、烹、蒸、炸、烧、烤等多种烹调方法,代表菜式如盐焗竹鸡、炒竹鸡、麻辣竹鸡、清蒸竹鸡、锅烧竹鸡、香芋烧竹鸡等。

（七）石　鸡

石鸡又称嘎嘎鸡、红腿鸡,属雉科动物。

1. 形态特征

石鸡体长约（34～38）cm,公石鸡比母石鸡体型略大。喙和脚呈桔红色,两翼上有多条黑纹。石鸡以秋冬季节肉质较肥,为捕获季节。

图 7 – 13　石鸡

2. 品种与产地

石鸡野外分布于从欧洲西部向东一直到亚洲西部和中部、内蒙古、阿富汗、克什米尔、印度和中国西北、华北等地。我国主要产两种,即大石鸡、石鸡,栖息于低山丘陵地带的岩石坡和沙石坡上,以及平原、草原、荒漠等地区,性喜集群。其鸣声高亢,似"嘎嘎嘎"或"嘎拉嘎拉"声。

3. 质量标准

石鸡的品质以肉质细嫩而色白,味道鲜美者为佳。

4. 营养价值

石鸡的肉和蛋都是高蛋白、低脂肪的高级营养滋补品和野味香郁的特禽佳品。鲜肉的粗蛋白含量达 27%,具有补五脏、益心力、生津助气开窍等功效。石鸡味道鲜美,骨软肉厚,内脏小,出肉率 82% 以上。

5. 烹饪运用

石鸡在烹调中,适宜于烧、爆、卤、炒、烤、煨、熘、炖等多种烹调方法,可与飞龙鸟媲美。

（八）麻　雀

麻雀又称家雀,属文鸟科动物;被认为是世界上数量最多的小鸟,通常与人类有共同的栖息环境。

1. 形态特征

麻雀,身长约 15cm,啄黑呈圆锥形。雄雌麻雀羽毛颜色相近,区别在顶冠及尾上覆羽灰色,雄雀耳无黑色斑块,且喉及上胸的黑色较多。雌鸟色淡,具浅色眉纹。

图 7 – 14　麻雀

2. 品种与产地

麻雀在我国各地均有分布,数量非常大,每年秋后和冬季是麻雀最肥美的季节,但要注意适当的捕获,以保持生态平衡。

3. 质量标准

麻雀的品质以肉质鲜嫩,口味清香者为佳。

4. 营养价值

麻雀富含蛋白质、脂肪、矿物质和维生素等营养成分,是一种营养价值较高的动物肉。麻雀肉含有蛋白质,脂肪,胆固醇、碳水化合物、钙、锌、磷,铁等多种营养成分,还含有维生素 B_1、B_2,能补充人体的营养所需,特别适合中老年人。麻雀肉味甘、性温,入心、小肠、肾、膀胱经;有温补壮阳、益精、温肾、益气、暖腰膝、缩小便、止崩带之功能。

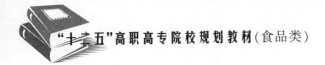

5.烹饪运用

麻雀入馔,通常整用,也可切成小型料使用,适用于炸、烹、焖等烹调方法,既可用于冷菜,又可做热炒、汤羹,是筵席上的上等佳肴。冬季食之最好。以麻雀肉为主料入馔,不仅可以炖、蒸、卤,也可像鸡一样涂泥烘烤。油炸雀肉可骨肉同食。

三、食用燕窝

燕窝又称为燕菜、燕根、燕蔬菜等,是雨燕科金丝燕属的多种燕类用唾液、自身纤细羽绒结合海藻、苔藓及所食之物的半消化液等混合凝结后筑成的窝巢。

1.形态特征

燕窝呈不规则的半月形,长约(6~10)cm,宽约(3~5)cm,凹陷成兜状。附着于岩石的一面称为燕根,较平,外面微隆起。燕窝的内部粗糙,呈丝瓜络样。质硬而脆,断面似角质。入水则柔软而膨大。

2.品种与产地

产自中国南部沿海一带、越南、泰国、马来西亚、印尼及菲律宾等地。燕窝可分为洞燕、屋燕、加工燕三大类。按其形状可划分为:燕盏、燕块、燕条、燕丝、燕碎、燕球、燕饼、燕角。

图7-15 燕窝

(1)洞 燕

洞燕为采自岩石洞的天然燕窝,根据颜色及品质又分为白燕、毛燕、血燕和红燕。

①白 燕

白燕为燕鸟第一次筑的巢,质地较纯,杂质少,形态整齐匀称,色牙白,光洁透亮,呈半碗状。长(6.5~10)cm,宽(3~5)cm,重12g左右,根小而薄,略有清香,涨发出料率高,是最佳品。旧时常作官场赠礼,并作贡品,故又称为官燕和贡燕。此外还有龙牙燕、象牙燕、暹罗燕等品种,前两种稍大,略有毛,后一种由南洋进口,黄而较小,无根无毛。

②毛 燕

毛燕为第一次燕窝被采后而筑的窝,因筑时较匆忙,形态已不完整,杂质较多,色灰暗,又称灰燕,质量次于白燕。品种有牡丹毛燕、窝体较厚,色较白而有色泽,毛、藻等杂质较少,为毛燕中的上品;暹罗毛燕窝壁薄而毛多,色白杂灰黑。

③血 燕

血燕为第二次窝被采后,产卵期近,赶筑的第二个窝,窝形已不规则,毛藻等杂质更多,且间夹有紫黑色的血丝,质次于毛燕。

④红 燕

红燕为燕窝筑于岩壁上时由燕鸟的红色渗出液浸润染成,通体呈均匀的暗红色,此类燕窝产量不多,含矿物质较多,营养及功效较好,医家视为珍品,商品价格高于白燕,也被称为血燕,但与前面血燕有明显区别。在《本草纲目》中称为燕窝根。

(2)屋 燕

屋燕是指人工饲养的燕鸟在室内筑的窝,较洞燕整齐光洁,应用效果不及洞燕;日本称之为食用穴燕。

（3）加工燕

加工燕有两种：一种是燕饼，为毛燕浸发后，去除藻、毛等杂质，再用海藻胶粘结成饼状，质地近于白燕；另一种是燕条，为燕窝剩下的破碎体或由于燕盏在挑毛、包装或运输的过程中，许多完整的燕盏被压碎，无法形成盏型的粗条块的燕窝。

3. 质量标准

燕窝以形态完整、根小毛少、棱条粗壮、色白而有清香为质量好。一般保存在低温干燥处，切勿受潮。燕窝有采自天然的洞燕、人工饲养筑于室内的屋燕和加工燕三大类。此外还有用海藻制成的人造燕窝和用淀粉等制成的假燕窝。这种假冒品几乎可以乱真，所以鉴别燕窝首先要分出真假，再分品类，定档次。燕窝的品质高低取决于六大指标：发头、完整程度、清洁品质、含水量、口感。

4. 营养价值

燕窝营养丰富，在每百克干燕窝中，含蛋白质49.9g，碳水化合物30.6g，钙42.9mg，铁4.9mg，磷3mg等多种营养物质。历来有"稀世名药"、"东方珍品"之美称。燕窝味甘，性平，能滋阴润肺、补脾益气。用于阴虚肺燥，咳嗽痰喘，或肺痨咯血；久痢，久疟，或噎膈反胃。

5. 烹饪运用

燕窝为珍贵原料，在烹饪应用中，燕窝经蒸发、泡发后，通常采用水烹法如蒸、炖、煮、扒等方法进行烹调，以羹汤菜式为多，制作时常辅以上汤或味清鲜质柔软的原料，如鸡、鸽、海参、银耳等；也可以制作甜、咸菜式。调味则以清淡为主，忌配重味辅料掩其本味；色泽也不宜浓重。燕窝菜肴一般用于高档宴席，著名的菜式如五彩燕窝、冰糖燕窝、鸽蛋燕菜汤、鸡汤燕菜等。

第四节 禽制品

一、禽制品概述

（一）禽制品的概念

禽制品是指以禽肉或其副产品为原料，经过加工而成的成品或半成品烹饪原料。

（二）禽制品的分类

禽制品的种类很多，可根据不同的内容进行分类，如按照原料性质不同可分为鸡制品、鸭制品、鹅制品及其他制品；按照加热程度可分为生制品和熟制品；按照加工制作方法不同，可分为腌腊制品、酱卤制品、烧烤制品、油炸制品、罐头制品、烟熏制品等。

二、禽制品的种类

禽制品种类繁多，风味独特，主要介绍几种具有代表性的品种。

（一）腌禽制品

腌禽制品是指用食盐、硝酸盐等腌制剂和某些香辛料对禽体加以干腌、湿腌或干湿混合腌制后所得的产品。腌制方法最初是作为禽制品的一种保藏手段，用以抑制细菌生长，增强防腐能力,使肌肉呈现鲜艳红色。现在冷冻已成为主要的保藏方法,腌制仅作为改善产品风味的一种加工工艺。腌禽制品属生制品,食前须经加热。著名的产品有南京板鸭、福建建瓯板鸭、江西南安板鸭、四川建昌板鸭、盐水鸭(鹅)、腌鸡等。

代表品种:南京板鸭

图7-16 南京板鸭

南京板鸭驰名中外,素有北烤鸭南板鸭之美名。南京板鸭是用盐卤腌制风干而成,分腊板鸭和春板鸭两种。南京板鸭的制作技术已有600多年的历史,为金陵人爱吃的菜肴,因而有"六朝风味","百门佳品"的美誉。南京板鸭从选料、制作到烹调成熟,有一套传统的方法和要求,即"鸭要肥,喂稻谷;炒盐腌,清卤复;烘得干,焙得足;皮白、肉红、骨头酥。"板鸭色香味俱全,外行饱满,体肥皮白,肉质细嫩紧密,食之酥、香回味无穷。明清时南京就流传"古书院,琉璃塔,玄色缎子,咸板鸭"的民谣。

(二)腊禽制品

将经过腌制的禽制品再悬挂在日光下晾晒、曝晒或在烘房内烘焙、烟熏所得的产品。因都在农历十二月(腊月)制作,故有是称。也是一种生禽制品,有较长的保藏期和特殊的腊香味。产品有腊鸡、腊鹌鹑和宁波腊鸭等。

代表品种:腊鸭

选料:选肥大的健康活鸭,集中饲养10天,催肥后,选取每只1.5kg以上的活鸭。通过宰割,除去内脏后,斩去足爪和翅膀尖,在颈部开口取出嗉子、喉管。配料:将辅料用(8~10)kg清水兑匀,倾入腌缸,以浸没鸭坯为度,浸渍3天左右,其间翻缸1~2次。此为湿腌法。也可采用辅料炒热,遍擦鸭体内外,再入缸腌制2~3天,其间翻缸一次。晾晒与烘烤:出缸后用清水洗净,压平挂晾风干。晴朗天气,一般晒4天,便可上竿,在室内晾4~5天便可上市出售。挂竿时不要靠紧在一起。若遇阴雨天也可烘干,温度以(50~55)℃,每次烤6h~7h,取出晾4h~6h,然后再重烤。烘烤的腊鸭,其香味远逊于晒出来的腊鸭。产品特点:腊香鲜美,鸭味浓厚,在冬天加工。

图7-17 腊鸭

(三)干禽制品

一般是先进行干腌,然后再经晾吹等干燥处理,产品的含水量一般在10%以下,水分活度A_w一般小于0.75,以抑制细菌和霉菌的生长,可在阴凉干燥处保藏3~5个月。产品有成都风鸡、元宝鸡、南京琵琶鸭、湖南泥封鸡等。用同样的方法可制作风干鸡和风干鹅。

代表品种:琵琶鸭

琵琶鸭又称琵琶腊鸭,一年四季均可生产。材料:鸭10只;盐(0.5~1)kg;盐卤水适量。做法:(1)选料:选择肉质嫩、油脂少的鸭作加工原料。因油脂过多的鸭子,夏天晒干易滴油,而使风味下降。(2)宰杀:鸭经宰杀,煺毛后,用刀自胸骨到肛门处切开。扒开胸旁两块胸肌,露出胸骨。将胸骨割去,并除去食管、气管和内脏。把鸭子投入清水池中浸泡 1h 后,捞起沥干。(3)腌制:用盐 50g~100g 均匀地擦遍鸭坯内外,经 2h 腌制后,除去血卤,再将鸭坯浸入盐卤水中腌制 6h~8h 取出。盐卤水的配制,是用清水 50kg,加盐 25kg,放锅内煮沸、过滤、待冷后加入适量细姜、葱和碎八角即成。整型:将鸭坯从卤缸中取出放桌上,用木板或菜刀压平鸭胸部肋骨,取 5 根竹片,2根斜向将鸭胸腹腔撑开,1 根自颈胸至鸭肛门中央撑住,其余 2 根将鸭胸腹腔横向撑开。鸭头颈向右侧弯

图 7-18 琵琶鸭

转,压于右翅下,头紧贴右腿。整好后,挂起或平放于筛子上,晒 2~3 天,干后外形像琵琶。晒干后的琵琶鸭,除夏季只能保存 1~2 个月外,其余季节均能保存 3~4 个月或更长时间。在保存期间,库温不宜过高,以免干缩。产品特点:色泽鲜明,肌肉呈红色,脂肪透明或呈乳白色,红白分明,有光泽。用手摸感觉肉质干爽结实,腊肠有自然皱纹,断面组织紧密。好的腊味用鼻闻时醇香浓郁。

(四)酱卤禽制品

禽体在酱油(或食盐)、糖、酒等调味料和香辛料配制的酱卤中煮烧,直至汁液浓缩收干为止。是市场销售量最大的一种熟禽制品,有德州扒鸡、道口烧鸡、清真卤煮鸡和苏州酱鸭等名品。

代表品种:德州扒鸡

图 7-19 德州扒鸡

德州扒鸡之所以能经久不衰,其原因之一是在选料上要求十分严格。德州扒鸡行业广泛流传着这样一句话:"原料是基础,生产加工是保证。"制作扒鸡使用的毛鸡必须是鲜活健壮的,而在运输过程中挤压死掉的必须弃之不用。其原因之二是制作工艺十分精细。德州扒鸡的色、香、味、形均有独到之处,其外形完整美观,色泽金黄透红,肉质松软适口。具有健胃、补肾、助消化等功能。产品特点:(1)外观:全鸡完整,造型美观;(2)色泽:全身金黄,黄中透红;(3)肉质:鲜嫩松软,熟烂适度;(4)味道:五香透骨,香而不腻。

(五)熏禽制品

为了使产品获得一种烟熏味,一般在卤煮后再经烟熏或在紧烫后先烟熏再加以卤煮而成,如沟帮子熏鸡等。

代表品种:沟帮子熏鸡

色泽枣红明亮,味道芳香,肉质细嫩,烂而连丝,咸淡适宜,营养丰富烹制方法:(1)将鸡宰杀,整理干净。将鸡放在案板上腹部向上,用刀将鸡肋骨和椎骨中间处切断,并用手按折。然

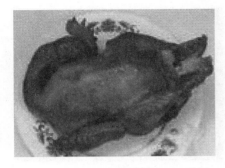
图 7-20 沟帮子熏鸡

后用小木棒一根放入肚腹内撑起,再在鸡下脯尖处开一小口,将鸡腿交叉插入口内,两翅交叉插入口腔内,再晾干表面水分待用。(2)将全部肉料装入布袋内扎好放入锅里,把鲜姜、五香粉、胡椒粉、味精、香辣粉放入加净水的锅内调和。再将鸡下锅浸泡1h,然后用小火煮至半熟加盐,再继续煮到成熟为止,取出趁热熏烤。熏前先在鸡身上抹遍麻油,再将鸡放入锅内箅子上,锅底烧至微红时,加入白糖熏2min后,翻转鸡身再熏2~3min即可。风味特点:沟帮子熏鸡颜色枣红,晶莹光亮,细嫩芳香,烂而连丝,烟熏味浓,回味无穷。

(六)烧烤禽制品

禽体在无水条件下进行热加工。热源可用木炭、煤、煤气或电,可直接置于火苗上方或利用热辐射,温度一般在200℃以上,经过烧烤,使产品表面产生一种焦化物,风味特殊。最著名的产品有北京烤鸭、广东烧鸭、烧鹅、烧乳鸽等。欧美最有名的烤禽为烤火鸡和烤鹅,是英国圣诞节和美国感恩节晚餐的传统食品。

代表品种:北京烤鸭

早在南北朝时(公元420~589年)《食珍录》中,已有炙鸭的记载。元代的《饮膳正要》中有了烧鸭的说法。这些皆为今日烤鸭之前身。北京的烤鸭店,一说出现在明朝嘉靖年间(公元1522~1566年),一说出现在清乾隆五十年(1785年)。那时经营的是南京(金陵)传来的焖炉烤制法,故称南炉鸭。最早的店址在宣武门外米市胡同,即老便宜坊烤鸭店(该店已于1937年倒闭)。现在前门外鲜鱼口便宜坊烤鸭店开业于清咸丰

图 7-21 北京烤鸭

五年(1855年),后来居上,影响很大。全聚德烤鸭店开业于清同治三年(1864),由于经营有方,力求创新,很快名噪京华,并传及海内外。创业者河北蓟县杨全仁,把焖炉改为挂炉,独辟蹊径为博采众长,故极有特色。"文化大革命"时期,全聚德改名为"北京烤鸭店",便宜坊改名为"新鲁餐厅"。在粉碎"四人帮"后,复名。

烤鸭原料:北京填鸭是制作烤鸭的主要原料。据考,北京鸭的祖籍是南方,明初随漕运来北京,繁殖于京东潮白河一带,故叫过"白河蒲鸭"、"白色麻鸭"、"白燕鸭"等名称。后来迁至京西玉泉山放养,逐渐育成今日之良种。北京填鸭生长期较短,只需60~65天,就发育成(2.5~3.5)kg,45天之前的雏鸭自由取食,最后15~20天则由人工填喂,每6h一次,每昼夜填喂4次。合格之鸭,经宰杀、退毛、取内脏、洗净、灌水、吹鼓、涂料等一系列工序,方可火炉烤制。烤制方法:焖炉法:烤炉有门,用秫秸先将炉壁及炉内铁箅子烧热,待无明火时,将处理好的鸭子放在铁箅子上,关闭炉门,故称焖炉。挂炉法:炉口拱形,无门,将处理好的鸭挂在炉内铁构上,下面用果木(梨、枣木最佳)火烤,不关门。叉烧法:与叉烧肉相似,须逐只手工操作,因产量低,费工时,已逐渐淘汰。烤熟之鸭需切片上桌。切片技术要求较高,每只鸭要出120片

左右,而且须片片带皮带肉,肥瘦相间。佐料用葱段、黄瓜条,调味料有绵白糖(此为宫廷中吃法,今无)、蒜泥(已少用)和甜面酱(目前用此者居多)。主食有荷叶饼或空心烧饼。

特点:外皮焦黄香脆,内质肉嫩滑润;将鸭肉切成薄薄的片儿,每一片有皮有肉有油,荷叶饼上抹上一层甜面酱,加上大葱段,把鸭肉片卷进去,吃起来肥而不腻,鲜美可口。然后,用"鸭架"炖汤,清爽利口。

(七)糟禽制品

将白煮的禽体用曲酒、香糟调味制成,如苏州糟鹅。

代表品种:糟鹅

材料:(按50只鹅计算)陈年香糟:2.5kg,大曲酒:250g,黄酒:3kg,鲜姜:200g,大葱:1.5kg,花椒:25g。加工工艺:选用一只重约2~2.5kg的太湖白鹅为原料。做法:经宰杀、放血、煺毛、取内脏且清洗干净的白条鹅放在清水中浸泡60min取出,控净水分后入锅用旺火煮沸,撇净浮沫,随即加葱500g,姜50g,黄酒500g,用中火煮(40~50)min后出锅。出锅后,在每只鹅身上撒一些盐后从正中剖开成两片,并将头、脚、翅切开,一齐放入经过消毒的容器中,将其冷却。将锅内原汤中的浮油撇净,再加酱油750g,盐1.5kg,葱花1kg,姜末150g,花椒50g后,倒入另一容器冷却。用洁净的大糟

图7-22　糟鹅

缸1口,将冷却的原汤放入缸内,然后放入鹅块,每放两层加一些大曲酒,放满以后使配的大曲酒正好用完,并在缸口盖上一只盛有带汁香糟的双层布袋,袋口比缸口略大一些,以便将布袋捆扎在缸口,使袋内汤汁滤入糟缸内,浸润鹅体。待糟液滤完,立即将糟缸盖紧闷4~5h即为成品。带汁香糟的作法是:将香糟2.5kg,黄酒2.5kg倒入盛有冷却原汤的另一容器内,拌和均匀即可。糟鹅的特点是皮白肉嫩,香气扑鼻,味美爽口,翅膀、鹅腿各有特色,别具风味。

(八)醉禽制品

将白煮的禽体用黄酒浸渍,如浙江醉鸡。糟醉制品较难保藏,不便携带,生产受到一定限制。

代表品种:浙江醉鸡

材料:鸡10只精盐300g,大葱250g,鲜姜250g,小茴香15g,黄酒若干。做法:(1)选料:选用一只重在1.25kg左右的当年鸡,要求健康无病。(2)宰剖:将鸡宰杀,采用三管放血法放尽鸡血,入热水内浸烫后煺净羽毛,开膛取出全部内脏,用清水洗净鸡身内外,沥干水分。(3)煮制:将白条鸡放锅内,加上清水,以淹没鸡体为度,加入改刀的葱、姜,有大火将汤烧沸,撇去浮沫,再改小火焖煮约2h左右(至用筷子可戳透鸡肉即可),将鸡捞出,沥干水,趁热在鸡体内外抹上一层精盐,要求在放血口、口腔、鸡腔等部位

图7-23　浙江醉鸡

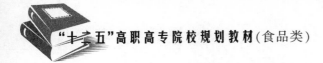

均擦匀。(4)醉制:将擦过细盐的熟鸡晾凉,改刀,切成长约 5cm、宽约 3.5cm 的长条块,再整齐地码在较大的容器内(容器要带盖),最后灌入适量的黄酒(以能淹没鸡块为度),加盖后置于凉爽处,约 48h 后即为成品醉鸡。产品特点:块型整齐,色泽淡黄,酒香浓郁,肉质鲜嫩,味美爽口,佐酒下饭皆为美食。

(九)禽肉制品

鸡精、鸡粉是烹饪老母鸡后汤的浓缩汁液。英国的白兰氏鸡精已有 100 多年的历史。

鸡精是以新鲜鸡肉、鸡骨、鸡蛋为原料制成的复合增鲜、增香的调味料。可以用于使用味精的所有场合,适量加入菜肴、汤羹、面食中均能达到效果。鸡精中除含有谷氨酸钠外,更含有多种氨基酸。它是既能增加人们的食欲,又能提供一定营养的家常调味品。

鸡粉选用鲜鸡为原料,配以多种复合调味料,经生物酶分解、真空浓缩及喷雾干燥等高新技术工艺精制而成。鸡精产品更加注重鲜味,所以味精含量较高;鸡粉则着重产品来自鸡肉的自然鲜香,因而鸡肉粉的使用量较高。目前在西方国家已有 80% 左右的消费者选用鸡粉作为调味品。两类产品虽同属鲜味料,但在配料和生产工艺上有许多不同之处,不能用相同的标准来衡量。

目前许多国家用火鸡肉代替猪、牛肉生产火鸡火腿和火鸡肉卷。翅肉、禽皮等低档原料经乳化处理后制成火鸡香肠和肉糕。家禽的瘦肉还可制成鸡肉松和鸭肉松。

 本章小结

禽类原料在人们的日常膳食中占有重要的地位,通过学习掌握各种禽类的结构特点及烹饪运用,熟知禽类原料的营养价值及感官鉴别,从而在烹饪中科学合理地进行选料及配菜。

 练 习 题

1. 如何鉴别燕窝的质量?
2. 禽制品的分类有哪些?
3. 如何鉴别新鸭和老鸭?
4. 简述光禽的品质鉴别有哪些?
5. 禽类原料的烹饪运用有哪些?

第八章　乳蛋类及其制品

学习目标

1. 了解乳蛋及其制品的品种及概念、主要营养成分及特征；
2. 掌握乳蛋原料的分类方法及品种；
3. 熟练掌握乳蛋及其制品的食用和使用方法。

第一节　乳和乳制品

一、乳

乳是哺乳动物从乳腺中分泌出来的一种不透明的液体。乳品在人类饮食中占有重要的地位。乳品是一种优良的食品，是人体较容易消化吸收的食品。乳对人体消化具有独特的刺激功能，能增加食欲，促进肠道分泌消化液；并且乳蛋白为完全蛋白质，营养价值高，消化吸收率高，是一种优质的蛋白质。

（一）乳的分类

按照动物种类，人类食用的乳的种类主要有牛乳、水牛乳、牦牛乳、山羊乳、绵羊乳、马乳、鹿乳等，其中以牛乳产量最高，使用最为广泛。根据牛的泌乳期及营养组成不同分为初乳、常乳、末乳和异常乳。

1. 初　乳

牛产犊后一周内的乳成为初乳。初乳蛋白质含量丰富，其中乳蛋白和球蛋白含量高，乳糖含量低，色黄而浓厚，有特殊的气味。由于初乳营养成分含量不同于常乳，特别是其酸度高，在加热时易产生凝固，所以不能作为加工原料。

2. 常　乳

牛产犊一周后，乳中的营养成分趋于稳定，即称常乳。常乳的营养价值高，是饮用乳及加工乳制品的主要原料。

3. 末　乳

牛在干奶期所产的少量乳汁。末乳中营养成分较常乳高，但末乳常具有苦、微咸的味道，风味较差，因此对末乳应该适其具体情况决定能否饮用或加工。仅在成分上略有不同而无其他异味，也可以利用。

4. 异常乳

一般情况下，凡是不适于饮用和加工用的牛乳，都称为异常乳。除初乳和末乳外。一般情况下不适于直接制作食品或加工，但是也应根据不同情况加以区别对待。如有的异常乳就可以将乳油分离出来加以利用。

(二)乳的烹饪应用

除可以饮用外,乳在烹调中还可以代替汤汁成菜,如"奶油菜心"、"牛奶熬白菜"等,其奶香味浓郁,清淡爽口。另外乳还可以和面制作面食,可以作风味小吃和主配原料,如北京地区的乳制品"扣碗酪"、云南少数民族的"乳扇"以及牧民们食用的"奶豆腐"等。

(三)乳的营养价值及功能

牛奶性微寒,味甘,无毒。有补虚损,益肺胃,生津润肠之功效。对虚弱劳损、消渴、便秘有一定的食疗功效。牛奶中的脂肪称乳脂,乳脂是高度乳化的脂肪,有利于消化。乳中最主要的成分是蛋白质,它还含有人体必需的全部氨基酸。值得注意的是乳中的免疫球蛋白是抗体蛋白质的异形群,是新生儿被动免疫的来源。乳中的矿物质很丰富,是钙、磷、镁的丰富来源。

乳中的糖类大部分为乳糖,含有少量葡萄糖半乳糖及其他糖类。乳糖对肠道中的乳酸菌生长有利,抑制腐败菌的生长,有利于钙和磷在小肠的吸收及肠道微生物合成 B 族维生素。

二、乳制品

乳制品主要包括奶粉、酸奶、稀奶油、黄油、奶酪、炼乳等。

(一)奶　粉

奶粉是以鲜奶为原料,经喷雾干燥、真空干燥或冷冻干燥等方法脱水后制成的粉末状的奶制品。奶粉具有颗粒小,质量轻,易于携带运输,便于储存,食用方便等优点。

1.奶粉分类

奶粉的种类很多,由于加工方法及原料处理不同,可分为全脂奶粉、脱脂奶粉、低乳糖奶粉、速溶奶粉、酪奶粉等。全脂奶粉,以全脂鲜乳为原料直接脱水加工制成;脱脂奶粉以脱脂乳为原料脱水加工制成;低糖奶粉就是在鲜乳中加入乳糖酶,使乳中的乳糖分解为葡萄糖和半乳糖,从而降低了乳糖的含量。适于乳糖不耐症的人饮用。酪奶粉是利用制作奶油时的副产品加工制成,其中含有较多的酪蛋白。

2.奶粉的烹饪应用

除饮用外,奶粉还可以制造糖果、冷饮、糕点等,在烹饪中可以代替鲜乳制作汤羹、调味汁、牛奶蛋糊、布丁、牛奶沙司等,也可用于烘焙食品中。

(二)酸　奶

酸奶是以鲜乳为原料,加入乳酸菌发酵制成的乳品。酸奶的营养成分比牛奶更加丰富,而且这些营养成分容易消化、吸收和利用,还有抑制肠道有害菌的生长、帮助消化、增进食欲的作用。

1.酸奶的分类

酸奶的种类较多,按照添加物的不同可分为天然酸奶、调味酸奶、水果酸奶等。

2.酸奶的烹饪应用

除饮用和调制饮品外,酸奶还可以制作面点乳,如"酸奶蛋糕"、"酸奶慕斯"等糕点,在烹饪中还可以制作"水果沙拉"、调制糊浆等。

（三）黄　油

又称"奶油"、"白脱油"、"牛油"等,在食品工业中称为"奶油"或"乳酪",是指从稀奶油中进一步分离出来的较纯净的脂肪。黄油含脂率高,为80%左右,在常温下为浅黄色固体,加热后溶化,并有明显的乳香味。

1. 黄油的分类

黄油按其加工方法不同或原料不同而分成许多种类。按原料不同可分为甜性黄油、酸性黄油、乳清黄油3种。甜性奶油又称鲜制奶油,未经发酵制成;酸性奶油又称发酵黄油,经发酵制作成,含乳酸;乳清奶油,以乳清为原料制成。按加工方法不同又可以分为鲜制黄油、酸制黄油、重制黄油以及连续式机制黄油4种。

2. 黄油的烹饪应用

黄油在西餐中使用广泛,是制作各种菜肴不可缺少的调料。另外,奶油食用方法较多,可涂在面包等食物上佐餐,也可与其他原料一起冲调饮料,是中西糕点的重要原料;在面点中也常作为起酥油使用,如黄油面包、黄油马蹄酥、黄油炸糕等,亦可作冰激凌等。黄油有良好的可塑性,是大型雕刻的良好的原料,可制作花、鸟、禽、兽及建筑造型。

（四）奶　酪

奶酪又称干酪、计司,是鲜乳在凝乳酶的作用下,使乳中的酪蛋白凝固,再经加热、加压成型,在微生物和酶的作用下,发酵熟化制成的乳制品。

1. 奶酪的分类

奶酪的种类很多,因加工方法不同,有硬奶酪、软奶酪、半软奶酪、多空奶酪、大孔奶酪等。目前我国生产的品种较少,常见的有荷兰式圆形硬奶酪和一些淡味奶酪。

2. 奶酪的烹饪应用

优质奶酪呈白色或淡黄色,表皮均匀,具有特殊的醇香味。奶酪在西餐中使用广泛,常用于调制各种凉菜、沙司、沙拉、匹萨等,也可切片直接食用。我国云南省昆明市的市场上可见羊奶酪,呈白色,结构细腻,有特殊的香味,是著名的地方特产食品。

（五）炼　乳

炼乳是一种牛奶制品,用鲜牛奶或羊奶经过消毒浓缩制成的饮料,它的特点是可贮存较长时间。炼乳是"浓缩奶"的一种,是将鲜乳经真空浓缩或其他方法除去大部分的水分,浓缩至原体积25%～40%的乳制品,再加入40%的蔗糖装罐制成的。

1. 炼乳的分类

炼乳加工时由于所用的原料和添加的辅料不同,可以分为加糖炼乳（甜炼乳）、淡炼乳、脱脂炼乳、半脱脂炼乳、花色炼乳、强化炼乳和调制炼乳等。我国目前主要生产全脂甜炼乳和淡炼乳。

2. 炼乳的烹饪应用

除可以做饮品外,炼乳还可被制成汤汁、糕点、沙拉、蘸料食用等。

（六）酥　油

酥油是似黄油的一种乳制品,是从牛、羊奶中提炼出的脂肪。酥油是藏族食品之精华,高原人离不了它。

1. 酥油的分类

酥油根据来源分为牛酥油和羊酥油,羊酥油为白色,光泽、营养价值均不及牛酥油,口感也逊牛酥油一筹。

2. 酥油的烹饪应用

酥油滋润肠胃,和脾温中,含多种维生素,营养价值颇高。酥油有多种吃法,主要是藏族打酥油茶喝,也可放入糌粑调和着吃。逢年过节炸果子,也要用到酥油。因为普通人家很少用到这种油脂,所以在大众市场很难买到。

第二节 蛋和蛋制品

一、蛋

蛋是禽类雌性动物所排出的卵,是一种营养丰富的烹饪原料。其富含人体所需要的完全蛋白质、脂肪、卵磷脂以及矿物质和多种维生素,吸收率高,是人类理想的滋补食品。蛋还可以加工制作成多种蛋制品,如松花蛋、咸蛋、糟蛋等。

(一)蛋的结构

蛋又称卵,是由卵壳、卵白、卵黄组成,卵壳约占蛋质量的11%,卵白约占58%,卵黄约占31%,其结构如图8-1所示。

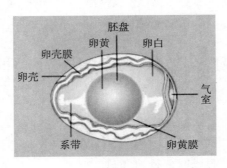

图8-1 蛋的结构

各部分在蛋中的功能和构成成分也是不同的。

1. 蛋壳部分

蛋壳部分是由外蛋壳膜、蛋壳、内蛋壳膜和蛋白膜构成的。

(1)外蛋壳膜

覆盖在蛋的最外层,是一层无定形的可溶性胶体,就是在鸡蛋壳的表面的一种霜状粉末状物质。它的主要成分为粘蛋白,能防止微生物的侵入和蛋内水分的蒸发。此膜容易脱落,如在遇水、摩擦、潮湿等条件下容易破坏而失去保护作用。因此,可以用观察外蛋壳膜的有无来判断蛋是否新鲜。

(2)蛋壳

蛋壳主要由碳酸钙组成,质地脆,不耐撞和挤压,但可承受较大的均衡静压。蛋壳由内外两层构成,外层海绵层,能起到防震的作用;内层乳状突起层,使蛋具有一定的耐压性。蛋壳的纵轴的耐压性大于横轴的耐压性,因此蛋品在存放的时候一般以竖立放置为好。

蛋壳的颜色取决于禽的品种及种类,蛋壳色深的含色素多,蛋壳厚;颜色浅的色素少,蛋壳轻而薄,如鸡蛋呈褐色、淡褐色或白色,鸭蛋呈白色或淡绿色,鹅蛋通常为白色。另外,蛋壳具有透明性,故可采用灯光透视法来观察蛋的品质。

（3）内蛋壳膜和蛋白膜

蛋内有一层紧贴在蛋壳上组织结构较疏松的膜叫做内蛋壳膜。紧贴着内蛋壳膜内部还有一层包裹着整个蛋白的膜叫蛋白膜,这层膜比较紧密。这两层膜主要起到阻碍微生物通过的作用,大多数的微生物能通过内蛋壳膜,蛋不容易通过蛋白膜进入蛋白,而只能在蛋白酶的作用下破坏蛋白膜结构进入蛋内。

2. 蛋白部分

（1）系　带

其由浓稠蛋白构成,粘连在蛋黄的两端,形似棉线,具有弹性,起到固定蛋黄位置的作用。其会随着放置时间的延长变细,其弹性也同时变弱并逐渐消失。

（2）蛋白层

它是由一种典型的胶体物质构成,可以分为稀薄蛋白和浓稠蛋白两种。靠近蛋白膜的部分为稀薄蛋白,中层的为浓稠蛋白,靠近蛋黄的是稀薄蛋白。浓稠蛋白中含有溶菌酶,即卵球蛋白,它有溶解微生物细胞壁作用,因而具有抗菌能力。浓稠蛋白含量多的质量好,耐贮存性强。新鲜的蛋中浓稠蛋白较多,而陈蛋中稀薄蛋白较多。根据浓稠蛋白的多少也可以衡量蛋品的新鲜度。

3. 蛋黄部分

（1）蛋黄膜

蛋黄膜包裹在蛋黄的外面,其作用主要是保护蛋黄液不向蛋白中扩散。新鲜的蛋黄膜具有弹性,随时间的延长,这种弹性逐渐消失,最后形成散黄。因此,蛋黄膜弹性的变化也与蛋的质量有密切的关系。

（2）胚　胎

在蛋黄的上侧表面的中心有一个圆形或非圆形的白点,称为胚胎。未受精的胚胎白点较小,受精的胚胎形状较大。受精的营养价值较高,但是在储存过程中胚胎受外界条件的影响,会发育而形成血圈和血丝,即为血筋蛋,影响蛋品的使用。

（3）蛋黄内容物

蛋黄内容物是一种黄色的不透明的乳状液,由淡黄色和深黄色的蛋黄层所构成。内蛋黄层和外蛋黄层颜色都比较浅,只有两层之间的蛋黄颜色比较深,另外蛋黄内容物的颜色还受禽类的品种和饲料等因素的影响。

（二）蛋的种类

1. 鸡　蛋

鸡蛋呈椭圆形,个体重约50g,壳多为白色或棕红色,鲜蛋表面有白霜。此外,还有一种鸡蛋称为毛蛋,即孵化期未满的蛋,也称"喜蛋",是经孵化,胚胎已具有雏形而尚未破壳者,分"喜蛋"和"半喜蛋"两种。这种蛋味道鲜美,营养丰富,煮食为主,江浙一带最喜食用。

（1）鸡蛋的烹饪应用

鸡蛋在烹饪中应用很广,适合于炒、煮、煎、炸、蒸、等多种烹调方法,可整用也可将蛋白蛋黄分开使用也可腌制。鸡蛋做主料可作如"炒鸡蛋"、"虎皮蛋"、"三不沾"、"熘黄菜"等菜肴,也可制成蛋皮、蛋丝、蛋松、蛋糕等作为菜肴的配料使用及做面点的馅心。鸡蛋还是热菜中挂糊、上浆的重要原料,且可制成"雪山"、"芙蓉"等菜式,又是面点制作中的蛋泡膨松面团的主

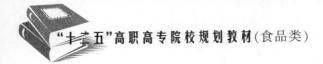

要膨松原料。不管是家常便饭还是高档的宴席都有鸡蛋的应用。

（2）营养价值及功能

鸡蛋的营养价值很高,含有丰富的蛋白质、脂肪、维生素、矿物质等。蛋白质含量约为12.7%～12.8%。蛋黄中蛋白质含量高于蛋清,约为15.2%。鸡蛋的蛋白质几乎被人体全部吸收和利用。鸡蛋的脂肪含量为9%～11.1%,几乎全部集中在蛋黄中。此外,蛋黄中含有丰富的卵磷脂,在人体内转化为乙酰胆碱,是保持人脑记忆旺盛所不可缺少的物质。卵磷脂还是一种强乳化剂,能使胆固醇和脂肪颗粒变小,并保持悬浮状态,有利于脂类透过血管壁,为组织所利用,使血脂大大减少。

鸡蛋味甘,气平,无毒。功用为滋阴润燥,养血安胎。对热病烦闷、燥咳声哑、目赤咽痛、胎动不安、产后口渴、下痢、烫伤有一定食疗效果。

2. 鸭 蛋

鸭蛋呈椭圆形,较鸡蛋大,一般可达70g～90g。蛋壳表面光滑,呈青色或青灰色。高邮鸭蛋、白洋淀鸭蛋都是著名品种。

（1）鸭蛋的烹饪应用

鸭蛋在烹饪中可以代替鸡蛋,但腥气较重,一般常用来加工成松花蛋、咸鸭蛋等制品且享誉海内外。

（2）鸭蛋的营养及功能

鸭蛋的营养成分与鸡蛋相近,蛋白质含量为12.6%,稍低于鸡蛋。脂肪含量为13%,高于鸡蛋。维生素E、钙、磷、铁的含量均高于鸡蛋。

3. 鹅 蛋

鹅蛋呈椭圆形,个体较大,一般每只蛋可达80g～100g,表面较光滑,呈白色。

（1）鹅蛋的烹饪应用

鹅蛋的用途与鸭蛋的用途相似。

（2）鹅蛋的营养及功能

鹅蛋的蛋白质含量为11.1%,低于鸡蛋。脂肪含量为15.6%,高于其他蛋类。鹅蛋中还含有多种维生素及矿物质。

4. 鹌鹑蛋

鹌鹑蛋素有"蛋中珍品之王"的美誉。鹌鹑蛋近圆形,个体小,一般有5g左右,表面有棕褐色斑点,壳薄易碎。

（1）鹌鹑蛋的烹饪应用

一般情况下鹌鹑蛋多为整用,如"虎皮鹌鹑蛋"、"白扒鹌鹑蛋"等。制作菜肴时常利用其小巧玲珑、色白浑圆的特点,在花色菜肴中作配菜,起点缀作用,如"玉兔"、"龙珠"等。

（2）鹌鹑蛋的营养及功能

鹌鹑蛋的营养丰富,其蛋白质含量为12.8%、脂肪11.1%,还含有多种矿物质及维生素,尤其以维生素D的含量较高,居禽类之首。另外,应该指出的是,鹌鹑蛋是禽蛋中胆固醇含量最高的。

5. 鸽 蛋

鸽蛋又称鸽卵,呈椭圆形,个体小,一般为15g左右,通常为白色,蛋壳薄而易碎。

（1）鸽蛋的烹饪应用

鸽蛋肉质细嫩、营养丰富是烹饪中珍贵的原料,用途与鹌鹑蛋相同。

（2）鸽蛋的营养及功能

鸽蛋营养丰富，含蛋白质约为 9.5%，脂肪约为 6.4%，糖类 1.7%，并含有丰富的钙、磷、铁以及少量的维生素。鸽蛋性平味甘、咸，有补肾益气、润燥养血、止渴安神的功效。

二、蛋制品

蛋制品是以新鲜禽蛋为原料，经加工后制成的加工性烹饪原料。烹饪中常用的蛋制品主要是再制蛋。再制蛋是指在保持禽蛋原形的情况下，经过一系列加工程序而制成的制品，主要品种有皮蛋、咸蛋、糟蛋、卤蛋和醋蛋。

（一）皮 蛋

皮蛋，又称松花蛋、彩蛋、变蛋，是我国独特的传统风味产品，已有 200 多年历史。皮蛋是将新鲜蛋壳用苛性碱（俗称烧碱）、食盐、石灰、茶叶和香料等腌制品加工制成的蛋制品，每年春季为主要生产季节。品质优良的皮蛋，在蛋白质表面有美丽的结晶状花纹，状似松花，因此称松花蛋。结晶状的花纹是氨基酸和一些盐类所形成的结晶。"松花"多的蛋，蛋白质含量相对减少，氨基酸含量增加，腥味低，鲜味浓。人们常说"蛋好松花开，花开皮蛋好"。松花蛋的主要产地在湖南、四川、北京、江苏、浙江、山东、安徽等地。较著名的有湖南松花蛋、江苏高邮松花蛋、山东微山湖松花蛋、北京松花蛋等。

在烹调中，皮蛋一般用作冷盘，也可用炸、熘的方法制成热菜，如"炸熘松花"、"糖醋松花"等，广东一带还常用来制皮蛋粥。

（二）咸 蛋

咸蛋又称盐蛋、腌蛋、盐卵，是用新鲜鸭、鸡、鹅蛋经食盐腌制而成的蛋制品。鲜蛋经腌制后不仅可以延长贮存期，而且滋味芳香可口，提高了食用价值。我国南北朝时期已有咸蛋生产，最著名的是江苏高邮咸蛋，也有 300 多年历史，其具有鲜、细、嫩、松、沙、油六大特点，闻名全国，远销国外。现南北各地都有咸蛋生产，全年都可以加工。

在烹调中，咸蛋主要是蒸熟后用作冷盘，作小菜供食或用于家常食用。

（三）糟 蛋

我国生产糟蛋的历史悠久，明清时期民间制作糟蛋就已经有相当普遍了，比较著名的有四川叙府（即宜宾）糟蛋和浙江平湖糟蛋。糟蛋是以鸭或鹅等禽类的蛋为原料，用酒糟、食盐、醋等腌渍而成的蛋制品。其蛋壳全部脱落或部分脱落，由蛋白膜包裹着蛋的内容物，似同软壳蛋。糟蛋质地细嫩，蛋白呈乳白色或黄红色胶冻状，蛋黄呈桔红色半凝固状，气味芳香，滋味鲜美，食后余香绵久长，是我国南方特有的冷食佳品。

糟蛋可生食，也可蒸食或作冷拼使用。

 本章小结

本章主要阐述了蛋乳类原料的概念、别称、产地及其营养价值，并讲述了原料的烹饪应用

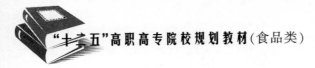

及其著名菜肴的做法。

 练 习 题

    1.简述鸡蛋的烹饪应用。

    2.简述皮蛋的烹饪应用。

    3.简述牛奶的烹饪应用。

第九章　水产品类烹饪原料

学习目标

1. 了解水产品的概念、分类、营养价值；
2. 了解鱼类、两栖爬行类、虾蟹类、贝类及其他水产品的种类和形态结构特点；
3. 掌握常用水产品类烹饪原料在烹饪中的应用；
4. 掌握常用水产品类烹饪原料的质量鉴别及储存保管。

第一节　水产品概述

一、水产品的概念

水产品是指生活在海洋、江河、湖泊中的具有一定经济价值和食用价值的动植物性原料；如鱼类、虾蟹类、贝类、海藻类等。在本章节中我们主要介绍水产品类烹饪原料中的动物性原料。

二、水产品的分类

我国水域分布广阔，水产品种类众多。根据不同的分类方法，我们将水产品作了如下分类，如图 9 - 1 所示。

表 9 - 1　水产品分类表

分类方法	种　类	典　型　品　种
按照其形态结构	鱼类	鲤鱼、武昌鱼、鳜鱼、带鱼、大黄花、小黄花等
	两栖、爬行类	牛蛙、中国林蛙、大鲵、甲鱼、乌龟等
	虾蟹类	对虾、龙虾、中华绒螯蟹、三疣梭子蟹等
	贝类	牡蛎、泥蚶、扇贝、文蛤等
	其他类	鱿鱼、乌贼、海蜇、海参、田螺、海胆等
按照水生环境	淡水水产类	鲤鱼、草鱼、青鱼、黄鳝、银鱼、沼虾、中华绒螯蟹、田螺等
	咸水水产类	带鱼、大黄花、小黄花、真鲷、对虾、三疣梭子蟹、鲍鱼、扇贝、乌贼等
按照加工与否	鲜活水产类	鲜活的鱼、虾、蟹、贝等
	加工制品类	鱼干、虾皮、干贝、鲍鱼干、鱼翅、鱼子酱、蟹酱、各种罐头等
按照储藏温度	冰鲜水产类	鱿鱼、黄花鱼、虾、贝类等
	冻鲜水产类	带鱼、鲅鱼、鲍鱼、黄花鱼等

三、水产品的营养价值

水产类烹饪原料种类繁多,包括鱼、虾、蟹及一些软件动物,对于水产品的营养价值我们主要从以下三个方面进行介绍。

(一)蛋白质

鱼类中的蛋白质含量与肉类相当为 15% ~ 20% ,属于完全蛋白质,利用率高达 85% ~ 95% ,由于鱼类肌肉纤维柔软细嫩,因此鱼类的消化吸收率要高于畜肉。

贝类中的蛋白质等于或稍低于优质蛋白质,虾蟹类水产则高于畜禽食品。这是因为水产品原料中各种必需氨基酸之间的比值与全蛋模式基本相似,因此水产品已经成为人类理想的优质蛋白或完全蛋白的良好来源。鱼类的一些制品,虽然蛋白质含量高,但是不属于完全蛋白质,如鱼翅,蛋白质含量虽高,但主要成分是胶原蛋白和弹性蛋白,这两种蛋白质的氨基酸组成不与人体需要相符合,缺乏色氨酸,因此属于不完全蛋白质。

(二)脂 肪

鱼类脂肪的含量因品种的不同而不同。脂肪含量可在 0.5% ~ 11% ,一般在 3% ~ 5% 。如银鱼的脂肪只在 1% 左右,而河鳗的脂肪含量可高达 28.4% 。并且鱼体本身脂肪分布也不均匀,它主要存在于皮下和脏器的周围,肌肉组织中含量非常少。

鱼类脂肪中含不饱和脂肪酸较高,且脂肪多呈液态,容易被人体消化吸收。鱼类中胆固醇含量较低,一般在(50 ~ 70)mg/100g,虾蟹、贝类和鱼子中的胆固醇含量较高,如黄花鱼的鱼子中含量为 819mg/100g。

(三)维生素和矿物质

水产品中所含的维生素 A、维生素 D、维生素 E 均高于畜肉,有的还含有较高的维生素 B_2。鱼类中还含有 SOD(超氧化物歧化酶),SOD 是非常重要的自由基清除剂,它能清除体内代谢产生的过量的氧自由基,起到延缓衰老的作用。

水产品中还含有丰富的矿物质,为 1% ~ 2% 。其中,钙、硒等元素的含量明显高于畜肉,其利用率也较高。贝类、虾和鱼罐头是钙的良好来源。海产的鱼类、虾类、贝类还是铜、锰、锌、碘等微量元素的优质来源。

第二节 鱼 类

一、鱼类的形态结构特点

(一)鱼类的结构

鱼类是脊椎动物亚门鱼纲动物的统称。鱼类是终生生活在水中,用鳃呼吸,用鳍游泳且维持身体平衡,体表大多有鳞片或无鳞,体温不恒定,具有颅骨和上下颌的变温脊椎动物。

鱼类几乎分布于世界各地的水域中,全世界已知鱼类有20000多种,其中39%的种类生活在淡水中,61%的种类生活在咸水中。鱼类是我国产量最大的水产品,而且种类繁多。近年来随着人们生活水平的提高,人们越来越意识到鱼类营养价值对人体健康的重要性,使得鱼类受到人们大众的青睐。

从外型上看鱼体主要分为三部分:头部、躯干部和尾部,其中躯干部为主要的食用部位。

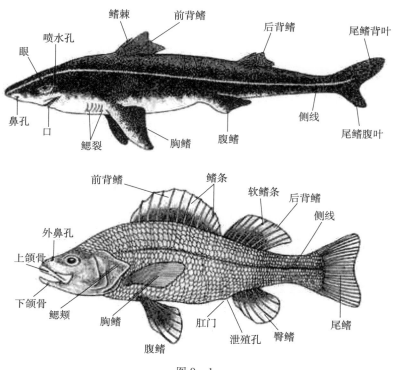

图 9 - 1

根据鱼体不同部位的特点,鱼类在烹饪中的应用也有所不同,如表9-2和表9-3所示。

表9-2　鱼体不同部位与食用价值(外部结构)

部　位	部　位　特　征	食　用　价　值
头　部	从鱼体最前端到鳃盖骨的后缘称其为头部,主要有口、须、眼睛、鼻孔和腮等器官	头部在烹饪中单独作为菜肴不多,但也有少数头部较大的鱼类可作为菜肴主料,如鳙鱼头、鲢鱼头等
躯干部	从鱼的鳃盖后缘到肛门的部分称之为躯干部,主要有鳍、鳞、侧线。其中鳍分为:背鳍、胸鳍、腹鳍、臀鳍。成对出现的被称为偶鳍,不成对出现的被称为奇鳍;大部分鱼类体表被鳞少数鱼类头部无鳞或全身无鳞;大部分鱼体两侧有一条或多条带小孔的鳞片称之为侧线鳞,侧线鳞呈规则地排列成线纹称之为侧线,有的鱼类也没有侧线	硬骨鱼类的骨质鳍条一般无食用价值;软骨鱼类的纤维状角质鳍条,经加工可作为名贵的烹饪原料,如鱼翅 鱼鳞一般也不具备食用价值,通常在初步加工时将其去除,但也有极少数鱼类鳞片较薄,鳞下脂肪较多,在保证新鲜的情况下可连同鳞片一起烹制,如鲥鱼 侧线是鱼类的感觉器官,无单独的烹饪应用
尾　部	从肛门至尾鳍基部的部分称之为尾部,分两部分:尾柄和尾鳍。主要有尾鳍、鳞、侧线	食用价值一般,淡水鱼青鱼的尾部肥美,俗称"划水",可烹制成"红烧划水"

表9-3 鱼体不同部位与烹饪应用(内部结构)

部 位	部 位 特 征	食 用 价 值
鱼皮	鱼皮中含有多种色素,使鱼体呈现出微妙的色彩。有些鱼体表面为银白色,这是由于鱼皮中沉积着鸟嘌呤和尿酸等主要物质	鱼皮中富含蛋白质,特别是胶原蛋白。在烹饪应用中一般同鱼肉一起烹制,经过加工后也可单独成菜。鲨鱼、鳐鱼的背部厚皮可加工成名贵的干货"鱼皮"
鱼体肌肉	鱼类的肌肉组织主要是由骨骼肌组成,分布在躯干部脊骨的两侧,分为背肌和腹肌。根据鱼肉的颜色可分为普通肉(白色肉)和血合肉(肉呈红褐色或暗紫色)	鱼肉是鱼类在烹饪中应用最广泛的部位,可加工成丝、片、肉糜等。在食用价值和加工贮藏方面,血合肉低于普通肉,在制作某些鱼类菜肴中,以免影响菜肴的色泽,常将血合肉剔除
鱼体脂肪	根据其分布方式和生理功能的不同可分为积累脂肪和组织脂肪,积累脂肪主要分布在皮下组织和内脏中(特别是肝脏),主要由甘油三酯组成;组织脂肪分布在细胞膜和颗粒体中,主要由磷脂和胆固醇组成	鱼类脂肪中含不饱和脂肪酸较多,经常食用可预防心血管疾病,但由于它的不稳定性容易被氧化从而影响到鱼的适口性,另外鱼类脂肪中还含有二十二碳壬烯所形成的酸,它是形成鱼肉腥臭的主要成分之一,所以鱼油基本上不作为食用油使用 有些鱼类肝脏中脂肪含量丰富可用于制造鱼肝油,如鲨鱼、鳕鱼等
鱼体骨骼	鱼类按照骨骼的性质可分为软骨鱼类、硬骨鱼类两类,鱼骨主要由头骨、脊柱和附肢骨三部分构成	大部分鱼骨没有食用价值,但有些软骨鱼类(鲨鱼、鳐鱼等)的软骨和鳇鱼的头骨可加工成名贵的烹饪原材料"明骨",脊髓的干制品称为"鱼信"
鱼类内脏	鱼的内脏主要是肝脏、鱼卵、鱼鳔等。这些内脏含有丰富的营养成分,如鲨鱼、黄鱼、鳕鱼等肝脏可提取鱼肝油;鱼卵可提取卵磷脂或加工成营养价值高的食品;鱼鳔是鱼类的沉浮器官	小型鱼类的内脏在烹饪中应用不大,主要是大型鱼类类的内脏,如肝脏、鱼卵等都可烹制食用,也可加工成其他食品。所有鱼类的鱼鳔都能食用,其中大型鱼类的鱼鳔干制后可成为名贵的原料"鱼肚"

(二)鱼类的体形

由于不同鱼类生活习性和水生环境不同,为了适应这种自然环境,形成了不同的体形,主要可分为5种体形(如表9-4所示)。

表9-4 鱼类体形表

体 形	特 点	典 型 品 种
纺锤形	鱼体头尾略尖,呈纺锤形;生活在上层水中,游动快速	鲫鱼、鲤鱼、鲐、马鲛等
侧扁形	鱼体左右两侧极扁,短而高;生活在下层水中,游泳能力稍弱	长春鳊、胭脂鱼、银鲳等

续表

体 形	特 点	典型品种
平扁形	鱼体腹背扁平;生活在水底,适应于底栖生活,游泳缓慢且迟钝	团扇鳐、赤魟等
棍棒形	鱼体呈棍棒形,圆而细长;适于穴居或钻入泥沙中,游泳较缓慢	黄鳝、鳗鲡、海鳗等
特殊形	由于特殊的生活习性呈现出特殊的体型,如带形、球形、箱形等	带鱼(带形)、河豚(球形)、箱鲀(箱形)、比目鱼等

(三)鱼类的组成成分

鱼类原料以其分布广、种类多、营养丰富、味道鲜美的特点越来越受人们的喜爱,"吃鱼健脑"、"吃鱼健身"的保健意识已深入人心,但如何才能烹制出既美味又营养的鱼类菜肴,对鱼类原料的组成成分的了解显得尤为重要。鱼类的组成成分包括:营养成分、风味成分、嫌忌成分三个方面,详见表9-5。

表9-5 鱼类组成成分表

组成成分		特 点
营养成分	蛋白质	主要是肌肉蛋白质,含量一般在15% ~22%。含有人体必需的8种氨基酸,且含量较充足、种类较齐全、比例接近人体的需要,生物价较高
	脂 肪	脂肪含量较低,一般为1% ~3%,主要为不饱和脂肪酸,海鱼中含量高达70% ~80%,消化吸收率高,对防治动脉粥样硬化和冠心病有一定的效果
	碳水化合物	不同鱼类含量差异较大,低者不足0.1%,高者可达7%,主要成分是糖原和粘多糖,糖原主要存在于肌肉和肝脏中,粘多糖与蛋白质结合成粘蛋白存在于结缔组织中
	维生素	肝脏中含有丰富的维生素A和维生素D,海鱼中含量尤为突出,可供作鱼肝油制剂,除此之外,还含有较多的B族维生素
	矿物质	含量约为1% ~2%,主要有钾、纳、钙、镁、磷、铁等,是钙的良好来源,海鱼中含碘量丰富
	水分	含有大量水分,约为70% ~80%,以结合水和自由水两种形式存在,烹调时仅损失10% ~35%
风味成分	鲜味成分	主要来源于肌肉中的呈味成分,如谷氨酸、组氨酸、天冬氨酸等
	腥味成分	一般刚出水的鱼,海鱼的腥味比淡水鱼的腥味淡,海鱼产的生腥臭味主要成分为三甲胺;淡水鱼产生的腥臭味的主要成分是泥土中放线菌产生的六氢吡啶类化合物
嫌忌成分	天然毒素	如河豚毒、雪卡毒、鱼卵毒和刺咬毒等
	组胺毒素	一些鱼类因腐败变质而形成的组胺,如金枪鱼、沙丁鱼、鲍鱼等

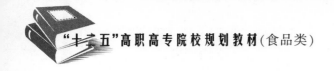

二、烹饪中常用鱼类的主要品种

(一)淡水鱼

淡水鱼是指内陆江河、湖泊、池塘等所产的鱼类的统称。我国主要的经济鱼类以温水性鱼类为主,就地理分布而言,以长江流域的经济鱼类种类最多。我国已有 20 多种已成为主要的养殖对象,其中青鱼、草鱼、鲢鱼、鳙鱼是我国传统养殖的"四大家鱼"。淡水鱼中黄河鲤鱼、松江鲈鱼、兴凯湖白鱼、松花江鲑鱼并称为"四大淡水名鱼"。本节选取青鱼、草鱼、鲢鱼、鳙鱼、鲤鱼、鳜鱼、团头鲂、黄鳝、银鱼、鲫鱼十种主要品种进行介绍。

1. 青 鱼

(1)品种和产地

图 9 - 2 青鱼

青鱼,又称黑鲩、青鲩、螺蛳青,属硬骨鱼纲、鲤形目、鲤科、雅罗鱼亚科、青鱼属。

青鱼,我国传统养殖的"四大家鱼"之一,鱼体呈长筒形,头稍扁平,尾部侧扁,腹圆无棱,嘴端较草鱼为尖,体背部青黑,腹部灰白,各鳍均为深黑色,如图 9 - 2 所示。生活在水的中下层,喜食螺、蚌、蚬等小型水生物,主产于长江流域以及以南的平原地区,以 9 ~ 10 月所产最佳。我国食用青鱼的商品规格为 2.5kg,最重可达 50kg 以上,养殖周期为 3 ~ 4 年,每逢元旦、春节两大节日,青鱼便成为江南百姓不可或缺的年货。

(2)营养价值

从饮食保健角度来看,青鱼肉味甘性平。青鱼胆味苦性寒,于腊月收之,阴干入药,有清热解毒明目等功效。张鼎《增补食疗本草》谓"青鱼肉洞韭白煮、治脚气、脚弱、烦闷、益气力。"李时珍也云:"消赤目肿痛,吐喉痹痰涎及鱼骨鲠,疗恶疮"。

(3)烹饪中的应用

青鱼肉厚刺少而多脂,味道鲜美。适用于多种烹调方法,如煎、炸、炒、烹、溜、烧、蒸、烤等;也可加工成各种形态,如块、条、丝、丁、片、肉糜等。经过加工后,既可以作为主料单独成菜也可作为配料辅助于其他菜肴,既可整条使用也可以分档使用。整鱼,适于蒸、烧等烹调方法,如红烧青鱼等;中段,可整段用也可剞成花刀或加工成片、丝、条、糜等,代表菜有红烧中段、粉蒸青鱼、菊花鱼、葡萄鱼、三丝鱼卷等;头和尾,既可分开各自成菜也可合用制作成菜,代表菜有红烧白桃(眼睛)、红烧下巴、红烧划水、红烧头尾、汤头尾等。在调味方面,适于多种调味技法和味型。青鱼的内脏也可以制作成菜肴,但是值得注意的是青鱼的鱼胆有毒,在加工时应去除。

青鱼除鲜食外,还可以加工成各种制品,可供腌制、干制、风制、腊制、熏制、糟制、罐制等,加工成鱼脯、鱼松、鱼香肠等食品。

2. 草 鱼

(1)品种和产地

草鱼,又称鲩(鱼)、草青、草棍子、混子等,属鲤形目鲤科鱼类。

草鱼,我国传统养殖的"四大家鱼"之一,鱼体呈亚圆筒形,体背部青黄色,腹部为灰白,鳍为灰色,头宽平,无须,背鳍无硬刺,如图 9 - 3 所示。生活在水的中下层,主要食物来源为水草,在我国各大淡水水系均有分布,以 9～10 月所产质量最佳。我们日常食用的草鱼重量一般在 1kg～2.5kg,更重者可达 35kg 以上。

（2）营养价值

从饮食保健角度来看,草鱼肉味甘、性温,归脾、胃经,为温中补虚的养生食品。日常食用可以温暖脾胃、补益五脏。适用于胃寒体质、久病虚弱以及无病强身者食用。常用的养生方如西湖醋鱼、鱼圆汤等。

图 9－3 草鱼

（3）烹饪中的应用

草鱼肉质细嫩,呈白色,肉厚而刺少,肉质富有弹性,肉味鲜美,《本草纲目》中记载:"鲩鱼,其形长圆,肉厚而松。状类青鱼。有青鲩、白鲩二色,白者味胜"。在烹饪应用中,适用于多种加工方法,可以整条使用加工成多种形状,如片、块、条、茸、丝等;适用于多种烹调方法,如蒸、烧、煎、焖、炒等,比较有代表性的菜有清蒸鲩鱼、蒜香草鱼、酸菜鱼等。

在烹制草鱼类菜肴时应注意,由于草鱼含水分多、草腥味较大、出水易烂,因此在制作菜肴时应选用鲜活的草鱼且烹制时间不宜过长,调味时可适当多放一些料酒、醋、葱、姜等调料,达到去除腥味的目的。

3. 鲢鱼

（1）品种和产地

鲢鱼,又称白鲢、苦鲢子、扁鱼等,属鲤形目鲤科鱼类。

鲢鱼,我国传统养殖的"四大家鱼"之一,鱼体呈侧扁形,背部呈青灰色,腹部呈银白色,鳞片细小,头较大,约为身体的四分之一,嘴钝圆,眼的位置较低,腹鳍前后有肉棱,如图 9－4 所示。生活在水的中上层,滤食游浮植物。我国各大淡水水系均有分布,以冬季所产质量最佳。

图 9－4 鲢鱼

（2）营养价值

从饮食保健角度来看,鲢鱼肉味甘、性温,归脾、肺经,为温中补气的养生食品。日常食用可暖脾胃、补中气、泽肌肤。适用于脾胃虚寒体质者食用。常用的养生方如鲢鱼汤。

（3）烹饪中的应用

鲢鱼肉薄,肉质细嫩,味道鲜美,以体较大者为佳,体重在 0.75kg 以上者口感较好,但小刺较多,《随息居饮食谱》中记载:"其腹最腴,烹鲜极美,肥大者胜,腌食亦佳。"在烹饪应用中,可整用也可加工成多种形状,如段、块、片、丁等;也适用于多种烹调方法,如炒、煎、煮、烧、炖、焖、炸、汆等,代表菜有红烧全鱼、豆瓣鲜鱼、炒鲢鱼片等。

在烹制鲢鱼类菜肴时,由于鱼胆有毒,加工时应予以去除。

4. 鳙鱼

（1）品种和产地

鳙鱼,又称花鲢、胖头鱼、大头鱼等,属鲤形目鲤科鱼类。

鳙鱼,我国传统养殖的"四大家鱼"之一,体型侧扁稍高,头大,约为体长的 1/3,腹部从腹鳍至肛门有皮棱,鱼体背部呈暗黑色,具不规则小黑斑,腹部为银白色,如图9-5所示。生活在水的中上层,滤食浮游生物。我国各大淡水水系均有分布,以冬季所产质量最佳。

图9-5 鳙鱼

(2)营养价值

从饮食保健角度来看,鳙鱼肉味甘、性温,归胃经,为温补强壮的养生食品。日常食用可温中补虚、益脑充髓、强壮身体。适用于脾胃虚寒体质、补脑益脑以及老年体衰者食用。常用的养生方如人参鳙鱼汤。

(3)烹饪中的应用

鳙鱼肉质细嫩,但小刺较多,味道鲜美,尤其是其头部,大而肥美,早在《本草纲目》中就有记载:"鲢之美在腹,鳙之美在头。"除此之外,在《随息居饮食谱》中也有记载:"盖鱼之鳙,常以此供馔食者,故命名如此。其头最美,以大而色较白者良。"在烹饪应用中,可整用或经刀工处理,鳙鱼头部较大,常单独烹制成菜;制作时,适用于多种烹调方法,如蒸、烧、炖、焖、炸等,代表菜有砂锅鱼头、清炖鱼头、鱼头火锅、拆烩鲢(鳙)鱼头等。如果将鱼头拆烩,鱼头的选择应宜大不宜小。

5. 鲤 鱼

(1)品种和产地

鲤鱼,又称鲤拐子、龙鱼等,属鲤形目鲤科鱼类。

鲤鱼,是我国分布最广,养殖历史最悠久的淡水经济鱼类,鱼体呈侧扁形,背鳍、臀鳍均有硬刺,最后一刺的后缘有锯齿,口部有须2对,如图9-6所示。生活在水的底层,杂食性鱼类,食量大,觅食能力强,生长迅速,为淡水鱼产量最高者之一,以2~3月所产肥美。

鲤鱼种类较多,野生种类中知名而质优的主要有黑龙江所产的"龙江鲤";产于黄河流域的"黄河鲤",其中以河南开封、郑州一带所产为佳;产于长江、淮河水系的"淮河鲤"等。家养品种中比较著名有江西婺源的"荷包红鲤";广东高要县的"高要文鲤";广西桂林、全州的"禾花鲤",因其放到稻田中养殖,故又称田鱼;还有从国外引进的鳞鲤、镜鲤、锦鲤等。

图9-6 鲤鱼

(2)营养价值

从饮食保健角度来看,鲤鱼肉味甘、性平,归脾、肾经,为补益利水的养生食品。日常食用可补益强壮、利水去湿。适用于虚弱体质、痰湿体质以及孕妇浮肿和产后食用。常用的养生方如鲤鱼粥。

(3)烹饪中的应用

鲤鱼肉质肥厚细嫩,刺少,肉味纯正,陶弘景曾对鲤鱼有这样的描述:"诸鱼之长,食品上味。"在烹饪应用中,多以整形烹调,经过花刀处理后使其成形美观,也易于烹调入味,也可经刀工处理后加工成多种形状,如块、条、段、茸等;制作时,适用于多种烹调方法,如炒、烧、溜等,代表菜有金毛狮子鱼、抓炒鱼片、糖醋瓦块鱼、干烧中段、糖醋黄河鲤、三鲜脱骨鱼等。

在加工时值得注意的是,鲤鱼脊背两侧分别有一条白筋,俗称"腥线",它能造成菜肴带有特殊的腥气。因此,在加工时我们要将其去除,去除方法:在靠腮的地方和脐门处分别割开一个小口至骨,用刀面拍鱼身使白筋显露,再用镊子夹住将其轻轻抽出即可。

6. 鳜鱼

（1）品种和产地

鳜鱼，又称桂鱼、桂花鱼、季花鱼、鳌花、花鲫鱼、翘嘴鳜等，属鲈形目、鮨科、鳜属鱼类。

鳜鱼，为我国名贵淡水食用鱼类之一，因其主要产于中国且产量居世界之首，故又称中华鱼。鳜属鱼类有鳜鱼（翘嘴鳜）、大眼鳜、斑鳜等多个品种，其中以鳜鱼分布最广，鳜鱼鱼体高而侧扁，背部隆起，长可达 60cm，身体呈浅黄绿色，腹部为灰白色，身体表面有不规则黑色斑块；背鳍一个，由两部分构成，前部为硬刺，后部为软鳍条；口大，下颌长于上颌，头部有细鳞，如图 9-7 所示。生活在水的中下层，喜栖息于静水或微流水中，性凶猛。除青藏高原外，我国各地均有分布，一年四季均产，其中以 2～3 月所产最为肥美，唐代诗人张志和也曾有诗句描述："桃花流水鳜鱼肥"。食用鳜鱼的规格以 750g 为佳。

（2）营养价值

从饮食保健角度来看，鳜鱼肉味甘、性平，归脾、胃经，为补益强壮养生的佳品，有"鱼中上品"之称。日常食用可补五脏、益脾胃、充气血、肥健体。适用于气血虚弱的体质、体形瘦弱、病后体虚者食用，并且可以起到无病强身的作用。常用的养生方有鳜鱼汤、山药炒鱼片等。

（3）烹饪中的应用

鳜鱼肉质细嫩洁白，骨疏而刺少，味道鲜美，含有丰富的胶原蛋白质。在烹饪应用中，既可整用，也可加工成多种形状，如片、丝、丁、块、粒等，如需整用，可用这两种方法进行加工：在肛门处割断直肠，用方头竹筷从鳃口插入腹腔，绞拉出内脏，可保证鱼腹完整，清洗

图 9-7　鳜鱼

后即可加工处理；整鱼出骨，即可保证鳜鱼整形，食之又无去骨刺之嫌，更可填入其他原料成菜。烹调时，适用于多种烹调方法，如蒸、溜、烧、烤等，其中最宜清蒸；适合多种味型，如咸鲜、糖醋、糟香、酱汁、酸辣、麻辣、五香等。代表菜有清蒸鳜鱼、松鼠鳜鱼、白汁鳜鱼、八宝鳜鱼等。

鳜鱼脏杂中的幽门垂多而成簇，俗称"鳜鱼花"，为上等的烹饪原料，是一种附生于鱼胃的可以帮助消化、输送养分的器官，可单独成菜，可用烹、炒、烩、溜等烹调方法。因此在加工时，应注意收集和利用。

在加工时需要注意的是，由于鳜鱼的 12 根背鳍刺、3 根臀鳍刺和 2 根腹鳍刺分布有毒腺，被刺伤后，可产生剧烈疼痛、发热、胃寒等症状，它是淡水刺毒鱼类中刺痛最严重者之一，因此我们在加工时应多加注意，以免被刺。

7. 团头鲂

（1）品种和产地

团头鲂，又称武昌鱼、团头鳊，属硬骨鱼纲、鲤形目、鲤科、鳊亚科、鲂属。

团头鲂，是温水性鱼类，原产于我国湖北梁子湖，是长江中下游重要的淡水经济鱼类。团头鲂体高而侧扁，呈长菱形，头小，吻短而圆钝，体表被较大圆鳞，鱼体背部呈灰黑色，体侧呈银灰色，体侧鳞片基部灰黑、边缘较淡，组成多条纵纹，如图 9-8 所示。生活在水的下层，四季皆有。食用团头鲂的规格为 250g～400g。

图9-8 团头鲂

(2)营养价值

从饮食保健角度看,鲂鱼味甘性平,入脾、胃经。有补脾益胃之功效。《本草纲目》称"腹内有鲂,味最腴美"。用于脾胃虚弱、食欲不振、消化不良。《食疗本草》曾记载鲂鱼的功效为"消谷不化者,作食,助脾气,令人能食。"

(3)烹饪中的应用

团头鲂肉质细嫩,骨少肉多,含脂量高,味道鲜美,属上乘的鱼类原料。在烹饪应用中,以整用居多,也可切割分档使用。适用于多种烹调方法,如蒸、烧、焖、煎等,其中以清蒸为最佳,最能保持其本身所特有的鲜香醇厚的滋味。适用于多种味型,如咸鲜、五香、家常、麻辣等。代表菜有清蒸武昌鱼、红烧武昌鱼、油焖武昌鱼等。湖北的厨师还创制了"武昌鱼席",编制了《武昌鱼菜谱》等。

8. 黄　鳝

(1)品种和产地

黄鳝,又称鳝鱼、长鱼等,属鱼纲、合鳃目、合鳃科、黄鳝亚科。

黄鳝,我国特产的野生鱼类之一。体型细长而圆,形似蛇,体表光滑无鳞有大量粘液附着,特色有青、黄两种;无胸鳍、腹鳍,背鳍、臀鳍低平且与尾鳍相连;头大、口大、眼小,如图9-9所示。喜栖息于泥质洞穴中,除青藏高原外,我国其他地区均有分布,其中以长江流域和珠江流域产量最大,夏季所产肉质最佳,民间有"小暑黄鳝赛人参"之说。

(2)营养价值

从饮食保健角度来看,黄鳝有很高的滋补药用价值,民间有流传"夏吃一条鳝,冬吃一枝参"的说法。其肉味甘、性温,归肝、脾、肾经,日常食用可补五脏、益气血、添精髓、壮筋骨。适用于气血虚弱的体质、体形瘦弱、病后体虚产后虚弱,是妇女和老年人常用的保健食品。常用的养生方有鳝鱼烧肉、炒鳝糊等。

图9-9 黄鳝

(3)烹饪中的应用

黄鳝肉厚而刺少,从鳝肉到山皮,从鳝肠到鳝血,从鳝头到鳝尾,均可制作成菜肴;鳝骨也是一种制汤的良好原料。在烹饪应用中,多经刀工处理后进行烹调,可以加工成段、丝、条、片等;适用于多种烹调方法,如炒、炖、烧、蒸、爆、煸等。代表菜有干煸鳝丝、红烧鳝段、生爆鳝片、油爆鳝球等。江苏淮安有"全鳝席",菜品达100余种。

需要注意的是,切忌吃死黄鳝,因为黄鳝死后,体内所含的组氨酸会迅速转变为有毒的组胺,食用后会引起中毒。另外,在烹制黄鳝类菜肴时,定要将其烧熟煮透,防止一种叫颌口线虫的囊蚴寄生虫感染。

9. 银　鱼

(1)品种和产地

银鱼,银鱼科鱼类的总称,又称面丈鱼、面条鱼,此鱼离水即死,死后鱼体洁白如银,因此而得名。属硬骨鱼纲、鲑形目。

银鱼种类较多,常见且经济价值较高的主要有太湖新银鱼、大银鱼、间银鱼三种。

银鱼,为小型经济鱼类,鱼体细长,前部呈圆筒形,后部略侧扁,形似如簪,呈透明状;头扁平,口大,有锐牙;体表光滑无鳞,仅雄鱼臀鳍上方有鳞,如图9-10所示。生活在淡水或河口中上层水中,长江中下游、各大、中型湖泊中均产,其中以太湖所产最为著名,驰名中外,称为上品,并且与白虾、白鱼并称为"太湖三白"。太湖银鱼捕捞期主要在每年的5月中旬~6月中下旬,故有"五月枇杷黄,太湖银鱼肥"之说。

(2)营养价值

从营养角度看,银鱼营养丰富,可食率为100%。世界营养学界认为,银鱼属于"整体性食物",加工或食用时不用去鳍、骨等,营养完全,有利于增进免疫功能,使人长寿。因此日本人称银鱼为"鱼参",可见营养价值之高。

图9-10　银鱼

(3)烹饪中的应用

银鱼肉质细嫩、头骨细软、五脏俱小。在烹饪应用中,由于体型较小,多为整用且不开膛破肚,将鲜鱼在沸水中烫一下捞出,直接拌食。适用于多种烹调方法,如炸、炒、煎、蒸、做汤羹等;也可将银鱼作为饺子、馄饨等面点食品的馅料。代表菜有银鱼炒蛋、软炸银鱼、银鱼炒肉丝、银鱼藕丝等。

10. 鲫　鱼

(1)品种和产地

鲫鱼,又称鲫瓜子、刀子鱼等,鲤形目鲤科鱼类。

鲫鱼,我国重要的淡水食用鱼类之一。鱼体侧扁青黑色或红色,背鳍和臀鳍都有硬刺,最后一刺的后缘呈锯齿状,口部无须,如图9-11所示。大多生活在水草丛生的浅水湖和池塘中,我国除青藏高原和新疆北部没有天然分布外,其余各地均产,以2~4月和8~12月所产肉质最佳。

(2)营养价值

从饮食保健角度看,鲫鱼肉味甘、性平,归脾、胃、大肠经,经常食用可益脾胃、通乳汁、利水湿,宜养生食用。适用于脾胃虚弱体质、久病虚弱、妇女产后以及痰湿体质者食用。常用的养生方有鲫鱼粥、荷包鲫鱼等。

(3)烹饪中的应用

鲫鱼肉质薄而细嫩,味道鲜美,营养价值较高,但刺较多,因品种的不同质量略有不同,常分两大品系:银鲫(品质较好,味鲜而肥嫩)、黑鲫(品质较次,稍有土腥味)。在

图9-11　鲫鱼

烹饪应用中,可整用也可经刀工处理后进行烹调,一般整用较多;适用于多种烹调方法,如烧、煮、炸、熏、蒸等。代表菜有豆腐鲫鱼、萝卜丝鲫鱼汤、荷包鲫鱼、清蒸鲫鱼等。

(二)咸水鱼

咸水鱼,又称海水鱼,是沿海一带及江、河口咸淡水区域所产鱼类的统称。我国沿海地处温带、亚热带和热带,纵跨渤海、黄海、东海、南海四大海域。我国海洋鱼类已有1700余种,经济鱼类300余种,常见的产量较高的有六七十种。咸水鱼种类有冷水性鱼类、温水性鱼类、暖水性鱼类以及大洋性长距离洄游鱼类和定居短距离鱼类等。

在我国作为渔业资源类群并且产量较高的主要是底层和近底层鱼类,其次是中上层鱼类。由于我国咸水鱼种类繁多,根据不同的分类方法分有不同的种类(如表9－6所示)。

表9－6　咸水鱼分类表

分类方法	种类
按照产量和分布	经济鱼、常见鱼和珍贵鱼
按照形态特点	有鳞鱼和无鳞鱼
按照肉色不同	红肉鱼类和白肉鱼类

在本节中我们只选取大黄鱼、真鲷、带鱼、鳕鱼、大菱鲆、银鲳等六种鱼类进行介绍。

1. 大黄鱼

(1)品种和产地

大黄鱼,又称大黄花、大鲜、桂花黄鱼,属鲈形目石首鱼科,黄鱼属鱼类。

大黄鱼,我国首要经济鱼类之一。鱼体长而侧扁,鱼尾较细长,头大而钝,口裂大且呈倾斜状,有牙齿且尖而细,但前端中央无齿;鱼体背部呈黄褐色,腹部呈金黄色,如图9－12所示。一般成鱼鱼体长约30cm～40cm,较大者可达50cm以上。生活在较深海区,属于暖性结群性洄游鱼类,一般在4～6月份向近海洄游产卵,秋冬季节又回深海区。因其属于我国特产,故又称"家鱼"。

图9－12　大黄鱼

(2)营养价值

从饮食保健的角度看,大黄鱼,味甘、性温,具有开胃益气之功效,适合体质虚弱的中老年人食用,有补益的作用。

(3)烹饪中的应用

大黄鱼肉质细嫩鲜香,呈蒜瓣状,被制作出的菜肴味道鲜美清香,被视为咸水鱼类中的上等品。烹饪应用中,既可整用也可经刀工处理加工成多种形状,如段、片、块、丝、丁等;适用于多种烹调方法,如蒸、炖、煎、炸、烧、焖等,且制作成多种味型的菜肴,如酸甜、酸辣、五香、红油、酱汁等。代表菜有红烧大鲜、糖醋黄鱼、炸溜黄鱼、家常黄鱼等。

值得注意的是,在黄鱼的头部含有大量的粘液,腥味较重,因此在制作前将头皮撕掉,以降低其腥味。在制作整鱼类菜肴时,为保持鱼体的完整性,我们可以采用腮取法(鱼类取其内脏的一种方法,也可以叫做"口腔取")将内脏取出。

2. 真　鲷

(1)品种和产地

真鲷,又称加吉鱼、红加吉、铜盆鱼等,属鲈形目鲷科,真鲷属鱼类。

真鲷,我国名贵的咸水经济鱼类之一。鱼体体形侧扁,长椭圆形,背鳍、臀鳍皆有硬棘,尾鳍呈浅分叉形且后缘呈黑色,鱼体被栉磷呈淡红色,且分布有淡蓝色斑点,如图9－13所示。我国近海均产,历史上以黄海、渤海区产量较高,后因滥捕,资源受到严重破坏,为使资源受到保护,现已开展人工养殖工作。

(2)营养价值

真鲷肉质细嫩而紧密,刺少而味鲜美,尤其是加吉鱼头部,因其颅腔内含有丰富的脂肪和胶质,民间素有"加吉头,鲅鱼尾,鲚鱼肚皮唇唇嘴"之说。其眼球大而多脂膏,在山东沿海一带常以鱼眼奉贵客。

（3）烹饪中的应用

在烹饪应用中,常以整条上席,作为主菜,因其名加吉鱼,被视为吉祥的象征,多数用于喜庆宴席,也可制作成鱼丸、馅心;适用于多种烹调方法,如蒸、炖、烧、焖、烤、溜、白汁等,其中以清蒸、白汁和做汤为最佳。代表菜有清蒸加吉鱼、干烧加吉鱼、烤加吉鱼、清蒸加吉鱼等。在山东长山列岛一带每年到了春汛期,当地人就以真鲷配香椿芽同烧,鲜香四溢。

图9-13　真鲷

3. 带　鱼

（1）品种和产地

带鱼,又称刀鱼（北方）、银刀（山东）、裙带鱼、白带鱼（南方）等,属鲈形目带鱼科,带鱼属鱼类。

带鱼,与大黄花、小黄花、乌贼并称为中国"四大海产"。体长呈侧扁形,带状,一般体长为60cm～120cm,尾部呈鞭状,背鳍很长,胸鳍较小,无腹鳍;嘴大具锐牙;体表光滑,鳞退化成表皮银膜,呈银白色,如图9-14所示。带鱼为暖温性近底层鱼类,喜微光,一般夜间上升至表层,白天则下降至深层,有集群洄游习性。属肉食鱼类。

图9-14　带鱼

（2）营养价值

从饮食保健角度看,带鱼味甘,性温,具有养肝止血的功效,因其含不饱和脂肪酸较高,有降低胆固醇的作用。

（3）烹饪中的应用

带鱼属高脂鱼类,肉质肥嫩而鲜美,有"开春第一鲜"之美誉,鲜食为佳。商品带鱼经分拣,可分为四个等级,即特级、优质、一般、次质。在烹饪应用中,常经刀工成型后使用,可加工成段、块、条等;适用于多种烹调方法,如烧、煎、蒸、炸、焖等;适用于多种味型,如咸鲜、香甜、酸辣、麻辣、家常、咸甜等。代表菜油红烧带鱼、清蒸带鱼、焖带鱼、糖醋带鱼等。

需要注意的是,由于带鱼脂肪含量较高,因此在烹调时宜用冷水,不宜用热水,热水烹调后的带鱼腥味较重。鱼体表面覆盖的银色脂质,可提取光鳞、海生汀、咖啡碱等物质,以供药用或工业用,因此在加工带鱼时,建议不要将银色体膜去掉。

4. 鳕　鱼

（1）品种和产地

鳕鱼,又称大头鳕、大头鱼、大口鱼,属鳕形目鳕科鱼类。

鳕鱼鱼体长而侧扁,尾部向后渐细,头大,尾小,鳞片小,鱼体背部呈褐色或灰褐色,腹部为白色,鱼体表面有褐色斑点,如图9-15所示。体长一般为20cm～70cm,甚有长者可达1m。鳕鱼属于冷水性底层鱼类,杂食性动物,广泛分布于西北太平洋,我国主要产于黄海与东海北部。

图9-15　鳕鱼

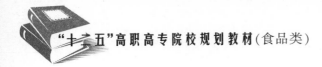

（2）营养价值

鳕鱼肉质洁白细嫩，呈蒜瓣状，脂肪少，蛋白质含量高，是代表性的白色肉鱼类。

（3）烹饪中的应用

在烹饪应用中，通常将鱼头去掉，以鱼体用于烹制菜肴。鲜食、腌制、熏制均可。适用于多种烹调方法，如烧、焖、炖、煨、蒸、煎等，主要以清炖和红焖为主。代表菜有清炖鳕鱼、红焖大头鱼、清蒸鳕鱼、红烧鳕鱼、香煎银鳕鱼、西芹鳕鱼等。以冬季味佳，如系出水鲜品，用于清蒸，风味也较好。

5. 大菱鲆

（1）品种和产地

大菱鲆，又称多宝鱼、蝴蝶鱼、欧洲比目鱼等，属鲽形目鲆科，菱鲆属鱼类。

图 9 - 16　大菱鲆

大菱鲆，原产于欧洲，世界公认的优质比目鱼之一。鱼体扁平，形似菱形且显圆形，两眼位于头部左侧，口大，吻短，口裂前上位，斜裂较大；背面（有眼侧）体色呈棕褐色或称沙色，颜色的深浅会随着环境和生理状况而发生深浅的变化，背面被有少量的角质鳞片，看似无鳞，用手摸略有粗糙感。腹面（无眼侧）呈白色，光滑无鳞；背鳍、臀鳍和尾鳍发达，有软鳍膜相连，如图 9 - 16 所示。大菱鲆属于海洋底栖鱼类。

（2）营养价值

大菱鲆营养丰富，富含不饱和脂肪酸、蛋白质、维生素 A、维生素 C、钙、铁等，尤其是裙边中含有丰富的胶原蛋白；含脂肪和胆固醇低、氨基酸平衡良好，对人体有养颜美容、延缓衰老、降血脂血压、促进儿童生长发育和智力发育起着很大的作用，是一种养身保健食品中十分理想的海洋鱼类。

（3）烹饪中的应用

大菱鲆肉质细嫩洁白，味道鲜美，属于高档食用鱼类。在烹饪应用中，可整用也可加工成多种形状，如段、片、块、丝、丁等。一般情况下整条食用。适用于多种烹调方法，如蒸、烧、炖、炸等，以清蒸最为常见。清蒸时，白色腹部向上，可使其成熟较快，以保其嫩滑，也可以卷起来蒸。

需要注意的是，由于大菱鲆抗病能力较差，现在一些养殖者在养殖过程中食用违禁药物，用来预防和治疗鱼病，从而导致其体内药物残留量严重超标。因此我们在选购时应注意鉴别。

6. 银　鲳

（1）品种和产地

银鲳，又称鲳鱼、镜鱼、车片鱼、平鱼、白鲳等，属鲈形目鲳科鱼类。

银鲳，为名贵食用经济鱼类。鱼体高而侧扁，体形呈卵圆形；头小，吻圆，口小，牙细；体被圆鳞，细小且易脱落；有背鳍、臀鳍，腹鳍成鱼时已退化，尾鳍呈深叉形；鱼体背部呈青灰色，腹部为银白色，全身具银色光泽并密布黑色细斑，如图 9 - 17 所示。鱼体一般长 20cm 左右，长者可达 40cm，体重一般在 300g 左右。银鲳属近海暖温性中下层鱼类，分布于印度洋和太平洋西部，我国沿海均产。

图 9 - 17　银鲳

（2）营养价值

平鱼富含蛋白质、不饱和脂肪酸、微量元素硒和镁以及其他多种营养成分,具有益气养血、柔筋利骨的功效;对消化不良、脾虚泄泻、贫血、筋骨酸痛有一定效果;丰富的不饱和脂肪酸有降低胆固醇的功效,微量元素对冠状动脉硬化等心血管疾病有预防作用,并具有延缓衰老、预防癌症的功效。

（3）烹饪中的应用

银鲳肉质细嫩,脂肪含量高,肉多而刺少且多为软刺。在烹饪应用中,多以整条使用;适用于多种烹调方法,如炖、蒸、焖、煎、炸、溜、烤等。代表菜有清蒸鲳鱼、红烧鲳鱼、煎鲳鱼、荔枝鲳鱼等。

（三）洄游鱼类

洄游是指鱼类为寻找在生活的某一时期所需要的特定环境,最后又返回出发地点的呈周期性、定向性和群体性的迁徙运动。鱼类洄游所经的路径被称为"洄游路线"。从烹饪原料分类的角度来看,某些洄游鱼类既不属于淡水鱼也不属于咸水鱼。

洄游鱼类,根据不同的分类方法分有不同的种类:(1)根据洄游距离的远近分为洄游鱼类和半洄游鱼类两类。(2)根据洄游的路线方向分为溯河洄游鱼类和降河洄游鱼类。溯河洄游鱼类,是指在海洋中生活成长,溯河到淡水中产卵的鱼类。降河洄游鱼类,是指在淡水中生活成长,到海洋中产卵的鱼类。

根据鱼类活动的目的不同可分为生殖洄游、索饵洄游和越冬洄游三类。

本节中我们选取鲥鱼、大麻哈鱼、鳗鲡、河鲀四种洄游鱼类进行介绍。

1. 鲥 鱼

（1）品种和产地

鲥鱼,又称时鱼、三黎,属鲱形目鲱科鱼类。

鲥鱼,属溯河洄游鱼类。鱼体侧扁呈长椭圆形,口大,吻尖;体被大而薄的圆鳞,但尾鳍基部鳞片则较小,腹部具棱鳞,形成箭簇;鱼体背部与头部呈灰黑色,略带蓝绿色光泽,体侧及腹部为银白色;腹鳍和臀鳍为灰白色,其他鳍呈暗蓝色,如图9-18所示。平时生活在海水中,每年的4~6月份会溯河生殖洄游到长江中下游、珠江和钱塘江水系,其中江苏的镇江、南京、安徽的芜湖、安庆、江西为著名产地,尤以镇江所产最佳,端午节前后最为肥美。

（2）营养价值

鲥鱼味鲜肉细,营养价值极高,其含蛋白质、脂肪、核黄素、尼克酸及钙、磷、铁均十分丰富;鲥鱼的脂肪含量很高,几乎居鱼类之首,有"鱼中之王"的美称。它富含不饱和脂肪酸,具有降低胆固醇的作用,对防止血管硬化、高血压和冠心病等大有益处;鲥鱼鳞有清热解毒之功效,能治疗疮、下疳、水火烫伤等症。

图9-18　鲥鱼

从营养保健角度看,鲥鱼所含营养成分十分丰富,其味甘性平,有养血养气,温中补虚,清热解毒的功效。《本草纲目拾遗》中记载:"治腿疮疼痛,取鲥鱼鳞贴之即愈。""治血痣,挑破血不止,将鱼鳞贴下,血即止。"此外,用鲥鱼煮酒食之,可以消除疲劳,解渴生津,是制作药膳的佳品。

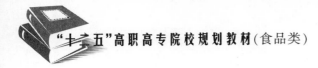

(3)烹饪中的应用

鲥鱼初入江时,丰腴肥硕,脂肪含量高,鳞片下也富含脂肪,在制作菜肴时可使鱼肉更加鲜美。因此,鲥鱼在初加工时不用去鳞。在烹饪应用中,适合清蒸、红烧和清炖等。代表菜有清蒸鲥鱼、酒酿蒸鲥鱼等。

2. 大麻哈鱼

(1)品种和产地

大麻哈鱼,又称大马哈鱼、鲑鱼、鲑鱼、三文鱼等,属硬骨鱼纲,鲑形目鲑科,大麻哈鱼属。

大麻哈鱼,属溯河洄游鱼类。鱼体延长稍侧扁,头后逐渐隆起;口裂大,有锐牙,眼小,背鳍、胸鳍和腹鳍较小,尾鳍呈叉状,背部靠尾端处有脂鳍。体表被鳞,鳞片细小,在海中时鱼体为银白色,入河不久色彩会变得很鲜艳,背部与体侧先变成黄绿色,后渐暗至青黑色,腹部为银白色,如图9-19所示。属冷水性经济鱼类,我国东北著名特产鱼类。大麻哈鱼平时生活在海洋中,秋季会集群游入黑龙江和乌苏里江产卵,产卵后就会死亡,因此在黑龙江一带的渔民都有"海里生,江里死"的说法。幼鱼在4~6月顺流而下,在河口的咸淡水区域生活1个月后进入海洋,一直到性成熟后又会进入江河中产卵。

图9-19 大麻哈鱼

(2)营养价值

三文鱼营养价值比一般淡水鱼更高。主要营养成分为蛋白质和脂肪,维生素 A,D,B_{12} 及 B_6 含量很高,11 种氨基酸含量,含有一般淡水鱼类所没有或很少有的 DHA 和 EPA,而胆固醇含量几乎为零,含有丰富的不饱和脂肪酸,能有效降低血脂和血胆固醇,防治心血管疾病。具有很高的营养价值,享有"水中珍品"的美誉。从营养保健角度看,大麻哈鱼肉有补虚劳,健脾胃、暖胃和中的功效,对消化不良、呕吐酸水、胸闷胀饱、抽搐等症状有一定的治疗作用。

(3)烹饪中的应用

大麻哈鱼肉质紧实、细嫩,富有弹性,脂肪含量较高,味道鲜美;肉色呈橘红色或红玫瑰色。在烹饪应用中,适用于多种烹调方法,如烧、焖、炖、蒸、煮等,可制作生鱼片,也可作馅心。代表菜有清蒸大麻哈鱼、干烧大麻哈鱼、清炖大麻哈鱼等。因其生产季节气温较高,过去鲜运不太容易,因此将大麻哈鱼进行腌制加工,腌制后的肉质紧密、红润、细嫩,可加工成段、块等,以清蒸供食,自动出油,味道清香。

值得注意的是,大麻哈鱼的卵比一般鱼卵要大,大小如珍珠,呈红色,晶莹透亮,可制成"红鱼子",深受西方国家的喜爱。

3. 鳗鲡

(1)品种和产地

鳗鲡,又称白鳝、青鳝、河鳗、鳗鱼等,属鳗鲡目、鳗鲡科鳗鲡属鱼类。

鳗鲡,属降河洄游鱼类。鱼体细长,类似蛇形,前段呈圆柱形,自肛门后逐渐侧扁,尾部细长,头长而尖,眼小,腮孔小,背部呈灰褐色,腹部为白色;无腹鳍,背鳍与臀鳍与尾鳍相连,体表被鳞但细小,隐蔽于皮肤下,如图9-20所示。

图9-20 鳗鲡

鳗鲡平时生活在淡水中,产卵时进入深海,每年8~10月份降河性洄游进入海中产卵,至春季,成群的幼鳗(又称白仔、鳗线)将从海中进入江河,雌鳗所游距离较远,可达上游各水系,雄鳗则留在河口,分别生长发育。到秋季时,雌鳗大批降河,与雄鳗会合后再游至海洋繁殖。分布于长江、闽江、珠江等水系。

(2)营养价值

从营养保健角度看,鳗鲡富含多种营养素,如钙、维生素 A、维生素 E、DHA 与 EPA 等,尤以钙和维生素 A(肝脏中)的含量甚为丰富,是预防骨质疏松和夜盲症患者的良好来源;具有补虚养血、祛湿、抗痨等功效,是久病、虚弱、贫血、肺结核等病人的良好营养品。

(3)烹饪中的应用

鳗鲡肉质细嫩洁白,味道鲜美,富含胶质、脂肪,入口肥糯。在烹饪应用中,常加工成段,也可剔骨后加工成片、丝、条、糜、块等。成段做菜时,先用小量的盐腌制,晾至半干,然后入烹。适用于多种烹调方法,如蒸、烧、炖、焖、炸、煨、溜、烤等。代表菜有黄焖鳝、清蒸青鳝、红烧鳗鱼、豉汁蟠龙鳝等。

值得注意的是,鳗鲡血清中有毒,因此大家不要吃生鳗鲡和生饮鳗鲡血,以免引起中毒。除此之外,口腔黏膜、眼黏膜和受伤的手指均应避免接触到鳗鲡血,以免引起炎症。

4. 河 鲀

(1)品种和产地

河鲀,又称河豚、龟鱼、气泡鱼等,为鲀形目鲀科东方鲀属鱼类的通称。

河鲀,属于溯河洄游鱼类。河鲀体粗大,呈亚圆筒形,体长一般为 15cm ~ 35cm,体重大约为 150g ~ 350g;嘴中有牙,眼大且位高;无腹鳍,背鳍与臀鳍相对各一个,胸鳍一对,尾鳍截形;鱼体背部色深,腹部为乳白色,体表有花纹,因品种的不同各有差异,如图 9 – 21 所示。东方鲀属我国约有 16 种,常见的种类有暗纹东方鲀、虫纹东方鲀、星点东方鲀、条纹东方鲀、弓斑东方鲀等。我国长江、鸭绿江、辽河

图 9 – 21 河豚

等各大河流都有产出,以长江所产最多,集中在江阴、镇江一带。每年春、夏两季为主要捕获季节。

河鲀产卵时生活于近海底层或河口半咸水区,少数品种也可进入淡水中产卵。幼鱼在淡水中成长后,即返回海洋中生活。当其遇到敌害时,食道会扩大成气囊使腹部膨大如球,浮于水面进行自卫,离水后吸气膨胀,发出咕咕的响声。

(2)营养价值

河豚鱼除了味道鲜美,还具有很高的营养价值和保健作用。它富含蛋白质、维生素、氨基酸、不饱和脂肪酸和多种微量元素,尤其是可食部位中谷氨酸的含量为鱼类之最。若与人们认为营养价值较高的甲鱼相比,河豚的营养价值和保健功能更是不言而喻了。现在,河豚鱼的营养价值已被世界所公认,是所有鱼类中经济质量最高、脂肪含量最低的一种,因此被誉为"鱼中之王"。

(3)烹饪中的应用

河鲀肉质肥腴,味道极为鲜美,无芒刺,被誉为"三鲜"之冠(河鲀与鲥鱼、刀鱼并称为"长江三鲜")。河鲀鱼含有河鲀毒素,因此它的烹制过程严格缜密而精细,在江阴须有专门制作河

鲀鱼菜肴的专职厨师,厨师必须经过培训并取得相关证件后才可以进行宰杀、加工或烹制河鲀。由专职厨师烹饪的河鲀菜肴有:红烧河鲀、白汁河鲀、河鲀刺身、巴鱼汤、河鲀三鲜煲等。

河鲀鱼所含的毒素,主要分布在肝脏、卵巢、皮、肠、血、眼、腮等部位,误食可引起中毒,严重者可致死亡。食用时务必将其内脏去除干净将其鱼皮去掉,肉中的血浸洗干净后方可烹制。在日本,宰杀或烹制河鲀必须要经过严格训练和考试合格的厨师之手;同时河鲀可以被加工成生鱼片,属于高档的水产类原料。我国有对食用河鲀的相关规定:河鲀必须经专人严格的去毒处理后,方可食用或加工,整鱼不得在市场上销售。为了满足人们对河鲀鱼的需要现已进行人工养殖,且毒性很低。

三、鱼类的品质检验及储存

鱼类原料质量的好坏决定着烹制出菜肴质量的好坏。众所周知,鱼类原料越新鲜,它的风味和质量也越好,反之,则会越差。鱼类离水后很容易死亡,随着时间的延长,质量会逐步降低,直至腐败变质。为了满足人们对鱼类原料的需要,在采购鱼类原料和制作鱼类菜肴时,对鱼类的质量检验与储存必须加以重视。

(一) 鱼类原料死后的新鲜度变化

鱼类死后通常都会经过僵直、自溶、腐败三个阶段。

1. 僵 直

鱼类死后,由于体内所含的成分变化和在酶的作用下,使其肌肉组织收缩变硬,整个躯体挺直,这时鱼体进入僵直状态。鱼体僵直后,肌肉缺乏弹性,用手指按压鱼体,不易出现凹陷;手握鱼体头部而尾部不会弯曲;鱼嘴紧闭,鳃盖紧合。僵直后的鱼还处于新鲜状态,因此人们常把死后僵直作为判断鱼类新鲜度的一个重要指标。

2. 自 溶

自溶状态,是指鱼体僵直一段时间后,肌肉又会重新变得柔软,但是弹性会有所降低,其质量有所降低。它也是由于鱼体体内所含成分的变化和在酶的作用下引起的。鱼体在自溶的状态下,肌肉组织中的蛋白质分解产物——氨基酸和低分子氮化物为细菌的繁殖创造了有利条件,从而使鱼进入了下一个状态——腐败。

3. 腐 败

随着鱼体中微生物的大量繁殖,鱼体本身所含的一些化学成分,如蛋白质、氨基酸及其他含氮物质等被分解成氨、三甲胺、组胺等腐败产物,使鱼类产生具有腐败特征的气味,这种过程就是细菌腐败。鱼体腐败变质后便不能再食用,以免发生中毒。

(二) 鱼类原料的鉴别方法

鱼类原料的鉴别方法主要分为理化鉴定法和感官鉴定法两种。其中理化鉴定法又可分为理化方法和生物方法。在烹饪行业中,通常采用感官鉴定法来鉴别鱼类原料的质量优劣。因此,在本节中,我们主要介绍感官鉴定法。

所谓感官鉴定法,是指利用人的感觉器官,根据原料外部固有质量的变化对原料的质量进行鉴定的一种方法。此种方法最大的优点就是简便易行、直观迅速。感官鉴定的方法主要包括视觉鉴定、味觉鉴定、嗅觉鉴定、听觉鉴定和触觉鉴定五个方面。

市场销售的商品鱼主要是活鱼、鲜鱼和冻鱼三类。其中鲜鱼是鱼类原料质量鉴定的重要对象,根据其新鲜程度可分为新鲜鱼、较新鲜鱼和不新鲜鱼三类。鱼类新鲜程度的感官鉴定标准如表9-7所示。

表9-7 鱼类不同新鲜程度感官鉴定标准

项 目	新 鲜	较 新 鲜	不 新 鲜
体 表	新鲜鱼体表面有光泽,黏液透明,鱼鳞完整、紧贴鱼体,不易脱落	鱼体表面光泽变差,黏液混浊,鱼鳞较易脱落,有酸腥味	鱼体表面暗淡无光,黏液污秽,鱼鳞易脱落,有腐臭味
眼 部	眼球饱满、稍突,角膜透明清亮,有弹性	眼球变平,眼角膜起皱,稍变混浊	眼球下陷,角膜浑浊,眼腔充血变红
腮 部	鱼鳃色泽鲜红且鳃丝清晰,黏液透明,无异味	鱼鳃色泽变暗,呈淡红、深红或紫红,黏液有酸腥味	鱼鳃呈暗红色、褐色、灰白色,黏液混浊,有酸臭味和陈腐味
腹 部	腹部正常,无膨胀,无异味;肛门紧缩、清洁	稍显膨胀,肛门稍突呈红色	松弛膨胀,有时破裂凹陷;肛门突出
肌 肉	坚实有弹性,切断面有光泽,不脱刺	稍显松弛,弹性减弱,切断面无光泽,稍有脱刺	肌肉松软无弹性,易与骨骼分离,内脏粘连
鱼体硬度	鱼体挺而不软,富有弹性,手指按压后的凹陷能迅速恢复	稍松软,弹性减弱,手指按压后的凹陷恢复较慢	松软无弹性,手指按压后的凹陷不易恢复。

(三)鱼类原料的储存保鲜

鱼类原料的储存保鲜主要有以下几种方法。

1.活 养

将鲜活的鱼类放入淡水或海水中活养。海产鱼类,由于地域限制运用海水活养较少。鱼类活养既可以使鱼保持鲜活状态,又能减少体内污物,减轻腥味。

2.低温保藏法

低温保藏法的原理:一是利用低温延缓或抑制鱼体内微生物的生长繁殖;二是利用低温抑制酶的活性,从而达到延缓鱼类原料腐败变质的目的。

低温保藏法主要包括冷藏、冷冻、冰藏和冷海水保鲜等。餐饮行业中常用的主要是冷藏与冷冻。

(1)冷 藏

冷藏是指将初加工已去掉内脏的鲜鱼放入-3℃～-2℃的环境中保藏。该种方法保存时间较短,对鱼类原料的质量影响较小。一般用于鱼类的暂时保鲜。

(2)冷 冻

冷冻是利用低温将新鲜鱼中心温度降至-15℃以下,使鱼体组织水分绝大部分冻结,再在-18℃以下的环境中进行保存。

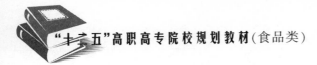

冷冻可分为缓慢冷冻与速冻两类。其中速冻比缓慢冷冻的效果好,可以使鱼能长时间保存,而且能够较好地保持鱼类原有的色、香、味和营养价值。速冻是在30min内使原料的温度迅速降低到 -20℃左右。

四、鱼类制品

(一)鱼类制品概述

鱼类属于易腐烹饪原料,为了提高其保藏性和满足人们的饮食需求,通过各种加工处理后可加工成各种鱼类制品。根据加工方法的不同可分为干制品、腌制品、熏制品、鱼糜制品、冻制品、罐头制品、熟制品等。

1. 干制品

鱼的干制品是利用自然热源太阳的热量和风力进行干燥或人工干燥的鱼制品。代表制品如鱼翅、鳕鱼干、黄鱼鲞等。

2. 腌制品

鱼的腌制品是使用食盐腌制,利用食盐的渗透作用,降低鱼类的水分活性,防止细菌腐败的保藏加工制品(包括以盐渍为基础的制品)。代表制品如咸鱼、糟醉鱼等。

3. 熏制品

鱼的熏制品是将鱼类先用盐渍熏干的加工制品。熏制品常用阔叶树的木材作为熏材,如白桦、苹果、山核桃等,使之不完全燃烧,周围摆放鱼类熏制而成。例如鲱鱼、鳕鱼、鲑鱼等鱼的熏制品。

4. 鱼糜制品

鱼糜制品是将鱼肉绞碎,经调味,制成稠而富有黏性的肉糜,在制作成一定形状后,进行加热处理而制成的食品。常见的鱼糜制品如鱼糕、鱼丸、鱼肉香肠、鱼卷等。

5. 冻制品

鱼类冻制品是将新鲜的整鱼或经过加工成型的鱼类原料(以片、块、段最为常见)进行速冻,并放入 -18℃以下的冷库中冷藏的鱼类制品。除此以外,有些鱼类原料经油炸后也可制成冷冻品。

6. 罐头制品

罐头制品是以鱼类为原料,经过加工或制熟后,利用加工罐头食品的方法,来保持和提高鱼类的食用价值。根据加工工艺的不同可分为:清蒸、调味、茄汁、油浸和鱼糜五大类。

7. 熟制品

鱼类熟制品通常包括鱼糜制品、烘干制品、熏鱼和鱼松等产品。

(二)烹饪上鱼类制品的主要品种

鱼类制品种类较多,本节中我们主要介绍鱼翅、鱼肚、鱼骨和鱼卵四种。

1. 鱼 翅

鱼翅是用大、中型软骨鱼类的鳍经过干制加工而成的制品。常见的鱼翅都是鲨鱼、鳐鱼的鳍加工而成,如图9-22所示。

鱼翅作为"海八珍"之一,与燕窝、海参和鲍鱼合称为中国四大"美味"。我国沿海均产,主

图 9 - 22　鱼翅

要产于福建、浙江、广东、台湾等地。日本、菲律宾等国也有生产,进口鱼翅用以菲律宾所产的吕宋黄质量最佳,被奉为上品。

主要的食用部位是鱼鳍中的角质鳍条,通常被称为翅针或翅筋。

(1)鱼翅的种类

鱼翅种类繁多,根据不同的分类方法分为不同的种类,如表9-8所示。

表 9 - 8　鱼翅分类表

分类方法	种类	特征
按鳍的生长部位	①背翅 ②胸翅 ③腹翅和臀翅 ④尾翅	背翅又称披刀翅、脊翅,呈三角形板面宽,顶部略向后倾斜,后缘略凹;两面为灰黑色,肉少,翅针多而粗壮,质量最好 胸翅又称青翅、划翅、肚翅等,呈三角形,板面背部略凸,一面为灰褐色,一面呈白色,翅少肉多翅体稍瘦薄,品质中等 尾翅又称钩翅、尾勾翅、勾尾,肉多骨多,翅短翅少,品质最差
按加工与否或加工品的形状	①原翅 ②毛翅 ③净翅	原翅即未经加工去皮、去肉、退沙而直接干制而成,又分为咸水翅(用海水漂洗)和淡水翅(用淡水漂洗),以淡水翅品质为佳 毛翅即为无沙翅,以原翅为原料,经冷水、热水浸泡处理后,刮去表层砂皮,洗净晒干而成 净翅即以原翅为原料,经过浸洗、加温、退沙、去骨、挑翅、除胶、漂白、干燥等工序加工而成。按照加工方法不同,可分为明翅、大翅、长翅、青翅、翅绒、净翅六种。按成品形态可分为散翅、排翅、翅饼、翅砖五类
按翅的颜色	①白翅 ②青翅	白翅以真鲨、双髻鲨等的鳍制成 青翅以灰鲭鲨、宽纹虎鲨等的鳍制成 一般情况下,热带海洋中所产的鱼翅颜色黄白,质量最佳;温带海洋中颜色灰黄,质量较差;寒带海洋中色青,品质最差
按鱼的种类和鱼翅大小	①群翅 ②锯鲨翅 ③白骨翅 ④杂翅 ⑤翅仔等	群翅由犁头鳐的鳍制成,价值最高 锯鲨翅是由锯鲨的鳍制成,价值同群翅 白骨翅是用白眼鲨的鳍制成 杂翅是其他鲨鱼鳍制品的总称 翅仔用体形较小的鲨鱼的鳍制成,价值最低

(2)鱼翅的品质鉴别

在选择原翅时,以翅板大而肥厚,不卷边,板皮无褶皱,有光泽,无血污、无水印,基根皮骨少,肉洁净为佳。

选择净翅时,以翅筋粗长,洁净干燥,色泽金黄且呈透明状,有光泽,无霉变、无虫蛀、无油根、无夹砂、无石灰筋者为佳。

(3)烹饪中的应用

烹饪中,在使用前均应用水涨发的方法,涨发后才可制作菜肴。再者,由于鱼翅本身并无显味,所以在制作鱼翅类菜肴时,常用鲜汤赋予其味道。常用的烹调方法主要有烩、蒸、烧、焖、扒、煨等,其中以烧扒最多;适用于多种味型。代表菜有黄焖鱼翅、红烧大群翅、清炖鱼翅、蟹黄鱼翅等。

图9-23 鱼 肚

2. 鱼 肚

鱼肚,是用大中型鱼类的鱼鳔干制而成,主要鱼类有鮸鱼、鳇鱼、大黄鱼、鲟鱼、毛鲿鱼、黄唇鱼、鮰鱼、海鳗等,这些鱼类的鱼鳔比较发达,鳔壁厚实,是制作鱼肚的良好原料,因其富含胶质又称为鱼胶。在清代被列为"海八珍"之一,常作为宴席的主菜或大菜,如图9-23所示。

(1)鱼肚的种类

鱼肚的种类较多,一般根据鱼的种类进行分类,常见的有黄唇肚、毛鲿肚、大黄鱼肚、鲟鱼肚、鮰鱼肚、鳇鱼肚、鮸鱼肚、鳗鱼肚等,其中以黄唇肚质量最佳,色泽金黄、鲜艳有光泽,因产量稀少而名贵;以鳗鱼肚质量最差,色淡黄;其他鱼肚质量均较好。

根据产地的不同使得鱼肚也有不同的名称,如在餐饮行业中,通常被称为"广肚"的是产于广东、广西、福建、海南沿海一带的毛鲿肚和鮸鱼肚的统称;湖北一带的鮰鱼肚因外形似笔架山,被称为"笔架鱼肚";原产于中南美洲的鱼肚称为札胶,当地称之为"长肚"等。

(2)鱼肚的品质鉴别

鱼肚的质量以板片大,肚形平展整齐、厚而紧实、厚度均匀。色泽淡黄,整洁干净,有光泽,半透明者为佳。

质量较次者,板片小,边缘不整齐,厚薄不均匀,色泽暗黄,无光泽,有斑块。

(3)烹饪中的应用

干制鱼肚在正式烹制之前,都需经过涨发后使用,经常用的涨发方法有油发、水发和盐发,一般肚形较大厚实或当补品吃的以水发为好;肚形小而薄或做菜肴者宜用油发,避免因水发导致鱼肚软烂,容易发生糊化,油发后的鱼肚,密布着大小不同的细气泡,成海绵状,烹制成菜肴后可饱吸汤汁,使得滋味纯美浓郁,口感膨松舒适。适用于多种烹调方法,常用的有扒、烧、炖、烩等烹调方法。代表菜有红烧鱼肚、白扒鱼肚、蟹黄鱼肚、鸡丝鱼肚等。

值得注意的是,由于鱼肚本身并无滋味,如单独成菜,必须用上汤调制,赋予其味道。

3. 鱼 骨

鱼骨,又称明骨、鱼脆、鱼脑,是以鲨鱼、鳐鱼的头骨、脊骨、支鳍骨等部位以及鳇鱼、鲟鱼的腮脑骨、鼻骨加工干制而成。其制成品为长形或方形的块和片,呈白色或米色,有光泽,半透明状,坚硬。明骨富含胶原蛋白,所含硫酸软骨素对人体的神经、肝脏、循环系统起着滋补的作用。

(1)鱼骨的种类

常见的鱼骨主要是由姥鲨的软骨加工制成,分长形和方形两类。呈白色或米色,半透明状。

根据鱼类的不同及生长位置的不同,其质量也有所差异。一般以头骨或颚骨所制鱼骨为佳,尤以鲟鱼的鼻骨制成的为名贵鱼骨,称其为龙骨。

(2)鱼骨的品质鉴别

鱼骨以均匀完整、坚实、色白,呈半透明状,洁净干燥者为佳。鲟鱼和鳇鱼的腮脑骨所制品质较好;鲨鱼和鳐鱼软骨因骨质薄而脆,品质较差。

(3)烹饪中的应用

鱼骨在烹制菜肴之前需涨发后才可使用,一般用采用水发的涨发方法。涨发后,经刀工处理后切成片或条;因其本身并无滋味,在烹制菜肴时需用上汤或与鲜美原料同烹赋予其味道。适用于多种烹调方法,如煨、烧、烩、煮等,制作汤羹菜肴,也可以配以果品制作甜菜。代表菜有烧鱼骨、芙蓉鱼骨、桂花鱼骨、烩三鲜鱼骨、清汤鱼骨、明玉鱼骨等。

4.鱼　卵

鱼卵又称鱼子,是鱼卵经过腌制和干制而成,最常见的加工产品是鱼卵盐藏(渍)品。制作鱼卵的主要鱼类有鲑、鳟、鲟、鳇、鲱、鳕、金枪鱼等,如图 9-24 所示。

图 9-24　鱼子

(1)鱼卵的种类

鱼子按其颜色主要分为红鱼子、黑鱼子和青鱼子。除青鱼子外,红鱼子和黑鱼子被欧美人称为世界三大美食之一,尤以黑鱼子最为名贵。

红鱼子:是鲑科鱼类的鱼卵加工而成,其中最为著名的是由大麻哈鱼的鱼卵腌制而成的鱼子。鲑鱼卵卵粒较大,形似赤豆,直径约为 7mm,色泽鲜红,呈半透明状,故称"红鱼子"。

黑鱼子:是鲟科鱼类或鳇鱼的鱼卵加工制成,为盐渍品。其中尤以鲟鱼卵制品最为著名。黑鱼子呈颗粒状,形似黑豆,包裹一层衣膜,外附着一薄层黏液,半透明状,黑褐色,故称"黑鱼子"。用鲟科鱼类鱼卵制作成的鱼子酱,有"黑黄金"之称,以产自里海的大白鲟鱼卵制成的鱼子酱品质最高。

青鱼子:是鲱鱼的鱼卵经盐渍或干制而成,形状较小,颜色泛青,故称"青鱼子"。因其具有坚韧的齿感和沙粒样舌感,成为日本人最喜爱的食品之一。

(2)烹饪中的应用

在菜肴制作中,主要用于凉拌,也可烹炒、调汤或作鱼子酱,涂夹于面包片或馒头片中食用。

需要注意的是,鱼子酱切忌不可与气味较重的原料搭配食用,也不能使用银质餐具,以免破坏鱼子酱的特有风味。

(3)营养价值

鱼卵中富含蛋白质、磷脂、维生素等多种营养素,特别是维生素 A、维生素 D 等脂溶性维生素以及不饱和脂肪酸。

第三节　两栖爬行类

两栖爬行类,指的是脊椎动物中的两栖类动物和爬行类动物的总称。两栖类动物的种类

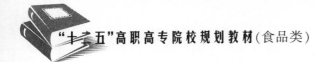

在自然界中相对较少,爬行类虽然相对较多些,但多为国家保护动物,长期以来都是以野味的形式出现在餐桌上,人工养殖的种类和数量较少,烹饪中的应用也较少。因此在本节中我们将这两类动物合并在一起介绍。

一、两栖、爬行类原料的特点

两栖、爬行类原料的特点,如表9-9所示。

表9-9　两栖、爬行类原料各组织特点

种　类	概　述	项　目	特　点
两栖类	两栖类是从水生生活过渡到陆生生活的脊椎动物。幼体在水中生活,腮呼吸,无成对附肢;成体后大多栖于陆地,少数种类栖于水中,一般用肺呼吸,有成对附肢。也有四肢完全退化且适应穴居生活,如蚓螈等。为卵生动物,有冬眠习性。分无尾目、有尾目和无足目三目	皮肤组织	由表皮和真皮构成,皮肤裸露,富于腺体,能帮助呼吸。皮肤细胞内具有色素,可引起体色的改变;皮肤与肌肉两节不紧密,加工时易于剥除。有的皮肤可再利用,有些则不能,如蟾蜍(皮肤有毒腺)
		骨骼组织	两栖类属于较低等的动物,因此无肋骨,没有形成胸廓,胸腹部柔软,剥皮后扁平的背部直接露出;脊椎骨的数量因其种类不同存在着较大的差异,约在10~200块。无尾目脊椎骨较少,脊柱变短,尾椎骨愈合后退化成尾杆骨
		肌肉组织	鱼状水生类的躯体肌肉组织仍保持分节现象,蛙类的躯体肌肉已分化为肌肉群,多为纵行或斜行的长肌肉群;腹侧肌肉薄而分层。鱼状类躯体部位肌肉发达,蛙类四肢肌肉发达,特别是后肢肌肉 　　由于结缔组织较少,两栖类原料肌肉组织色白柔软,细嫩而鲜美,可适用于多种烹调方法
		脂肪组织	脂肪含量低,在肌肉组织中更少,是典型的高蛋白、低脂肪原料,深受人们的喜爱
爬行类	爬行类是真正的陆栖动物的祖先,但有些种类的生活仍离不开水 　　爬行类是以肺呼吸、混合型血液循环的四足变温脊椎动物,体表被鳞或骨板。多数为卵生,少数为胎生	皮肤组织	皮肤干燥,缺乏腺体;由于皮肤角质化,变得粗糙,部分种类体表被鳞片或骨板,因此食用价值较低。但鳖类除外,因为鳖类的背腹甲由结缔组织相连,身体两侧形成厚且柔软的裙边,具有很高的食用价值。皮肤色素细胞发达,可用来自我保护,躲避敌害
		骨骼组织	具有较发达的肋骨,且与胸骨共同构成坚固的胸廓,起支撑和保护作用。但蛇类四肢退化,因其特殊的运动方式,不具有胸骨,其肋骨活动性增大
		肌肉组织	肌肉不在出现分节现象,形成复杂的肌肉群,出现了肋间肌和皮肤肌。肌纤维较粗糙,结缔组织含量高,胶质重。但蛇类肌肉色白,质地细嫩而柔软,味道鲜美
		脂肪组织	脂肪含量少,集中在腹腔,肌肉间较少,富含亚油酸,胆固醇含量低

二、两栖、爬行类原料常用品种

(一)两栖类原料

常见的两栖类原料主要是蛙类,在本节中我们选取牛蛙、中国林蛙、棘胸蛙、美国青蛙四种进行介绍。

1. 牛　蛙

(1)品种和产地

牛蛙,又称食用蛙、喧蛙,属无尾目科;因鸣叫声大,远听似牛叫而得名,生活于池沼和水田等处。原产于北美洲,我国 20 世纪 60 年代引进,现已人工饲养。

牛蛙体型较大,体长约 18cm～20cm,体重约 0.5kg～1kg,重者可达 2kg。牛蛙腹部呈白色,背部呈褐色(雌蛙)或深绿色(雄蛙),咽部呈黄色(雄蛙)或有淡黑色斑点(雌蛙)。后肢较长较大,趾间有蹼,属于世界上体型较大的蛙类,如图 9－25 所示。

图 9－25　牛蛙

(2)营养价值

牛蛙的营养价值非常丰富,味道鲜美。每 100 克蛙肉中含蛋白质 19.9g、脂肪 0.3g,是一种高蛋白质、低脂肪、低胆固醇营养食品,备受人们的喜爱。

牛蛙还有滋补解毒的功效,消化功能差或胃酸过多的人以及体质弱的人可以用来滋补身体。牛蛙可以促进人体气血旺盛,精力充沛,滋阴壮阳,有养心安神补气之功效,有利于病人的康复。

(3)烹饪中的应用

牛蛙肉色洁白,质地细嫩,味道鲜美,营养丰富,蛙卵也可入馔,为高蛋白、低脂肪的名贵原料。适用于多种烹调方法,如爆、炒、溜、烩、炸、蒸、烧等。代表菜有红烧牛蛙、腰果牛蛙、鱼香牛蛙、泡椒牛蛙等。

2. 中国林蛙

(1)品种和产地

中国林蛙,又称田鸡(商品名)、雪蛤(广东)、蛤士蟆等,属无尾目蛙科;生活在阴湿的山坡树丛中,冬季集群在河水深处石块下冬眠。原产于中国、朝鲜、俄罗斯等地,我国以长白山所产为佳。每年秋冬季节捕捉上市,此时蛙体肥重,肉质细嫩。

图 9－26　中国林蛙

中国林蛙背部呈墨绿色、草绿色或棕黄色,腹部为白色(雄蛙)或棕红色(雌蛙)散有深色斑点,鼓膜处有一黑色三角形斑,体被和腿部有黑白相间的条纹。后肢较大,趾间有蹼,如图 9－26 所示。

(2)营养价值

中国林蛙是集药用、食补和美容功能于一体的珍贵两栖类原料,尤其是雌蛙输卵管提取后的阴干品,即蛤士蟆油,为名贵的中药材,具有补肾益精、养阴润肺、补虚等功效。

(3)烹饪中的应用

蛤士蟆油是雌性中国林蛙输卵管干制而成的干制品,因其干后呈脂肪状,故称蛤士蟆油,又称田鸡油、雪蛤膏。中国林蛙生长期为5～7年,其中第三年的蛤士蟆油质量最好。满族人视其为能赐福消灾的吉祥之物,被称之为"产于北方的冬虫夏草"和"软黄金"。

蛤士蟆油,鲜品呈白色,干制品呈黄白色,呈不规则胶质块状,相互重迭,略呈卵形,有脂肪光泽,偶有灰白色薄膜状干皮,用手摸有滑腻感,放到温水中浸泡,膨胀时输卵管破裂,24h后呈白色絮状。

蛤士蟆油以块大、肥厚、呈黄白色、有光泽、不带皮膜、无血筋和蛙卵者为佳。

烹制时需涨发后才可使用。一般中清水涨发,去除杂质洗净即可使用。多作为主料,适合于多种烹调方法,如余、烩、炖、蒸、煨等,火力不宜太强,调味多取甜味,作甜羹菜,如冰糖蛤士蟆油等,亦可作咸味菜肴,但须借助鲜汤增味。代表菜有鸡粥蛤士蟆、雪梨炖蛤士蟆等。

中国林蛙肉质细嫩鲜美,冬眠体更佳,与"熊掌、猴头蘑和飞龙"并称为"东北四大山珍"。适用于多种烹调方法,如烧、炖、煨、炸等,代表菜有芙蓉蛤士蟆、软炸蛤士蟆、宫保田鸡腿、烧海米蛤士蟆等。

3. 棘胸蛙

(1)品种和产地

棘胸蛙,又称石鳞、石蛙、石鸡等,属无尾目蛙科;我国特有大型野生蛙,生活于山区溪流下的石块上或附近岩石上,每年6月捕食。以安徽黄山、江西庐山所产最为有名,与石耳、石鱼并称为"黄山三石"和"庐山三石"。

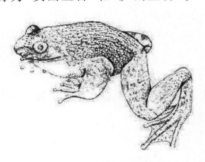

图9-27 棘胸蛙

棘胸蛙,雄性背部有成行的长疣"刺疣",胸部有大团刺疣,故称棘胸蛙;雌性背部有小团疣,腹面光滑。蛙体肥硕,成蛙体重一般在200g～400g,如图9-27所示。

(2)营养价值

石蛙体大肉多且细嫩鲜美,营养丰富,具有重要的食用、保健和药用价值,是目前所有蛙类中最具有风味特色和营养价值的蛙种。蛙肉中含有高蛋白、葡萄糖、氨基酸、铁、钙、磷和多种维生素,脂肪、胆固醇含量很低,历来是宴席上的天然高级滋补绿色食品,被美食家誉为"百蛙之王"。

(3)烹饪中的应用

棘胸蛙肉质细嫩,味道鲜美,富含蛋白质,脂肪含量较低,钙含量丰富。在烹饪应用中,适于多种烹调方法,适宜清蒸、软炸、红烧、干煸等。代表菜有软炸石鸡、香油石鳞腿、清蒸石鸡等。

与棘胸蛙相类似的还有棘腹蛙(胸腹部布满大小黑刺疣)和双团棘胸蛙(胸部有两团对称刺疣)。

4. 美国青蛙

(1)品种和产地

美国青蛙,又称美蛙、猪蛙,属无尾目蛙科;1987年从美国引进,是一种食用、药用和制革的多种经济价值的优良蛙类。现已在我国各地发展养殖,集中于广东等地。

美国青蛙个体比本地青蛙大,但比牛蛙小,具有很强的抗寒能力,无冬眠习惯,只要喂食,即可生长,是一种非常适合人工养殖的蛙类。最大者可达500g左右,如图9-28所示。

图9-28 美国青蛙

（2）营养价值

美国青蛙肉质洁白细嫩,营养丰富,为高蛋白,低脂肪,低胆固醇的高级营养品含有人体必需的十八种氨基酸和多种微量元素。蛋白质组成平衡,包括八种人体所必需的氨基酸等,更值得提出的是:美蛙的血清胆固醇含量很低,补血的铁元素比其他肉类高了百倍。青蛙皮烹制成佳肴,其美味胜过甲鱼裙边。所以,美蛙肉是人们所追求的营养价值高、味道鲜美的野味食品,被列为当今世界九大名菜之一。

由于美蛙肉营养全面、胆固醇低、补血的铁元素含量很高,所以具有良好的营养滋补与美容作用。美蛙肉具有健脾开胃、清热解毒、补虚、止咳之功效。可治痔积、膨胀、咳嗽、毒痢、黄疸等病症。尤其是体虚阴衰、贫血、心脏病和高血压患者宜多吃。人（特别是妇女）忌口之时胃弱或胃酸过多时最宜多吃美蛙肉,真所谓药补不如食补。

（3）烹饪中的应用

美蛙肉白、鲜、香、嫩,味道鲜美,在烹饪应用中,适于多种烹调方法,适宜清炖、软炸、红烧、干煸等,如"清炖美蛙"、"红烧美蛙"。还可将美蛙制成五香蛙肉罐头、清蒸蛙肉罐头、林蛙肉肉松等风味食品。

（二）爬行类原料

常见的爬行类原料主要有龟鳖类和部分蛇类。

1．龟鳖类

（1）龟　类

①品种和产地

龟类按照水生习性可分为两类,一类是陆栖性的或生活在淡水中的龟类,一般包括龟科和平胸龟科,具体种类主要有乌龟、黄喉龟、金钱龟、平胸龟等。另一类是生活于热带或亚热带海洋中的多种龟类,一般指海龟科和棱皮龟科,具体种类主要有玳瑁、棱皮龟等,如图9-29所示。

图9-29 龟

常见乌龟的背甲和腹甲在侧面联合成完整的龟壳（并非以韧带联结）,背部具有三条纵向的隆起,背甲呈棕黑色或黑色;腹甲呈棕黄色,生长缓慢。其肉可以食用,被视为良好的滋补品,并作宴席上的珍品。平胸龟则为出口珍品之一。

②营养价值

龟类除了它的食用价值比较高外,其药用价值也比较突出,中医认为食用龟肉性平味甘具有滋阴降火等功效。因剌龟类在烹饪中也常用作药膳原料,与多种中药材搭配使用,从而发挥其药食兼用的功效。代表菜有炖龟苓汤、虫草炖金龟等。

③烹饪中的应用

龟肉结缔组织含量较多且胶质重,味道鲜美但较老,适用于长时间加热的烹调方法,如烧、焖、炖、煨、蒸等。代表菜有乌龟炖鸡、汽锅金龟、白果炖金龟、龟羊汤等。

（2）鳖　类

①品种和产地

鳖类是鳖科的爬行动物,常见的品种有中华鳖、山瑞等。最常用的是中华鳖,又称团鱼、甲鱼、水鱼、王八等。

图 9 – 30　鳖

鳖类,体略成圆形,体表无胶质盾片,覆盖以柔软的皮肤,颜色通常为橄榄绿色,边缘有厚实的裙边,腹面呈乳白色或稍显黄色。柔和裙边味道鲜美,为著名的滋补品。我国各地湖泊、河流、池塘等处均产(新疆、青海、西藏除外),目前已人工饲养,四季均产,以 3 ~ 5 月份和 8 ~ 10 月份为盛产期,如图 9 – 30 所示。

②营养价值

鳖肉肉质细嫩,裙边胶质重,色白如玉,软滑爽口,肥腴适宜,中医认为,其甲性寒味咸,可养阴清热、平肝息风;其肉可滋阴凉血;鳖血可治虚劳温热、脱肛等症。

③烹饪中的应用

在烹饪应用中,适用于长时间加热的烹调方法,如炖、焖、煨、烧等,且最宜整只使用,调味时应清淡,以保持其原汁原味。代表菜有红烧甲鱼、霸王别姬、生炒甲鱼、冰糖甲鱼、清蒸甲鱼等。

值得注意的是,死鳖不可以食用,因其体内含有较多的组氨酸,死后极易腐败变质,组氨酸会分解成有毒的组胺物质,食用后会引起中毒。再者,一些饲养者为了提高自己的经济效益,在喂养的过程中使用大量的违禁药物,这样一来甲鱼不但不会给人体带来健康,还会对人体安全构成威胁,因此药物催生的甲鱼不宜食用,大家在选择甲鱼时应多加注意。

总体来说,从烹饪角度出发,龟和鳖的烹制方法基本一致。可整用,也可经刀工处理后使用。在选择龟鳖类原料时,一般选择 500g ~ 750g 的龟鳖成菜较好,太小的话骨多肉少,肉的香味不足;过大过老肉质会变的老硬,滋味不佳。还须注意的是,春、秋两季所产者最为壮实,分称"菜花甲鱼"、"桂花甲鱼",又以后者为佳,民间有"初秋螃蟹深秋鳖,吃好鳖肉过寒冬"的说法。

需要注意的是,在加工时,龟鳖的黑色皮膜臊气甚重,宰杀后需用热水适当浸泡,细心刮除即可。剖腹时切勿弄破膀胱,除脏时摘尽黄色油脂,否则肉味腥苦。

2. 蛇　类

①品种和产地

蛇类属于爬行类,有鳞总目、舌亚目,体型细长,没有四肢。主要分布在热带和亚热带的荒野草地、山川森林湖泊等地。蛇类属变温动物,到冬季时需钻入洞穴冬眠,春末夏初出蛰。吃蛇的最佳季节是秋、冬季,此时蛇最肥美,故民间有"秋风起,三蛇肥"之说。

蛇类因大部分生活在陆地上,因此在本节中我们选择了水赤链、水蛇、红点锦蛇三种涉水蛇类进行介绍。

a. 水赤链

水赤链，又称水游蛇、水火链等。属无毒蛇，背面呈灰褐色，体侧呈黄色有黑色环纹；腹部呈粉红色和灰白色斑纹交叉排列。主要生活在广东、广西、福建等地山涧附近的田野和平原的水田、池沼、水沟中。

b. 水　蛇

水蛇，又称中华水蛇、泥蛇、水律蛇等。属有毒蛇，头扁，头颈区分不明显，背面暗灰棕色，有不规则小黑点；腹面呈浅黄色，有黑斑、尾部略显侧扁。生活在池沼和河沟等地。主要分布在广东、广西、福建等地。

c. 红点锦蛇

红点锦蛇，又称水蛇、黄颔蛇等。头背有三个黑褐色"∧"形斑，背部呈淡红褐色或黄褐色，腹部呈黄棕色，密布黑色方斑。半水栖性，在平原水网地区常见，主要分布在东北和华北地区。

②营养价值

蛇肉含有大量的蛋白质和氨基酸，其中包括人体所必需的8种氨基酸，但这8种氨基酸人体本身是不能合成制造出来的，必须从食物中摄取，而蛇肉中这8种氨基酸含量较高。另外，蛇肉中还含有一种叫谷氨酸的特殊物质，它具有增强脑细胞活力的作用。除此之外还含有钙、铁、磷、锌等无机盐以及维生素A，维生素B_1、维生素B_2等微量元素。

中医认为常食用蛇肉可以祛风活血，消炎解毒，补肾壮阳。它对痹子疮疖，关节风湿，肾虚阳痿，美容驻颜等有着很高的食用疗效。此外用蛇加一些中药材泡酒，可以起到治疗肌肉麻木，祛风散湿，滋补强壮的作用，特别适用于中老年朋友，被人们誉为"健康之酒"。

③烹饪中的应用

总体来说，蛇肉色白而细嫩，是宴席中的珍品，特别是蛇柳尤为鲜嫩。蛇在加工时，可先去皮，也可以不去掉皮而刮去鳞片。可加工成多种形状，如块、丝、段、丁等；同时，也适用于多种烹调方法，如煎、炸、烧、焖、炖、炒、烩等。代表菜有五彩蛇丝、烧凤肝龙片、龙虎斗、龙凤汤等。行业上通常将金环蛇、眼镜蛇和灰鼠蛇合称为三蛇，再加上三索锦蛇和尖吻腹（五步蛇）则成为五蛇。

值得注意的是，加工时蛇肉不可浸水，否则会变的老韧；炒制时采用热锅冷油的方法，以保持蛇肉完整。此外，蛇肉内含有很多寄生虫，少吃为宜。

第四节　虾蟹类

虾蟹类属于甲壳纲动物，广泛分布于淡水和海洋中，具有很高的经济价值。虾蟹类的身体上都包裹着一层甲壳，被称为外骨骼。它们一生中要蜕壳多次，否则会限制其身体的生长。由于虾蟹类原料味道鲜美且营养价值较高，已成为人们最喜爱的水产品之一。

一、虾蟹类的形态结构特点

（一）虾类的形态结构特点

1. 外形结构

虾类是甲壳纲十足目长尾亚目动物的通称。其体型延长，体大而侧扁，前端额剑侧扁，呈锯齿状,腿细长,能游泳或爬行;外骨骼薄而透明,软且有韧性,腹部的尾节与其附肢合称尾扇。

2.组织结构

虾类腹部发达,肌肉多,内脏少,肉质洁白细嫩,持水性强,营养丰富;虾的内脏主要位于头胸部。在虾的背部有一条黑色的沙线,称为虾肠或泥肠,含有较多的泥沙等杂物,加工时应予以去掉。在繁殖季节,虾子和虾黄都可作为烹饪原料。

(二)蟹类的形态结构特点

1.外形结构

蟹类是甲壳动物十足目爬行亚目短尾派的统称。身体背腹扁平近圆形,额剑背腹扁平或无。头胸甲发达,坚而脆,腹部很小,折曲在头胸部的下方,通常称其为"脐"。第一步足强壮,呈钳状,被称为"螯足"。从蟹的整体外形看,坚甲利足,横行逞凶,因此第一个吃螃蟹的人被称为勇士。

2.组织结构

蟹类腹腔内容物多,肌肉少,但蟹的螯肢和附肢以及与头胸部连接螯肢和其他附肢的部位肌肉发达,肉质洁白细嫩,味道鲜美。在繁殖季节,雌蟹的卵块因其色泽金黄、松沙多油被称为"蟹黄";雄蟹的生殖腺因其色泽玉白、细嫩肥润被称为"脂膏"。两者都是味道鲜美的名贵原料。

虾蟹类原料的共同点:因其外骨骼上有许多色素细胞,主要为虾青素。在动物活着时虾青素与蛋白质相结合,使体色呈青灰色。加热后或遇酒精时,蛋白质发生变性,虾青素析出后被氧化成虾红素,使虾蟹体表呈现出美丽的红色。由于色素细胞分布不均匀使得蟹类并不是全身变红,再者幼小的虾色素细胞较少,致使色泽变化不明显。

二、虾蟹的主要种类

(一)虾 类

虾的种类多,分布广。世界上虾类约有2000种,近400种具有经济价值。中国虾类分布较广,其中生活在南海的200余种,东海有100余种,黄海和渤海近60种,产量最大的是毛虾,其次为对虾。此外,黄海、渤海产的脊尾白虾和鹰爪虾,南海产的新对虾、仿对虾和龙虾都是重要的经济虾类。

按照虾类的水生环境可分为淡水虾和海水虾。常见的淡水虾种类主要有白虾、罗氏沼虾(半淡水)、日本沼虾以及螯虾类;常见的海水虾种类主要有龙虾、对虾、毛虾、鹰爪虾等。

在本节中,我们将主要介绍淡水虾中的沼虾、螯虾和海水虾中的龙虾、对虾共四类。

1.淡水虾

(1)沼 虾

①品种和产地

沼虾,是甲壳纲十足目长臂虾科、沼虾属的总称。是温、热带重要的淡水经济虾类。常见的种类有日本沼虾和罗氏沼虾。

日本沼虾,俗称"河虾"。我国沼虾有20多种,其中日本沼虾分布最广,我国各地均有分布,是我国重要的淡水食用虾。日本沼虾体形粗短,体色青丽透亮,额角基部两侧呈青蓝色并有棕绿色斑纹,故又称之为"青虾";日本沼虾前两对步足呈钳状,其中第2对步足特别长,超过身体长度,尤其是雄虾长度可超过身体的2倍,如图9－31所示。广泛分布于我国各地的江河湖沼中,其中著名产区有太湖、洪泽湖、白洋淀、微山湖、潘阳湖和洞庭湖等,产量十分丰富,总产量为淡水虾之冠。每年春夏季产卵,抱卵的青虾在渔业上称为"带子虾",味道鲜美,受到大众的青睐。

图9－31　日本沼虾

罗氏沼虾,又称马来大虾、淡水长腿虾、金钱虾,分布于东南亚一带,是沼虾中个体最大的一种,体长可达40cm,体重可达600g。体色呈淡青色且带有棕黄色斑纹,现已在我国多个省市进行养殖。

②营养价值

从营养保健角度看,中医认为河虾味甘、性温,入肝、肾经,具有补肾、壮阳、通乳、脱毒等功效。

③烹饪中的应用

沼虾肉质细嫩,其生命力较强,易保鲜,烹制后味道鲜美。烹熟后的沼虾周身通红,色泽好,有很高的营养价值。根据加工方法的不同可烹制出不同的菜肴,如淮扬菜中常有的"炝虾",是将活虾用酒等调味料生炝而成;将沼虾的须、钳剪去后,可适用于多种烹调方法,如爆、炒、炸等,代表菜有油爆虾,盐水虾等;将虾肉挤出后可作为虾仁,又称大玉,可烹制成清炒虾仁、龙井虾仁等名菜;挤虾仁时将虾尾留下,可制成"凤尾虾"。除此之外,还可以作为馅料,也可配以其他辅料制成各种菜肴。

河虾肉干制后,为虾米中之"湖米";虾卵干制后,为我国传统的鲜味调味品"虾子"。

值得注意的是,沼虾中有肺吸虫囊蚴寄生,因此在烹调时务必将其加热熟透,不可生食。

（2）螯　虾

①品种和产地

螯虾属甲壳纲十足目蝲蛄科螯虾属。最常见的螯虾类是克氏原螯虾。因其外形与龙虾相似,常被误认为龙虾或小龙虾。欧美国家是淡水螯虾的主要消费国,淡水螯虾是江苏重要出口水产品之一,其中江苏盱眙县所产的"盱眙龙虾"最为有名。

克氏原螯虾,又称螯虾、克氏蝲蛄、小龙虾等,原产于北美洲,1918年从美国引进到日本,1929年由日本传入我国江苏,现已有多个省市养殖,如湖北、江西、安徽等长江中下游地区的江河湖泊中。

图9－32　螯虾

克氏原螯虾体躯粗壮,甲壳厚而坚实,头胸部很大呈卵圆形,中部较光滑,两侧有粗糙的颗粒,颈沟很深,第1对螯足最发达,形似蟹螯,第2、3对步足细小,但也呈螯状,如图9－32所示。

②营养价值

克氏原螯虾富含蛋白质,其含量高于大多数的淡水和海水鱼虾类,除含有成年人人体必需的8种氨基酸外,还含有幼儿必需的组氨酸,更值得一提的是还含有脊椎动物体内含量很少的精氨酸;克氏原螯虾脂肪含量低,但不饱和脂肪酸含量高;还含有多种矿物质,其中含量较多的有钙、钠、钾和磷等;同时也是脂溶性维生素的重要来源之一,尤其是维生素A和维生素D。

在保健方面,小龙虾具有补肾、滋阴、壮阳和健胃的功能。

③烹饪中的应用

克氏原螯虾肉质细腻,味道鲜美,但出肉率低,价格便宜,主要用于家常菜品。一般多带壳烹制,适用于多种烹调方法,如烧、煮、爆、炒等,也可剥取虾仁,烹制成菜;也可经刀工处理在成型后烹制菜肴。代表菜有十三香龙虾(盱眙县特有)、麻辣龙虾等。

需要注意的是,初步加工时,要将附足及鳃等不干净的器官去掉,在摘除中间一片尾叶时,将相连在腹内的线肠一并抽出。因体内也寄生有肺吸虫囊蚴,因此在烹制时务必将其加热熟透后才可食用,防止感染。专家建议,不宜食用太多。

2. 海水虾

（1）龙　虾

①品种和产地

龙虾,是甲壳纲龙虾科龙虾属动物的通称,是体形最大的虾类。常见的龙虾主要有中国龙虾、锦绣龙虾、日本龙虾等,其中锦绣龙虾最大,中国龙虾数量最多。

龙虾体形粗大,体长一般为 20cm～40cm,体重最大者可达 3kg～5kg;体表色泽鲜艳,带有美丽的斑纹,头胸甲坚硬有棘,呈圆筒形,腹部短而稍扁;头部有两对触角,第二对触角长而坚硬,步足发达似龙爪,故称龙虾。尾节很宽,尾肢与尾节构成宽大而平扁的尾扇,如图 9-33 所示。栖息于海底,昼伏夜出,行动缓慢,不善游动善于爬行。夏秋季为产销旺季,主要产于东海和南海。

图 9-33　龙虾

②营养价值

中国龙虾是一种典型的高蛋白、低脂肪的名贵海产食品。在药用方面,具有滋阴镇静、补肾健胃的功效;对神经衰弱,皮肤溃疡,扁桃体炎,头疮、疥癣和因吃虾引起的过敏反应有一定疗效。

③烹饪中的应用

龙虾体大肉多,肉质细嫩鲜美,是名贵的海鲜原料。在烹饪应用中,既可生食也可运用多种烹调方法烹制成菜肴,常见有蒸、煮、炸、溜、炒等,也可经刀工处理后,加工成丁、条、块、茸等烹制成菜肴。代表菜有龙虾刺身、清蒸龙虾、汤焗龙虾、鲜溜龙虾片、蒜蓉蒸龙虾等。

（2）对　虾

①品种和产地

对虾,又称明虾、大虾,是对虾总科的概称,属甲壳纲十足目游泳亚目,著名的海产经济虾类。"对虾"并不是因雌雄相伴而得名,而是在北方市场上以"对"为单位出售而得名。常见的品种主要有:中国对虾、长毛对虾、日本对虾、墨吉对虾、斑节对虾等。

对虾体形较大,长而侧扁,甲壳薄、光滑而透明,雌虾体色呈青蓝色,俗称"青虾",雄虾体色呈棕黄色,俗称"黄虾"。头胸甲前端额剑上下缘有锯齿,触角呈细丝状,如图 9-34 所示。与墨西哥棕虾、圭亚那白虾并称为"世界三大名虾"。主要产于黄海和渤海。我国现已大力发展人工养殖对虾,而且每年养殖产量远超过自然捕捞量,已成为世界第一养殖大国。据数据显示,2005 年全国对虾养殖产量达 62.4 万吨左右。

②营养价值

中国对虾中含有多种营养成分,蛋白质、维生素和矿物质。山东省中医学院中药系对中国对虾进行了多种营养成分的测定,测定中除含有丰富的氨基酸外,还含有丰富的硒元素,硒在人体中能够起到防止肝坏死,具有促进生长发育、延缓衰老、解除重金属毒性和抗癌的功效。所以建议多吃些对虾,对身体健康有很大的促进作用。

图9-34　对虾

③烹饪中的应用

对虾皮薄肉多,肉质细嫩而洁白,味道鲜美,具有很高的营养价值。在烹饪应用中,既可整只使用也可经一定的刀工处理后进行烹制,如可加工成段、片、泥、茸等。常用烹调方法有烧、蒸、溜、炒、爆、焖等,代表菜有琵琶大虾、红焖大虾、干烧大虾、五彩大虾、炒虾仁、溜虾段等。

(二)蟹 类

世界上蟹类有4500多种,其中中国约800种,并且以海蟹居多。常见蟹类主要分为两类:淡水蟹和海水蟹。海水蟹中常见的主要种类有三疣梭子蟹、锯缘梭子蟹、日本蟳、皇帝蟹等;淡水蟹主要品种为中华绒螯蟹。

本节中我们主要介绍海水蟹中的三疣梭子蟹和淡水蟹中的中华绒螯蟹两类。

1.海水蟹

(1)梭子蟹

①品种和产地

梭子蟹是梭子蟹属的总称,我国古称蝤蛑,是一群温、热带能游泳的经济蟹类。分布广泛,我国群体数量以东海居首,南海次之,黄海渤海最少。最为常见的梭子蟹有三疣梭子蟹、远海梭子蟹和红星梭子蟹,在这里我们着重介绍三疣梭子蟹。

三疣梭子蟹,又称枪蟹、海蟹、三点蟹等,属甲壳纲十足目梭子蟹科。

图9-35　三疣梭子蟹

三疣梭子蟹头胸甲呈菱形,稍隆起,两侧具有梭形长刺,因其背部有三个疣状突起,故称三疣梭子蟹,雄性腹部呈三角形,雌性腹部呈圆形;体色背部呈茶绿色,螯足、游泳足呈蓝色,腹部呈灰白色,如图9-35所示。我国沿海均产,是分布最广、产量最多的蟹类,是我国重要的海产蟹。

②营养价值

从营养保健的角度看,梭子蟹营养丰富,富含多种营养素,其中硒元素是虾蟹类原料中含量最高的。中医认为梭子蟹味咸,性寒,无毒,具有清热、散血、滋阴的功效。

③烹饪中的应用

三疣梭子蟹肉质肥厚,味道鲜美。在烹饪应用中,既可整只使用也可经加工后将蟹肉和蟹黄取出另作菜肴。常用的烹调方法有蒸、炖、炒、煮、烧等。代表菜有红烧梭子蟹、炒海蟹、清蒸梭子蟹、韭菜炒蟹肉、梭子蟹蒸蛋、蟹肉豆腐羹等。梭子蟹可制成风蟹:将梭子蟹洗净蒸熟,用绳系吊在阴凉通风处晾干,供需食用,也可将蟹肉取出后制成"蟹肉干"。

值得注意的是,因其市场上销售的梭子蟹多为死蟹,其优劣取决于它的新鲜度和肥瘦状况,因此在选购时应注意鉴别。再者有些地方喜生食梭子蟹,虽然能保证其本身的原味,但卫生难以保证,容易感染疾病,因此选择生食应慎重。

2.淡水蟹

(1)中华绒螯蟹

①品种和产地

中华绒螯蟹,又称河蟹、螃蟹、大闸蟹、毛蟹、湖蟹等,属甲壳纲十足目方蟹科绒螯蟹属。

中华绒螯蟹,是我国著名的淡水经济蟹,也是重要的出口创汇水产品。中华绒螯蟹头胸部背面覆一背甲,俗称"蟹斗",呈方圆形,一般呈黄色或墨绿色,腹部为灰白色。第一对螯足称蟹钳,可根据蟹钳的外形特征辨别其雌雄:雄性蟹螯足壮大,掌部绒毛浓密,由此而得名;雌蟹螯足较小,绒毛较稀少。另雌蟹的腹部为圆形,称为"圆脐";雄蟹的腹部为三角形,称为"尖脐"。中华绒螯蟹的足关节因只能上下移动而不能前后移动,所以横向爬行,如图9-36所示。一般体重为100g~200g。

图9-36 中华绒螯蟹

根据所产水域的不同,可分为湖蟹(清水蟹)、江蟹(浑水蟹)、溪蟹、河蟹、沟蟹和坑蟹。近代名医家施今墨嗜食蟹,他将蟹的质量分为六个等级:湖蟹第一,江蟹第二,河蟹第三,溪蟹第四,沟蟹第五,海蟹第六。

中华绒螯蟹有生殖洄游的习性,原产于我国东部,分布广泛,以长江流域产量最大,最为驰名的是产于阳澄湖的"清水大闸蟹"。农历的9~10月(生殖洄游季节)正是中华绒螯蟹黄满膏肥之际,民间有"九月圆脐十月尖"的说法,充分说明了食用绒螯蟹的最佳时节。

②营养价值

从营养保健角度看,中华绒螯蟹富含蛋白质、脂肪、矿物质和维生素等多种营养素。中医认为河蟹具有舒筋益气、理胃消食、通经络、散诸热、散淤血等功效,对于腰酸腿疼和风湿性关节炎等疾病有一定的辅助治疗作用。但蟹肉性寒,不宜多食,脾胃虚寒者尤为注意。

③烹饪中的应用

中华绒螯蟹肉味鲜美爽甜,烹饪应用中常以整只使用,也可单取成熟的蟹肉、蟹黄或蟹膏(蟹肉和蟹黄合称蟹粉)再次烹制成菜肴或制作成点心。适用于多种烹调方法,整只用时最适宜清蒸,分档后可适用于爆、炒、炸、煎、做汤和制馅等;还可熬制蟹油充当调味料。代表菜有清蒸大闸蟹、香辣蟹、葫芦虾蟹、蟹粉狮子头、蟹黄鱼肚等。

值得注意的是,大部分淡水蟹是肺吸虫的第二中间宿主,因此在烹制、加工时应将其充分洗净,煮透,不吃死蟹、生蟹,不吃蟹胃、肠、鳃、心脏。在食用时应蘸姜末醋汁,以达到祛寒杀菌的作用。

三、虾蟹的品质检验及储存

(一)虾类的品质检验及储存

1.品质检验

(1)质量良好

质量好的虾,虾壳硬,色青灰而发亮,有透明感,须硬,眼睛突出,头部与颈部连接紧密,气味新腥。

（2）质量较次

质量较次的虾，虾壳稍软，呈灰色而不发亮，无透明感，略变黑，须软，眼略显凹陷，头部与颈部连接不紧密，或有微臭。

2. 虾类储存

虾类原料保鲜储存可采用冰藏保鲜、冷海水保鲜及冻结保鲜等方式。

（1）冰藏保鲜

冰藏保鲜是用冰作为冷却介质，将虾体温度降至冰的融点附近，并在该温度下进行冷却保鲜。外包装可采用白色泡沫塑料箱进行保温。由于虾的甲壳较软，虾肉细嫩，如用块冰轧碎后的碎冰，因棱角锐利，很容易损伤虾体，所以宜用片冰、粒冰等来冷却保鲜。如果能采用新型的海水制冰机制得的直径仅为 $2mm \sim 3mm$ 细小冰粒（又称为冷却粉）来保藏虾体，保鲜效果特别好。国为冷却粉可以完全覆盖虾体，没有空气，冰融化速度慢，温度可保持在 $-1℃ \sim 0.5℃$，虾体温度达到略低 $0℃$ 的冰温状态，保鲜期可显著延长。

（2）冷海水保鲜

冷海水保鲜是将鲜虾浸渍在温度为 $-1℃ \sim 0℃$ 的冷海水中进行保鲜的方法。冷海水的制备可以是碎冰和海水混合制得，也可以用机械制冷设备制得。如果在冷海水中通入 CO_2，海水的 pH 下降，可抑制细菌生长。据美国 1978 年报道，用通入 CO_2 的冷海水保藏虾类，可 6d 无黑变，保持了原有的色泽和风味。

（3）冻结保鲜

冻结保鲜是将虾体的中心温度降至 $-15℃$ 以下，体内 90% 以上的水分冻结成冰，并在 $-18℃$ 以下或 $-25℃$ 的低温下贮藏和流通的保鲜方法。虾体的冻结宜采用卧式平板冻结装置的小盒形式冻结，也可采用回转式冻结装置和钢带连续式冻结装置的单体快速冻结形式。我国出口的对虾大多采用卧式平板冻结装置快速冻结。

虾体在冻结贮藏中，其头、胸、足、关节及尾部常常会发生黑变，使商品价值下降。产生黑变的原因主要是氧化酶（酚酶或酚氧化酶）使酪氨酸氧化，生成黑色素造成。黑变的发生与虾的新鲜度有很大关系。新鲜的虾冻结因酶无活性，不会发生黑变；而不新鲜的虾其氧化酶活性化，在冻结贮藏中就会发生黑变。防止方法如下：①将虾煮熟后冻结，使氧化酶失去活性；②除去虾体内氧化酶活性强、酪氨酸含量高的内脏、头部和外壳，水洗后冻结；③虾体冻结后包冰，并作真空包装，因为这类酶是属于需氧性脱氢酶类；④使用水溶性抗氧化剂：在冻结前将原料虾先浸渍在 L-抗坏血酸及钠盐的 0.1% ~0.5% 的溶液中，冻结后用同一种溶液包冰衣，可取得较好的抑制虾黑变的效果。

虾体冻结保鲜的贮藏期：$-18℃$，6 个月；$-25℃$，12 个月；$-30℃$，12 个月。

（二）蟹类的品质检验及贮存

1. 品质检验

（1）质量良好

质量好的蟹，关节处无褶皱、色淡，断肢处流出透明液体，嘴紧闭，脐部不易被揭开，肢体不易压扁，活动时动作灵敏，河蟹在嘴部有白沫吐出。

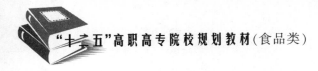

（2）质量较次

质量较次的蟹,关节处有褶皱、色泽较暗,断肢处流出的液体浑浊,嘴张开,脐部易揭开,肢体也易被压扁,河蟹不吐白沫。

2.蟹类储存

海产的三疣梭子蟹和青蟹都是我国名贵的海鲜,其肉鲜味美,营养丰富,商品价值高,通常都以活蟹直接供应市场。此外,鲜度好的蟹也可加工成冷冻蟹肉段、冻碎蟹肉等冷冻小包装食品,以及加工成炝蟹、蟹酱、梭子蟹糜、蟹肉罐头等产品。淡水产的中华绒螯蟹肉质鲜美,尤其是阳澄湖的大闸蟹,多以活蟹供应市场。

（1）梭子蟹的低温保活

活的梭子蟹可以在流动的海水池中暂养,然后用低温木屑保活运输。共具体做法是:将木屑放在冷库内降温至 0℃ ~1℃,然后把梭子蟹螯足末端用绳子扎牢,将活的梭子蟹埋入低温木屑中,外面用纸板箱包装。这样处理的梭子蟹从福建渔区运到福州需要半天时间,福州到上海空运 2h,上海到东京空运 2h,梭子蟹都能很好地保活。

（2）梭子蟹肉段的冷冻保鲜

冷冻梭子蟹肉段是指剥盖、斩螯、除脏、切段的带有步足的梭子蟹。

冻结梭子蟹肉段的成品率为鲜蟹总重量的 40% ~45% 。其冻结保鲜的贮藏期约为: −18℃,6 个月; −25℃,12 个月; −30℃,15 个月。

（3）中华绒螯蟹的保活

中华绒螯蟹作为食用,必须吃活的,如果吃死的蟹,会发生食物中毒。因为中华绒螯蟹的肺中有大量细菌,体内还含有丰富的组氨酸,一旦死亡,细菌大量繁殖,可使蛋白质大量分解及组氨酸变为有毒的组胺类物质,引起食物中毒。

中华绒螯蟹运输前,需要用绳子扎好。到达目的后,可将绳子解开,使其呈自由状态放入洁净箱、盒内。然后存入 6℃ ~8℃ 的冷藏室内,少则三五天,多则十天半个月都能存活。

四、虾蟹制品

虾蟹制品是用虾类和蟹类作为原料经过加工而制成的各种制品。常见的虾蟹类制品有虾米、虾皮、虾干、虾丸、虾子、虾酱、蟹粉、蟹子等。

在此我们主要介绍虾类的虾皮和虾米;蟹类的蟹粉和蟹子四类制品。

（一）虾 类

1.虾 米

①品 种

虾米,又称金钩(体弯如钩)、开洋、海米(海虾制作)、湖米(淡水虾制作)等,是将中型虾类的虾仁取出后,经煮制后的熟干品。虾米的加工方法主要是水煮法和蒸煮法,常以白虾、鹰爪虾和赤虾等虾类作为原料。

成品特点:前端粗圆,后端尖细呈弯钩形;以含盐量少、肉质饱满,色泽暗红有光泽、大小均匀、体形完整、脱壳完全者为佳。

②烹饪中的应用

在烹调前用开水浸泡或用凉开水加黄酒浸泡至软即可使用,适用于多种烹调方法,如爆、炒、炝、拌、烧、烩、煮、煨等，其中最适宜汤水较宽的烧、烩菜式，或长时间加热的煮、煨菜式，使其虾米中的呈味物质很好的溶入于汤汁中，以增强风味。因虾米具有很强赋鲜性，所以特别适用于本身无鲜味原料的烹制，如鱼皮、鱼肚、蹄筋、白菜、冬瓜、豆腐等，通过与虾米同烹以赋予其鲜味。此外，还可用于火锅，也可作为馅料等。代表菜有海米芹菜、开洋冬瓜、虾米炖豆腐、海米蹄筋、海味抄手等。

2. 虾　皮

①品　种

虾皮，又称毛虾皮、虾米皮、皮米，是以毛虾为原料煮熟干制而成。少数为生干制品，称为生晒虾皮。因其毛虾体小，干制后形态干瘪，故称虾皮。主要是将原料经过短时间烫煮后烘干或晒干而成。

成品以色泽淡黄，有光泽，含盐量低，无沙粒，肉质饱满者为佳。

虾皮中含有丰富的蛋白质、矿物质，其中钙的含量尤为突出，素有"钙库"之称，是补充钙质的良好来源。

②烹饪中的应用

虾皮是人们使用最多的虾类制品之一，烹调中多用于凉拌、做汤、做馅或作为提鲜赋味原料。代表菜有虾皮拌豆腐、虾皮炒鸡蛋、虾皮冬瓜汤等。

3. 虾　油

①品　种

虾油，是生产虾制品时浸出来的卤汁，经发酵后制成，是一种调味品。虾油是用新鲜虾为原料，经腌渍、发酵、熬炼后得到的一种味道极为鲜美的汁液。我国虾油，主要产于天津市，河北省和辽宁省的一些沿渤海地区。

②烹饪中的应用

在烹饪制作中讲究咸鲜互补，美味咸而不涩，鲜而不淡，刚柔融合，增鲜益味。虾油清香爽口，是鲜味调料中的珍品。可适用于炒、扒，烧、烩、炸、熘等菜肴的调味增鲜，使菜肴的风味别致，鲜醇爽口。虾油是一种有特殊香气、滋味鲜美的调味品，常用它蘸饺子、涮羊肉或拌面、凉菜，以及制卤味和供菜汤调味等。

（二）蟹　类

1. 蟹　粉

①品　种

蟹粉，是将体型较大的蟹类煮熟或蒸熟后，取出蟹肉、蟹黄和脂膏后经干制或速冻而成的名贵蟹类制品。

成品以色泽油黄，香味浓郁，无杂质、无碎骨者为佳。

②烹饪中的应用

蟹粉在使用前，必须先煸制。烹调中经常作为提鲜的主料和配料，适用于多种烹调方法，如蒸、炒、烧、烩、扒、炖等，也可作为馅心。代表菜有蟹粉狮子头、炒蟹粉、蟹粉水晶饺、蟹粉扒鱼翅、蟹粉豆腐等。

2. 蟹　子

①品　种

蟹子，是以海蟹的卵粒经加工干制而成。将从蟹身中挤出的卵块经漂洗后晒干而成。有

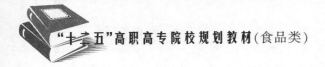

生、熟两种，均为上品。

成品以杏红色或深红色、光洁鲜亮、颗粒松散光滑者为佳。

②烹饪中的应用

常作为辅料或调料，因其色泽艳丽，可作为配色料；佐以主食、糕点、小吃食用，适用于烧、蒸、煮等菜式。代表菜有蟹子豆腐、蟹子烧腐竹、蟹子燕条、蟹子紫菜寿司饭等。

第五节 贝 类

一、贝类的形态结构特点

贝类属软件动物门中瓣鳃纲动物。瓣鳃纲动物的鳃呈瓣状，体形侧扁，因有两枚贝壳，所以又称双壳纲。

贝壳特点：贝壳左右对称或不对称；贝壳表面有壳肋，壳肋即贝壳表面以壳顶为中心或起点形成的环形生长线和向腹缘伸出的放射状排列的放射肋。两壳在背缘以韧带相连，两壳间有闭壳肌柱相连，通过它的收缩和舒张达到闭合和张开贝壳的目的。根据种类的不同，闭壳肌也有所变化，有的前后闭壳肌都有；有的前闭壳肌退化，后闭壳肌变大；有的前闭壳肌完全消失，后闭壳肌更大，并移动到贝壳中央。

瓣鳃纲原料以发达的足和发达的闭壳肌为主要食用部位。当海洋局部环境适合浮藻生长而超过正常数量时，海水就会发生"赤潮"，贝类在"赤潮"的环境中生长，会摄入有毒藻类并有效地浓缩了所含的神经毒素，人食用后会引起中毒。因其对麻痹性中毒目前还没有有效的解毒剂，所以在使用贝类时应注意食用安全。

二、贝类的主要种类

瓣鳃纲动物一般生活在海水中，少部分生活在淡水中，瓣鳃纲动物包括蚶科、扇贝科、贻贝科、牡蛎科等，约有 20000 种，但只有 10% 为淡水种类。在本节中我们将部分种类进行如下介绍。

（一）牡 蛎

1. 品种和产地

图 9 - 37 牡蛎

牡蛎，又称蚝（广东）、海蛎子（北方）等，为牡蛎属贝类的通称。

牡蛎因种类的不同其外部形状也有所差异，一般分为三角形、卵圆形、狭长形、扁形等。壳面颜色一般由青灰至黄褐，有的有彩色条纹；壳面厚重、粗糙、坚硬，左壳（下壳）较右壳（上壳）较大且凹，两壳以韧带（在壳内）相连，闭壳肌较大，位于壳中央，无足和足丝，如图 9 - 37 所示。除极地和寒带外，世界各地沿海均产。

我国沿海牡蛎约有 20 多种，现已人工养殖。常见的牡蛎品种有褶牡蛎、大连湾牡蛎、近江牡蛎等。我国较为著名的牡蛎有广东广州湾的"石门蚝"、深

232

圳的"沙井蚝"、海丰"搞螺蚝"等;其中以深圳的"沙井蚝"最为著名,因其体大肉嫩肚薄,故称之为"沙井蚝、玻璃肚"。北方以山东文登南海西海庄出产的"滚蛎"最具代表性,因其多随海水的涨退而滚动得名。在西方,牡蛎仍被誉为"神赐魔食",日本人则誉之为"根之源"。在我国有"南方之牡蛎,北方之熊掌"之说。

牡蛎肉质肥美爽滑,味道鲜美。浅水牡蛎肉色雪白,外形略显椭圆,俗称"白肉",以冬春两季为最佳食用期,故民谚有"冬至到清明,蚝肉亮晶晶"、"正月肥蚝甜白菜"之说。其中以未产卵者(俗称泻膏)最佳;深水牡蛎因其肉色微红,外形修长而扁,被称为"赤肉",产卵在6月以后,因此清明过后为最佳食用期,素有"寒食白肉,暑进赤肉"之说。

2. 营养价值

牡蛎营养丰富,含有丰富的蛋白质、脂肪、钙、磷、铁等营养成分,尤以锌含量很高,可为食物之冠,素有"海底牛奶"之美称。中医认为牡蛎肉具有降血压、滋阴养血、健身壮体、提高人体免疫力等功效。它既是食物,也是药物。

3. 烹饪中的应用

鲜牡蛎可生食亦可熟食,多数为熟食,因其仅食硅藻类,肠胃较洁净,全体可食,因此在加工时无须摘拣。烹制牡蛎时,将肉冲洗干净即可入烹,主配料均可,适用于多种烹调方法,如汆、炸、炖、烩、烧、煎、炒、烤、蒸等。牡蛎中因其所含游离谷氨酸较多,故鲜味较高,其汁尤为鲜美,以此做汤,鲜美可口,色白如牛奶,故有"海底牛奶"之美称,代表菜有炸蛎黄、生炒明蚝、生煎牡蛎、豉油蒸蚝、炸芙蓉蚝等。

值得注意的是,一般深海的无污染的鲜活牡蛎可少量生食。在污染的水中生活的牡蛎常含有"诺瓦克病毒",是一种高致病性且传染性极强的肠胃病毒。人们食用后会导致急性肠胃炎。因此最好不要生吃牡蛎等贝壳类海鲜。

(二)贻 贝

1. 品 种

贻贝,又称壳菜、海红或淡菜,为贻贝科贝类的通称。

贻贝壳略呈三角形,前端尖细,后端宽圆,身体左右对称两壳同型,表面光滑有细密生长纹,壳皮呈黑褐色,壳内颜色呈白色带青紫色;后闭壳肌发达,前闭壳肌退化,以足丝附于海底岩石上生活,如图9-38所示。我国常见的品种主要有翡翠贻贝、厚壳贻贝和紫贻贝等,我国沿海均产,以渤海和黄海为主要产区。

图 9-38 贻贝

2. 营养价值

贻贝肉质鲜美,营养丰富,并有一定的药用价值。淡菜蛋白质含量高达59%,其中含有8种人体必需的氨基酸,脂肪含量为7%,且大多是不饱和脂肪酸。另外,淡菜还含有丰富的钙、

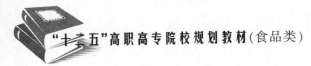

磷、铁、锌和 B 族维生素等,其营养价值高于一般的贝类和鱼、虾、肉等,对促进新陈代谢,保证大脑和身体活动的营养供给具有积极的作用,所以有人称淡菜为"海中鸡蛋"。

中医认为淡菜性温,味甘、咸。有补肝肾、益精血、消瘿瘤、调经血和降血压之功效,且可为妇女产后滋补之用。淡菜还含大量的碘,对甲状腺亢进的患者是极好的保健食品,淡菜中所含不饱和脂肪酸较多,对于维持机体的正常生理功能、对促进发育有作用,还有降低胆固醇作用。

3. 烹饪中的应用

在烹饪应用中,即可带壳烹制,也可取其肉后再制作菜肴。适用于多种烹调方法,如爆、炒、烩、凉拌等,也可氽汤。代表菜,木须炒海红、油爆鲜淡菜、烧瓤贻贝等。

(三)蚶　类

1. 品　种

蚶类又称"瓦楞子",为蚶科贝类的统称。

蚶类贝壳坚硬厚实,两壳呈卵圆形,因其壳上有自顶端发出的壳肋,肋上有形状如瓦楞的小结,故称"瓦楞子",因其种类的不同其壳肋的数量也存在着差异。在两壳铰合部位有垂直小齿突,闭壳肌发达,大部分有足丝,无水管,如图 9－39 所示。常见的品种主要有,泥蚶(18～22 条壳肋)、毛蚶(30～34 条壳肋)和魁蚶(44 条),其中以泥蚶是我国重要的养殖和食用贝类之一,以浙江乐清最为著名,被称为"中国泥蚶之乡"。

图 9－39　泥蚶

2. 营养价值

从营养保健角度看,蚶肉含有丰富的蛋白质、维生素 B_{12}、血红素和其他微量元素,具有补血益气、滋补强壮的功效。

3. 烹饪中的应用

蚶类肉质鲜美,肥嫩丰满。在烹饪应用中,入烹前先将其放入清水中静养半天,使其吐尽泥沙。入烹取肉的方法有熟开法(沸水煮开壳)、半熟开法(沸水烫开壳)和生开法。生开法是用刀背将斧足拍几下,破坏其肌纤维组织,可保持肉质细嫩。适用于多种烹调方法,如炒、蒸、熘、烩、焖及氽汤等。代表菜有葱爆蚶肉、韭黄炒蚶肉、凉拌蚶肉、软炸蚶等。

值得注意的是,在烹调过程中注意掌握火候,温度过高、时间稍长,蚶肉就会变的老韧难消化,但加热时间都应在 5min 以上,忌生食,因为蚶是多种病原微生物和寄生虫的中间宿主,尤其以甲肝病毒尤为突出。

(四)扇　贝

1. 品种和产地

扇贝为扇贝属贝类的总称,因其背壳似扇面而得名。

扇贝壳面近圆形,壳面上有放射性肋,一般壳肋上有棘状突起,铰合部有耳突,足很小,有 1 条发达的后闭壳肌,如图 9－40 所示。我国沿海均产,常见的品种有栉孔扇贝、华贵栉孔扇贝、虾夷扇贝(原产日本和朝鲜)、海湾扇贝(从美国引进)、日本日月贝等。其中栉孔扇贝最为常见,壳面颜色呈紫褐色或淡褐色等,多变化。主要产于辽宁、山东沿岸,现已人工养殖。

2. 烹饪中的应用

扇贝软体部分肉质肥嫩鲜美,清鲜爽滑,营养丰富,属高级水产品。可带壳烹制也可取其先闭壳肌后进行烹制,适用于多种烹调方法,如爆、炒、氽、熘、清蒸等。代表菜有鲜贝冬瓜球、八宝原壳鲜贝、豉汁蒸扇贝、生炒扇贝肉、白沙扇贝、油爆鲜贝等。闭壳肌干制后即是"干贝",被列入八珍之一。

图 9-40　扇贝

(五)文　蛤

1. 品　种

文蛤,又称花蛤、黄蛤、海蛤、车螺、贵妃蚌、蚶仔(台湾)等,属帘蛤科、文蛤属贝类。

文蛤贝壳较大而厚,背缘略呈三角形,腹缘呈弧形,两壳相等,前后不等,壳面光滑似釉质,色泽多变,有斑纹;内面呈白色,如图 9-41 所示。栖息于海水盐度较低的河口附近的沙质海底。我国山东渤海湾和江苏东部沿海产量较大,如东县为盛产区之一,在南通烹饪界运用较多,有"天下第一鲜"的美誉。

2. 烹饪中的应用

文蛤肉质鲜美,营养丰富,属蛤中上品。因肉质较韧,不宜带壳烹制,因此在烹制前需将蛤肉挖出,在清水中清洗去沙。鲜活的文蛤可直接用酒、酱腌制后生食。常用的烹调方法有氽、炒、爆、煮、炖、烩等,旺火速成的菜肴需将调味料与蛤肉一同入锅,以保证鲜嫩的口感,如果时间稍长,就会使肉质变老味道变差。除此之外,蛤肉也可做馅。代表菜有文蛤狮子头、文蛤汤、文蛤豆腐汤、天下第一鲜等。

图 9-41　文蛤

(六)鲍

1. 品　种

鲍,俗称鲍鱼,属软体动物中腹足纲、鲍科、鲍属贝类的总称。

鲍,壳形成耳状,大而坚厚,螺层有三层,螺旋部只留有痕迹,占全壳极少部分,体螺层突出;壳表面有螺纹,侧边有九个小孔,故又称"九孔螺",如图 9-42 所示。生活在清澈的海水中,全世界鲍类有100多种,经济价值较高的有10多种;我国南北沿海均产,常见的品种有北

图 9-42　鲍

第九章　水产品类烹饪原料

方的皱纹盘鲍和南方的杂色鲍;是一种药、食两用的珍贵海产贝类,在世界水产市场上视为海珍品,我国自古已将鲍列入了"八珍"之一;之所以说其价格高,是由于鲍鱼散居,捕捉时须潜入水底逐个寻找,捕捞困难。

2. 烹饪中的应用

鲍鱼肉质细嫩,味道鲜美,被誉为海味之冠,每年 7 ~ 8 月水温升高,鲍鱼向浅海繁殖性移动,称"鲍鱼上床",此时肉质丰厚,最为肥美,是捕捉的好时期,故有"七月流霞鲍鱼肥"之说。在烹饪应用中适合多种烹调方法,如爆、炒、烩、拌等。代表菜有扒原壳鲍鱼、红焖鲍鱼等。

三、贝类的品质检验及储存

(一) 品质检验

质量好的贝类,壳闭合紧密,肉质饱满有弹性,有光泽;稍次的贝类,壳闭合不紧易揭开,肉质松弛,有粘液但无臭味;质量最次的贝类,壳闭合不全且有裂缝出现,肉质呈污灰色,有粘液流出并带有臭味。

(二) 贝类的储存

贝类生物适应环境的能力强,能忍受数小时甚至几天的干涸而不会死亡,这是因为每种贝类生物的体腔内部含存一定量的水分,当被捕捉后仍能自行调节,不会立即死亡。贝类生物的这种生理特性,对保活贮运是十分有利的。

(1)毛蚶、魁蚶

对于毛蚶、魁蚶等硬壳贝类原料可用草袋或麻袋包装。使用草袋,夏季利用通风,冬季还有一定的保暖作用。硬壳贝类的壳较厚,运输时不怕重压,但要避免碰撞。贝类的最适温度为5℃ ~ 10℃。冬季贝类怕冻,应设法保温防冻;夏季贝类怕热,应尽量在捕捞后 1d ~ 2d 内销售,不适宜长时间运输。

(2)杂色蛤、贻贝

对于杂色蛤、贻贝等贝类,采用编织袋包装较好。用汽车运输时,夏季气温较高,最好夜间行驶。用船只运输时,如果近距离也可不包装。不管是何种运输工具,都应有遮盖,防止日晒雨淋。

(3)蛏

蛏通常装于竹筐或木桶内,每筐约 25kg,装筐不宜满出筐面。运输时,筐与筐之间不留间隙;重叠装载时,上下筐之间要用木板隔开,并固定好,防止车船颠簸时损伤。

蛏的保鲜有水蛏和泥蛏两种。水蛏是将蛏用海水洗净后,仍浸于海水中;泥蛏是将蛏从泥滩上捞起,保持原状,或特意多让它附着些泥,延长其存活时间。

(4)扇 贝

扇贝大多在冬季从海上收获,用海水洗净贝壳上的浮泥、杂藻,装入提前用海水浸泡的蒲包,然后用草绳捆好,用车或船运到市场销售。如果长时间运输,可将扇贝装入编织袋内,然后放入柳条筐中,筐的四周铺上海带草,袋口也用海水浸泡的海带草盖住,盖好筐盖,捆好后装车运输。从山东运往北京、上海,成活率可达80% ~ 90%。

四、贝类制品

贝类制品是用贝类作为原料经过加工而制成的各种制品。在本章节中我们对牡蛎干、蛤蜊干、干贝、淡菜、干鲍鱼五类制品进行简要介绍。

（一）牡蛎干

1. 品　种

牡蛎干是牡蛎肉的干制品,也称蚝豉。近似淡菜,但较枯瘦,颜色呈金黄色有光泽,主要产于广东和福建,如图9－43所示。

根据干制方法的不同分为生蚝豉和熟蚝豉两类。生蚝豉,是生牡蛎肉直接晒干而成,以肉质饱满、色泽金黄者为佳。熟蚝豉,是将牡蛎肉取出后,放入沸水锅中经煮制后再捞出晒干而成,以色泽暗黄,有光泽,形态饱满者为佳。煮牡蛎肉的汤经浓缩后可制成鲜味调味品"蚝油"。

图9－43　牡蛎干

2. 烹饪中的应用

可做主料也可做配料和调味料使用,以配料和调味料居多。代表菜有发菜扣蚝豉、火腿炖蚝豉、海带蚝豉汤等。

（二）蛤蜊干

1. 品　种

蛤蜊干,是将鲜蛤煮熟后剥取哈肉干制而成。以体形大小均匀、肉质饱满,色泽棕红有光泽、干燥者为佳。

2. 烹饪中的应用

常用于汤菜的制作和其他菜肴的配料,提供鲜美的滋味,但与鲜品相比较稍逊。

（三）干　贝

1. 品　种

干贝,是用瓣鳃纲原料的闭壳肌(贝柱)加工的煮干品,如扇贝、江珧和日月贝等。有时指扇贝的闭壳肌的干制品,如图9－44所示。因每15kg～25kg鲜贝可加工成干贝500g,故价格昂贵。

供食用的贝类干制品最常见的是干贝和江珧柱。

干贝为扇贝科贝类的闭壳肌的干制品,质量最好,应用最多;江珧柱为大型贝类江珧科贝类贝壳肌的干制品,质量次于干贝。干贝只有一个柱心,江珧柱有两个柱心。

图9－44　干贝

商品干贝按产地分有日本产、越南产、中国产、朝鲜产四大类。质量分三级,其中一级品的标准为:贝体大小均匀、完整、不破不碎,颜色淡黄略白,新鲜有光泽,口味鲜淡,有甜味感,干度足,似带透明状,肉丝有韧性。属高档烹饪原材料,有"海味极品"的美誉。

因种类的不同,部分干贝的闭壳肌不适合制作干贝,如海湾扇贝,因其闭壳肌水分较多,不宜加工成干贝。

日本日月贝闭壳肌干制品被称为"带子",是广东等地的著名海珍品。

2. 烹饪中的应用

在烹调前,需涨发,多用蒸发。涨发后可整用也可拆散用,可作主料亦可作配料及调味料使用。因其干贝鲜味突出,在烹饪中经常用于给无味的原料赋予其味道,起到增鲜的作用。

(四)淡 菜

1. 品 种

淡菜,又称海红干、贻贝干,是将贻贝煮熟去壳的肉制成的干制品,将鲜贻贝先烫煮开壳取肉,洗去肉上的粘液,晒干或烘干而成。因干制过程中不加盐而得名。煮贻贝的水经浓缩后可制成"淡菜油",辽宁、山东、浙江、福建、广东沿海均产。

按产季、质量不同分为梅淡(黄梅时所产)、伏淡(6~8月所产)冬淡或春淡(11月到翌年2月所产)、卤菜(在天气不佳不易晒干的环境中制成),其中以伏淡品质较优良。淡菜质量一般分三个等级,一级质量标准为:以体大肉肥,大小均匀,色泽呈红黄色或黄白色有光泽,体型完整(完整度大于80%)质地干燥,味道鲜淡而稍甜,无杂物、无足丝者为佳,适宜长期保管。

2. 烹饪中的应用

在烹调前需涨发,烹饪应用中主要做配料和调味料,起增鲜的作用。代表菜有梅干菜焖淡菜、淡菜猪蹄膀煲、淡菜菠菜粥等。

(五)干鲍鱼

1. 品 种

干鲍鱼,是将新鲜鲍鱼经风干后制成,如图9-45所示。将鲜鲍鱼去壳取肉后,放入盐水中浸渍5h~6h,然后在盐水中煮熟,经烘烤、晾晒后置于凉处风干,在反复烘、风干,至少需用一个月时间才干制完成。刚干制而成的被称为"新水",存放两年以上的被称为"旧水"。

干鲍鱼多为国外进口品,主要品种有产于日本青森县的日本网鲍、澳大利亚的澳洲网鲍、日本岩手县的极品鲍等。其中以产于日本青森县的日本网鲍品质最佳。干鲍鱼的大小常按每500g的头数计算,因此500g中,头数越小,代表鲍鱼越大,价钱就越贵,如每500g极品鲍30只左右,网鲍1~4只,以2只为最好,因此港谚有:"有钱难买两头鲍"之说。

2. 烹饪中的应用

图9-45 干鲍鱼

干鲍鱼,肉质坚硬,纹理紧密,在烹制前需涨发,涨发干鲍鱼的最佳方法是利用沸水焖发。涨发后的鲍鱼,整体发软,肉质膨胀,一般会比原体积大一半左右。发好后的鲍鱼,多作为菜肴的主料,应用与鲜鲍相同,但干鲍鱼的鲜味胜于鲜鲍鱼。

第六节 其他水产品

一、海 参

海参,为棘皮动物门、海参纲动物的概称。

海参纲动物有900多种,我国海域约有120种,可供食用的有20余种,其中以南海所产品种最多。以黄海、渤海产的刺身和南海、西沙群岛产的梅花参最为名贵,有"北刺南梅"之说。

(一)海参的分类

一般将商品海参分为两大类:

一类是刺参,体表生有肉疣、管足者,多为黑色,常见品种有梅花参、灰刺身、放刺身等;

一类是光参,体表光滑,无肉疣,多为白色、灰色,常见品种有大乌参、克参、糙海参、海地瓜、白底靴参等。

(二)主要品种

1.刺参品种

(1)刺 参

刺参,又称仿刺参、灰刺身、辽参等,是刺参科最好的海参品种,被誉为"参中之冠",属寒温带品种。主要分布在我国的山东、辽宁和河北沿海等地,如图9-46所示。

图9-46 刺参

刺参体呈圆柱形,体长20cm~40cm,背面有4~6列肉疣,腹面有3行管足。刺参体壁厚而软糯,是北部沿海食用海参中品质最好的一种。干制品中,以肉质肥厚、刺多而挺、干燥的淡干品为佳。涨发率较高,每500g可发3750g~4000g。其生殖腺俗称"参花",味甚鲜美,经腌渍、发酵后制成参花酱食用,非常名贵。

(2)梅花参

梅花参,又称凤梨参、海花参,质量仅次于刺参。主要产于东沙、西沙群岛和海南岛等地,如图9-47所示。

梅花参体呈长圆筒状,背面的肉刺形似梅花瓣,故名"梅花参";又因体形与凤梨相类似,故又称"凤梨参"。是海参纲中个体最大的一种,一般体长为60cm~70cm,最大可达90cm~120cm,加工后的干制品重量可达500g,被誉为"海参之王"。

2.光参品种(大乌参)

大乌参,又称黑乳参、黑猪婆参等,在无刺参中,质量最佳,主要产于广西北海及西沙群岛、海南岛等地,如图9-48所示。

图9-47 梅花参

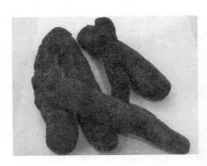

图 9 – 48　大乌参

鲜活参体形呈圆筒形,体色呈黑色或有黄白色斑点,体长约 30cm。因身体长有数个大的乳房状突起,故又称"乳房参",海南岛渔民称为"乌尼参"。干制品皮细肉厚,体表呈黑褐色,肉味青棕色或青色,半透明者为佳。涨发率高,每 500g 干海参可涨发 2750g。

(三)干制海参的质量鉴别

干制海参以体形饱满、皮薄而质重、肉壁肥厚,水发时涨性大、涨发率高、涨发后的海参质地糯而爽滑、富有弹性、以质细无沙粒者为佳。

(四)烹饪中的应用

烹饪中常用的海参原料多为干制品。干制品在烹调前需经涨发后才可使用,一般常用泡、煮等水发方法涨发;但外皮坚硬厚实的干制海参,需经火发后,用刀刮去焦皮层,再用热水涨发,如大乌参、克参、白石参等。

在烹饪应用中,既可作主料也可作辅料,在宴席中多以高档菜出现。制作菜肴时整用居多,也可经刀工处理加工成各种形状,如段、条、片、块、丁等。适用于多种烹调方法,如烧、烩、焖、煮、蒸等。因其本身无味,制作时应与呈鲜原料一同烹制赋予其味道。代表菜有葱烧海参(山东)、虾子大乌参(上海)、扒烧四宝开乌参(福建)、家常海参等。

值得注意的是某些鲜活海参含有毒素,溶血作用较强,鲜食者处理不当可导致中毒,因此在制作时应延长其水洗和加热时间。

(五)营养保健

海参中富含蛋白质,脂肪含量低,是很好的高蛋白、低脂肪食物,因其营养价值高,素有"海中人参"之称。清代《本草纲目拾遗》中记载"海参性温补,足敌人参,故名海参。"海参中尤以精氨酸含量甚高,号称"精氨酸大富翁",它是构成男性精细胞的主要成分,对机体细胞的再生和修复机体组织起着非常重要的作用,能提高人体的免疫功能。海参中的黏多糖具有抗凝血、抗辐射、抗氧化、抗肿瘤的作用。

由于刺参中活性成分较强烈,过多的食用可致鼻出血,每天食用 10g ~ 20g 即可。

二、海　蜇

海蜇属腔肠动物门、钵水母纲、根口水母目、根口水母科海蜇属动物。因其口腕处有许多棒状或丝状触须,附有密集的刺丝囊,可分泌毒液,蜇人皮肤后,可引起刺痒和红肿而得名。主产于我国沿海、朝鲜、日本等地,如图 9 – 49 所示。

(一)海蜇分类

根据产期不同,可分为梅蜇(夏至到大暑)、秋蜇(立秋

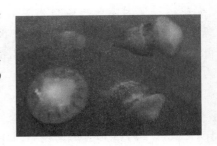

图 9 – 49　海蜇

至处暑)、白露蜇(白露至秋分)、寒蜇(寒露至霜降)四类。

根据产地不同,可分为南蜇(粉蜇)、北蜇和东蜇三类,以南蜇产量最高、质量最好,主要产于浙江、福州沿海。

(二)形态特点

伞部状海蜇,体呈半球形似馒头状,伞体表面光滑,中胶层厚,含大量水分和胶质物;体色一般成青蓝色。口腕愈合,大型口消失,在口柄基部有8枚口腕,各枚裂成许多瓣片,下部口腕分三翼,边缘有许多小孔,称之为吸口,是海蜇的摄食器官。

(三)质量鉴别

烹饪中常用和人们日常食用的多为海蜇制品,其中海蜇的伞部制品别称为"海蜇皮",如图9-50所示,口腕部的制品被称为"海蜇头",如图9-51所示。

图9-50 海蜇皮   图9-51 海蜇头

海蜇皮,以形状完整呈立体珊瑚状,颜色呈白色或淡黄色,光泽鲜润,肉质厚实均匀有韧性,无泥沙者为佳。

海蜇头,颜色呈白色、黄褐色或红琥珀色,有光泽,外形完整,无蛰须,肉质厚实,有韧性口感松脆,无泥沙者为佳。

(四)烹饪中的应用

烹饪中常用的多为腌制品,在使用前需用清水浸泡或温热水(80℃左右)速烫后,将盐、矾、泥沙洗净,将红皮撕净即可应用。根据制品不同可加工成相应的形状,海蜇头多加工成片,海蜇皮多加工成丝,因其清脆爽口,多作为凉拌菜式。也可以热菜形式出现,适用于多种烹调方法,如爆、炒、炸、烧、烩等;同时也适用于多种味型,如咸鲜、酸辣、麻辣等。代表菜有芙蓉海底松、海蜇羹、炒什锦海蜇、鸡火海蜇等。

除此之外,海蜇也可鲜食。鲜食者多为沿海居民,使用部位多为海蜇的伞部。食用前先刮净蜇血和黏膜,切成细而长的条,再用水冲洗数遍,海蜇条渐薄渐细,腥味也随之减轻,呈清亮透明状似粉丝,再用调料拌匀食用,口感脆嫩,清亮爽滑如凉粉。但因鲜品含有毒素,故不宜常食和多食。另外,海蜇容易受嗜盐菌污染,因此在食用前最好切丝后,用凉开水反复冲洗干净,加醋调味,预防细菌性食物中毒。

(五)营养保健

海蜇中的主要成分为中胶质。中医认为海蜇具有清热化痰、消积润肠、降压消肿的功效,

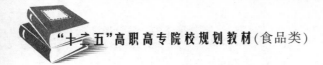

对患有气管炎、哮喘、高血压的患者来说,具有一定的辅助治疗作用。在尘埃环境中工作的人员,常吃海蜇,对保障身体健康极为有益,海蜇中的胶质能起到去尘积、清肠胃的作用。

三、沙 蚕

沙蚕,为环节动物门多毛纲沙蚕科动物的通称。多为海产,我国黄海、渤海均有分布,居泥沙中,昼伏夜出,亦常在海中游泳。

(一)形态特点

沙蚕体形扁长,头部明显,身体分有很多体节。每节两侧都有一对具刚毛的疣足,但末节无疣足,而有一对肛须;中间为肠腔;体软如蚕,外表呈青黄色,含有白浆。

(二)主要种类

常见的种类主要有日本沙蚕和疣吻沙蚕两类。我国供食用的主要是疣吻沙蚕。

疣吻沙蚕,又称禾虫(广东)、沙虫。

疣吻沙蚕,体形稍扁而细长,体色前端背面到口腔基部呈绿褐色,后面略显红色,背部中央呈浅红色,如图9-52所示。分布于广东、福建等地的海边、河口及稻田,其中以广东斗门县所产品质较好。

(三)烹饪中的应用

沙蚕肉质韧而爽脆,味道鲜美。鲜食前须将腹内的泥沙清洗干净,方法是将头尾剪去,剖身清洗,常用的烹调方法有炒、煎、炖、爆等。制成的干制品称为沙虫干或禾虫干,烹制前需用盐干炒,膨胀回软后再进行烹制,常用烹调方法有炒、烩或做汤。代表菜有炖禾虫、炒禾虫、禾虫蒸蛋、油爆沙蚕等。

图 9 - 52　沙蚕

本章小结

本章主要介绍了烹饪原料的基本定义、中国烹饪原料的特点以及烹饪原料学科的地位,简单介绍了对烹饪原料采购者的基本素质要求。

练 习 题

1. 简述鱼类的品质检验。
2. 简述虾类的品种及烹饪应用。
3. 简述牡蛎的烹饪应用。
4. 简述海参的种类与烹饪应用。
5. 简述河豚的烹饪应用和加工时的注意事项。

第十章　调辅类烹饪原料

学习目标

1. 了解烹饪中常用的辅助原料的种类及各自在烹饪中的作用;

2. 掌握各种调辅料的性质、特点及烹饪运用方法;

3. 掌握影响各种调辅原料品质的因素、品质检验的标准和方法;

4. 掌握调辅原料在贮存过程中的质量变化规律及使用的贮存方法;

5. 能很好地运用所了解、掌握的知识灵活地使用各种调辅原料到烹饪实践中,还能适当地开发新型的调辅原料。

第一节　调味料概述

"民以食为天,食以味为先",调味料是味形成基础,是制作美味佳肴不可缺少的原料。据文献记载,我国的商周已经有了比较成熟的调味理论,确定了常用的调味品,在我国大约3600年前就有五味之说,五味之说的出现使烹饪技术有了新的飞跃。在长达3000多年的历史中,我国历代食品工作者和烹饪工作者研制出各种复合调味品已达1000多种,有天然的和人工合成的,有动物、植物和微生物来源的,有固体、半固体、液体等多形态,每种调味料都具有独特的性质,甚至有些调味料有明显的地域特征。因此,我们只有熟悉调味料的种类、属性和调味的原理,掌握调味料的烹饪应用方法及技巧,才能烹制出色、香、味、安全、营养俱全的美味健康菜肴。

一、调味料的概念

调味料又称为调味品、调味原料、调料,是在烹调过程中要用于调整或调和菜点滋味的一类烹饪原料的统称。其用量少,但是对菜点的色、香、味、营养、安全起重要作用。调味料各呈味成分在烹调过程中与菜肴的主配料发生物理化学反应,从而形成菜肴各自独特的风味,从而体现出"一菜一格,百菜百味"。

二、调味料的烹饪作用

中国民间有"开门七件事,柴米油盐酱醋茶"和"五味调和百味鲜"的说法,很好地阐释了调味料在烹饪中的重要性。在烹调过程中,它可以丰富菜肴色泽,增加菜肴风味,减少菜肴异味,丰富菜肴的口感,杀菌消毒等。其中调节味感是调味料的最主要作用,如果烹饪工作者能灵活地运用调味料进行烹制菜点,诱人的菜肴可很好地刺激人们的食欲,使人食欲大增,吃起来津津有味。调味料的作用主要包括以下几个方面。

1. 赋　味

添加调味料后,可赋予菜点这种味感,以达到烹调要求。

2.确定菜点的口味

加入一定调味料后,可赋予菜点具体的味型,如酸辣味、鱼香味等。

3.矫除原料的不良异味

添加适当的调味料可矫除原料的不良气味。

4.赋　色

添加有色的调味料,可赋予菜点特点色泽。

5.增加菜点的营养成分

可添加一些营养性调味料增加菜点的营养价值。

6.杀菌消毒

有很多调味料具有一定的化学成分,可起到杀菌防腐作用。

7.增进食欲,促进消化

有些调味料可溶解菜点营养成分,促进消化。

8.食疗养生

选择具有保健功能、国家相关规定允许规定加入食品、菜肴的药食兼用的调味料,可起到一定的食疗作用。

9.影响口感

有些调味料可影响菜点的质感。

三、调味料的分类

目前,烹饪中的调味料种类繁多,分类有多种方法。有的按加工方法分,有的按形态分,有的按商品经营习惯分,但一般按味别不同分为单一调味料和复合调味料。本书按原料的味别分为六大类。

1.咸味调料:如食盐、酱油、酱类、豆豉等。

2.甜味调料:如蔗糖、淀粉糖、蜂蜜等。

3.酸味调料:如食醋、番茄酱、柠檬汁、酸菜汁等。

4.麻辣味调料:如花椒、辣椒、芥末、胡椒、咖喱粉等。

5.鲜味调料:如味精、鱼露、蚝油、虾油等。

6.香味调料:如八角、桂皮、孜然、陈皮等。

四、烹饪中常用调味料的主要种类

(一)咸味调料

自古以来就有"酸甜苦辣咸,以咸为主"、"咸为百味之王"等说法。咸味是一种能独立存在的味道,它不但是最基本味的主味,也是各种复合味的基础味,许多味道都必须与咸味结合才能更充分地表现出来。菜点的咸味不仅可以调和口味,还可改善色泽和增加香味。烹饪中常用的咸味调味料有天然食盐和经过微生物的发酵活动产生的咸味调味料,如酱油、酱类、豆豉等。

1.食　盐

食盐又称餐桌盐,俗称盐巴,主要是以氯化钠为主要成分的普通盐。是提供咸味最普通的调味料,也是唯一有重要生理作用的调味料,其阈值一般为0.2%。人们很早就发现了盐对风味的重要性,提出"盐为百味之主"的著名观点。李时珍在《本草纲目》里提到:"五味之巾,惟此不可缺。"现也是在烹饪中最常用的调味品之一。

（1）食盐的种类

按食盐的来源可分为海盐（海水晒取）、湖盐（池盐,咸水湖中提取的）、井盐（地下卤水熬制结晶）和矿盐（又称岩盐,直接开采地下300m～2000m的盐层）。

①海盐:海盐含氯化钠达90%,常含有杂质,主要用于腌制食物。

②湖盐:湖盐含水量较小,不需加工即可食用。

③井盐:井盐含杂质少,无苦味。

矿盐产量不多,可供食用和药用。有些国家和地方由于污染问题食用盐多是井盐和矿盐,但我国以食用海盐为主。

按食盐提取的加工工艺可分为粗盐、精盐、加味盐。

①粗盐:粗盐又称大盐,是由海水直接制得的食盐晶体,主要成分为氯化钠,因为生产食盐的卤水不同而含有氯化镁、氯化钾、硫酸镁、硫酸钙和绍、硅、氟、碘等微量元素以及泥沙和一定水分等杂质,所以有苦涩味,一般不适合烹调中调味,但适合腌制菜肴。

②精盐:精盐是指粗盐经过溶解除杂质,蒸发结晶而成,呈粉末状,色洁白,含氯化钠达96%,较适合烹调中调味,是理想的烹饪用盐,也是主要的食用盐。

③加味盐:加味盐又名混合盐、调味盐,是指以精盐为基本原料配以各种香辛料生产的有特殊风味的盐类产品,如辣味盐、五香盐、汤料盐、椒盐、香菇盐、香芹盐、蒜香盐、芝麻盐等风味盐,以及为了医疗保健作用的食疗盐,如加碘盐、加锌盐、加硒盐、低钠盐等,这种盐可直接撒在炒菜、凉拌菜以及快餐酒宴上的桌上调味料。目前随着人们生活水平的日益变化和提高,调味盐越来越受到人们的青睐。对于加味盐的使用,我们需注意使用技巧。比如在烹调过程中使用加碘盐时,要注意以下几点:加碘盐要尽量迟放,最好在起锅前放,尽可能减少碘的损失;尽量少加或不加醋,因为酸性条件下能促进碘酸钾的分解;烹调时应加锅盖,可以减少含碘蒸气的逸散。

（2）食盐的品质

品质好的食盐色泽洁白、呈透明或半透明状,具有正常的咸味,晶粒整齐,晶粒间缝隙较少,颗粒坚硬、干燥。食盐的贮存环境应是清洁、干燥的环境。

（3）食盐在烹饪中的作用

①赋味作用:"无盐不成味"很好地说明了食盐是菜肴最基本的味道,具有提鲜、增味的作用。例如没有盐的参与很难有鲜味的形成,因为鲜味物质必须在咸味基础上才能呈现出鲜味。食盐是不仅提供咸味,同时还可调节酸、甜、苦、及辛辣味的强弱。

②增加粘稠度:含蛋白质原料的上浆、蓉泥类与面团调制的过程中,添加适量的食盐可提高蛋白质的吸水能力,从而可起到"上劲"增稠的作用。比如,在肉类原料在挂糊和上浆前,先用盐腌制,可使肉类具有一定粘性,可与淀粉紧密粘接一起,防止在滑油或走油时发生脱浆、脱糊现象。

③防腐保鲜作用:食盐能抑制菜点的微生物生长和使食物中的蛋白酶活性减低,减缓菜点中的蛋白质分解速度,可使菜点长时间贮存,还能增加菜点的风味和改善色泽,提高菜点的质量。

④可作为传热介质:食盐具有传热系数大、温度升高快、表面积大等特点,可作为传热介

质烹制风味独特的菜肴,如盐焗类菜肴(东江盐焗鸡)、盐涨发加工(盐发肉皮)及盐炒类菜肴。

⑤调节面团发酵速度:酵母在发酵面团中需要无机盐作为营养素,添加适量的食盐就可利于酵母发酵(面团用盐量一般在 0.4% ~ 1.5%)。但过量的食盐则会造成酵母脱水、萎缩,降低发酵速度,酵母菌在 20% 左右的食盐浓度下停止生长并停止发酵。

⑥改善原料的质地和口感:食盐有较强的渗透作用,加入少量的食盐可提高动物性原料的保水性,增加肉类的嫩滑程度。同时也可改变植物件原料的脆嫩度。如白瓜先加点盐先盐渍一下再炒,就会变得脆嫩。

(4)食用盐的技巧:《调鼎集》说,"凡盐入菜,须化水澄去浑脚无盐块,亦无渣滓"、"若下盐太早,物不能烂"表示投放盐需注意添加的时间,在制汤时,放盐不宜过早。因为食盐能使蛋白质凝固,蛋白质等鲜味物质不易溶于汤中,汤的味道也就不会浓厚鲜醇;在炒茎菜类蔬菜时,则宜早放盐,可使水分溢出、滋味渗透,并能保持其脆、嫩等特点,在炒叶菜类蔬菜时,由于食盐的高渗透压会使细胞中的水分大量渗出,使原料发生皱缩、组织发紧,影响外观和风味,应迟放;用盐必须适量,过量的盐不仅影响保持其脆、嫩等特点和菜点的口味,而且产生高渗透压、不利于人体健康。

2. 酱 油

酱油的发源地是中国,据史学家考查,《周礼》中有"膳夫掌王之食,酱用百有二二十瓮"之记载。公元前一世纪左右出现了以大豆、小麦为原料生产的豆酱及豆酱油。东汉崔实在《四民月令》中记载:"正月可做诸酱、肉酱、清酱",清酱即类似于现在所说的酱油。酱油在我国人均年消费 3kg 左右。酱油是我国的特产调味料,是以富含蛋白质的豆类和富含淀粉的谷类及其副产品为主要原料,在微生物酶的催化作用下分解熟成并经浸滤提取的特殊色泽、香气、滋味的液体调味料。

(1)酱油的种类

①生抽:生抽主要是广东一带对一种不用焦糖色素调色、增色的酱油的俗称,其色泽较一般酱油浅,风味和用法基本相同,多用于色泽要求较浅的菜肴调主味。

②老抽:老抽是在生抽中加入红糖熬制成的浓色酱油。主要用来调色,特别适用于色泽要求较深的菜肴。

③白酱油:是未调酱色或深色较浅的化学酱油。其色泽呈浅黄色或无色。多用于要求保持原料原色的菜肴,如白蒸、白煮、白拌等。

④甜酱油:是以黄豆制成酱胚,配加红糖、食盐、饴糖、香料、酒曲酿造而成的酱油,其色泽酱红,香气浓郁,质地粘稠,咸甜兼备,咸中偏甜,鲜美可口,以用浇拌凉菜为好,如浇拌白切鸡、牛肉冷片等风味菜肴。

⑤美极鲜酱油:用大豆、面粉、鲜贝、食盐、糖色等加工制成的浅褐色酱油。其味极鲜,多用于清蒸、白灼、白煮等菜肴的浇蘸佐食,也用于凉拌菜肴。

⑥辣酱油:是在酱油中加入辣椒、小姜、砂糖、红枣、丁香、鲜果等经提取而成的酱油。具有咸、鲜、辣、甜、酸、香等多种味感,多用于各种油炸菜肴的佐料及调拌冷菜。

⑦加料酱油:此类酱是酿造过程中加入动物性或植物性原料,制成具有特殊风味的酱油。如草菇老抽王、蟹子酱油、五香酱油、蚌汁酱油、鱼露、香菇酱油、虾子酱油等,其中鱼露在广东、福建使用较多,可做菜肴,有鱼露三鲜、鱼露扒菜胆等。

（2）酱油的品质

高品质的酱油以浅褐色或红褐色,鲜艳光泽,不发乌,入口鲜美,咸甜醇厚,无异味,浓度适当,无沉淀、无异物为佳。

（3）酱油在烹饪中的作用

酱油在烹制菜点中不仅具有调味、调色、增香、除异味、解油腻、杀菌等作用,还可使人增强食欲、促进消化等。

（4）使用酱油的技巧

要注意使用量,一般酱油含盐量在 $16\% \sim 20\%$,其使用量主要受到咸度和色泽约束,故在烹饪过程中应与食盐结合进行调味,可以考虑先用酱油调好色再用食盐调味。另外,对于长时间加热烹制的菜肴,为防止加热时间过长使菜肴变黑,影响菜肴色泽,可以考虑出锅前调色。

3. 酱

酱,是我国传统咸味调味品,出现在公元前千余年,在《周礼》和《论话》中都有记载。酱是以富含蛋白质的豆类和富含淀粉的谷类及其副产品为主要原料,在微生物作用下分解熟成的糊状调味料。酱的色、香、味独特,营养丰富,不仅含有较高的蛋白质、糖、多肽及人体必需的氨基酸,还含有钠、氯、镁、钾、硫、磷、钙、铁等离子,是一种较好的调味料。

（1）酱的种类

根据原料的不同,一般可将酱分为黄豆酱、甜面酱、豆瓣酱、沙茶酱、XO 酱等。

①黄豆酱也称黄酱,其色泽金黄,酱味芳香,咸淡适中,可用于炸酱及烹制酱炸菜肴和酱爆菜肴。

②甜面酱又称面酱,其金黄色有光泽,呈稠粥状,味醇厚而鲜甜,可用于北京烤鸭、香酥鸭的葱酱味碟;也可用于制作酱爆肉丁、酱肉丝和酱烧类菜肴。

③豆瓣酱如图 10 - 1 所示,豆瓣酱以四川郫县豆瓣酱最为出名,其以咸辣味为主,是水煮牛肉、回锅肉等菜肴必需调味料。

④沙茶酱也称沙爹酱,是在黄酱里加入虾干、花生、香葱、沙姜、大地鱼和油脂等料,经高温油炸制而成,其味鲜美微辣,可用于拌、炒和佐食。

图 10 - 1　豆瓣酱

⑤XO 酱是以黄豆、面粉等酿造成酱后,再加入扇贝、火腿、虾、鱿鱼丝及香料等酿制而成,其酱味鲜美可口,可用于酱爆类菜肴制作及佐食的调味料。

（2）酱的品质

优质面酱应为黄褐色或红褐色,鲜艳,有光泽,具酱香和配香,无不良气味;入口咸鲜甜浓,醇厚,无苦味、焦糊味、酸味及其他异味;体态粘稠适度,无霉变、杂质。优质豆酱基本同面酱,并具浓郁豆香,甜度较低。面酱含盐量 $\geq 7\%$,豆酱含盐量 $\geq 12\%$,豆瓣辣酱可有锈味、无其他不良滋味。

（3）酱在烹饪中的作用

酱在烹饪中可改善菜点的色泽和口味、增加酱香味,还可以去腥、解腻。多用于炒、爆、烧、焖、烤、蒸、凉拌等多种烹调方法,如酱炒里脊肉、酱爆肉丁、酱汁排骨、酱焖茄子、酱烤鸭片、酱烧茄子、腌制猪肚等菜肴。

(4)酱的使用技巧

在热菜烹调时应先将其炒香出色,以防止菜肴口味和色泽不佳。若以酱作味碟蘸食,必须要加热后方能食用,否则不利于健康。酱的用量多少首先要根据菜点咸度、色泽的要求及品种来确定。

4.豆豉

豆豉又称豉、香豉、幽寂、康伯如图 10-2 所示,是以黑大豆或黄大豆加酒、姜、花椒等香辛料,经过蒸熟、霉菌发酵制成的调味料。我国台湾人称豆豉为荫豉。日本称纳豆。豆豉最早的记载见于汉代刘熙《释名·释饮食》一书中,誉豆豉为"五味调和,需之而成"。在公元前 2 世纪,我国就开始生产豆豉,目前豆豉主产于长江流域及其以南地区,以江西、湖南、四川所产居多。故有,"南人嗜豉,北人嗜酱"之说。

图 10-2　豆豉

(1)豆豉的种类

豆豉按原料分有黑豆豉、黄豆豉;按加工技法分有干豆豉、湿豆豉、水豆豉;按风味分有淡豆豉、咸豆豉、辣豆豉、姜豆豉、甜豆豉、香豆豉、臭豆豉。

我国较有名的豆豉有:江西的丰城豆豉、家乡豆豉、葡萄豆豉,四川的永川豆豉,山东临沂的八宝豆豉、广东阳江豆豉、开封西瓜豆豉等。

(2)豆豉的品质

豆豉以颗粒饱满、干燥,色泽乌亮,香味浓郁,甜中带鲜,咸淡适口,中心无白点,无霉腐气味以及其他异味为佳品。

(3)豆豉在烹饪中的作用

豆豉在烹饪中主要起提鲜、增香、增味、去异味作用,并具有赋色功能。一般剁(或绞)成茸泥,以便均匀分布于菜点中,达到菜点的美观。多用于炒、烧、爆、蒸等烹调法的菜肴,如豆豉肉丝、豆豉烧牛肉、豆豉白鱼、豉汁蒸排骨、潮洲豆豉鸡等。

(4)豆豉的使用技巧

豆豉的投量不宜过大,以免会掩盖原料本味;豆豉一般要剁成茸泥,炒香后再用来调味或将豆豉炒熟后作味碟使用。

(二)甜味调料

中医常说的甘味就是人们所说的甜味,甜味是含生甜团及含氨基、亚氨基等基团的化合物对味蕾刺激所产生的感觉。甜味是烹饪中独立存在的基本味,人的舌尖对甜味最敏感。甜味调味料在烹调中的作用仅次于咸味调味料,甜味调味料主要包括蔗糖、饴糖、蜂蜜、糖精、甜菊糖等。

1.食　糖

食糖是从甘蔗、甜菜等植物中提取的一种甜味调料,其主要成分是蔗糖。是由葡萄糖分子与果糖分子通过糖苷键连接起来的双分子糖类,又习惯称为碳水化合物。在我国最早出现的"砂糖"是在南朝齐梁时期的陶弘景之作《名医别录》中,而我国第一部关于制糖的专著是《糖霜谱》。目前,我国食糖主要产于东南地区、东北和西北地区。

(1)食糖的种类

①白砂糖:白砂糖以蔗糖为主要成分,色泽白亮,含蔗糖量 99% 以上,甜度高且味纯正,易

溶于水。砂糖易返潮、溶化、干缩、结块、发酵和变味,所以在保管时要注意卫生、防潮,要单独存放。烹调时多用于烧、炒、焖、挂霜、拌、琥珀类菜肴和甜汤(糖水)等。另外,白砂糖也是糕点生产中使用量最大、范围最广的食糖,如各类蛋糕。

②绵白糖:绵白糖又称为细白糖,其颜色洁白,品粒韧小、均匀,质地绵软、细腻,纯度低于白砂糖,含蔗糖量97.90%以上。绵白糖在烹饪中多用于凉拌菜肴、拔丝菜肴和柔软性较好的糕点。

③赤砂糖:赤砂糖又称赤糖,是呈棕红色或黄褐色的带糖蜜的砂糖。传统的中医认为,赤砂糖是孕妇传统营养品。赤砂糖的颜色较深,晶粒连在一起,有甘蔗味,适用于红烧类菜肴和制作卤汁,可产生较好的色泽和香气。在糕点制作中使用时多化成糖浆,或选用含糖蜜少、水分低的赤砂糖磨成粉后使用。

④土红糖:土红糖又称红糖、粗糖,是以甘蔗为原料土法生产、未经脱色和净化的食糖。土红糖按其外观不同,可分为红糖粉、片糖、条糖、碗糖、糖砖等,以红糖粉为主。土红糖颜色深,结晶颗粒小,口味甜中带咸,稍有甘蔗的清香气和糖蜜,容易吸潮溶化,一般以色泽红艳者品质较好。土红糖常用于上色,制复合酱油、红卤汁等,还可做带色的甜味调味料。含一定无机盐和维生素,一般是体弱者和孕妇比较理想的甜味调料。

⑤冰糖:冰糖一种纯度较高的大晶体蔗糖,是白砂糖的再制品,因其形如冰块而得名,冰糖味甜而鲜,对肺燥咳嗽、干咳无痰、咽喉肿痛有缓解作用深受人们喜爱。常用于甜羹类和小吃,也可用于炸收菜和卤菜等菜肴上色。

⑥方糖:方糖是以白砂糖为原料加工制成,色泽洁白,表面光滑,外形规正,结晶体均匀,结构紧密无杂质,蔗糖含量大于或等于99.60%。多用于牛奶、咖啡等饮料调味,可掩盖饮料不良味道,提高饮料适口性。

(2)食糖在烹饪中的作用

食糖可发生焦糖化反应和与肉类发生碳氨反应(美拉德反应)给菜点上色,如红烧类菜肴、炸类菜肴和烘烤制品的上色。并能在不同温度下做拔丝、硫璃、挂霜、蜜汁菜肴以及一些亮浆菜点,如拔丝苹果、潮汕翻砂芋、水晶梨等;食糖与其他调味品组成复合味,同时调节酸味、咸味、苦味的强弱;食糖具有一定保水作用,在腌渍肉类时,可起到保持肌肉的嫩度;糖具有反水化作用,可改善面团的组织形态,使面团外形挺拔,在内部起到骨邻作用,使产品有脆感;能调节面团面筋的胀润度,增加面团的可塑性;另外也可以调节酵母发酵速度,但糖量不超过30%。食糖还具有杀菌防腐作用,一般浓度应在50%～75%,可用于糖渍的方法保存食物。

(3)食糖的食用技巧

控制好使用量,不同地区的菜点使用量不同,一般北方菜加糖量远低于南方菜,使用食糖时也考虑到糖尿病患者、肾炎、肝病患者不宜吃食糖,可加或少加。

2. 饴 糖

饴糖又称麦芽糖、糖稀、米稀,如图10-3所示,是将粮食中的淀粉在淀粉酶的作用下制成的一种浅棕色、半透明、甜味温和的粘稠状糖液,其主要成分是麦芽糖(54%～62%)和糊精(13%～23%)。饴糖可分为硬饴和软饴两大类。硬饴为淡黄色,软饴为黄褐色、糊稠状。饴糖以色泽浅黄色,具有饴糖特有的香气,味浓厚纯正,透明澄清,无杂

图10-3 饴糖

质,无异味为佳。饴糖具有良好持水性、上色性、不易结晶和使用方便,在烹饪中广泛用于菜肴、面点、小吃的作甜味调味料,在烧烤类菜品中常用饴糖为增色剂,可使菜品色泽红亮有光泽,可用于烤乳猪、烤鸭、脆皮乳鸽等菜肴的上色。饴糖可改良面筋,增加体积,上色,增添,保持面点的柔软性。但起酥点心不适用饴糖,否则影响其酥性。

在烹饪中使用饴糖时应掌握好温度、加热时间及用量,以保证菜肴的质量要求。由于饴糖往往色泽深浅不一、麦芽糖成分含量不等,在使用时应注意成品的质量要求。

3. 蜂 蜜

是由蜜蜂采集的花蜜酿造加工而成的一种浓稠状透明或半透明液体。蜂蜜的酸味成分是蚁酸、乳酸,是一种很好滋补品。

由于蜜源不同,蜂蜜的色泽、气味和成分等存有差异。总的说来,以色白黄、半透明、水分少、味纯正、无杂质、无酸味者为佳。

蜂蜜多用于甜味菜点,也适用于少量咸味荣点,在烹调中起到矫味、调味、增色的作用。多用于蜜汁、烧、焖、蒸、扒、烤、焗等烹调法制作菜肴。如四川冰汁燕菜、马蹄糕、香山蜜饼、山西阳泉蜜蜂糕、安徽蜜汁红芋、蜜腊莲子、江苏金银蹄、蜜汁火力,云南的蜜汁云腿,山东的密汁山药等。蜂蜜也可直接抹在面包、馒头等面食上佐食食用。

在使用时应注意用量,防止过多而造成制品吸水变软,相互粘连。同时要常握所用温度及加热时间,以防止制品发硬或焦糊。蜂蜜最好用温水冲服,不能用沸水冲烫,以免其营养成分被破坏。不适宜和凉性食物同食,如西瓜、冬瓜等。

4. 糖 精

是一种人工合成的不参与人体代谢,在人体内不分解,不产生热量,无营养价值的甜味剂,为无色晶体,其本身并无甜味,而且还有苦味。其甜味产生于在水中溶解后的糖精钠。糖精钠甜味相当于蔗糖500~700倍。适于作为糖尿病人和其他需要低热能食品患者的食品甜味剂。但糖精钠是限制使用的甜味剂,按我国食品添加剂使用卫生标准的规定目前主要用于调味品、酱菜类、浓缩果汁、蜜饯类、糕点、冷饮、配制酒等食品的生产中。我国规定其最大用量为0.15g/kg。

5. 甜菊糖

甜菊糖又称甜菊,是从原产于南美洲高原的甜叶菊中提取的甜味成分。它比蔗糖的热量低,没有合成糖的毒性,比蔗糖甜250~300倍,为天然调味料。甜菊糖为白色粉末状结晶,无毒,具有热稳定性。在烹饪中可根据需要酌量代食糖使用。

(三)酸味调料

酸味是由呈酸味的物质(无机酸、有机酸、酸性盐等)分离的氢离子对味蕾刺激所引起的感觉。人的舌头两侧中部对酸味最敏感。酸味不能单独呈味,需与其他味一起调和才能体现出来,酸味的阈值为0.0012%,人感到酸度受到食物的pH值和温度等因素影响。酸味具有化钙除腥、解腻、赋味、提鲜、增香、杀菌等作用。烹饪中常用的酸味调料有食醋、番茄酱、柠檬汁、酸菜汁等。

1. 食 醋

《楚辞》称酸、酢戠,是烹饪不可缺少的酸味调料。多用于醋溜类、酸辣类、糖醋类等菜肴和各种小吃中。一般可以把食醋分为两大类。

（1）酿造醋（发酵醋）

它以富含碳水化合物的粮食、水果、植物种子、谷糠、麸皮、果酒、酒精为原料,经微生物发酵酿制而成的液体酸性调料。食醋的主要成分是醋酸、高级醇类等。其色泽是琥珀色、红棕色,具有特殊的香味,酸味柔和,稍有甜味,澄清,无沉淀物为佳。我国有很多著名的酿造醋。

①山西老陈醋,是山西省特产,以产于山西清徐县的老陈醋为著名,也是我国北方最著名食醋。具有色泽黑柴,酸香浓郁,质地浓稠,醇厚不涩的特点,食之绵软。

②镇江香醋又称金山香醋、香醋,是江苏省镇江的特产。具有色泽深褐,芳香浓郁,酸而不涩,香而微甜的特点。在江南地区使用此醋最多。

③四川保宁麸醋:产于四川省阆中县为著名,为典型的麸醋。其色泽黑褐,有特殊的芳香,酸味浓厚。

④福建红曲老醋,是一种色泽棕黑、香中带甜、酸味醇厚风味独特的特色醋,多与芝麻一起调味。

⑤江浙玫瑰米醋:为江浙一带的普通食醋。因呈鲜艳透明的玫瑰红色而得名,具有特殊的清香,含醋量不高,醋味适口,多用于凉菜、小吃之中。

除了以上发酵醋之外,烹饪中还常用到丹东白醋、红糖醋、色拉醋、葡萄醋、麦芽醋、酒醋、凤梨醋、苹果醋等。

（2）合成醋

是在冰醋酸或醋酸加水的稀释液里添加食盐、糖类、酸味剂、香辛料、食用色素等配制而成的食醋,主要品种有白醋和分色醋。这类醋酸味单一、具有一定刺激性,并缺乏鲜香味。

食醋在烹饪中运用较为频繁,它能起增色、增味、提味、和味、解腻、去腥、矫味、护色、杀菌、致嫩、维护维生素 C 和化钙等的作用,比如用于糖醋味、荔枝味、鱼香味、酸辣味等菜肴制作。如广东咕咾肉、糖醋排骨、山东酸辣乌色蛋汤、福建酸甜竹节肉等;用于炸、烤、溜、等烹调法制作菜肴(广东脆皮鸡、烤乳猪、江苏醋熘洼鱼、醋溜土豆丝等)。还可用于烹调蔬菜时添加醋,能使菜肴维生素 C 不易受破坏。此外,还可用凉拌、炝、腌等冷菜调味(老醋海蜇头、炝腰丝、酸辣瓜柳等),以及作蘸味料。醋不耐高温,易挥发,在烹调使用时注意加入时间,如是去异味则早放,否则将迟放。

2. 番茄酱

番茄酱又称茄汁,是用番茄的新鲜果实,经洗涤、剔除皮籽、磨酱、筛滤、装罐、消毒、添加砂糖而成的糊状调料。其以色泽红艳,汁液滋润,味酸鲜香、具有番茄的特有风味、质细腻、无杂质为佳。其色泽主要来自番茄红素,酸味主要来自苹果醋、酒酸素、琥珀酸等,另番茄酱还含糖、纤维素、钙、磷、铁、维生素 C、维生素 B 等营养物质。这些物质给予番茄酱独特的风味。根据浓度不同,番茄酱可分为三种:低浓度的为 20% ,称为番茄浆;中浓度的为 22% ~24% ,称为番茄酱,稀稠适宜;高浓度的为 28% ~30% ,称为番茄沙司,在烹调中多用于调制卤汁。

番茄酱从 20 世纪开始在中国使用,最初多用于西餐。现番茄酱广泛应用于中西式烹调中的各种菜肴,包括冷菜、热炒、汤羹、面点和小吃,主要起到增色、增味、增香等作用。可用于炒、溜、煎、烹、扒、烧、烤等烹调方法中进行调酸味,如茄汁鸡丁、松鼠鳜鱼、茄汁锅巴、吉利明虾、茄汁鸡球、茄汁牛肉等;也可用于各种菜点的蘸料,使用时注意用量,防止压抑主味或败味。

3. 柠檬汁

柠檬汁是以柠檬经榨挤后所得到的汁液,其色淡黄,有着浓郁的芳香,味极酸并略带微苦

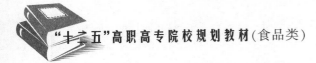

"十二五"高职高专院校规划教材(食品类)

味。柠檬汁的酸味主要来自于柠檬酸和苹果酸,它的营养成分较丰富,含有糖类、维生素 C、维生素 B、烟酸、钙、磷、铁等物质。

柠檬汁是西餐常用的调料。柠檬汁常用于西式菜肴和面点的制作,近年来在中餐烹调中也逐步有所应用。如柠檬汁煎鸭脯、柠檬汁炸鸡片等,以调和滋味,突出果香味。柠檬汁能减少原料中维生素 C 在烹调过程中的损失,提高菜点的营养价值。

除了以上酸味调料之外,烹饪中还常用柠檬酸、浆水、酸菜汁、酸梅酱、山楂酱等酸味调料。在烹饪中作用和使用方法可参考以上酸味调味料。

(四)麻辣味调料

麻辣味是麻辣调味料对人味蕾产生一种刺激性引起很强的味道,包括麻味和辣味两大类。麻味是麻辣调味料成分(山椒素)对味觉器官产生刺激,使人产生辛麻的味觉,是以花椒为代表。辣味是具有辛辣物质(辣椒碱、姜黄酮、姜辛素等)的麻辣调味料(辣椒制品)对味觉、嗅觉器官产生刺激,使人产生烧灼痛的感觉。辣味可分为热辣味和辛辣味两种。热辣是一种在口腔引起烧灼感的辣味,如辣椒、胡椒的味道;辛辣味是在味觉和嗅觉中都能体现的味道,如辣根、芥末的味道。麻辣味调味料可以使菜点除异增香、使人增加紧张感,具有开胃解腻、刺激食欲作用。麻辣味的代表性菜肴有水煮肉片、麻婆豆腐、麻辣牛肉丝、麻辣鸡片、麻辣米线、麻辣子鸡等。

1. 辣椒制品

辣椒制品是指各种秦椒、朝天椒、羊角椒、海椒等品种的干制品或者加工制品。包括干辣椒、辣椒粉、辣椒油、泡辣椒等。

(1)干辣椒,如图 10-4 所示,是指各种新鲜辣椒经加工干制制成的原料,质干且脆。以色泽紫红,身干籽少,辣中有香为好,多用于炒、炝、炸、煮、炖、烧、等烹调方法烹制的菜肴,如宫保鸡丁、炝黄瓜、炝莲花白、炝炒土豆丝等。

图 10-4 干辣椒

(2)辣椒粉也称辣椒面,是成熟的辣椒,经干制后,再加以少量的桂皮混合磨成粉末状;另一种是将干红辣椒磨成细粉状的调料。一般以色红、籽少细腻、具有浓的辣香味为上品,多用于冷菜的制作。如用于热菜,使用时油温不应过高,加热时间不宜过长,否则会影响香辣味的效果。

(3)辣椒油又称红油、辣油,是用辣椒干为主要原料制成的液态调味料,具有较强的辣味。主要用于调制冷菜、冷食中的辣型复合味,如红油味、麻辣味、酸辣味、怪味、蒜泥味等,还用于部分菜品小吃,如油泼面、担担面、凉粉、粉蒸牛肉及炸制菜品等。

(4)泡辣椒又称鱼辣椒、泡海椒、鱼辣子、泡椒,选用鲜红的的辣椒加入盐、酒和调香料,经腌制制成的辣味调味料。主要产地是四川,它能起到提辣、提鲜、增香的作用,以色红亮,肉厚籽少,咸甜微酸,香辣,无霉变为佳品,多用于炒、烧、炖、蒸、拌等烹调方法制作菜肴。另广泛运用于鱼香味型的菜肴的制作,如鱼香肉丝、鱼香茄子、鱼香尖肚等。

2. 花 椒

花椒也称川椒、红椒、秦椒、风椒、岩椒、大红袍、金黄椒、蜀椒等,是芸香科植物花椒果实或

252

果皮的干制品，如图 10-5 所示。我国主要生产地分布在四川、陕西、甘肃、河南和河北等地区，著名品种有四川的茂纹花椒、陕西韩城大红袍花椒和河北涉县花椒。质量以粒大均匀，花椒气芳香，味微甜，麻辣，主要呈味成分为花椒素、花椒油香烃、水芹香烃、香叶醇等挥发油及不饱和有机酸等。在烹调中可除腥去异味，解腻，增香提鲜，可单独调香，也可同其他调味料一起调香。多用于炒、炝、拌、炸、蒸、烩、氽等烹调方法中，如"火锅""水煮鱼"等，还可用于制作面点和小吃的调味料。另外，花椒还可以制成花椒油、花椒盐、花椒粉、花椒水等。

图 10-5　花椒

（1）花椒油。多用于炒、炝、烧、烩、炖等菜肴，特别是用于去除异味比较重的烹饪原料的异味，如花椒油炒芹菜、麻婆豆腐、麻香莲藕、花椒泥鳅等。

（2）花椒盐。亦称椒盐，多用于味碟，在使用炸制类菜肴时蘸食用，如香酥鸡、椒盐排骨、炸虾排、软炸里脊等。

（3）花椒粉。亦称花椒面，多用于调配馅料、腌坯等，如麻辣牛肉馅等。

（4）花椒水。多用于调配动物性馅料、汤菜等。

3. 胡　椒

胡椒又名古月、浮椒、大川、玉椒，是胡椒科植物胡椒的果实，如图 10-6 所示。胡椒主要成味成分是胡椒碱、胡椒脂碱。它主要产于我国海南、广东、广西、福建、云南、台湾等地。胡椒有黑胡椒和白胡椒两种。如果果实还没成熟时采收加工的称黑胡椒；如果果实成熟时采收加工的称白胡椒；胡椒以颗粒均匀、饱满、质干者为佳。白胡椒品质比黑胡椒品质较好，在烹调中主要有提鲜、增香、和味、去异味等作用。经加工制成胡辣粉，是咸鲜、酸辣味、清香等类菜肴及羹汤、面点、小吃和馅心等制作和腌制肉类的重要调料，如胡椒海参、鸡肝酸辣汤等。

图 10-6　胡椒

图 10-7　芥末粉

4. 芥　末

芥末是芥菜的成熟种子(芥子)干燥后研磨而成的一种粉末状辣味调味料，又称芥辣粉，如图 10-7 所示。芥末是中国原产，现我国各地都有生产，以安徽、河南产量最大。它主要呈味物质是芥子碱和芥子苷，其味辛、性烈，能提味、刺激食欲，具有通顺五脏、温中开胃、发汗散寒、化痰利气、旺盛食欲的功效。以含油多、辣味大、无异味、无潮解、霉变者为好，常使用于冷菜和部分小吃品种，如芥末鸭掌、芥末墩儿、芥末肘子、芥末拌粉皮、凉粉等。目前市场上大量出现

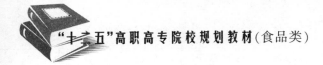

的芥末油、芥末膏等芥末加工品,可供直接使用。

5.咖喱粉

咖喱粉在2500多年前已经作为调味使用,原产于印度,盛行于南亚和东南亚,是以小茴香、姜黄、八角、郁金根、麻绞叶、豆蔻、丁香、番红花、肉桂皮、月桂叶、薄荷、芫荽子、芥子、姜片、蒜、胡椒、辣椒、花椒等碾制而成的粉状调味品,以色深黄、粉精细、无杂质、无异味为好。咖喱粉在烹调中常用来提辣增香、去异味、和味、增进食欲的作用,多用于制作咖喱味的菜肴,如上海咖喱鸡、广东咖喱牛肉等。

6.辣 根

辣根又名西洋山萮菜、山葵萝卜、马萝卜、黑根等,为十字花科辣根属中以肉质根为食的多年生草本植物,原产欧洲南部,它从国外引入我国只有100多年,现主要产于我国黑龙江、吉林、辽宁及北京等地。它具有刺鼻的辛辣味,在烹饪中多用于辣根沙司、佐食各种肉类冷菜等。

(五)鲜味调料

鲜味是体现菜肴滋味的一种复杂美味感。鲜味有效成分是各种酰胺、氨基酸、有机盐、弱酸和一些糖、酒石酸、食盐、谷氨酸钠等的混合物。鲜味物质广泛存在于各种动植物烹饪原料之中。但鲜味在烹饪中不能独立存在,只有在咸味的基础上才能发挥作用。鲜味调味料也称鲜味剂,能增加菜肴鲜味的各类物料,主要包括动物性调味料(蚝油、鱼露、虾油、鸡精等)、植物性调味料(味精、菌油等)及复合鲜味调味料。

1.味 精

味精又称味素、味粉,学名为谷氨酸钠。最早出现在日本,1923年进入中国市场。目前使用最广的鲜味调味料,其主要成分是谷氨酸钠,还含有食盐、水分、脂肪、糖、磷、铁等。我国生产味精含谷氨酸钠的规格有99%,95%,80%,70%,60%等几种,但使用99%的颗粒味精和80%的粉末状味精为多。优质味精是颜色具有光泽、无异味、无杂质。最适宜味精溶解的温度为70℃~90℃,若长时间在高温条件下,味精会变成焦氨酸钠,将失去鲜味,且会给人带来不快的味觉,更适合在高油温下煎炸。在使用时一般在菜肴成熟出锅前加入,以便保证其鲜味。味精使用量需根据菜肴原料分量、食盐用量和其他调味料的多少来确定。一般味精在菜肴中浓度以0.2%~0.5%为宜,过多可能会掩盖原料本味。另外,味精不适宜在酸性或强性较大的菜肴中使用,因为味精在酸性条件下生成谷氨酸或谷氨酸盐,使鲜味下降;味精在碱性条件下生成谷氨酸二盐,失去鲜味。除了以上普通味精,还有强力味精(超鲜味精、特鲜味精、味精精王),其主要呈味物质是谷氨酸钠(MGS)与5′-鸟苷酸钠(GMP)与5′-肌苷酸钠(IMP),属于第二代味精,在烹饪中运用方法基本与普通味精一样。

2.蚝 油

蚝油又称牡蛎油,是以牡蛎为原料,经熬煮的汤汁和浓缩,加入辅料调制而成的棕色或褐色、具有蚝油固有滋味的液体调味料。蚝油是广东、福建、台湾、香港等沿海地区的重要调味料。蚝油具有浓郁的鲜味,入口咸鲜微甜,其鲜味物质主要是蚝的浸出物,其质量以色泽棕黑、鲜香浓郁、汁稠滋润、无异味、无杂质为佳。蚝油除了起提鲜、增香、压异味的作用外,还有提色、赋碱的作用。在烹调中既可烧菜,如蚝油牛肉、蚝油生菜、蚝油豆腐、蚝油鸡等,又可随菜点上桌蘸食。

3. 虾 油

虾油是用鲜虾为原料,加入盐和香料腌制、发酵、滤制而成的液体鲜味调料。多产于沿海各地,是沿海各地人们喜欢的鲜味调料,其品质以色泽黄亮、滋味鲜美、汁液浓郁、无杂质、无异味者为好。虾油在烹调中可起到提鲜增香作用,多用于汤菜和烧、炒、蒸、拌等菜肴制作,也可用于腌制原料及作为佐料。

4. 鱼 露

鱼露也称鱼卤、鱼酱油、白酱油、水产酱油,是以鱼类、贝类为原料,添加食盐经发酵和提炼而成的液体调味料。鱼露产于我国浙江、广东、福建以及东南亚各国,我国鱼露以福州天酱蜞厂出产的"民生牌"鱼露为上品。鱼露含有多种呈鲜味的氨基酸成分,味极鲜美,营养价值较高,其在烹调中用法与酱油相同,但鱼露在烹调中表现出自己独特的风味。

5. 菌 油

菌油又称蘑菇油,是鲜菇和植物油调制的新型鲜味调料,以产于湖南长沙的著名,以红褐色为佳。菌油鲜味成分主要是鸟苷酸和谷氨酸。菌油可用于烧、炖、炒、焖多种烹调方法中,如菌油煎鱼饼、菌油烧豆腐等,也可用于冷菜、面条、米粉和做汤时提鲜增香。

6. 高级汤料

高级汤料是以富含呈鲜物质的鸡、鸭、猪、牛、羊、火腿、干贝、香菇等原料精心熬制的汤料。由于汤中含有大量的浸出物(谷氨酸钠、核苷酸、有机酸、含氮有机碱等),因此高汤的鲜味醇厚、回味悠长,常用于某些名贵菜肴的制作。根据熬制时选用原料和加热方法的不同,高汤常分为清汤和奶汤。清汤,是一种清澈如水、咸鲜爽口的水样汤料,常用于高级宴席的烧、烩或汤菜中,如开水白菜、口蘑肝膏汤、竹荪鸽蛋、清汤浮圆等。奶汤,是一种洁白如乳、鲜香味浓的乳状汤料,常用于高级宴席奶汤菜肴的制作,如奶汤鱼肚、奶汤鲍鱼、白汁菜心等。除清汤和奶汤之外,中餐烹饪中尚有红汤、原汤、鲜汤之分。红汤,是在清汤的基础上加入火腿的火爪、蘑菇等提色原料熬制而成,多用于干烧、红烧类菜肴;原汤,是用单种原料熬制的本味汤汁,如鸡汤、鱼汤、牛肉汤;鲜汤,是用猪骨、猪肉的下脚料熬制而成,用于一般菜肴的赋鲜增鲜。

7. 腐乳汁

腐乳汁腐乳又称豆腐乳、酱豆腐,是将豆腐坯霉制、盐渍,根据品种需要,加入红曲或酒酿、烧酒封闭、发酵而成的一种副食品,是我国的特产,受到人们喜欢的一种佐餐的食品。市场上有红腐乳、白腐乳、青腐乳和酱腐乳四种,以色泽红亮、浓稠、无霉质为佳。腐乳在烹调中常与酱油、盐、糖、味精等调料复合使用,能起到提鲜、增香、和味、解腻等作用。可用于炒、烧、炸、蒸、焖等烹调方法中,如腐乳炒通菜、南乳排骨、腐乳烧肉、粉蒸肉等,也可用于冷菜制作和调制味碟。

(六)香味调料

香味调料是指具有浓厚的挥发香气成分(芳香醇、芳香酮、芳香醛、芳香醚、脂类、烃及其衍生物等),且可用来调配菜点的香味的一类调味料。

调香料很早就在烹饪中使用,在《周礼》《礼记》等文献早已有记载香料的运用。现它广泛用于烹调中,具有增香、去异味、杀菌、增进食欲的作用,常用于各种菜点、小吃中。但香味只有在咸味或甜味的基础上才能发挥出来,是一种复合味型。根据香味的类型不同,可将香味调料分为芳香料、苦香料和酒香料三大类。

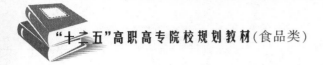

1. 芳香料

(1)八角茴香

八角茴香又称大茴香、大料、八月珠,是人们喜欢使用的一种香料,如图 10-8 所示,是我国特有的香料,主要产于西南地区、广东及广西,尤其是广西产量最高。八角茴香的种子蕴藏在豆荚里,由 8 个果荚组成,呈星形状地排列于中轴上,故名"八角"。在烹饪中可起到解膻臊、除异味、增芳香、和味、增进食欲等作用,多用于卤、酱、烧、炖等烹调方法制作菜肴,如元宝肉、腐乳扣肉等。也是制作五香粉、八大料的主要原料。八角以个大均匀、色泽棕红、有光泽、香气浓郁、完整质干、果实饱满、无杂质者为好,在鉴别八角茴香时应注意假八角混入,假八角其外形与八角相似,但它果实的骨突多于八角,且果尖上翘呈弯钩状,其味苦,具有一定毒性,不能食用。

图 10-8 八角

图 10-9 小茴香

(2)小茴香

小茴香又称茴香、香丝菜、怀香、野茴香、谷茴香,为伞形科植物茴香的干燥果实,如图 10-9所示。全国多数地区都有栽培,主要产于山西、内蒙古、甘肃等地区。它以颗粒均匀、质干饱满、色泽黑绿、气味香浓、无杂质者为好,其呈味成分主要是茴香醚和小茴香酮。《本草纲目》称小茴香能"喜滋食味",因为它在烹饪中起增香气、压异味和防腐等作用,多用于卤、酱、烧等烹调方法和异味较重动物性菜肴制作,如云雾肉等。但使用时应用纱布包住,避免粘附原料,影响菜点美观。

(3)桂　皮

桂皮又称肉桂、玉桂、丹桂,为樟科植物常绿乔木肉桂的树皮或枝干干制而成的条香料。最好的为肉桂,商品名叫官桂。桂皮味辛而微甜,其主要呈味成分是含量为65% ~75% 的桂皮醛、桂脂类、丁香油酚等。主要分布于福建、广东、广西、云南等省区,桂皮以皮红肉厚,表面灰棕色、油性大、香气浓、无虫蛀、无霉斑者为好。在烹调中起到增香、压异味等作用,多用于卤、酱、烧、炖、扒等菜肴。也是五香粉、咖喱粉的用料之一。

(4)丁　香

丁香又称鸡舌、公丁香、丁子香,是丁香树的花蕾采摘下来干燥而成的调香料,如图 10-10 所示。最早原产地是印尼摩鹿加群岛,我国的广东、广西、海南等南方地区都有种植。丁香具有浓郁的芳香气味,其呈味成分主要含有 80% 的丁香酚、丁香酮、丁香素等。以个大均匀,浓厚芳香,身干粗状,色泽棕红,无异味、无杂质者为佳。在烹调中起增香、压异味的作用,常用于卤、酱、蒸、烧等菜肴,使用时宜用纱布包扎。丁香味重,用量不宜过大,否则会影响菜肴的风味。

（5）月桂叶

月桂叶又称桂叶、香叶、香桂叶，为樟科植物月桂的叶子，如图 10－11 所示。原产于地中海沿岸及南欧，在我国浙江、江苏、福建、广东及台湾等南方地区均有栽种。月桂叶有清新芳香气味，其呈味主要成分是桂叶油、丁香油酚、月桂素等，在烹调中起增香、压异味的作用，多用于酱类、汤类、卤类菜肴的调味。同时也是西餐常用芳香调味料之一，如牛尾汤、腌制动物性原料不可缺少的调香料。

图 10－10　丁香

图 10－11　香叶

（6）桂　花

桂花也称岩桂、九里香。为木樨科植物桂花的花。主要产于南方各省份。桂花以色泽黄亮、香气芬芳、味甜滋润、水分少、无杂质、无异味者为佳，其味是甜中而带有清香。在烹调中起提味、合味、增香等作用，多用于各种甜菜、糕点及腌制菜肴中，如桂花八宝饭、桂花莲子等。

（7）紫　苏

紫苏别名佳、赤苏、白苏、香苏、赤苏、红苏、红紫苏、皱紫苏等。为唇形科一年生草本植物。主要产于将江苏、广东、湖北、河北、四川等地。具有特异的清鲜草样的芳香，并含有丰富的胡萝卜素。在烹调中可去腥除膻，增香味，还可防腐抑菌，可用于各种肉类的炒烹调法或腌制蔬菜的调味料，如炒溪螺、紫苏排骨等。

（8）孜　然

孜然又称藏茴香、安息茴香、野茴香，为伞形花科孜然芹一年生草本植物。印度是世界第一孜然大国，在我国主要产于新疆（喀什、和田、吐鲁番等地）。孜然具有独特的薄荷和水果样香，是新疆不可缺少的调味料，它在烹饪中起到除膻、增香、解油腻等作用，多用于烤、煎、炒、烧、炖等烹调法制作菜肴，如孜然烤羊肉、孜然煎猪扒、孜然牛肉、孜然红烧鱼块、孜然炖鸡块等，还可以用于孜然系列的糕点和蔬菜中。

（9）玫瑰花

玫瑰花又称湖花、刺玫花，为蔷薇科落叶灌木植物的干燥花蕾。我国各地都有种植，主要产于新疆、四川、安徽、北京、山东等地，具有甜味的特殊芳香味。玫瑰应以红褐色、香气芬芳、花瓣厚、味甜滋润、纯正浓郁、无杂质者为好，可用于甜菜汁液中、点心的馅心，小吃等调味。

（10）百里香

百里香又名地椒叶、山椒、千里香等，为唇形科百里香属植物的茎叶，如图 10－12 所示。在我国主要在河北、内蒙古、

图 10－12　百里香

新疆、甘肃等地种植。百里香具有强烈的芳香味,其呈味成分是百里香酚、香荆芥酚、芳樟醇、香叶醇等。在烹饪中具有去腥膻、矫异味、增香等作用,是法国菜必备的调香料,百里香多用于肉类烹制及汤类调味。

除了以上的芳香料之外,还有高良姜、香茅、莳萝、迷迭香、番红花、芝麻酱、芝麻油等调料,它们在烹饪中都能起到增芳香的作用。

2.苦香料

(1)草 果

图 10-13 草果

草果又称草果仁、草果子、姜草果,是姜科植物草果的成熟、干燥果实,如图 10-13 所示。果实呈椭圆形,具有三钝棱,果皮坚韧呈棕褐色。具有特异香气、味辛、微苦,其呈味成分是芳樟醇和苯酮等,其以个大、均匀饱满、质干、把短者为佳。主要产于广西、贵州、云南等地。烹调中可整粒或拍破用于肉类原料的烹调,可起到增香、去异味的作用,通常用于炖、卤及烧等烹调法中。

(2)陈 皮

陈皮是橘子或柑橙成熟的果皮经晒干,存放陈久而成陈皮。产于广东、四川、江苏、福建、浙江等地,以广东新会陈皮较好,叫做广陈皮或新会皮。陈皮气芳香,味辛、苦。其呈味成分有柠檬烯、黄酮苷等物质。陈皮以色红、皮薄、质干、香气足、无霉者为好。陈皮在烹调中主要起到提味增香、去异味、解腻等作用,多用于炖、烧、炒、炸等菜肴中,如陈皮鸭、陈皮兔丁、陈皮牛肉、陈皮虾等。使用时先泡发,使之质地柔软、香气出来、苦味水解,再用刀处理使用。贮存时最好在通风干燥处,防止出现霉变现象。

(3)砂 仁

砂仁又叫春砂仁、阳春砂仁、盐砂仁、蜜砂仁,是植物阳春砂的干燥成熟果实,主产于广东、广西、云南、福建、海南等地,并以广东阳春所产的为著名。砂仁含有一种特殊的香气,其主要呈味成分是龙脑、芳樟醇等物质。品质以个大、坚实、仁饱满、气味浓厚者为好。在烹饪中可去异味、增香、促进食欲,多用卤、酱、烧、焖、蒸等菜肴中,如砂仁鸡、砂仁鱼、砂仁蒸鲫鱼等。另外,可以腌渍蔬菜等,也可用于制作药膳食品,如砂仁藕粉、砂仁粥、砂仁糕等。

(4)肉豆蔻

肉豆蔻也称玉果、肉果、肉蔻,是豆蔻科常绿乔木肉豆蔻的种仁,如图 10-14 所示。主要产于马来西亚和印度尼西亚,我国广西、广东、云南、台湾有栽培。肉豆蔻具有浓郁的清芳香,其呈味成分主要是肉豆蔻醚、丁香酚、异丁香酚、沉香油醇、龙脑、松油脑、三肉豆蔻精等物质。品质以浅褐色、个大坚实、香气足为好。在烹调中能起到去异味、赋味增香,多用于卤、酱、烧、蒸等菜肴中,也可以用于糕点、小吃中。使用时用量过大会导致菜肴发苦,应少量使用,不适宜用铜器具烹制。

图 10-14 肉豆蔻

（5）草豆蔻

草豆蔻也称为漏蔻、草蔻、大草蔻、偶子、草蔻仁、飞雷子、原豆蔻，是姜科多年生草本植物草豆蔻的果实，如图10-15所示，主要产于我国广东、广西、台湾、海南、云南等地。草豆蔻以个大、壳薄、种仁饱满为好。草豆蔻果皮清脆、具有浓厚的芳香、味苦辣，主要呈味成分是豆蔻素、山姜素和皂苷等。草豆蔻在烹饪中可除异味、增香，并与其他调味料用于卤、烧、炖等菜肴中，如酱牛肉、卤鸡脚、卤鸡翅、烧鸡等；也常用于复合香料粉的配制。由于草豆蔻风味浓郁，一次用量应适当。

图10-15　草豆蔻

（6）山　奈

山奈又称沙姜、山辣、山奈子等，是姜科草本植物山奈的干燥地下块状根茎制成的调味料。原产于印度、马来西亚，我国广东、广西、云南、台湾等地有栽培。品质以片大、身干、色白、厚薄均匀、芳香者为佳。其气味芳香、味微苦，其香味成分主要为龙脑、桉油精、香豆精类、莰烯、山奈酚、山奈素等。山奈在烹饪中与其他调味香料使用，可起到去腥除异、增香、防腐的作用，多用于烧、卤、酱等菜肴制作。

图10-16　白芷

（7）白　芷

白芷又称大活、香白芷，为伞形科当归属多年生草本植物兴安白芷、杭白芷、川白芷等的干燥根，如图10-16所示，在我国东北、华中、西南等地有种植。白芷具有较强的芳香气，味辣苦，其呈味成分主要是白芷醚、香柠檬内酯、白芷毒素、白芷素等。白芷以独支、光滑、皮细、坚硬、香气浓郁者为好。白芷在烹饪中可去腥除异增香，多用于卤、酱、烧等菜肴，形成独特的风味，如天津酱猪肉、河南道口烧鸡、川芎白芷鱼头等。

（8）荜　拨

荜拨又称为鼠尾、荜勃、椹圣，为胡椒科植物荜拨的干燥果实，如图10-17所示。原产于印度尼西亚、越南、菲律宾，在我国云南、贵州、广西等地均有种植。荜拨以肥大、深褐色、质干、味浓者为佳。荜拨具有与胡椒相似的香气，其呈味主要成分为胡椒碱、棕榈酸、四氢胡椒酸、芝麻素等。荜拨在烹调中可以起到矫味去异、增香赋辛的作用，多用于烧、烤、烩、卤等菜肴制作，如荜拨头蹄、荜拨鲫鱼羹、荜拨粥等。

图10-17　荜拨

（9）胡芦巴

又称苦豆、香豆、季豆、香草，俗称"香苜蓿"，为豆科胡芦巴属植物胡芦巴种子。原产欧亚两洲，我国主要产于于甘肃、河南、安徽、四川。胡芦巴香气浓郁，味胡芦巴微苦。其呈味成分主要是胡卢巴碱、龙胆宁碱、牡荆素、番木瓜碱、胆碱、植物胶等，胡芦巴在烹调中可起增苦香，去膻解腻，增进食欲的作用；也用于调配复合调味料，如咖喱粉、酸辣酱、辣椒油、蛋黄酱等。一

般混用于面团中作花卷、烙饼、馍馍等面食,或为面条、凉皮、凉粉作调味料。

(10)茶 叶

茶叶是山茶科山茶属多年生常绿木本植物茶的鲜嫩叶芽加工干燥制成。按制法不同分红茶、绿茶、黑茶、青茶、白茶和黄茶六大类,在我国各地广泛栽培。茶叶是我国人们日常生活中重要饮料之一,内含茶多酚、生物碱和多种芳香成分,具有提神醒脑、利尿强心、生津止渴、醒酒解毒、降低血压等多种保健作用。烹饪中常用的种类有龙井茶、云雾茶、毛峰茶、乌龙茶、雀舌茶、红茶、花茶等,可直接用于菜肴、小吃的调味;可直接烧煮,或用作熏料,如广东的红茶煸肥鸡、茶香虾、四川的樟茶鸭、安徽的茶叶熏鸡、龙井虾仁、五香茶叶蛋等;可解鱼腥;在牛肉烹制时可作嫩肉剂使牛肉酥烂,也可增香。

除了以上的苦香料之外,还有可可、咖啡、阿魏等调料,它们在烹饪中都能起到增苦香的作用。

3. 酒香料

酒香料是含有乙醇的一类调香料,是烹调佳菜美肴的重要调料。它与原料在烹调时能分解原来中的异味,如可以分解动物性原料的腥膻气味,分解植物性原料的土腥味,并被挥发,并且能通过酯化作用及酒本身的香味来增加菜肴的鲜香。烹饪中常用的酒香调料有黄酒、白酒、啤酒、葡萄酒、香槽和酒酿等。

(1)黄 酒

黄酒又称为米酒、料酒、绍酒、老酒,是以大米、小米、玉米、黄米等谷类为原料,经酿造制成的低度酒。黄酒含酒精量为12% ~ 18% ,并含有氨基酸、糖类、脂类、醛类、无机盐等物质,其呈味成分主要是脂类、醇类、酸类等。黄酒是我国的名族特产,主产于在浙江、江苏、福建、江西、山东等地,以浙江绍兴所产的黄酒最为著名,名品有绍兴花雕酒、加饭、女人红、福建老酒等。料酒色泽橙黄或橙红、透明、香气浓郁,口味甘顺,醇度适中为佳。黄酒在烹调中应用极为广泛,因为其所含酒精能溶解三甲氨基戊醛等异味,加之酒精加热易同异味挥发,从而达到去异味之目的。黄酒除本身所含的芳香味外,所含氨基酸在烹调中既能与食盐结合,生成氨基酸钠盐,使鱼、肉滋味更加鲜美;又能与蔗糖结合,生成香味诱人的醛,能起到去腥、解腻、增香、增色、增味、杀菌的作用,广泛应用于菜肴、点心的制作,如用来腌制各种经烹饪原料(尤其是异味较重的肉类)和适用于各种热菜烹调法制作菜肴,如黄酒焖肉、坛子肉、酒卤肉、调酒鸡、酒蒸鸭等;也常用于冷菜的制作中,如黄酒醉鸡、醉虾、醉蟹。黄酒在使用时用量应适当,以不影响菜肴本味、无残留大量酒味为宜;需根据黄酒在烹调中所起的主要作用不同,在不同时间加入。如主要是去腥除异、助味渗透,应在烹制前码味时加入;如主要是为菜点增色增香,应在烹制过程中加入;如主要是为增加醇香,应放入芡汁中起锅时加入;在保管中应注意密封,防止走味、变酸。

(2)白 酒

白酒又称烧酒、白干、烧刀子,是由大米、高粱、玉米、甘薯等含糖量高的原料制成酒醅或发酵醪经蒸馏而得,中国特有的一种蒸馏酒,也是世界六大蒸馏酒之一(威士忌、白兰地、老姆酒、金酒、伏特加)。白酒的主要成分是酒精和水,约占酒液重量的80% 。酒精的含量一般在30%以上。其余的只占2% 的非酒精成分(有机酸、脂类、芳香族化合物等),非酒精成分是形成酒香的主要物质。据《本草纲目》记载:"烧酒非古法也,自元时创始,其法用浓酒和糟入甑(指蒸锅),蒸令气上,用器承滴露。"说明我国白酒生产历史悠久。现中国各地区均有生产,以四川、河南、江苏、贵州、山西等地产品最为著名。白酒以酒质无色（或微黄）透明，气味芳香纯正，入口绵甜爽净，酒精含量较高为佳。按香型不同可将白酒分为以下5种香型。

①酱香型，如贵州茅台酒等；

②清香型，如山西汾酒、西凤酒等；

③浓香型，如四川泸州老窖大曲酒、五粮液、古井贡酒等；

④米香型，如广西桂林三花酒、广东长乐酒等；

⑤复香香型，如贵州董酒、陕西西凤酒等。

白酒在烹饪作用具有去腥、除臊、消臭、增香、添味、解腻等作用，如鱼类、羊肉等具有异味的肉类加入白酒腌制或烹调。另白酒多用于烤、炸、熏、焗、腌等烹调法，如炸仔鸡、熏肉、酒焗水鸭、炝虾、醉鸡等。此外白酒还有杀菌防腐作用，这是因为白酒中含有的乙醇能使微生物中的蛋白质变性，使酶失活，菌体死亡。

（3）啤　酒

啤酒，是以大麦芽、玉米、高粱、啤酒花、水为原料，经酵母发酵作用酿制而成的饱含二氧化碳的低酒精度酒类饮料。被人们称为液体面包，现各国都有生产啤酒，但酿造历史最为悠久和种类最多的国家是德国和英国。啤酒色为浅黄色、泡沫丰富、爽口甘苦味，营养丰富，含有各种人体所需的氨基酸、糖类、多种维生素、无机盐等。根据色泽分为淡色啤酒、浓色啤酒和黑色啤酒；根据杀菌方法分为纯生啤酒、鲜啤酒和熟啤酒等，以熟啤酒稳定性最好。根据原麦汁浓度分为低浓度啤酒（酒精含量 0.8% ~2.5%，如儿童啤酒、无醇啤酒）、中浓度啤酒（酒精含量 3.2% ~4.2%，如各种淡色啤酒）和高浓度啤酒（酒精含量 4.2% ~5.5%，少数高达 7.5%，如黑色啤酒）；啤酒广泛用于烹调中，具有去腥除膻、增香增味、嫩肉的作用。用啤酒烹调肉类、禽类、蛋类、鱼类等菜肴时，不但可达到去腥除膻、增香增味的作用，而且风味能别具一格，如啤酒烩大虾、啤酒炖鱼、啤酒牛肉、啤酒鸭、啤酒鸡等菜肴都深受人们的喜爱。其中啤酒焖牛肉是英国名菜，此菜肉嫩质鲜，异香扑鼻。因为鲜啤酒（生啤酒）拌和在肉类原料中，啤酒所含的蛋白酶发挥作用，可使肉类原料变得鲜嫩。另外，在制作面点时，加入鲜啤酒可有助于发酵，使成品不但松软，而且风味别致，如啤酒味面包、啤酒馅饼、啤酒炸馅饼等。

（4）葡萄酒

葡萄酒是以鲜葡萄经破碎、榨汁、发酵、陈酿而成的一种酿造酒。葡萄酒为世界上产量最大的果酒，生产历史已有 7000 年，葡萄酒的酒精含量较低，一般在 14% 以下。除酒精和水分外，还含有糖、醇、有机酸、含氮物及无机盐、维生素等 200 多种成分。葡萄酒的色泽主要来自葡萄皮的花色素和单宁等成分，葡萄酒的滋味是酒味、甜味、酸味和涩味的综合感受。在我国主产于山东省烟台市。它的种类繁多，按酒的颜色分红葡萄酒、白葡萄酒、桃红葡萄酒；按照酒的糖分含量分为干葡萄酒、半干葡萄酒、半甜葡萄酒、甜葡萄酒；按照酿造方法分为天然葡萄酒、加强葡萄酒、加香葡萄酒；以法国出产的葡萄酒最为著名，我国的著名品牌是王朝、张裕等。葡萄酒在烹饪应用源于西餐烹饪，目前葡萄酒已是一种极为广泛的调香料，具有增进芳香和酒香、除腥膻、增色泽的作用。葡萄酒是烹饪中可用于烧、烩、焖、烤等烹调法中，如红酒烧牛肉、贵妃鸡翅、葡萄酒烧鹌鹑、红酒汁焖猪排、酥皮烤牛里脊等。葡萄酒的酒精易挥发，如留下酒中的呈香成分，就不宜长时间加热，否则会影响菜肴的香气。

（5）香　糟

香糟，又称酒膏，是制造酒或酒精后的发酵醪经蒸馏或压榨后余下的残渣，加炒熟的麸皮和茴香、花椒、陈皮、肉桂、丁香等香料。入坛密封 3～12 个月而成具有特殊香气的香糟。香糟醇、酒香气浓郁,风味独特。一般含有 10% 的乙醇,其香气主要来自于酯类、醛类等物质,还含有淀粉、蛋白质等。香糟分为白糟和红糟种。白糟即普通的香糟,是由绍兴黄酒的酒糟加工而成的,其呈白色至浅黄色;红糟是福建红曲黄酒的酒糟加工而成,其含有一定的红曲色素成分,使得酒糟颜色成为粉红玉枣红色。香糟在烹饪中主要起到去腥除膻、生味、增香和调香等作用。主要用于以禽、畜、鱼类等动物性原料甜味,多用于熘、爆、炝、炒、烧、烩、蒸等烹调法,如糟溜鱼片、糟扣肉、红糟鸡丁、红糟里脊、香糟鱼、糟烩蛋、糟熘白菜梗、糟鸭等。红糟还可起到美化菜肴色泽或增色的作用。

(6)酒 酿

酒酿又称为醪糟、甜酒酿,以糯米为原料,经浸泡、蒸煮后拌入甜酒曲发酵而成的渣汁混合物。酒酿富含碳水化合物、蛋白质、B 族维生素、矿物质等营养成分,其味醇香甘甜,为我国传统的酿造食品,在我国各地均有生产,以福建、浙江、四川所产的质量最好,它的酒精含量低,可直接食用。它主要有增香、和味、去腥、除异、提鲜、解腻、增进食欲、温寒补虚等功能,其品质以色白汁稠、香甜适口、无酸苦、无异味及无杂质为佳。酒酿是制作糟菜的重要调料,如醪糟鱼、醪糟茄子;也常用于甜羹菜、糕点、小吃的重要原料。此外,亦用于其他发酵食品的赋味增香,如醪糟豆腐乳、贵州"独山盐菜"。

第二节 食用油脂

一、食用油脂概述

(一)食用油脂的概念

食用油脂是指来源于生物体内可供人类烹饪运用的脂肪和油的总称。在常温下为液态的称为油,在常温下呈固态或半固态的称为脂肪。这两者之间实际上并无严格的界限,常统称为油脂。

(二)食用油脂的成分

食用油脂是含有多种成分,主要是甘油和各种脂肪酸所组成的甘油三酯的混合物,还含有游离脂肪酸、磷脂、色素,脂溶性维生素及腊质等成分。其中,脂肪酸可分为单不饱和脂肪酸油脂,如花生油、菜子油等;多不饱和脂肪酸油脂,如大豆油、葵花子油、玉米油、棉子油、芝麻油及亚麻油等;饱和脂肪酸油脂,如猪油、牛油、羊油等动物油脂。脂溶性维生素主要是维生素 A、维生素 E 和维生素 D,色素只要是来自叶绿素、类胡萝卜素、黄酮素和花甘素等。

(三)食用油脂的性质

1. 物理性质

(1)色泽:食用油脂一般均具有一定的色泽,纯净的油脂是无色透明的。天然油脂带有颜色与油脂溶有色素物质有关。类胡萝卜素是导致油脂带色的重要成分,使油脂带有黄红色,在棕榈毛油中含量最高,达到 0.05%～0.2%。大豆油、菜子油、橄榄油因为含有叶绿素或类似物导致呈现绿色,猪油、羊油等为乳白色、鸡蛋油为浅黄色。

(2)气味:油脂都有其固有的气味,纯净的油脂是没有特殊气味的,但实用中的各种天然油脂都有其固有气味。这些气味的产生与脂肪含有的脂肪酸有关,也与油脂中所含的某些特殊物质有关。例如椰子油的香气是由于含有壬基甲酮,菜籽油的气味成分主要是甲基硫醇,芝麻油的芳香气味主要是由乙酰吡嗪产生。由于空气中的氧或者油脂中所含有的微生物的缘故,也会使油脂中的脂肪酸发生氧化、水解和酮酸败等反应,生成的产物大多具有较强的挥发性,导致油脂产生不正常的气味。

(3)熔点、凝固点、发烟点、闪点和燃点:食用油脂的熔点、凝固点、发烟点、闪点和燃点只是一个大致的范围,它们的高低跟油脂的饱和度、食用情况等因素有关。本知识点在《烹饪化学》中有详细介绍,在此不再作介绍。

2.化学性质

(1)热水解作用:食用油脂在酶作用或加热条件下,能使其部分水解出脂肪酸和甘油,以促进人体对油脂的消化吸收。

(2)氧化聚合作用:食用油脂的氧化作用可分为常温下引起的自动氧化和在加热条件下引起的热氧化两种。自动氧化油脂在贮藏中自动生成过氧化物,导致含食用油脂产生不良风味,一般称为哈喇味,降低了食用油脂的食用价值。油脂的热氧化多发生在加热的条件下,反应速度快,而且随着加热时间的延长和温度过高,还容易分解,其分解产物会继续发生氧化聚合,并产生聚合物。对人体有害,在烹饪中应尽量防止此反应进行。

(四)食用油脂的作用

1.食用油脂对人体的营养作用

食用油脂是人类的重要的营养素,也是人们生活中不可缺少的食物。它在人体中有着非常重要的作用:

(1)供给人体热量;

(2)供给人体必需脂肪酸;

(3)提供一定脂溶性维生素;

(4)促进脂溶性维生素的吸收;

(5)供给磷脂和固醇等。

2.食用油脂在烹饪中的作用

(1)食用油脂具有热传导作用

食用油脂在短时间内能很好得到相对稳定的温度,是烹饪中主要传热介质之一。食用油脂受热后不仅油温上升快,产生高温,而且上升幅度也较大;如停止加热或减少火力,其温度下降也较迅速,这样便于烹饪中火候的控制和调味。另外,油脂在烹饪中作为热媒介物使原料较快成熟,有利于菜点色、香、味、形、质达到最好品质,多用于煎、炸、炒等,如制作煎类、油泡类、油炸、炒类等菜肴。

(2)食用油脂具有调色作用

食用油脂在加热中能满足焦糖化和羰氨反应的条件,是使菜肴获得诱人色泽的最好传热介质,如红烧肉、炸子鸡等菜肴上色。如能恰当的利用油的本身色泽对菜点调色,能起到很好的效果。如奶油色泽洁白,用于糕点制作,可以美化糕点色泽、添加红油,使菜肴红亮。另外,在菜肴在烹调中添加少量的食用油脂可以改善菜肴色泽,还使油菜更有光泽等。

(3)食用油脂具有调味作用

在烹调中,食用油脂本身的风味可以赋予菜点的菜点独特的风味。如麻油、葱油、蒜油和辣椒油等植物油,可以使菜肴具有油香味。另外,用油加热烹制的菜肴,可作为溶剂溶解菜肴的风味成分,能产生更明显的香气,特别是经过炸制产生的焦香的风味。

(4)食用油脂具有调节菜点质感的作用

根据食用油脂本身性质和运用的不同烹调方法,可烹制出不同口感的菜点。如软炒类、滑炒、油浸类菜肴可获得滑嫩细腻的口感,比如大良炒牛肉、香滑鱼球、油浸虾等菜肴。如炸类菜肴可以获得酥脆干香、外脆里嫩口感,比如干炸里脊、脆炸牛奶、九转大肠等;在面点制作中具有起酥作用,能改变面团的弹性和韧性,常利用油脂的疏水性做油酥面团,可用制作各种酥类点心,如桃酥、牛角包、仁酥、酥皮月饼、鸳鸯酥等。最后由于油温高,还易使原料定形,并有利于造型。

(5)油脂具有保温作用

由于亲脂基团的疏水作用和油比水轻,食用油脂在水中因而在液面扩散形成一层薄厚均匀的致密油膜。可防止热量跑到空气中,达到保温效果。

(6)食用油脂具有润滑作用

食用油脂不溶于水,在菜点烹调中可作为润滑剂使用。例如在烹制菜肴时,添加少量的油脂滑锅,防止原料粘锅和原料之间相互粘连,保证菜肴质量;上浆的原料在下锅前加些油,可利于原料在滑油时容易散开,便于成形;另外,在使用的容器、模具、用具时,为防止粘连,可在其表面涂沫一层油脂。

(五)食用油脂的品质检验与贮存

1.食用油脂的品质检验
(1)气味:各种食用油脂应具有自身的特殊气味,无酸败、无焦糊等异味。
(2)颜色:以色泽浅和无色为佳。
(3)透明度:熔化时完全透明。
(4)沉淀物:沉淀物越少,则油的品质越纯净。经过烹调反复高温使用的食用油脂,油脂会有粘稠的黑色胶状物,影响食物的色、香和味感;长期炸用的"老油",还会含有致癌物质,故不宜用"老油"来烹制菜肴。

2.食用油脂的贮存
食用油脂的贮存。注意贮存温度,因为食用油脂的氧化速度跟温度有直接联系。一般在20℃~60℃之间,温度每升高10℃,油脂氧化速度提高一倍。经研究证明,油脂最适宜的贮存温度是4℃~10℃;应尽量避光;选用陶瓷缸盛装(不要使用金属及塑料容器),并加盖密封,不宜与空气、水分等接触。

二、食用油脂的主要种类

在烹饪中常根据食用油脂的来源和制作方法可将其分为植物性油脂、动物性油脂和再造油脂。

（一）植物性油脂

1.菜 油

菜油又称青油、菜籽油,是用油菜和芥菜等菜籽加工榨出的半甘性的植物油脂。菜油主要产于我国长江流域及西南、西北地区,是我国主要的食用油之一,约占我国植物油年产量的1/3以上,居世界首位。菜油粗制者为深黄色或琥珀色,精制者色泽金黄,有菜籽的特殊气味和辛辣味。菜籽油主要含有芥酸、亚麻酸、亚油酸和油酸。菜油营养价值一般,但其消化率较高,可达99%,菜油质量以色泽黄亮,气味芳香,油液清澈、不浑浊,无异味者为佳。在烹调中广泛应用,多用于炒、爆、炝、炸、煎、贴、熘等方法制作的菜点和干货的油发。另外,菜油也是制作色拉油、人造奶油和氢化油的重要原料。

2.豆 油

豆油是从大豆种子中榨取的半干性油脂。主要产于我国东北地区、华北、长江中下游地区。热压的豆油色泽较深,呈黄色,有较重的豆腥味,热稳定性较差,加热时会产生较多的泡沫。冷压豆油色泽较浅,豆腥味较淡。豆油的品质以色泽淡黄,生豆味淡,油液清亮、不浑浊,无异味者为佳。豆油的营养价值较高,它含有不饱和脂肪酸高达85%、较多的磷酸酯和油脂维生素,且其消化率高达98%。豆油是烹饪中常用的一种油脂,可制作各类奶汤等。不宜作为油炸油脂。

3.花生油

花生油是从花生种子中提取的半干性植物油脂。主产于山东、河南、江苏、广西等地区。冷压花生油颜色浅黄,味道和气味均好;热压花生油色泽橙黄,有炒花生的香味,味道不如冷压花生油,花生油的品质以透明清亮、色泽浅黄、气味芬芳、无水分、无杂质、不浑浊、无异味者为佳。花生油的营养价值较高,含不饱和脂肪酸达80%左右,其消化率较高。花生油在烹饪中广泛应用于炒、煎、炸、拌等菜肴的制作,能改善菜点色泽和增加菜点香味。

4.葵花油

油葵油又称瓜子油,是用向日葵种子加工榨制而成的。向日葵起源于秘鲁和墨西哥,在我国主要分布在华北和东北地区。葵花油未精炼时呈琥珀色,精炼后呈清亮的浅黄色或青黄色,有特殊的芳香味,以颜色淡、清澈明亮、味道芳香、无酸败异味者为佳。葵花油营养丰富,其含亚油酸、维生素E、胡萝B素较高,其消化率可达98%,易被人体吸收,是近年来被誉为健康油脂,在欧洲被称为最佳食用油。油葵油在烹饪中广泛使用,可以作起酥油,或高温烹炸油,可使菜点色美、味香、酥脆可口。但油葵油稳定性较差,不宜久存。

5.芝麻油

芝麻油俗称麻油、香油,是用芝麻种子加工榨出的植物油脂。芝麻原产于非洲西部,在我国,芝麻主要产区在河南、河北、湖北等地,产量居世界首位。芝麻油按加工方法可分为冷压麻油、大槽麻油和小磨麻油。冷压麻油无香味、色泽金黄;大槽麻油为土法冷压麻油,用生芝麻制成,香气不浓,不宜吃;小磨麻油是传统工艺方法提取的,具有浓郁的特殊香味,呈红褐色,质量最好。其品质以色质光亮,香味浓郁,无水分、杂质,不涩口,不浑浊为佳。芝麻油含有大量不饱和脂肪酸,可达90%,并富含维生素E,且消化率可达98%,是一种营养丰富的食用油脂。在烹调中常用作调香料,能起到去腥、增香、和味和滋润菜点等作用。芝麻油是用来炸菜点的最好油脂,能使菜点色泽金黄,香气浓郁,不易回软,但油炸过的芝麻油不宜用来制作冷菜。

6. 橄榄油

橄榄油是用油橄榄果经压榨、提取的油脂。橄榄油是世界上最古老和最重要的油脂。橄榄油的外观为浅黄色,黏度较小,具有一种特殊的令人愉快的香味和滋味,在较低的温度(10℃左右)时仍然保持着澄清透明。橄榄油中不饱和脂肪酸的含量较高,人体对橄榄油的吸收率为98.4%,因此营养价值较高。另外,橄榄油食用安全性高,品质高于豆油、花生油、菜油。由于其稳定性好,不易氧化,耐储存,甚至在普通情况下储存几年也不会变味,是一种理想的烹饪用油,适用于高温烹炸、冷拌、腌渍等菜肴,特别适合于沙拉类菜肴的制作。

7. 棉籽油

棉籽油是从棉花的种子中提取的半干性油脂植物油脂。主要产于华中和华北等地。粗制的棉籽是红褐色,粗制的棉籽油因含有毒素棉酚不可食用。精炼后为淡黄色,澄清透明,无异味,味道较佳。精炼后的棉籽油是一种优良的食用油脂,它含亚油酸、油酸、维生素 E 高于其他食用油脂。另外,饱和脂肪酸含量较高,使棉籽油的凝固点较高,所以在冬天较低温度下常常在棉籽油的下层有沉淀析出。如果经冷冻处理并且过滤除去沉淀后,即使在 0℃冷冻 5h 仍澄清透明,这种棉籽油叫做冷棉籽油,在烹饪中可作为冷菜制作的凉拌油脂。

8. 棕榈油

棕榈油是以新鲜的棕果为原料榨取、加工而成的油脂。主产地是马来西亚和新加坡,我国的棕榈油主要从这两国进口。棕榈油主要含有棕榈酸和油酸、类胡萝卜色素。棕榈油色泽深黄至深红,略带甜味,具有令人愉快的紫罗兰香味。在阳光和空气的作用下,棕榈油会逐渐脱色。棕榈油适于作煎炸油,也适合作为糕点、面包的辅助用油。同时,也是人造奶油、起酥油的重要原料,但不宜长时间加热。

9. 米糠油

米糠油是从稻谷的米糠中提取的植物油脂,粗制的米糠油色泽深暗,质量差,有浓厚的米糠味。精制的米糠油色泽淡黄,气味芳香,透明澄清,米糠油中含有大量的不饱和脂肪酸,消化率极高。米糠油温度性好,可用于多次高温煎炸也不变色,且耐长时间储存,也适合凉菜的制作。

10. 玉米油

玉米油是从玉米种子的胚芽中提取的植物油脂,玉米油色泽淡黄、清香、爽口,含有大量的不饱和脂肪酸,消化率可达 97%。稳定性好,可用于高温煎炸和凉拌菜肴,也可生产出色拉油、起酥油、代可可脂、人造奶油等专用油脂。

在烹饪中除了以上常用的植物油脂之外,很多时候也会用到可可脂、椰子油、茶油、红花籽油、核桃油等植物性油脂。

(二)动物性油脂

1. 猪　油

猪油又称大油,是由猪的脂肪组织板油、肥膘、网油中提炼出来的油脂。常温下为固体。我国猪油产量居世界首位。它的品质以液态时透明清澈、固态时色白质软,明净无杂质,香而无异味者为佳。猪油的含大量的饱和脂肪酸,可达 47%,油酸的含量可达 45%。猪油具有猪脂特有的香味,是烹饪中食用最广泛的食用动物油脂。可用于各种白汁菜肴和酥点制作,还可用于一些甜菜制作中,如八宝锅蒸、雪花桃泥等,还可作为传热介质来涨发干料。

2.牛 脂

牛脂是从牛脂肪组织中提炼出来而成的食用油脂,色泽淡黄色或黄色,在常温下为固体状,含大量的饱和脂肪酸,可在50%以上,消化率低,食用口感也不太好。牛脂较少直接用于菜肴制作,但牛脂是信奉伊斯兰教的民族的主要食用油,少数传统菜肴中有少量使用,如四川火锅。也可在一些小吃和糕点中使用,起到增香的作用,如牛油炒面、牛油蛋糕等。牛油还可作人造奶油和起酥油制造的重要原料。

3.鸡 油

鸡油又称明油,是由鸡脂肪组织提炼而得。常温下为半固体状的油脂。鸡油的质量以色泽金黄、鲜香味浓、水分少、无杂质、无异味者为佳。鸡油的不饱和脂肪酸是动物油脂中醉倒的,其中含亚油酸24.7%,易被人体消化吸收,是烹饪中常用的辅助原料。鸡油常用于菜点中,以突出鸡油的特殊风味,起到增色、增光亮和增滋味等作用。

在烹饪中除了以上常用的动物性油脂之外,很多时候也会用到鸭油、羊脂、鹅脂等。

(三)再造油脂

1.人造奶油

人造奶油又称麦淇淋,是用精制食用油添加水或其他辅料,经过加工而成的具有天然奶油特色的制品。油脂含量一般约为80%,优质的人造奶油具有良好的可塑性、延展性、可溶性和冲气性,不含胆固醇。人造奶油在烹饪中广泛用于糕点的制作,尤其是油酥糕点,也可将其涂抹在面包上食用,以增加风味和滋润感。另外,在西餐制作中,人造奶油可调节汤汁的浓稠度,还用于肉类和蔬菜的菜肴制作中。

2.色拉油

色拉油是指用植物毛油经脱胶、脱色、脱臭(脱脂)等工序精制而成的高级食用油。其食用安全性好,温度性好,不易变质,高温下也不易发生氧化、热分解、热聚合等劣变。呈淡黄色,澄清、透明、无气味、口感好,用于烹调时不起沫、烟少。色拉油可生吃,是用于凉拌、各种沙司进行调味。也可使菜点保色、增色和增加滋润感等。

3.起酥油

起酥油是由精炼过的动、植物油脂、氢化油或它们的混合物,经速冷捏合制成的固体状油脂,或不经速冷捏合制成的固体或流动状的具有可塑性的油脂制品。我国从20世纪80年代初开始生产起酥油,起酥油具有起酥性、可塑性、酪化性和吸水性、氧化稳定性和油炸性,主要用于制作糕点、面包等面点制作,可使面点具有酥脆可口的口感。

4.氢化油

氢化油也叫硬化油、植物奶油、植物黄油、植脂末,是以野植物性油脂为原料经氢化作用,使不饱和脂肪酸饱和,提高油脂饱和度,变成固体油。氢化油以色泽白色或淡黄色,无嗅无味为好,具有良好的可塑性、起酥性、乳化性、口溶性,优于一般的油脂,是制作糕点的重要油脂。

在烹饪中除了以上常用的再造油脂之外,很多时候也会用到类可可脂、代可可脂、风味调和油、营养调和油等。

第三节 烹饪用水

烹饪用水是指符合国家饮用水质标准,在烹饪中使用的矿物度小于1g/L,无毒且可用于食用的淡水,包括自来水、河、湖、泉、涧的淡水和雨水、雪水(经净化处理后),有些地方的井水、窖水也可作为烹饪用水。

一、水的种类

(一)天然水与人工处理水

1. 天然水

天然状态的水包括有雨水、江河水、湖水、雪水、井水、泉水等。大多的天然水都有含有一定量的矿物质、微生物等杂质,一般不宜直接饮用或供烹调用水,但经净化处理后可以使用,另部分来自深层的地下井水、泉水,水质较好,可作为烹调使用和直接饮用水。

2. 人工处理水

人工处理水可分为自来水和新生水族两类。自来水是天然水经净化、消毒处理后达到世界卫生组织水质标准的水,是最主要的饮用和烹调用水。新生水族是近年来市场出现的磁化水、纯净水、矿化水、软化水等,这些水的质量较好,但价格较高,一般只作为直接饮用水。

(二)软水与硬水

水的硬度指水中含钙、镁、锰、铁等盐类的浓度。水的硬软度主要与水中钙盐和镁盐的含量有关。根据水的硬度的大小可将水分为硬水和软水两大类。通常将(1.5～2.9)mmol/L的水称为软水,将(5.7～10.7)mmol/L的水称为硬水,10.7mmol/L以上的水称为最硬水。自然界的饮用水中的雨水、江河湖塘等普通地面的水硬度不高,其中雨水属软水,而多数地下水硬度偏高。

水的硬度高低与人体健康有着密切的关系,高硬度水中的钙、镁离子能与硫酸根结合,使水产生苦涩味,会使人的胃肠功能紊乱,出现腹胀、排气多、腹泻等现象。在加热时还会增加燃料的消耗,生成水垢等。因此,我国对饮用水硬度规定为不超过8.9mmol/L。

水的硬度还影响烹饪的效果,如用硬水沏茶、冲咖啡会有损于它们的风味,但用硬水腌菜可使蔬菜脆嫩,这是由于钙离子的渗入,把蔬菜细胞内处于无序排列的果胶酸联结起来,形成有序结构的果胶酸钙,从而增加了腌制品的脆性。然而肉和豆类在硬水中就不易煮烂,因此,饮用及烹调用水必须进行软化处理。

二、水在烹饪中的作用

(一)传热作用

水是烹调中最常见的传热介质。大部分菜点是以水为传热介质的烹制的,如以水为传热介质的烹调技法(煮、汆、炖、烧、扒、煨、卤、焖等烹调法),还可作为原料的熟初步加工处理(如焯水、水煮等)。水为传热介质具有一定优势,如达到沸点后温度恒定,能使菜点均匀地受热;

热渗透性强,菜点易成熟;温度易控制,变化范围小;不会产生有害物质。另外,水还能以气态形式作为传热介质。水蒸气中的热能也是通过对流方式逐步向原料内部渗透,使蒸制的菜点成熟。

(二)溶解分散作用

水在烹调中可以作为良好的溶剂和分散剂。可以溶解调味料,溶解或分散原料的营养物质及溶解烹饪原料的某些不良呈味物质。如调味品的互溶,需通过水的作用。菜肴的入味,也有赖于水的运动,使调料味渗透到菜点的内部;蛋白质、脂肪、多糖等在水中形成溶液,或形成胶体溶液或乳状液,改变了物理性质;水还能溶解原料中的某些不良的呈味物质。通过焯水或水浸亦可去除异味。如苦瓜、陈皮、杏仁等原料可以通过水浸除去部分苦味,萝卜、竹笋、菠菜等经焯水处理可除去辣味、苦涩味。盐分较高的原料,通过水浸可使盐度降低;牛羊肉、内脏等动物性原料通过水浸和焯水可排除血污、除去腥膻气味等。

(三)优化原料性状作用

1. 保色增色作用

水对烹饪原料的色泽可有一定保护作用。如菠菜、青豆等含叶绿素较多的蔬菜,通过飞水后颜色会更加鲜艳。再如马铃薯、藕、茄子、苹果等含多酚类物质果蔬原料,可通过飞水或浸泡防止发生酶促褐变变褐发黑,影响成品的色泽。

2. 改进原料质地

菜点质地老或嫩,取决于原料的含水量。但也可通过补水增加菜点的滋润、柔和、饱满效果。因此,当原料水分不足时,就可以通过浸泡、搅拌或其他方式使水分子与原料表面亲水性极性基团接触吸水,使原料达到较嫩的质量要求。如牛肉腌制时、制肉泥时加水搅拌等。

(四)清洁防腐作用

1. 清洁作用

通过烹调用水洗涤可以除去原料表面的污物杂质,使原料清洁,符合卫生要求。如经初加工的原料都需要经过水洗。

2. 防腐作用

通过浸泡、焯水或煮制可去除原料内部的血污、腥膻味,减少微生物和减少微生物生长的基质,可延长烹饪原料的保存期和食用安全。

第四节 烹调添加剂

一、烹调添加剂概述

烹调添加剂是指为改善菜点的品质而在烹调加工中添加的天然物质或化学合成物质的总称。烹调添加剂在烹调加工中的使用量一般较少,但对改善菜点的色、香、味、质等感官品质具有很大的作用。

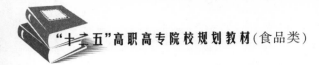

在使用烹调添加剂时首先考虑的应是菜点安全,其次才是烹调工艺功效。必须严格按照各添加的卫生要求和使用量使用,因而在使用烹调添加剂过程中,必须要在满足烹调需要的前提下,尽量注意控制或减少用量。

烹调添加剂的类型很多,根据其性质和作用可分为食用色素、膨松剂、增稠剂、致嫩剂等。

二、食用色素

食用色素是一类以菜点着色为目的、对健康无害的各种着色剂,分为天然食用色素和人工合成色素两类。它们具有补充或改变烹饪原料的色泽作用,使菜点达到诱人的颜色,促进食欲。但在使用时需注意其使用量或尽量不使用。

(一)天然食用色素

天然食用色素是指从自然界生物体组织中直接提取的有色物质,天然食用色素的种类繁多,主要可分为植物色素、动物色素、微生物色素三类。在烹饪中常用的天然食用色素有以下几种。

1. 红曲色素

红曲色素又称红米、红曲、赤曲,古称丹曲,是由红曲霉将蒸熟的糯米发酵产生的色素。红曲米外表呈棕红色或紫红色,质轻脆,微有酸味。红曲色素主要呈色成分为红色色素、红斑素、红曲红素,以红、绿色为主。红曲米主要产于福建、广东,以福建古田所产最为著名,品质以陈久、红透、质酥、无虫蛀、无异味为佳。用红曲色素着色,色调鲜艳有光泽,不易改变,且较稳定,对蛋白质染着性好,食用安全性很高。红曲米在烹调中多用于肉类菜点及肉类加工制品的着色,可对叉猪肉、香肠、樱桃肉、粉蒸肉、火腿及豆腐乳红方的着色,可产生诱人的红色,如烹制红烧肉、樱桃肉、火腿粉蒸肉等。使用时用量应少,过多会使菜肴色泽过暗。

2. 姜黄素

姜黄素是由姜科生草本植物姜黄的根状茎中提取的黄色色素。姜黄的根状茎干制磨成粉末,制成姜黄粉,即为姜黄素。姜黄素纯品是橙黄色粉末。姜黄色素是东南亚地区和我国的传统的天然食用色素,具有辛辣气味,呈黄色。常用于各种腌渍菜肴、果脯蜜饯及糕点制作中,它不仅能增色,还能增香、增辣,使菜点具有辛辣风味。姜黄粉也是配制咖喱粉的主要原料之一,咖喱粉的黄色主要是由姜黄色素呈现的。

3. 叶绿素铜钠

叶绿素铜钠是以绿色植物或干燥蚕沙为原料,用酒精或丙酮等提取叶绿素,再使之与硫酸铜或氯化铜作用,由铜取代叶绿素中的镁,再用苛性钠溶液皂化制成的粉末状制品。叶绿素铜钠为叶绿素铜钠 a 和叶绿素铜钠 b 两种盐的混合物。粉末状制品为墨绿色,有金属光泽,绿素铜钠在烹饪中用于给菜点的绿色染色、点缀。如菠面、菠饺鱿鱼、绿色豆腐、双色蛋、白菜烧卖等。其最大使用量为 0.5g/kg。在烹调中经常用一些绿色蔬菜,提取它们的绿色汁液,用于着色。

4. 焦糖色素

焦糖色素又称焦糖色、酱色,是将糖类物质(蔗糖、麦芽糖、葡萄糖等)在 160℃～180℃的高温下加热使之焦化后加碱中和而成的一种红褐色或黑褐色的胶状色素。味略甘微焦苦,易失水凝固。焦糖色素广泛运用烹饪中,一般是由烹饪工作者自己临时熬制的,以冰糖制作的糖色最为色正光亮。焦糖色素在烹调中广泛用于红烧、红扒、炸收、卤、酱等烹调方法制作菜肴,如红烧肉、红扒羊肉等。使菜点色泽红润光亮,风味独特。糖色的使用量不宜过高,且不能再汁少时长时间加热,否则会使菜肴产生苦味和色泽变褐变黑。另外,工业上以铵盐催化生产的焦糖色素具有一定毒性,最大规定使用量为 0.1g/kg。

5.β-胡萝卜素

β-胡萝卜素是一种广泛存在于植物中的色素,过去多从植物中提取。现以合成制取为多,属脂溶性色素。适宜人造奶油、奶油、干酪等油脂性食品的着色。最大规定使用量为0.2g/kg。

天然的食用色素还有藏花素、辣椒红色素、甜菜红色素、玫瑰茄色素、紫胶色素与可可色素等。

(二)人工合成色素

人工合成色素是指用人工的方法合成的食用色素。根据我国 1996 年颁布的关于食品添加剂使用的国家标准规定,允许使用苋菜红、胭脂红、柠檬黄、日落黄、靛蓝 5 种食用合成色素。在烹饪中常用于面点、红绿丝、胶冻及食雕作品等的着色;工合成色素成本较低廉、使用方便。但没有营养价值,且对人体和生命有负面作用。因此,使用合成食用色素时必须严格控制用量。其中,苋菜红、胭脂红、柠檬黄、日落黄、靛蓝最大规定使用量分别为 0.05g/kg,0.05g/kg,0.1g/kg,0.1g/kg 和 0.05g/kg。

三、膨松剂

膨松剂又称为疏松机、膨胀剂、发粉,是指在菜肴、点心制作中加入的,能使菜点具有膨松、柔软或酥脆的一类添加剂。

膨松剂通常可分为化学膨松剂(碱性膨松剂、酸性膨松剂、复合膨松剂)和生物膨松剂。

(一)化学膨松剂

在一般温度下,化学膨松剂在菜点里产生气体较少。而在加热时能均匀地分解产生大量气体,使菜点具有酥脆或膨松的效果。加热分解后的残留物不影响菜点的风味和质量。

1.碱性膨松剂

碱性膨松剂是化学性质呈碱性的一类膨松剂,包括碳酸氢钠(钾)、碳酸氢铵、碳酸钠等。我国应用最广泛的碱性膨松剂是碳酸氢钠、碳酸氢铵和碳酸钠。

(1)碳酸氢钠

碳酸氢钠又称小苏打、重碱、酸式碳酸钠等。为白色结晶性粉末,无臭,味稍咸,其水溶液呈弱碱性。加热到60℃~150℃能产生二氧化碳。对蛋白质有一定的腐蚀作用,可使肉类,特别是老的肉质形成质嫩的口感,也多用于小吃、糕点、饼干的制作及面团的起发,如用于腌制牛肉,腌制猪肚等。一般用量为原料的 0.5%~1.5%。在使用时宜先溶于适量的冷水中,防止在菜点中出现黄色斑点或膨松不均匀。

(2)碳酸氢铵

碳酸氢铵又称碳铵、重碳酸铵,俗称臭粉,为白色粉状结晶,有强烈的氨臭味,易风化,易溶于水,加热时产生带强烈刺激性的氨气和二氧化碳。一般将碳酸氢铵和碳酸氢钠混合使用,以减弱各自的不足,可使菜点膨松柔嫩。在烹饪中可用于蛋糕、酥点、油条、麻花、饼干等面点制作。使用时应注意控制其用量,防止菜点过松和残留物过多,从而给菜点带来不良的风味。

(3)碳酸钠

碳酸钠又称纯碱、苏打、食用碱面,为白色粉末或细粒。遇热、遇潮都能产生二氧化碳。其溶液呈强碱性,在烹调中广泛用于面团的发酵,起酸碱中和的作用,可增加面团的弹性和延展性,也常用于涨发干货,如碱发鱿鱼、墨鱼等,其使用量一般为 0.5% ~ 1.0% 。需防止其残留物给菜点带来碱味。

2. 酸性膨松剂

酸性膨松剂主要包括硫酸铝钾、硫酸铝铵、酒石酸氢钾和磷酸氢钙,不单独用作膨松剂,主要作为复合膨松剂的酸性成分。

3. 复合膨松剂

复合膨松剂是指由两种或两种以上起膨松作用的化学成分的膨松剂,一般包括碳酸氢钠、碳酸盐、淀粉、脂肪酸等物质。复合膨松剂能克服了单一的膨松剂的缺点和不足,使菜点质量更好。目前常用的复合膨松剂有发酵粉和明矾。

(1)发酵粉

发酵粉又称焙粉,是由碱性剂、酸性剂和填充剂配制的复合膨松剂。碱性剂主要是碳酸氢钠,用量占总量的 20% ~ 40% ;酸性剂主要有柠檬酸、明矾、酒石酸氢钾、磷酸二氢钙等,用量占总量的 35% ~ 50% ;填充剂主要是淀粉、脂肪酸等,用量占总量的 10% ~ 40% 。发酵粉为白色粉末,遇水加热产生二氧化碳。在烹饪中主要用于面点的制作,使面团发酵膨松。适合于馒头、包子、部分糕点的制作,尤其适用于油炸食品。

(2)明 矾

明矾又称钾明矾、钾矾、白矾、钾铝矾,是含有结晶水的硫酸钾和硫酸铝复盐。为无色透明、坚硬的大块结晶或结晶碎块和白色结晶性粉末,无臭,味微甜,有酸涩味。溶于水,但不溶于乙醇,在甘油中也能缓缓溶解,产于湖北、安徽等地。明矾多与碳酸氢钠配合使用,用于油条、笑口枣等油炸食品的膨松剂,使成品膨松酥脆。

(二)生物膨松剂

生物膨松剂是指含有酵母菌等发酵微生物的膨松剂。酵母菌是一种具有较高的营养价值的膨松剂。它含有丰富的蛋白质、维生素、纤维素和无机盐等物质。在发酵过程中还可产生某些营养成分,促进面团的糖分解成二氧化碳,并生成乙醇、醋酸、乳酸、乙醛、酯类等风味物质。因此,生物膨松剂不仅能使面团膨松多孔,体积膨大,具有一定的弹性,还可增加菜点的风味和提高菜点的营养价值。

目前,广泛使用的生物膨松剂主要压榨酵、活性干酵母和老酵面。

1. 压榨酵母

压榨酵母又称面包酵母、新鲜酵母,是将纯酵母菌培养,经离心、压榨而成的块状成品。压榨酵母的水分含量为 70% 左右,呈乳白色或淡黄色,软硬适度,不发黏,无腐败气味,具有酵母特有的清香味。压榨酵母常用于馒头、糕点、面包等发酵制品的制作。压榨酵母活力较强,发酵前无须促活,使用量一般为面粉的 0.5% ~1%,在使用时先用 30℃的温水将压榨酵母化开,搅拌成酵母悬浮液,然后和入面团中。压榨酵母应保存于 4℃以下,保存期为半个月。

2.活性干酵母

活性干酵母是将压榨酵母低温、真空条件下脱水后制成的淡褐色粉末状物。含水量低于 10%,发酵力较压榨酵母为弱,使用量为面粉的 1.5% ~2%。由于活性干酵母处于休眠状态,活性干酵母在使用前必须在一定条件下活化一段时间,以恢复酵母的活力,提高发酵能力,同时也有利于酵母在面团中的均匀分布。活化的方法是用 30℃的温水添加适量的砂糖和酵母营养盐,制成培养液,使干燥酵母粉均匀悬浮其中,并保温 20min ~30min。活性干酵母可在常温下保存,开封后的活性干酵母,应保存于冰箱或其他阴凉干燥处。

3.老酵面

老酵面,又称老面、老肥、发面、酵头等,是将含有酵母菌的面团发展成为一种含有乙醇、二氧化碳并带有酸性的面团。目前老酵面多用于民间家庭。老酵面常用于面包、馒头、包子、花卷、面饼、糕点等发酵面制品的制作,使面团发起、膨松、并带有酒香味。但由于含有大量的杂菌,在生醇发酵的同时也有生酸过程,所以需加入少量食碱中和酸味,使用量一般为面团的 10% ~40%。在使用和贮存时应注意防止老酵面的发霉变质。

四、增稠剂

增稠剂又称为黏稠剂、糊料,是指用于改善菜点物理性质、增加菜点的黏稠度、使菜点润滑适口、柔软鲜嫩、丰富食用的触感和味感的添加剂,它具有较好的溶水性和稳定性。增稠剂的品种很多,根据具体来源主要可分为植物性增稠剂和动物性增稠剂两大类。

植物性增稠剂是从含有淀粉的粮食、蔬菜或含有海藻多糖的海藻等多糖植物制取的,这一类占多数,如淀粉、果胶、琼脂等。动物性增稠剂是从含有胶原蛋白的动物原料中制取的,如明胶、蛋白胨等。

(一)植物性增稠剂

1.淀 粉

淀粉,在烹饪行业又称芡粉,是由含淀粉丰富的植物原料提取的粉状干制品。为由许多葡萄糖缩合而成的多聚糖。淀粉一般是白色粉末,在冷水和乙醇中不溶解。在水中加热至 55℃ ~60℃时则膨胀变成有黏性的半透明凝胶或胶状溶液(淀粉糊化)。遇碘呈紫色至紫红色。吸水性好,涨性大,粘性强,不易吐水,可提高原料的吸水、保水能力,防止菜点的营养流失,增加菜点的光泽,并在不同条件下使菜点柔滑鲜嫩或外酥里嫩的质感。常见的淀粉主要有菱角淀粉、绿豆淀粉、豌豆淀粉、马铃薯淀粉、玉米淀粉、甘薯淀粉(山芋淀粉)、木薯淀粉、马蹄粉、藕粉等。其中以菱角淀粉质量最好,一般绿豆粉优于马铃薯粉,马铃薯粉又优于红薯粉。

(1)菱角淀粉

菱角淀粉又称菱粉,是用菱角加工而成的淀粉,呈粉末状,颜色洁白且有光泽,细腻而光滑,黏性大,但吸水性较差,产量也较少,是所有芡粉中质量最好的一种。

(2)绿豆淀粉

绿豆淀粉又称绿豆粉,是用绿豆加工成的淀粉,色泽洁白,粉质细腻,淀粉颗粒小而均匀,

热黏度高,热黏度的稳定性和透明度均好,糊丝也较长,凝胶强度大,胀性好,宜作勾芡和制作粉丝、粉皮、凉粉的原料,为芡粉中的上品。

（3）豌豆淀粉

又称豆粉,是用豌豆种子加工而成的淀粉,颜色洁白,质地较细,手感滑腻,黏度高,胀性大,是芡粉中的上品。

（4）马铃薯粉

马铃薯粉又称土豆粉,是由马铃薯的块茎加工制得的淀粉,色泽白,有光泽,粉质细,淀粉颗粒为卵圆形,颗粒较大,黏性较大,糊丝长,透明度好,但黏度稳定性差,胀性一般,可作上浆、挂糊、拍粉,为芡粉中的上品。

（5）玉米淀粉

玉米淀粉又称粟粉,是目前在烹饪中使用最普遍、用量最大的一种淀粉,淀粉颗粒小而不均匀,糊化速度较慢,糊化热黏度上升缓慢,热黏度高,糊丝较短,透明度较差,但凝胶强度好,在使用过程中宜用高温,使其充分糊化,以提高黏度和透明度。

（6）甘薯粉

甘薯粉又称山芋粉、红薯粉,是用甘薯的块根加工而成的淀粉,色泽灰暗,淀粉颗粒呈椭圆形,粒径较大,胀性一般,且味道较差,在勾芡中易吐水,为芡粉中的下品,多在芡粉紧缺时代用。

（7）木薯粉

木薯粉又称生粉、树薯粉、木薯粉,是用木薯的块根加工干制而成的淀粉,主要产于我国南方,其特点是粉质细腻、色泽雪白、黏度好、胀性大、杂质少。值得注意的是木薯粉含有氢氰酸,不宜生食,必须用水久浸,并煮熟解除毒性后方能食用。木薯淀粉是广东、福建等地主要的芡粉原料。

（8）荸荠粉

荸荠粉又称马蹄粉是以莎草科植物荸荠的球茎为原料,磨碎去渣后,分出湿粉,再烘干、磨细后制成的白色粉状物质。荸荠粉粉质细腻,结晶体大,味道香甜。荸荠粉是多用途的食品辅料,为咸、甜菜肴勾芡、挂糊、扑粉常用的芡粉,尤其在粤菜中运用较多,具有冷却后不稀化成汁的优点。荸荠粉也可作为清凉饮料及冰糕食品的用料,还可以做成多种点心、小吃,如马蹄糕、九层糕等。

（9）藕　粉

藕粉又称藕澄粉,是以睡莲科植物藕的根状茎为原料加工而成的淀粉,每年的立冬到翌年清明之间为加工期。藕粉加工一般要经过清料、磨浆、洗浆、漂浆、干燥五道工序。市售藕粉一般采用真空包装,为白色或白里透红,呈片状或粉末状。藕粉品质以色白,气味清香、浓郁,无杂质,无杂粉,冲熟后无皴嘴感,含水量在 10% ~ 15% 之间者为佳。藕粉在菜肴的制作上主要作为勾芡粉料以及制作一些花色菜肴。

除了以上蚕豆淀粉、荸荠淀粉、藕粉、百合粉、蕨粉、葛粉、蕉芋粉、小麦淀粉、首乌粉、桄榔粉、芡实粉等。

2. 果　胶

果胶是广泛存在于高等植物细胞壁间的中胶层中的一种酸性杂多糖,与糖、酸、钙作用可形成凝胶,为常用增稠剂之一。主要成分是半乳糖醛酸的长链缩合而成的产物。果胶为白色或淡黄色粉末,稍带酸味,具有水溶性,不溶于乙醇等有机溶剂,对酸性溶液稳定。果胶在烹饪中可作为水果冻,如桃冻、枇杷冻等的凝胶剂;可作为果蘸、果酱馅料等的用料,可提高菜点质量,改善风味;还可增加面包的体积和防止糕点硬化等。

3. 琼　脂

琼脂又称洋粉、冻粉、琼胶,是由红藻类石花菜等藻类浸制、干制而成的一类以半乳糖为主的海藻多糖。琼脂的商品有条状和粉状两种。条状琼脂呈细长条状,长 26cm～35cm,宽约 3mm,末端皱缩成十字形,淡黄色,半透明,表面皱缩,微有光泽,质地轻软而有韧性,完全干燥后则脆而易碎。粉状琼脂为鳞片状粉末,无色或淡黄色。琼脂在加热煮沸分散成溶胶,冷却 45℃以下即变成凝胶。在烹饪中运用较广,可用于制作凉拌菜、胶冻类菜、花式工艺菜和一些风味小吃,如小豆羹、芸豆糕、蜜饯、沙琪玛等。

（二）动物性增稠剂

1. 明　胶

明胶是由富含胶原蛋白的动物性原料,如皮、骨、软骨、韧带、肌膜等经提取的高分子多肽凝胶物质。其为白色或淡黄色半透明的薄片或粉末,在热水中溶解成溶胶,冷却后成为凝胶。明胶在烹饪中广泛用于制作高级水晶冻菜和糕点,如水晶鸭方、水晶肴肉、汤包等。明胶不宜在水溶液加热煮沸过久,以避免继续水解,难以凝结成胶。

2. 蛋白胨

蛋白胨是一种富含蛋白质的凝胶体。它是用各种动物的肌肉组织、骨骼等为原料,经过长时间焖煮,使原料中的蛋白质溶于水中,溶液中蛋白质浓度越高,其黏稠度愈强,它经冷冻处理后即可凝结成柔软而有弹性的蛋白胨。蛋白胨因主要成分是蛋白质,一般适合制作羊糕、水晶肴肉等冷菜。

其他的增稠剂还有黄原胶、羧甲基纤维素钠等。

五、致嫩剂

致嫩剂致嫩剂又称嫩化剂、肉类嫩化剂,通常是指可以使肉类组织软化酥松从而提高嫩度的添加剂。目前使用的致嫩剂主要分为碱性剂和蛋白酶两类。

（一）碱性类嫩肉剂

碱性类嫩肉剂的成分是碳酸钠或碳酸氢钠。其对肌肉纤维有一定破坏腐蚀作用,使组织变疏松,肌肉纤维变短,促进蛋白质吸收水分等来提高肉质的嫩度。但碱性嫩肉剂对原料的营养素破坏性较大,且残留物具有一定碱味,因此嫩化得原料需进行脱碱处理。

（二）蛋白酶类致嫩剂

蛋白酶类致嫩剂主要有木瓜蛋白酶、菠萝蛋白酶、无花果蛋白酶、生姜蛋白酶和猕猴桃蛋白酶、米曲蛋白酶等。蛋白酶能够将肉中的结缔组织及肌纤维中结构较复杂的胶原蛋白和弹性蛋白进行降解,使这些蛋白质中的部分肽键发生断裂,使肉纤维变短,组织变松,从而提高了肉类的嫩度、改善了菜肴的口感和风味。以蛋白酶作为肉类的致嫩剂,因为蛋白酶本身在烹调加热后可以被消化吸收,因此安全无毒。蛋白酶致嫩剂具有生物活性的物质,所以需在适合的

温度、pH、水分及一定时间下使用才能发挥良好作用。

1. 木瓜蛋白酶

木瓜蛋白酶是从于未成熟的番木瓜果实胶乳中提取的一种蛋白质水解酶。木瓜蛋白酶为白色至浅黄褐色的粉末,可溶于水、甘油和70%的乙醇,不溶于有机溶剂。水溶液的颜色由无色至亮黄色,透明状。最适pH在5～7的范围内,专一性较宽。耐热性较强,可在50℃～60℃时使用。

木瓜蛋白质酶在烹调中主要用于肉类及肉制品的成熟前对肌肉纤维的软化,使菜肴具有软嫩滑爽的口味特点,如蚝油牛肉、铁板牛柳等。在使用时,先用温水或调味汁将木瓜蛋白酶粉进行溶解,然后放入已切好的肉类原料中拌和均匀并加热到50℃～60℃,放置0.5h～1h后,即可烹制。

2. 菠萝蛋白酶

菠萝蛋白酶是从凤梨科的菠萝的根、茎或果实的压榨汁中提取的一种蛋白质水解酶。它是一种糖蛋白,含糖量约为2%,为黄色粉末。对底物的专一性较宽,最适pH范围为6～8。可水解肽键,还可起酯酶的作用。在烹调中主要用于肉类的嫩化处理。在使用时先将菠萝蛋白酶粉末用30℃温水或调味浆汁溶解,然后放入已切好的肉片或肉丝中拌和均匀,静置0.5h～1h后进行烹制。菠萝蛋白酶的使用温度不宜超过45℃,否则会使其失去活性。另外菠萝蛋白酶主要作为酒的澄清剂,以分解蛋白质而使酒液澄清。

3. 无花果蛋白酶

无花果蛋白酶是从桑科植物无花果的胶乳中提取的一种蛋白质水解酶。其为橙黄色至乳白色粉末,稍具苦味,粉末疏松而易吸湿。不易完全溶于水,水溶后常残留2%～10%不溶部分。对底物的专一性较宽,在pH为6～8时最稳定,其最适pH很大程度上取决于底物的种类,以弹性蛋白为底物时,最适pH为5.5。无花果蛋白酶在烹饪中主要用于肉类的嫩化处理。菠萝蛋白酶的使用温度40℃～50℃,不宜超过70℃,否则失去活性。

 本章小结

本章介绍了调辅原料的分类、常用品种、性质特点、作用及烹饪运用规律。尽管辅助原料用量不多,但对菜点的色、香、味、形、卫生、营养等方面起着至关重要的作用,是烹调过程中不可缺少的原料。因此,要通过本章的学习,安全、合理、准确地使用辅助原料。

 练 习 题

1. 烹饪中常用的辅助烹饪原料有哪几大类?
2. 咸味调料有哪几大类?
3. 食盐在烹饪中有何作用?
4. 豆豉在使用时应注意哪些问题?
5. 食糖有哪些形式?在烹饪中如何运用?
6. 食醋可分为哪几类?特点各是什么?在烹饪中如何运用?

7.味精有什么特点？使用时应该注意什么问题？

8.食用油脂可分为哪几类？食用油脂在烹饪中有哪些作用？

9.芡粉有哪些种类？在烹饪中有何作用？

10.食用色素可分为哪两大类？各有何优缺点？

11.简述各种甜味调味料的特点及在烹饪中的使用。

第十章 调辅类烹饪原料

附　　录

附录 I　综合练习题

一、名词解释

1. 烹饪原料
2. 烹饪原料的品质鉴别
3. 感官鉴别
4. 蔬菜
5. 鱼
6. 氧化三甲胺
7. 干货原料
8. 干货原料涨发
9. 调味品
10. 佐助原料

二、填　空

1. 烹饪原料的要求是_____、_____、_____,可以制作菜点的材料。

2. 存在于动物肝脏的糖称_____,又称_____。植物中的_____也是多糖的一种存在形式。

3. 蛋白质是由_____分子组成的高分子化合物。

4. 烹饪原料中的水可分为_____和_____两大类。

5. 烹饪原料按加工与否可分为_____、_____、_____三类。

6. 烹饪原料的分类方法按国外分类方法热量素食品又称_____,主要是含_____。

7. 选料的原则是:必须按照菜肴产品_____的基本要求选择原料;必须按照菜肴成品不同的_____选择原料;必须按照原料本身的_____选择原料。

8. 烹饪原料的品质鉴别,就是根据各种烹饪原料的_____和_____等的变化,依据一定的标准,运用一定的方法,判定烹饪原料的变化程度和质量优劣的过程。

9. 烹饪原料品质鉴别的依据和标准是:_____、_____、_____、_____。

10. 简便而有效的感官鉴别方法有_____检验、_____检验、_____检验、_____检验。

11. 动物性原料死亡后发生动物体僵直失去弹性的现象,这种作用称为_____作用。

12. 影响烹饪原料质量变化的外界因素_____方面、_____方面、方面。

13.烹饪原料的常用保管方法有_____、高温保藏法、_____、_____、腌渍保藏法、_____、辐射保藏法、保鲜剂保藏法、活养保藏法。其中腌渍保藏法又包括_____、糖渍保藏法、_____、酒渍保藏法。

14.谷物是_____和_____的总称。

15.面粉按加工精度和用途分为_____、_____两大类。

16.著名的小米有_____、_____、河北桃花米、_____等品种。

17.较著名的绿豆有_____、山东绿豆、_____、_____。按种皮的颜色可分为青绿、_____、_____三大类。

18.百叶又称_____、_____等。面筋按不同的加工方法可制成_____、烤麸、_____。

19.稻米的品质鉴别应从米的_____、腹白、_____、新鲜度而判定;谷物类原料的保管应注意_____、控制温度、_____等几个问题。

20.蔬菜中含有丰富的营养成分,特别是_____、矿物质,它对维持人体的_____等方面都起到相当重要的作用;_____是检验蔬菜质量的主要指标。

21.碳水化合物是蔬菜干物质的主要成分,包括糖、_____、半纤维素、_____、_____等。

22.菠菜、竹笋含有较多的_____、鞣酸,它能与食物中的钙结合生成_____、_____。

23.蔬菜中的挥发油具有_____、_____、_____、解腥等作用。

24.我国_____族喜食茼蒿。用茄子作菜肴以_____为好,并且喜_____。

25.芦笋学名_____,又称_____,原产地为_____。

26.马铃薯原产地为_____,属于_____茎类蔬菜。马铃薯含有多酚酶类的_____,切后在氧化酶的作用下会变成褐色,发芽的马铃薯含有对人体有害的物质_____,不能食用。马铃薯既可作为蔬菜,也可作为粮食,被一些国家称为_____、_____。

27.世界五大粮食作物是_____、_____、马铃薯、_____、_____。

28.榨菜是我国著名的特产之一,它与德国的_____、欧洲的_____被誉为世界三大著名腌菜。榨菜主要产于_____、_____两省。

29.姜原产地为_____,著名的有湖北的_____,浙江的_____、_____,在烹调中主要用于_____,起_____的作用。姜含有挥发性的_____、_____等,有芳香辛辣味。腐烂的姜会产生很强的_____,不能食用。

30.大蒜原产于_____或欧洲南部,较著名的品种有辽宁的_____、山东的_____、山西的_____、河南的_____、西藏的_____。

31.肉类原料中含有能溶于水的_____,这些物质是肉汤鲜味的主要来源。

32.畜类原料的化学成分包括_____、_____、脂肪、_____、无机盐、_____。

33.畜、禽肉品的组织结构基本相同,一般由_____、_____、_____、_____四个组织构成。

34. 牛、羊的瓣胃也称为"百叶",其中羊的百叶又称"＿＿＿＿＿＿＿＿＿"。

35. 猪肚幽门部最肥厚,为肚之上品,饮食业称为＿＿＿＿＿＿＿＿、＿＿＿＿＿＿＿＿或＿＿＿＿＿＿＿＿。

36. 黄牛是我国最常见的一种家牛,一般可分为＿＿＿＿＿、＿＿＿＿＿＿和＿＿＿＿＿三种。

37. 牦牛主要产于西藏、四川北部及新疆、青海等地区,又叫＿＿＿＿＿＿。

38. 香猪原产于＿＿＿＿＿＿,是＿＿＿＿＿＿的上乘原料。羊可分为＿＿＿＿＿和＿＿＿＿＿两大类。

39. 火鸡又叫＿＿＿＿＿＿,原产地是＿＿＿＿＿＿＿＿,火鸡体形大肉多,是优良肉用禽类,而且是美国＿＿＿＿＿＿＿节必备的传统菜肴。

40. 畜禽肉制品加工方法可分为＿＿＿＿＿＿、＿＿＿＿＿＿、＿＿＿＿＿＿和其他制品。

41. 奶牛在分泌期间,乳的成分发生变化,根据泌乳期的不同将乳分为＿＿＿＿＿＿、＿＿＿＿＿＿和＿＿＿＿＿＿＿三种。

42. 蛋壳主要由＿＿＿＿＿＿＿＿＿、＿＿＿＿＿＿＿＿、内蛋壳膜和＿＿＿＿＿＿＿＿构成。

43. 酸奶是利用全乳或＿＿＿＿＿＿＿＿为原料经＿＿＿＿＿＿＿＿发酵而制成的乳制品。

44. 松花蛋的加工制作方法有＿＿＿＿＿＿＿＿＿＿、＿＿＿＿＿＿＿＿＿、＿＿＿＿＿＿＿＿等。

45. 畜禽屠杀后,其组织死后分解主要经历＿＿＿＿＿＿＿＿、＿＿＿＿＿＿＿＿、＿＿＿＿＿＿＿＿四个过程。

46. 瘦肉精是一种治疗疾病的药物,全称为＿＿＿＿＿＿＿＿＿＿。

47. 鲜蛋的储藏保鲜方法很多,常用的有＿＿＿＿＿＿＿、＿＿＿＿＿＿＿、＿＿＿＿＿＿＿＿及涂布法等。其中涂布法常用的被覆剂有＿＿＿＿＿＿＿＿、聚乙烯醇、＿＿＿＿＿＿＿＿、凡士林等。

48. 一般讲,水产品的营养丰富是指其＿＿＿＿＿＿＿＿＿、＿＿＿＿＿＿＿＿＿的含量。

49. 鱼的体型大致有＿＿＿＿＿＿＿＿、＿＿＿＿＿＿＿＿、＿＿＿＿＿＿＿＿、＿＿＿＿＿＿＿＿四种。

50. 鱼的鼻孔无呼吸作用,主要是＿＿＿＿＿＿＿＿＿功能。

51. 比目鱼中常见的有牙鲆、花鲆、斑鲆等,其中以＿＿＿＿＿＿＿＿最著名。

52. 鲳鱼以东海、南海出产较多,其中以＿＿＿＿＿＿＿＿和＿＿＿＿＿＿＿＿产的为最好。

53. 鲅鱼的肝不能食用,因其含有＿＿＿＿＿＿＿＿和＿＿＿＿＿＿＿＿。

54. 加吉鱼主要产地是辽宁＿＿＿＿＿＿＿＿;河北＿＿＿＿＿＿＿、＿＿＿＿＿＿＿;山东＿＿＿＿＿＿＿、＿＿＿＿＿＿＿＿。其中以＿＿＿＿＿＿＿＿的品质最好。

55. 鲈鱼主要产于黄海、渤海,以辽宁省的＿＿＿＿＿＿＿＿;山东省的＿＿＿＿＿＿＿;天津的＿＿＿＿＿＿＿＿等处产量较多。

56. 鲱鱼主要产于山东半岛及黄海沿岸,以山东＿＿＿＿＿＿＿＿和＿＿＿＿＿＿＿＿沿海一带产量较多。鱼子有＿＿＿＿＿＿＿之称。

57. 鲥鱼以长江下游所产最多最肥,特别是＿＿＿＿＿＿＿省镇江市的＿＿＿＿＿＿＿一带所产的最负盛名。此鱼节令性较强,以＿＿＿＿＿＿＿前后50天左右所产的最佳,是我国名贵的食用鱼,有＿＿＿＿＿＿美称,一则该鱼时令性强;二则＿＿＿＿＿＿＿＿＿＿;三则＿＿＿＿＿＿＿＿＿＿。

58. 四大家鱼分别是＿＿＿＿＿＿＿＿、＿＿＿＿＿＿＿＿、＿＿＿＿＿＿＿＿、＿＿＿＿＿＿＿＿。

59. 鳜鱼主要产于＿＿＿＿＿＿＿、＿＿＿＿＿＿＿一带,以＿＿＿＿＿＿＿(填季节)为最好。

60. 蛆子较为著名的有＿＿＿＿＿＿和＿＿＿＿＿＿；西施舌在我国主要产于福建、山东。山东主要产于＿＿＿＿＿＿、＿＿＿＿＿＿、青岛、＿＿＿＿＿＿沿海一带；日月贝的闭壳肌干制后叫做＿＿＿＿＿＿；江珧的闭壳肌叫做＿＿＿＿＿＿；乌贼骨在中药材中叫做＿＿＿＿＿＿，乌贼以＿＿＿＿＿＿产量较多。

61. 动物性干货制品主要富含＿＿＿＿＿＿、＿＿＿＿＿＿、＿＿＿＿＿＿等成分。

62. 干货制品类原料常用的干制方法有＿＿＿＿＿＿、＿＿＿＿＿＿、＿＿＿＿＿＿。

63. 干货制品类原料按环境和性质分类,大体分为＿＿＿＿＿＿、＿＿＿＿＿＿、植物性陆生干货制品、＿＿＿＿＿＿。

64. 干货制品类原料按传统方法可分为＿＿＿＿＿＿、＿＿＿＿＿＿和一般干货制品三大类。

65. 干货制品类的特点是＿＿＿＿＿＿,便于运输、储存;另一个特点是组织紧密,质地较硬,＿＿＿＿＿＿。

66. 驼峰是骆驼＿＿＿＿＿＿的干制品。驼峰中的雄峰为"＿＿＿＿＿＿",雌峰成为"＿＿＿＿＿＿"。

67. 哈士蟆油学名＿＿＿＿＿＿,哈士蟆油是＿＿＿＿＿＿的干制品。

68. 鱼翅按部位分为＿＿＿＿＿＿、＿＿＿＿＿＿、臀翅、腹翅四种。鱼翅的质量以＿＿＿＿＿＿为最好。按形态分主要有排翅、＿＿＿＿＿＿、＿＿＿＿＿＿和＿＿＿＿＿＿。鱼翅蛋白质含量较高,可达80.5%,但是蛋白质中缺少＿＿＿＿＿＿,是不完全蛋白质。

69. 选择鱼翅可从鱼翅本身的质量来鉴定,主要包括＿＿＿＿＿＿、＿＿＿＿＿＿、＿＿＿＿＿＿、＿＿＿＿＿＿、＿＿＿＿＿＿。

70. 我国的鱼肚主要产于＿＿＿＿＿＿、福建、＿＿＿＿＿＿等省沿海。较著名的鱼肚有＿＿＿＿＿＿、鮸鱼肚、＿＿＿＿＿＿、毛鲿肚、＿＿＿＿＿＿、鲟鳇肚。以大黄鱼的鱼鳔干制品而成的干货制品称＿＿＿＿＿＿,其中体厚、片大者为"＿＿＿＿＿＿"质量最好;体薄较小者为"＿＿＿＿＿＿";几片小黄肚搭在一起为＿＿＿＿＿＿;大片晒干的为＿＿＿＿＿＿。

71. 高级鱼子是指＿＿＿＿＿＿、＿＿＿＿＿＿、鳇鱼子、＿＿＿＿＿＿等鱼的卵加工干制而成的鱼子。

72. 海米又称＿＿＿＿＿＿、＿＿＿＿＿＿;鱼信是鲨鱼、鲟鳇鱼等鱼类＿＿＿＿＿＿的干制品。

73. 燕窝又称＿＿＿＿＿＿,按其质量的优劣可分为白燕、＿＿＿＿＿＿、＿＿＿＿＿＿,其中白燕又称＿＿＿＿＿＿、＿＿＿＿＿＿。

74. 菌藻类原料是指那些可供人类食用的＿＿＿＿＿＿、＿＿＿＿＿＿和＿＿＿＿＿＿类等。

75. 香菇按外形和质量分为＿＿＿＿＿＿、＿＿＿＿＿＿、＿＿＿＿＿＿、＿＿＿＿＿＿四种。

76. 素菜三菇指的是＿＿＿＿＿＿、＿＿＿＿＿＿、＿＿＿＿＿＿。

77. 黑木耳按季节分为＿＿＿＿＿＿、＿＿＿＿＿＿、＿＿＿＿＿＿三类。

78. 口蘑主要产于＿＿＿＿＿＿和＿＿＿＿＿＿。

79. 猴头蘑以_____和_____出产的野生猴头蘑为佳品。

80. 琼脂是用_____、_____等富含胶质的海藻类为原料加工制成的。琼脂又称_____、洋粉等,主要产于_____、辽宁、_____、海南等地。

81. 江西庐山三绝指_____、_____、_____。

82. 果品类原料是人工栽培的木本和草本植物的_____及_____等一类烹饪原料的总称。

83. 果品类原料中所含的糖分主要有_____、蔗糖、_____;所含的有机酸主要有_____、_____三种,统称为酒酸。

84. _____是构成果实的细胞壁和输导组织的重要成分,它不溶于水。

85. 果品类原料当中所含的维生素是比较丰富的,主要有_____、_____、_____。

86. 果品类原料按果实的结构特点分为_____、核果类、_____、坚果类、_____、复果类、_____。

87. 苹果主要产区为_____和_____;西洋梨又称洋梨,原产于_____;香蕉主要有_____和_____两大类;葡萄有_____的美称;菠萝原产于_____;猕猴桃主要有_____和_____两种。椰子主要产于海南岛_____、_____等地;腰果原产于_____。

88. 我国盐源非常丰富,按食盐来源可分为_____、_____、_____、_____。

89. 味精的主要成分为_____。

90. 泡辣椒为_____的土特产之一。

91. 胡椒可分为_____和_____两种,原产于_____、印度、_____、泰国,现在我国的_____、广东、_____均有生产。

92. 香糟可分为_____和_____两种。豆蔻可分为_____和_____。

93. 酱油产生膜酵母菌繁殖最佳温度为_____;黄酒的储存温度为_____。

94. 常见的饱和脂肪酸有_____和_____;不饱和脂肪酸有_____、_____和_____。

95. 芝麻油中含有一种天然抗氧化剂_____,所以芝麻油一般不会氧化腐败。食用油脂按加工精度分为毛油、_____、色拉油、_____。

96. 植物油多数为液态,习惯称为_____;动物油在常温下一般为固态,习惯上称_____。

97. 油脂中_____所占的比例越大,脂肪越硬。

98. _____在储存过程中会发生水化现象,产生沉淀,在加热时,易产生大量的泡沫,并有焦化现象,并形成黑褐色沉淀,从而影响油脂的质量和使用。

99. 烹饪所用的油脂按其来源可分为_____和_____。

100. 菜籽油一般呈深黄色,含有菜籽的特殊气味,具有涩味,如果_____含量过高会使菜籽油具有使人不愉快的气味和苦辣味道。

三、单项选择题

1. 对菜点制作有直接影响的因素是(　　)。
A. 原料的固有品质　　　　　　　　B. 原料的纯度和成熟度
C. 原料的新鲜度　　　　　　　　　D. 原料的清洁卫生

2. "看料做菜，因料施烹"是根据选料的(　　)原则实施的。
A. 必须按照菜肴产品营养与卫生的基本要求选择原料
B. 必须按照原料本身的性质和特点的基本要求选择原料
C. 必须按照菜肴产品不同的质量的基本要求选择
D. 必须按照菜肴成品的口感与色泽的基本要求选择原料

3. 鉴别原料品质的方法有(　　)。
A. 感性　　　　B. 理性　　　　C. 感官　　　　D. 感化

4. 番茄适宜的冷藏温度为(　　)。
A. 0℃左右　　B. 10℃～12℃　　C. 10℃～13℃　　D. 7℃～9℃

5. 低温保藏法是指低于常温在(　　)以下环境中保藏原料的方法。
A. 15℃　　　　B. 16℃　　　　C. 17℃　　　　D. 18℃

6. 脂肪酸败的主要因素是(　　)。
A. 温度　　　　B. 湿度　　　　C. 日光　　　　D. 空气

7. 含赖氨酸最高的谷物是(　　)。
A. 玉米　　　　B. 小米　　　　C. 荞麦　　　　D. 高粱

8. 谷物中的纤维素主要存在于谷物原料组织的(　　)中。
A. 谷皮　　　　B. 糊粉层　　　C. 胚乳　　　　D. 胚

9. 燕麦片在国外被称为营养食品，因为它含有大量的(　　)，对降低和控制血糖以及血中胆固醇的含量均有明显的作用。
A. 氨基酸　　　B. 可溶性纤维素　　C. 淀粉　　　D. 麦芽糖

10. (　　)的特点是硬度低，黏性大，胀性小，色泽乳白，不透明。
A. 糯米　　　　B. 粳米　　　　C. 籼米　　　　D. 杂交米

11. 面粉的含水率的正常范围是(　　)之间。
A. 10%～12%　　B. 11%～14%　　C. 12%～13%　　D. 12%～14%

12. 有"蔬菜中的水果"之美称的是(　　)。
A. 黄瓜　　　　B. 莼菜　　　　C. 番茄　　　　D. 胡萝卜

13. 玉兰片属于蔬菜制品中的(　　)。
A. 腌菜类　　　B. 泡菜类　　　C. 酱菜类　　　D. 干菜类

14. 以大小均匀整齐、色泽新鲜清洁、脆嫩多汁、肥壮、无腐烂者为好，这是针对(　　)食物的检验要求。
A. 叶菜类蔬菜　　B. 茎菜类蔬菜　　C. 根菜类蔬菜　　D. 芽苗类蔬菜

15. 芫荽又名(　　)。
A. 生菜　　　　B. 花菜　　　　C. 香菜　　　　D. 茴香

附录

16. 被称为"动物人参"的禽类原料是(　　　)。

A. 乌鸡　　　　　　B. 鸽子　　　　　　C. 火鸡　　　　　　D. 鹌鹑

17. 胶原蛋白质是(　　　)。

A. 完全蛋白质　　　　　　　　　　B. 半完全蛋白质

C. 不完全蛋白质　　　　　　　　　D. 优质蛋白质

18. 鸡肉中最嫩的一块肉是(　　　)。

A. 鸡颈　　　　　　B. 鸡里脊　　　　　C. 鸡脯肉　　　　　D. 栗子肉

19. 适宜制作火腿的猪种是(　　　)。

A. 内江猪　　　　　B. 长白猪　　　　　C. 金华猪　　　　　D. 荣昌猪

20. 当今世界上时髦的"美容肉"是(　　　)。

A. 猪肉　　　　　　B. 牛肉　　　　　　C. 羊肉　　　　　　D. 兔肉

21. 狼山鸡原产地是(　　　)。

A. 江苏　　　　　　B. 江西　　　　　　C. 山东　　　　　　D. 上海

22. "道口烧鸡"是(　　　)。

A. 脱水制品　　　　B. 酱卤制品　　　　C. 熏烤制品　　　　D. 罐头制品

23. 含糖量最高的蛋是(　　　)。

A. 鸡蛋　　　　　　B. 鸭蛋　　　　　　C. 鹅蛋　　　　　　D. 鸽蛋

24. 最著名的咸蛋品种是(　　　)咸蛋。

A. 浙江高邮　　　　B. 浙江平湖　　　　C. 四川叙府　　　　D. 河南峡县

25. 下列不能食用的蛋有(　　　)。

A. 陈次蛋　　　　　B. 劣质蛋　　　　　C. 旺蛋　　　　　　D. 破损蛋

26. 当温度控制在 0℃ ~1.5℃,相对湿度为 80% ~85% 时,蛋的冷藏期为(　　　)。

A. 1 ~3 个月　　　B. 2 ~4 个月　　　C. 4 ~6 个月　　　D. 6 ~8 个月

27. 被誉为"海中牛奶"的水产品类原料是(　　　)。

A. 海螺肉　　　　　B. 牡蛎肉　　　　　C. 贻贝肉　　　　　D. 扇贝肉

28. 下列鱼类肉称蒜瓣状的一组是(　　　)。

A. 大黄鱼、小黄鱼、大马哈鱼、鲥鱼　　　B. 大黄鱼、小黄鱼、鳓鱼、鲥鱼

C. 大黄鱼、小黄鱼、鲐鱼、鲈鱼　　　　　D. 大黄鱼、小黄鱼、鳓鱼、带鱼

29. 下列鱼类纯属于海洋鱼类,终生不进入淡水水域是(　　　)。

A. 狼牙鳝　　　　　B. 鳗鱼　　　　　　C. 石斑鱼　　　　　D. 橡皮鱼

30. (　　　)是虾类中最大的一类。。

A. 对虾　　　　　　B. 龙虾　　　　　　C. 青虾　　　　　　D. 白虾

31. "红鱼子"是(　　　)的卵加工而成的干货制品。

A. 鲟鱼　　　　　　B. 鲨鱼　　　　　　C. 鳇鱼　　　　　　D. 大马哈鱼

32. 湖北石首所产的"笔架鱼肚"是(　　　)的珍品。

A. 黄唇鱼　　　　　B. 黄鱼肚　　　　　C. 鲟鱼肚　　　　　D. 鮰鱼肚

33. "带子"是(　　　)闭壳肌的干制品。

A. 扇贝　　　　　　B. 江珧　　　　　　C. 日月贝　　　　　D. 西施舌

34. 下列动物性水生干料中,属于棘皮动物的是(　　)。

A. 淡菜　　　　　　B. 海蜇　　　　　　C. 海参　　　　　　D. 鲍鱼

35. 乌鱼蛋是由雄性乌贼的(　　)加工制成的。

A. 缠卵腺　　　　　B. 卵　　　　　　　C. 输卵管　　　　　D. 生殖腺

36. 下列海参品种中质量最好的是(　　)。

A. 刺参　　　　　　B. 茄参　　　　　　C. 白石参　　　　　D. 方刺参

37. 干货制品类原料的含水量一般在(　　)之间。

A. 5%～10%　　　　B. 10%～15%　　　　C. 15%～20%　　　　D. 20%～25%

38. (　　)有防止菜肴馊变的作用,可用来延长菜肴的存放时间。

A. 草菇　　　　　　B. 猴头蘑　　　　　C. 竹荪　　　　　　D. 香菇

39. 被誉为"隔壁之珍"的食用藻类是(　　)。

A. 发菜　　　　　　B. 紫菜　　　　　　C. 海带　　　　　　D. 昆布

40. 含碘量最高的藻类品种是(　　)。

A. 海带　　　　　　B. 紫菜　　　　　　C. 裙带菜　　　　　D. 石花菜

41. 菌藻类原料的鲜品的保管一般多用低温冷藏法,温度可控制在(　　)。

A. 0～2℃　　　　　B. 0～3℃　　　　　C. 0～4℃　　　　　D. 0～5℃

42. 下列含酒石酸最多的水果是(　　)。

A. 苹果　　　　　　B. 柑橘　　　　　　C. 葡萄　　　　　　D. 梨

43. 未成熟的果实中,含有(　　)较多,故果实显得坚实脆硬。

A. 原果胶　　　　　B. 果胶　　　　　　C. 果胶酸　　　　　D. 维生素

44. 大枣、山楂含(　　)比较丰富。

A. 维生素A　　　　B. 维生素C　　　　C. 维生素A原　　　D. 维生素P

45. 单宁存在于许多果实中,含量低时会给人一种清凉味,含量高时就不宜食用了。一般果实中单宁的含量在(　　)。

A. 1%～2%　　　　　B. 0.2%～0.3%　　　C. 0.1%～0.2%　　　D. 1.5%～2.5%

46. 下列果品属于复果类的是(　　)。

A. 猕猴桃　　　　　B. 香蕉　　　　　　C. 柚子　　　　　　D. 菠萝

47. (　　)鱼肝有毒,不能食用。

A. 鲨鱼　　　　　　B. 马鲛鱼　　　　　C. 马面鲀　　　　　D. 贻贝

48. 下列不是食用天然色素的是(　　)。

A. 姜黄素　　　　　B. 叶绿素　　　　　C. 柠檬黄　　　　　D. 红曲米

49. "虾子酱油"是按(　　)分类。

A. 形态　　　　　　B. 加工方法　　　　C. 质量　　　　　　D. 风味特色

50. 在烹饪实践中,适合向肉中添加小苏打、嫩肉粉和其他碱性物质进行嫩化处理的肉品是(　　)。

A. 猪肉　　　　　　B. 鱼肉　　　　　　C. 鸡肉　　　　　　D. 牛肉

四、判断题

1. 一切具有可食性的食物均属于烹饪原料。(　　)

2. 运用烹饪手段制作食品的材料称为烹饪原料。（　　）

3. 能够烹调的都是烹饪原料。（　　）

4. 凡是口感、口味良好,又有营养价值的动植物都可作为烹饪原料。（　　）

5. 凡是含有糖的无毒的可食性动、植物,都可作为烹饪原料。（　　）

6. 有机物质包括:蛋白质、脂肪、矿物质等。（　　）

7. 无机物质包括维生素和水。（　　）

8. 植物中的纤维素也是多糖的一种存在形式。（　　）

9. 纤维素不属于糖类,对人体无任何营养价值。（　　）

10. 碳水化合物主要存在于植物性原料中,其中以水果最为丰富。（　　）

11. 按照一定的食品营养卫生标准,有目的地选择合适原料的过程叫选料。（　　）

12. 选料的根本目的就是使原料得到合理使用,易被人体消化吸收,同时满足人体营养和口福的基本要求。（　　）

13. 烹饪原料都有天然的色泽和光泽。（　　）

14. 能熟练的掌握鉴别技术是一名厨师从事烹饪工作的应有的条件。（　　）

15. 感官鉴别不需设备,简单可行,是最好最准确的方法。（　　）

16. 感官鉴别不如理化鉴别准确可靠。（　　）

17. 对原料外表结构、形态、色泽等外部特征进行检验,这种检验方法叫做触觉检验。（　　）

18. 黄瓜原产地是印度。（　　）

19. 丝瓜的蛋白质含量高于冬瓜、黄瓜。（　　）

20. 番茄属于茄果类蔬菜。（　　）

21. 椰菜是冬季上市的主要蔬菜。（　　）

22. 西兰花就是青花菜。（　　）

23. 香椿芽最佳的时期是谷雨前后。（　　）

24. 蒲菜制作菜肴时不宜加热过度,以保其脆嫩,一般制作时不宜加酱油。（　　）

25. 能使畜肉风味柔滑鲜美的原因是因为畜肉含有肌间脂肪。（　　）

26. 家畜肉的肝脏含有较多的糖类,不具有一定的甜味。（　　）

27. 肾皮质是猪腰的主要食用部位。（　　）

28. 猪肚的幽门部位最肥厚,属肚之上品。行业中称为肚头、肚尖。（　　）

29. 牛羊的胃为单室胃,称反刍胃。（　　）

30. 猪从十二指肠到盲肠的一段为大肠,从盲肠到肛门的一段为小肠,又称"肥肠"。（　　）

31. 蛋白中的浓稠蛋白的含量对蛋的品质和耐贮性有很大的关系。（　　）

32. 蛋白浓稠与否,是衡量蛋的质量的主要指标之一。（　　）

33. 皮蛋是用稻草灰、黄泥、食盐、水等腌制而成的蛋制品。（　　）

34 水产品类原料是指有一定经济价值的水生动、植物原料的总称。（　　）

35. 鱼类含饱和脂肪酸较多,在常温下多呈液态,易被人体消化吸收。（　　）

36. 由于水产品的脂肪具有不饱和性,所以不容易氧化和腐败。（　　）

37. 鲐鱼中的组氨酸含量较高,不新鲜时其含量更高,并可分解产生组织胺,能引起食用者发生过敏性中毒现象。（　　）

38. 海鳗以立夏至初伏为捕捞旺季。（　　）

39.鲱鱼有"海鱼之冠"之美称。(　　　)

40.水产品主要以感官检验方法判断其新鲜度。(　　　)

41.根据鱼鳃颜色的变化可以判断鱼的新鲜度。(　　　)

42."黑鱼子"是鲱鱼的卵加工而成的干货制品。(　　　)

43.海虾子比河虾子鲜味浓,质量好。(　　　)

44.口蘑的主要产地是浙江、山东,一般产于夏季。(　　　)

45.竹荪菌盖表面有臭味粘液,将臭头部分切去,晒干后有香味。(　　　)

46.黄裙竹荪有毒,不可食用。(　　　)

47.海带一般在秋季采收。(　　　)

48.果实成熟过程中,果实淀粉会在酶的作用下转化成糖,所以果实成熟后会变甜。(　　　)

49.具有咸味的调味品有酱油及其他一些酱类,它们都是具有食盐成分的加工制品,其咸味仍然是氧化钠所产生的。(　　　)

50.鲜味是一种重要味别,所以鲜味调味品在烹调中可以独立存在和使用。(　　　)

五、连线题

1.将下列问题直接用直线连接起来。

原料的使用价值越高　　　　　　　外感指标
原料的使用价值越高　　　　　　　原料的固有品质
对菜点的制作有直接影响的因素是　感官指标
原料的成熟度是反映原料品质的　　合适的烹调方法越多
原料的清洁卫生是反映原料品质的　品质就越好

2.将下列原料所显示的色素用直线连接起来。

番茄
菠菜　　　　　　　　　　　　　　叶绿素
红辣椒
茄子　　　　　　　　　　　　　　类胡萝卜素
胡萝卜
油菜　　　　　　　　　　　　　　花青素

3.将下列原料的正确解释用在线连接起来。

尖片　　　惊蛰至清明间刚出土或尚未出土的春笋加工而成
冬片　　　清明至谷雨期间采掘出土的春笋加工而成
桃片　　　立冬至立春之间尚未出土的笋干制而成
春片　　　立春前的冬笋尖制成

4.将下列原料所属类型用直线连接起来。

金华猪

内江猪   脂肪型

长白猪

荣昌猪   肉脂兼用型

新金猪

定县猪   瘦肉型

宁乡猪

5.将下列原料的别名用直线直接连接起来。

油筒鱼   孔鳐

铜盆鱼   马面鲀

红鱼   红鳍笛鲷

牙鱼   鲅鱼

象皮鱼   加吉鱼

老板鱼   鲌鱼

六、简 答 题

1.干货制品类原料的品质鉴别的基本标准是什么?

2.淀粉在烹调中的作用是什么?

3.烹调比目鱼时要注意哪些问题?

4.干货制品类原料有哪些应用?

5.食用菠萝的注意事项是什么?

6.萝卜在烹调中的应用。

7.为什么对草酸含量较多的蔬菜要进行焯水处理?

8.果品类原料的烹调应用有哪些?

9.怎样除去鲌鱼中的组氨酸?孔鳐肉有氨味怎样去掉?

10.用火腿制作菜肴应注意什么问题?

11.烹饪原料分类有哪些意义?

12.新鲜鱼的品质鉴别。

13.畜禽类原料的烹饪应用。

14.蔬菜类原料的烹饪应用。

15.菌藻类原料的烹调应用有哪些?

16.食用油脂在烹调中的作用有哪些?

17.水产品原料在烹饪中的应用。

18.鱼类产生腥味的主要原因是什么?去腥的常用办法是什么?

19.新鲜家禽肉的感官鉴别标准是什么?

20.烹饪原料品质鉴定所依据的标准是什么?

七、论述题

论述家畜肉的质量鉴别。

模拟试卷(一)

一、名词解释(每题 3 分,共 15 分)

1. 烹饪原料
2. 果品
3. 洄游鱼类
4. 家畜肉
5. 鲞

二、填空题(每空 1 分,共 25 分)

1. 鲥鱼上市季节性较强,以_____前后 20 天左右所产品质最佳;鲚在我国常见的有_____和_____两种。
2. 脂肪是由一个分子的_____和三个分子的_____结合而成的。
3. 莜麦在使用前应经过"三熟",即加热时要_____,和面时要_____,制坯时要_____,否则不易消化。
4. _____是腐败的前奏。
5. 广泛的单糖有_____、_____、_____等。
6. 蔬菜类原料按食用部位可分为_____、_____、_____、_____、_____、_____六类。
7. 高温保藏法常采用_____和_____两种。
8. 韭菜按食用部位不同可分为_____ _____和_____。
9. 结缔组织主要是由无定形的_____和_____组成。

三、选择题(每题 1 分,共 10 分)

1. 每年(   )月所产的鲍鱼最鲜美。

   A.6 ~ 7   B.7 ~ 8   C.8 ~ 9   D.9 ~ 10

2. 螺蛳最佳的食用期为(   )。

   A. 春季   B. 夏季   C. 秋季   D. 冬季

3. 干活制品类原料的显著特点是(   )。

   A. 水分含量少   B. 便于运输   C. 便于储存

   D. 组织紧密质地较硬,不能直接加热食用

4. "带子"是(   )的闭壳肌。

   A. 扇贝   B. 江珧   C. 日月贝   D. 西施舌

5. 下列海参品种质量最好的是(   )。

   A. 刺参   B. 茄参   C. 白石参   D. 方刺参

6. 下列原料属于食用藻类的原料是(   )。

   A. 香菇   B. 黑木耳   C. 蘑菇   D. 发菜

附 录

7.包脚菇就是( )。

A.草菇　　　　B.蘑菇　　　　C.平菇　　　　D.猴头菇

8.下列不属于酸味类的调味品是( )。

A.番茄酱　　　　B.辣椒酱　　　　C.泡菜汁　　　　D.柠檬汁

9.下列脂肪酸属于饱和脂肪酸的是( )。

A.亚油酸　　　　B.亚麻酸　　　　C.花生四烯酸　　　　D.软脂酸

10.食用油脂中的( )成分在储存过程中会发生水化现象。

A.脂肪酸　　　　B.磷脂　　　　C.甾醇　　　　D.蜡

四、判断题(每题1分,共10分)

1.清真菜"烩散丹"中的"散丹"指的是牛的瓣胃。( )

2.选料的根本目的就是原料得到合理使用,易被人体消化吸收,同时满足人体营养的基本要求。( )

3.植物中的纤维素也是多糖的一种存在形式。( )

4.素菜中的"三菇"是指香菇、平菇和草菇。( )

5.海蜇以山东沿海所产的"东蜇"质量最好。( )

6.蛋清的营养价值高于蛋黄。( )

7.刀鲚是比较名贵的烹饪原料,以清明节前后质量最好。( )

8.发菜属于陆生植物性干料。( )

9.胡椒是在唐朝时传入我国的。( )

10.梅干菜为江南腌菜之一,亦称梅菜,干菜,因其腌制时正当梅子成熟,故名梅菜。( )

五、连线题(每题5分,共10分)

1.黄油　　　复制加工类　　　　2.黄花鱼　　　扁形

食糖　　　采集加工类　　　　比目鱼　　　梭形

大料　　　提炼加工类　　　　鳗鱼　　　侧扁形

胡椒粉　　　酿造类　　　　鲳鱼　　　圆筒形

六、简答题(每题5分,共20分)

1.烹饪原料的常用保管方法。

2.烹饪原料品质鉴别的依据和标准。

3.火腿的品质特点。

4.活禽的质量检验。

七、论述题(10分)

论述家畜肉的质量鉴别。

模拟试卷(二)

一、名词解释(每题 3 分,共 15 分)

1. 黄花菜
2. 干货制品
3. 畜禽类烹饪原料
4. 佐助原料
5. 面筋质

二、填空题(每空 1 分,共 25 分)

1. 蛋白质是由_____分子组成的高分子化合物。
2. 有机物质包括_____、_____、_____、_____等。
3. 谷皮包括_____皮和_____皮两部分。
4. 影响烹饪原料质量变化的外界因素主要有_____方面、_____方面、_____方面。
5. 腌渍保藏法主要有_____、_____、_____、_____。
6. 小米在碾制过程中碾去外壳,保留了较多的维生素,小米中_____素和_____素含量丰富。
7. 面筋按不同的加工方法可制成_____、_____、_____。
8. 燕窝的种类可分为_____、_____、_____。
9. 面粉的品质鉴别主要从_____、_____、_____、_____四个方面来鉴别。

三、选择题(每题 1 分,共 10 分)

1. 对原料组织的粗细、单行、硬度及干湿度等进行检验,其方法是感官检验中的(   )。
   A. 嗅觉检验   B. 味觉检验   C. 触觉检验   D. 视觉检验
2. "三角麦"是(   )的别名。
   A. 大麦   B. 荞麦   C. 燕麦   D. 莜麦
3. 淀粉含量最多的是(   )。
   A. 胡萝卜   B. 南瓜   C. 马铃薯   D. 洋葱
4. 四季豆的别名是(   )。
   A. 长豆角   B. 芸豆   C. 峨眉豆   D. 荷兰豆
5. 关于家畜肉的组织结构,下列说法正确的是(   )。
   A. 结缔组织坚硬难溶,不易消化,没有营养价值。
   B. 肌肉是最有食用价值的部分,在胴体中约占 70% ~80% 。
   C. 脂肪组织是由退化的疏松组织和大量脂肪细胞聚结而成,占胴体的 20% ~40% 。
   D. 骨骼组织中均含有骨骼,没有营养价值 。

6. 猪肉中最嫩的一块肉是( )。

　　A. 里脊　　　　　　　B. 外脊　　　　　　　C. 黄瓜条　　　　　　D. 后臀尖

7. 笋干的品种很多,一般福建、浙江所产的笋干为( )。

　　A. 白笋干　　　　　　B. 烟笋干　　　　　　C. 乌笋干　　　　　　D. 黑笋干

8. "道口烧鸡"是( )。

　　A. 脱水制品　　　　　B. 酱卤制品　　　　　C. 熏烤制品　　　　　D. 罐头制品

9. 鳞刀鱼就是( )。

　　A. 黄姑鱼　　　　　　B. 白姑鱼　　　　　　C. 鳖鱼　　　　　　　D. 带鱼

10. 加吉鱼的学名是( )。

　　A. 真鲷　　　　　　　B. 蓝点鲅　　　　　　C. 青花鱼　　　　　　D. 铜盆鱼

四、判断题(每题1分,共10分)

1. 余鱼汤最佳选用鲥鱼。( )

2. 蛇经初加工后应用冷水浸泡,否则肉质会变老。( )

3. 鱼骨的质量鉴别以洁白明亮者为上品。( )

4. 牛蛙原产于北美洲,因鸣叫声大,远听似牛,故叫牛蛙。( )

5. 大葱属于叶菜类。( )

6. 原料干制的目的之一是为了运输。( )

7. 哈士膜主要产于我国东北。( )

8. 骨骼组织是家畜肉的主要构成部分。( )

9. 发菜属于陆生植物性干料。( )

10. 猪身上的"元宝肉"可代替里脊肉使用。( )

五、连线题(每题5分,共10分)

1. 口蘑　　　　　青海　　　　　　2. 芹菜　　　　　荚果类蔬菜

　　加吉鱼　　　　海南　　　　　　　　萝卜　　　　　茄果类蔬菜

　　槐茂酱菜　　　张家口　　　　　　　扁豆　　　　　根菜类蔬菜

　　发菜　　　　　秦皇岛　　　　　　　南瓜　　　　　香辛类蔬菜

　　燕窝　　　　　保定

六、简答题(每题5分,共20分)

1. 干货制品的特点。

2. 果品类原料的品质鉴别。

3. 人造水产品的种类。

4. 为什么要去掉蔬菜中的草酸?应如何去掉?

七、论述题(10分)

怎样鉴别鱼翅本身的质量?(主要有哪几种情况)

模拟试卷(三)

一、名词解释(每题 3 分,共 15 分)

1. 米的腹白

2. 脂肪

3. 菌藻类原料

4. 糖原

5. 营养素

二、填空题(每空 1 分,共 25 分)

1. 烹饪原料中的水可分为_____和_____。

2. 双糖主要有_____、_____、_____。

3. 腌渍保藏法主要有_____、_____、_____、_____。

4. 谷物类原料的组织结构一般有_____、_____、_____、_____四部分组成。

5. 鱼的触须有_____和_____的功能。

6. 哈士膜学名为_____。

7. 子实体结构是由_____、_____和_____组成。

8. 果品类原料可分为_____、_____、_____、_____。

9. 苦味调味品主要有_____和_____。

三、选择题(每题 1 分,共 10 分)

1. 下列化学成分属于有机物质的是( )。

A. 糖类、蛋白质、脂肪、维生素　　　　B. 糖类、蛋白质、脂肪、矿物质

C. 维生素、蛋白质、脂肪、矿物质　　　　D. 糖类、蛋白质、矿物质、维生素

2. 属于脂溶性维生素的是( )。

A. 维生素 A、维生素 C　　　　B. 维生素 D、维生素 E

C. 维生素 B、维生素 K　　　　D. 维生素 D、维生素 C

3. 脂肪酸败的主要原因是( )。

A. 温度　　　　B. 湿度　　　　C. 日光　　　　D. 空气

4. 含赖氨酸最高的谷物品种是( )。

A. 玉米　　　　B. 小米　　　　C. 荞麦　　　　D. 高粱

5. 当今世界上时髦的"美容肉"是( )。

A 牦牛肉　　　　B. 黄牛肉　　　　C. 羊肉　　　　D. 兔肉

6. "广东叉烧肉"是( )。

A. 脱水制品　　　　B. 酱卤制品　　　　C. 熏烤制品　　　　D. 罐头制品

7. 下列水产品中属于鱼类的是(　　　　)。

A. 团鱼　　　　　　　B. 鲍鱼　　　　　　　C. 鳗鱼　　　　　　　D. 鱿鱼

8. 被誉为"海中鸡蛋"的是(　　　　)。

A. 海螺肉　　　　　　B. 牡蛎肉　　　　　　C. 贻贝肉　　　　　　D. 扇贝肉

9. 衡量果品类原料的重要品质鉴别是(　　　　)。

A. 形状　　　　　　　B. 色泽　　　　　　　C. 成熟度　　　　　　D. 损伤

10. "凤梨"是(　　　)的别名。

A. 鸭梨　　　　　　　B. 葡萄　　　　　　　C. 菠萝　　　　　　　D. 柠檬

四、判断题(每题 1 分,共 10 分)

1. 食用油脂是指植物油及动物脂肪。(　　　　)

2. 品质好的火腿清香,无异味。(　　　　)

3. 烹饪原料是指用于制作各种菜肴的无毒原料。(　　　　)

4. 鲤鱼、黄花鱼、扁口鱼都属于淡水鱼。(　　　　)

5. 香菇的主要产地是东北的大小兴安岭一带。(　　　　)

6. 猴头磨属于上八珍。(　　　　)

7. 鲥鱼的最大特点是脂肪丰富。(　　　　)

8. "小豆"是红豆的别名。(　　　　)

9. 玉米是我国最古老的粮食之一。(　　　　)

10. 莴苣又称雪菜、春不老。(　　　　)

五、连线题(每题 5 分,共 10 分)

1. 地下茎类蔬菜　　　　青花菜　　　　　2. 巴克夏　　　　脂肪型

　　芽苗类蔬菜　　　　　土豆　　　　　　　长白猪　　　　肉脂兼用型

　　花菜类蔬菜　　　　　豆芽　　　　　　　荣昌猪　　　　瘦肉型

　　根菜类蔬菜　　　　　胡萝卜

六、简答题(每题 5 分,共 20 分)

1. 简述调味品类原料的保管。

2. 简述乳品的化学成分。

3. 简述烹饪原料选择的意义。

4. 简述如何鉴别出用过瘦肉精的猪肉。

七、论述题(10 分)

如何鉴别新鲜鱼?

模拟试卷（四）

一、名词解释（每题 3 分，共 15 分）

1. 蛋白质的互补作用
2. 乳品
3. 蜜饯
4. 自由水
5. 辐射保藏法

二、填空题（每空 1 分，共 25 分）

1. 维生素按其溶解性可分为_____和_____两种。
2. _____以高蛋白质，低脂肪，不含胆固醇，而受到人们的欢迎。
3. 等级粉中_____又称"八五"粉。
4. 我国的大豆中以_____质量最优。
5. 谷物类原料的保管应注意_____、_____、_____等问题。
6. 香糟可分为_____和_____。
7. 有鱼中之王之称的是_____。
8. 辣椒按果型可分为_____、_____、_____、_____、_____。
9. 世界五大粮食_____、_____、_____、_____、_____。
10. 果实的色素分成两大类：一类是_____，一类是_____。
11. 河蟹腹部扁平，雌雄腹部的形状不同，雌蟹腹部呈_____，雄蟹腹部呈_____。

三、选择题（每题 1 分，共 10 分）

1. 烹饪原料选择的首要原则是（　　　）。
A. 必须按照原料本身的性质和特点的基本要求
B. 必须按照菜肴产品不同的质量基本要求
C. 必须按照菜肴产品营养与卫生的基本要求
D. 必须按照菜肴产品的口感与色泽的基本要求

2. 食物表面生长白毛的主要原因是（　　　）。
A. 霉菌　　　　　B. 细菌　　　　　C. 乳酸菌　　　　　D. 酵母菌

3. （　　　）是我国最古老的粮食之一。
A. 玉米　　　　　B. 小米　　　　　C. 大麦　　　　　D. 荞麦

4. 蕹菜又称（　　　）。
A. 西洋菜　　　　B. 空心菜　　　　C. 茴香菜　　　　D. 洋芹菜

5. 被称为"散丹"的原料是（　　　）。
A. 猪的瓣胃　　　B. 牛的瓣胃　　　C. 羊的瓣胃　　　D. 狗的瓣胃

6. 鸡肉中最嫩的一块肉是（　　）。

　A. 鸡颈　　　　　　B. 鸡里脊　　　　　　C. 鸡脯肉　　　　　　D. 栗子肉

7. 适宜制作火腿的猪种是（　　）。

　A. 内江猪　　　　　B. 长白猪　　　　　　C. 金华猪　　　　　　D. 荣昌猪

8. 当温度控制在0℃~1.5℃,相对湿度为80%~85%时,蛋的冷藏期为（　　）。

　A. 1~3月　　　　　B. 2~4月　　　　　　C. 4~6月　　　　　　D. 6~8月

9. 被誉为"海中牛奶"的水产品类原料是（　　）。

　A. 海螺肉　　　　　B. 牡蛎肉　　　　　　C. 贻贝肉　　　　　　D. 扇贝肉

10.（　　）的鱼肝有毒,不能食用。

　A. 鲨鱼　　　　　　B. 马鲛鱼　　　　　　C. 马面鲀　　　　　　D. 贻贝

四、判断题（每题1分,共10分）

1. 发芽的马铃薯含有对人体有毒的物质是鞣酸。（　　）

2. 穿山甲是国家二级保护动物。（　　）

3. 死甲鱼和死河蟹都不可食用。（　　）

4. 木耳以春耳最佳。（　　）

5. 果子狸有土腥味,烹调时需先用冷水泡之。（　　）

6. 口蘑主要产于张家口一带。（　　）

7. 番茄原产于南美洲。（　　）

8. 浙江金华地区所产的火腿称为南腿。（　　）

9. 血脖肉适于炸、爆、溜。（　　）

10. 乳牛在产犊后一周内的乳称为初乳。（　　）

五、连线题（每题5分,共10分）

1. 鳜鱼　　　　　　草鱼　　　　　　2. 单糖　　　　　　乳糖

　鳙鱼　　　　　　花鲫鱼　　　　　　双糖　　　　　　淀粉

　鲩鱼　　　　　　黑鱼　　　　　　　多糖　　　　　　果糖

　鳝鱼　　　　　　胖头鱼

　乌鳢　　　　　　长鱼

六、简答题（每题5分,共20分）

1. 烹饪原料感官鉴别方法有哪几种?

2. 粮食保管中应注意哪几个问题?

3. 畜禽类原料的化学成分是什么?

4. 鱼类产生腥味的主要原因是什么?去腥味的常用办法有哪些?

七、论述题（10分）

论述你所在的地区常用鱼类制品在烹调中的应用。

模拟试卷(五)

一、名词解释(每题 3 分,共 15 分)

1. 必需氨基酸
2. 鱼翅
3. 单宁物质
4. 调味品
5. 蔬菜

二、填空题(每空 1 分,共 25 分)

1. 存在于动物肝脏的糖,称_____又称_____。植物中的_____也是多糖的一种存在的形式。
2. 现代医学研究表明,大蒜有较强的_____、_____和_____。
3. 风鸡是指风干的_____。
4. 禽蛋的化学成分主要是_____、_____和_____。
5. 鲈鱼又名_____、_____、鲈子鱼,出产旺季在_____前后。
6. 我国鱼肚主要产于_____、_____、_____等省沿海。
7. 果品中的有机酸主要有_____、_____、_____三种,统称为_____。
8. 苦味主要来源于黄嘌呤物质的_____和_____两大类。
9. 佐助类原料包括_____、_____、_____等几类原料。

三、选择题(每题 1 分,共 10 分)

1. 有"水中之鸡"美誉的淡水鱼是(   )。
   A. 乌鳢鱼　　　　　B. 鳇鱼　　　　　　C. 虹鳟鱼　　　　　D. 鳜鱼
2. 有"鱼中之王"之称的鱼是(   )。
   A. 大马哈鱼　　　　B. 鲥鱼　　　　　　C. 银鱼　　　　　　D. 鳜鱼
3. 涨发好的干肉皮一般以(   )的烹调方法做菜。
   A. 炸、烧　　　　　B. 烧、扒　　　　　C. 煎、烧　　　　　D. 炸、烩
4. 湖北石首所产的"笔架鱼肚"是(   )的珍品。
   A. 黄唇肚　　　　　B. 黄鱼肚　　　　　C. 鲟鱼肚　　　　　D. 鮰鱼肚
5. "红鱼子"是(   )的卵加工而成的干活制品。
   A. 鲟鱼　　　　　　B. 鲨鱼　　　　　　C. 鳇鱼　　　　　　D. 大马哈鱼
6. 洋蘑菇就是(   )。
   A. 草菇　　　　　　B. 蘑菇　　　　　　C. 平菇　　　　　　D. 猴头菇
7. 最适合于调味的盐是(   )。
   A. 海盐　　　　　　B. 原盐　　　　　　C. 洗涤盐　　　　　D. 再制盐

8.下列不属于辣味调味品的是(　　)。

A.芥末粉　　　　　B.红油　　　　　C.胡椒粉　　　　　D.花椒粉

9.下列食醋中属于米醋的是(　　)。

A.白醋　　　　　B.糖醋　　　　　C.果酒醋　　　　　D.香醋

10.食用油脂的保管,应避免长时间在空气中露放,这是防止油脂(　　)的关键。

A.热度　　　　　B.乳化　　　　　C.氧化　　　　　D.溶解

四、判断题(每题1分,共10分)

1.能够烹调的都是烹饪原料。(　　)

2.在动物性原料中不存在维生素。(　　)

3.按照一定的食品营养卫生标准,有目的地选择合适原料的过程叫做选料。(　　)

4.符合人们的饮食习惯、易被消化吸收、能满足人们口福的就具有食用价值。(　　)

5.在有刺海参中,梅花参质量最好。(　　)

6.鱼骨的质量鉴别以洁白明亮者为上品。(　　)

7.鸡牙子最宜制鸡泥用。(　　)

8.香菇的主要产地是东北的大小兴安岭一带。(　　)

9.气室的大小是衡量蛋的新鲜度的重要指标。(　　)

10.白燕又称官燕,是白色金丝燕的简称。(　　)

五、连线题(每题5分,共10分)

1.南京板鸭　　　　　灌肠制品　　　　2.碳酸氢钠　　　　　纯碱

　德州扒鸡　　　　　熏烤制品　　　　　碳酸钠　　　　　火硝

　广东叉烧肉　　　　腌腊制品　　　　　硝酸钾　　　　　石膏

　南京香肚　　　　　酱卤制品　　　　　磷酸钙　　　　　重碱

六、简答题(每题5分,共20分)

1.怎样鉴别松花蛋?

2.按果实结构分,果品可分为哪几类?

3.烹饪原料品质鉴别的意义有哪些?

4.主要谷物类原料在烹饪中是如何应用的?

七、论述题(10分)

论述烹饪原料分类的意义。

综合练习题参考答案

一、名词解释

1. 答：就是通过烹饪加工可以制作各种主食、菜肴、糕点、小吃的可食性原材料。

2. 答：是指根据烹饪原料的性质和特征等的变化，依据一定的标准，运用一定的方法，判定烹饪原料的变化程度和质量的优劣。

3. 答：是指用人的眼、耳、鼻、舌、手等各种感觉了解原料的外部特征、气味和质地的变化程度，从而判断其品质优劣的检验方法。

4. 答：是指可以制作菜肴或面点馅心的草本植物，包括少数的木本植物和部分菌藻类。

5. 答：终生生活在水中，以鳍游泳、以鳃呼吸，具有颅骨和上下颌的变温脊椎动物。

6. 答：氧化三甲胺是一种呈鲜味物质，它主要存在于海水鱼中，淡水鱼次之。氧化三甲胺极不稳定，容易还原成具有腥味的三甲胺。鱼死后其体内的三甲胺就会不断地还原为三甲胺，从而使鱼产生腥味。随着鱼的新鲜程度的不断降低，鱼体内三甲胺的成分，就随着增加，鱼的腥味也就更加突出。

7. 答：简称干货或干料，是指对新鲜的动植物性烹饪原料采用晒干、风干、烘干、腌制等工艺，使其脱水，从而制成易于保存、运输的烹饪原料。

8. 答：是一种利用干货原料的物理性质，采用各种方法，使干货原料重新吸收水分，最大限度地恢复其原有的新嫩、松软、爽脆的状态，并除去原料的异味和杂质，使之合乎食用要求的加工过程。

9. 答：又称调味料或调料。所谓调味品，就是在烹调过程中，能够突出、改善、增加菜点的口味、外观、色泽的非主、辅料，统称为调味品。

10. 答：是指在烹饪原料中既不是主料、也不是辅料、又不是调味品的那一部分原料。它虽然不是构成菜点的主体，但是它对改善菜点的品质，增加菜点的营养成分和色、香、味、形起着重要作用。

二、填空题

1. 无毒、无害、有营养价值　2. 糖原、动物淀粉、纤维素　3. 氨基酸　4. 自由水、束缚水　5. 鲜活原料、干货原料、复制品原料　6. 黄色食品、糖类　7. 营养与卫生、质量、性质和特点　8. 性质、特征　9. 原料的固有品质、原料的纯度和成熟度、原料的新鲜度、原料的清洁卫生　10. 嗅觉检验、视觉检验、听觉检验、味觉检验、触觉检验　11. 尸僵作用　12. 物理方面、化学方面、生物方面　13. 低温保藏法、脱水保藏法、密封保藏法、烟熏保藏法、气调保藏法、盐腌保藏法、酸渍保藏法　14. 庄稼、粮食　15. 等级粉、专用粉　16. 山西沁县黄小米、山东章丘龙山小米、新疆小米　17. 安徽明光绿豆、河北宣化绿豆、四川绿豆、黄绿、墨绿　18. 千张、豆皮、水面筋、油面筋　19. 粒形、硬度、调节温度、避免污染　20. 维生素、酸碱平衡、含水量　21. 淀粉、纤维素、果胶　22. 草酸、草酸钙、鞣酸钙　23. 刺激食欲、帮助消化、杀菌　24. 朝鲜族、熟烂、重油　25. 石刁柏、龙须菜、欧洲　26. 南美洲、地下茎、鞣酸、龙葵素、蔬菜之王、第二面包　27. 玉米、水稻、小麦、燕麦　28. 甜酸甘蓝、酸黄瓜、四川、浙江　29. 我国、来凤姜、红爪姜、黄爪姜、矫味、去腥膜异味、姜油酚、姜油酮、黄樟素　30.中亚、海城大蒜、仓山大蒜、宋城大蒜、拉萨大蒜　31.含氮浸出物　32.水分、蛋白质、糖类、维生素　33.结缔组织、肌肉组织、骨骼组织、脂肪组织　34.散丹　35.肚头、肚尖、肚仁　36.蒙古牛、华北牛、华南牛　37.高原之舟　38.广西、烤乳猪、山羊、绵羊　39.吐绶鸡、北美、感恩节　40.腌腊制品、灌肠制品、脱水制品　41.初乳、常乳、末乳　42.外蛋壳膜、石灰质蛋壳、蛋白膜　43.脱脂乳、乳酸菌　44.浸泡法、包泥法、浸泡—包泥法　45.尸僵、成熟、自溶、腐败　46.盐酸克仑特罗　47.冷藏法、石灰水浸泡法、水玻璃浸泡法、液体石蜡、矿物质　48.蛋白质、无机盐　49.梭形鱼、扁形鱼、圆筒形鱼、侧扁形鱼　50.嗅觉　51.牙鲆　52.河口、秦皇岛　53.鱼油毒、麻痹毒素　54.大东沟、秦皇岛、山海关、烟台、龙口、青岛、秦皇岛　55.大东沟、羊角沟、北唐　56.荣成、威海、黄色钻石　57.江苏、焦山、端午节、鱼中之王、产量较少、味道鲜美　58.青鱼、草鱼、鲢鱼、鳙鱼　59.洞庭湖、微山湖、春季、　60.泥蚶、毛蚶、日照、胶南、崂山、带子、江珧柱、海螵蛸、舟山群岛　61.蛋白质、脂肪、矿物质　62.晒、晾、烘　63.动物性陆生干货制品、动物性水生干货制品、植物性水生干货制品　64.山珍类、海味类　65.水分含量少、不能直接加热食用　66.背部的肉峰、甲峰、乙峰　67.中国林蛙、雌哈士蟆蛙输卵管　68.背翅、胸翅、尾翅、背翅、散翅、翅饼、翅针　69.熏板、油根、弓线、夹沙、石灰筋　70.浙江、广东、黄唇肚、黄鱼肚、鳗鱼肚、大黄鱼肚、提片、吊片、搭片　71.大马哈鱼子、鲟鱼子、鲱鱼子　72.金钩、开洋、脊髓　73.燕菜、毛燕、血燕、官燕、贡燕　74.真菌、藻类、地衣类　75.花菇、厚菇、薄菇、菇丁　76.香菇、蘑菇、草菇　77.春耳、秋耳、伏耳　78.内蒙古、张家口　79.黑龙江小兴安岭、完达山及河南伏牛山区　80.石花菜、麒麟菜、冻粉、洋粉　81.石耳、石鸡、石鱼　82.果实、加工制品　83.葡萄糖、果糖　84.纤维素　85.维生素C、胡萝卜素、维生素P　86.仁果类、浆果类、柑橘类、瓜果类　87.辽东半岛、山东半岛、欧洲、粉蕉、甘蕉、水果之王、巴西、中华猕猴桃、软枣猕猴桃、三亚市、琼海、云南、巴西　88.海盐、湖盐、井盐、矿盐　89.谷氨酸纳　90.四川　91.黑胡椒、白胡椒、印度尼西亚、马来西亚、海南、云南　92.白糟、红糟、草豆蔻、肉豆蔻　93.25℃~30℃　94.硬脂酸、软脂酸、亚油酸、亚麻酸、花生四烯酸　95.芝麻酚、精炼油、硬化油　96.油、脂　97.饱和脂肪酸　98.磷脂　99.植物油脂、动物油脂　100.芥酸

三、选择题

1.C　2.B　3.C　4.B　5.A　6.C　7.C　8.B　9.B　10.A　11.C　12.C　13.D　14.D　15.C　16.D　17.C　18.C　19.C　20.D　21.A　22.B　23.B　24.A　25.C　26.C　27.B　28.A　29.A　30.B　31.D　32.D　33.C　34.C　35.A　36.A　37.D　38.C　39.A　40.A　41.C　42.A　43.A　44.B　45.B　46.D　47.B　48.D　49.D　50.D

四、判断题

1.×　2.√　3.×　4.×　5.√　6.×　7.×　8.√　9.×　10.×　11.×　12.×　13.√　14.√　15.×　16.√　17.√　18.√　19.√　20.√　21.√　22.√　23.√　24.√　25.√　26.√　27.×　28.√　29.√　30.√　31.√　32.√　33.×　34.×　35.×　36.×　37.√　38.√　39.√　40.√　41.√　42.×　43.√　44.×　45.√　46.√　47.×　48.√　49.√　50.×

五、连线题

1.

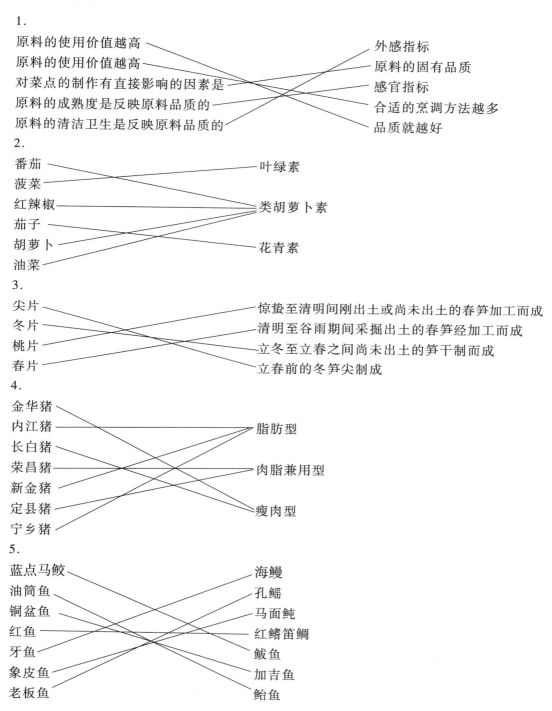

原料的使用价值越高 — 外感指标
原料的使用价值越高 — 原料的固有品质
对菜点的制作有直接影响的因素是 — 感官指标
原料的成熟度是反映原料品质的 — 合适的烹调方法越多
原料的清洁卫生是反映原料品质的 — 品质就越好

2.

番茄 — 叶绿素
菠菜 — 类胡萝卜素
红辣椒 —
茄子 — 花青素
胡萝卜 —
油菜 —

3.

尖片 — 惊蛰至清明间刚出土或尚未出土的春笋加工而成
冬片 — 清明至谷雨期间采掘出土的春笋经加工而成
桃片 — 立冬至立春之间尚未出土的笋干制而成
春片 — 立春前的冬笋尖制成

4.

金华猪 — 脂肪型
内江猪 —
长白猪 —
荣昌猪 — 肉脂兼用型
新金猪 —
定县猪 — 瘦肉型
宁乡猪 —

5.

蓝点马鲛 — 海鳗
油筒鱼 — 孔鳐
铜盆鱼 — 马面鲀
红鱼 — 红鳍笛鲷
牙鱼 — 鲅鱼
象皮鱼 — 加吉鱼
老板鱼 — 鲐鱼

六、简答题

1.答:(1)干爽、不霉烂　(2)整齐、均匀完整　(3)无虫蛀杂质,保持规定的色泽

2.答：（1）可用于烹调中的挂糊、上浆、勾芡　（2）作为面点的原材料

（3）作为菜肴的黏合剂　（4）制作某些菜肴的主要原料

3.答：比目鱼因其表面有一层较厚的黏性蛋白液，极易被细菌污染而引起变质，所以不易储存。新鲜的鱼经过冷冻后其肉质也会脱水变得松散无力，因此最好趁鲜时烹制食用。比目鱼在烹制时忌大火长时间烧煮，否则鱼肉会烂成糊状。

4.答：（1）部分动物性干货制品类原料在菜肴制作中只作主料，且用量少，一般不作辅料使用。如：燕窝、鱼翅、鲍鱼、海参等。

（2）燕窝、鱼翅、鲍鱼、海参在烹调中作宴席的第一道菜使用时，该宴席分别名为"燕窝席"、"鱼翅席"、"鲍鱼席"、"海参席"。

（3）玉兰片等干货制品是重要的辅助原料。

（4）海米、虾子、蟹肉在烹调中起增加鲜味的作用。

（5）部分干货制品类原料本身无鲜味、在制作菜肴时要注意赋予鲜味。如：燕窝、鱼翅、海参、驼峰、驼蹄、蹄筋。

5.答：有人鲜食菠萝后会发生过敏反应，原因是菠萝中含有"菠萝朊酶"这种物质。预防的方法是可先将菠萝用盐水浸泡一会，待盐水将菠萝朊酶的毒性破坏后再食用。

6.答：（1）有去牛、羊肉膻味的作用。（2）是食品雕刻中的上乘原料 。（3）在烹调中可以作主料制作菜肴，如著名的"洛阳燕菜"。（4）也可和鱼及干货原料搭配制成菜肴，如"干贝萝卜球"。（5）萝卜适应多种口味的调味，如糖醋、酸辣、咸鲜等。（6）萝卜还可以制作点心馅心。

7.答：因为草酸与食物中的钙结合生成草酸钙，影响人体对钙的吸收，所以含草酸较多的蔬菜在烹调前可用开水焯一下，以除去大部分的草酸。

8.答：（1）可作为主料制作出香甜可口的菜肴。　（2）可作为辅料增加其风味特色。（3）可作为菜肴的装饰物起着美化菜肴的作用。（4）可用作面点馅心改善风味，增进食欲。（5）可作为面点的装饰物美化外观，增加感官色彩美得享受。

9.答：因为鲐鱼中的组胺含量加多不新鲜时其含量更高，并可分解产生组织胺，能引起食用者发生过敏中毒现象。组织胺为碱性物质，在烹制前可用1%的食醋溶液浸泡30分钟或在烹制时加入适量的食醋与组织胺中和，以便减少中毒现象。孔瑶肉有氨的气味，食用前应进行脱氨处理，可在热水中烫过，再用清水浸泡半小时，然后可清炖、焖、烧、炸、蒸熟凉拌等。

10.答：（1）用火腿制作菜肴忌少汤或无汤烹制　（2）忌重味　（3）也不宜用红烧、酱、卤等方法　（4）不宜用酱油、醋、八角、桂皮等香料，主要取其本身的鲜香气味　（5）忌用色素（6）不宜上浆挂糊　（7）勾芡不宜太稀或太稠　（8）忌与牛羊肉配合制作菜肴。

11.答：（1）有助于使烹饪原料知识的学科体系更加科学化、系统化。

（2）有助于全面深入地认识烹饪原料的性质和特点。

（3）有助于科学合理地利用烹饪原料。

12.新鲜的品质鉴别主要是从鱼鳃、鱼眼、鱼嘴、鱼皮表面、鱼肉的状态等几个方面鉴别其新鲜程度。

（1）鳃：新鲜鱼的鱼鳃色泽鲜红或粉红色（海鱼鱼鳃色紫或紫红），鳃盖紧闭。黏液较少呈透明状，无异味。鱼嘴紧闭，色泽正常。

（2）眼：鱼眼清澈透明，向外稍稍凸出，黑白分明，没有充血发红的现象。

（3）鳞：鱼皮表面黏液较少，且透明清洁。鳞片完整并有光泽，紧贴鱼体。

(4)腹部:鱼腹部肌肉坚实无破裂,腹部膨胀,腹色正常。

(5)肌肉:鱼肉组织紧闭有弹性,肋骨与脊背处得鱼肉结实,不脱刺。

13.答:(1)畜禽肉在烹饪中的运用十分广泛,可以作为菜肴的主要原料制作很多种著名的菜肴,独立成菜,反映出明显的风味特色。如"狮子头"、"回锅肉"、"汽锅鸡"、"北京烤鸭"等。

(2)畜禽肉也可以作辅料,并适合和多种蔬菜一起烹制,适于多种烹调方法。如烧、爆、炒、炖、焖、蒸、涮等。

(3)畜禽肉适宜于多种刀法,可切成丁、丝、条、片、块、段、茸泥及多种花刀。

(4)畜禽肉营养价值高,滋味鲜美,适宜于多种烹调方法和多种味型的调味,可制作众多的菜肴,既有名菜小吃,又有主食,是深受欢迎的烹饪原料。

(5)可以作成茸泥、馅心、制作菜肴和点心。作为面点的馅心,可制作成包子、水饺、馄饨:作为面条辅料,可制作成卤汁用于面条,如"炸酱面"、"肉丝面"、"鸡丝面"等。

(6)畜禽肉及骨骼又是烹调中制汤的主要原料。可制作清汤、奶汤等。老禽最宜熬制汤汁,特别是老母鸡,是熬汤的最佳的原料。

14.答:(1)部分蔬菜类原料是重要的调味蔬菜。

(2)部分蔬菜类原料是面点的重要的馅心原料。

(3)某些蔬菜是食品雕刻的重要原料。

15.答:(1)菌藻类原料可作为菜肴的主要原料,制作很多著名的菜肴如:"炸香菇"、"炝口蘑"、"烩草菇"、"扒蘑菇"。

(2)菌藻类原料也可作为菜肴的辅料,制作很多著名的菜肴如:"草菇蒸鸡"、"竹荪烩鸡片"。

(3)菌藻类原料由于其独特的色泽,可作为菜肴的调色原料、装饰原料,如香菇、木耳、蘑菇、竹荪等。

(4)菌藻类原料适宜于炒、炸、烩、烧、扒、制汤等多种烹调方法。

(5)菌藻类原料是制作素菜的重要原料。

(6)某些菌藻类原料是菜肴中重要的提鲜原料。

16.答:(1)增加营养,补充热量

(2)增加风味,香味浓郁

(3)传热迅速,保水防干保温

(4)增加和保护菜点的色彩

(5)使菜肴的造型美观

(6)胀发作用

(7)改变菜肴的质感

17.答:(1)水产品原料可以作为菜肴的主要原料制作很多著名的菜肴,有的可作为宴席的大件菜。如"清蒸加吉鱼"、"三吃大虾"、"清蒸大蟹"、"油爆海螺"。

(2)水产品原料可以制作众多的造型艺术菜肴,使菜肴更加美观。如"菊花鱼""金毛狮子鱼"等。

(3)水产品原料可以作成茸泥、馅心,制作菜肴和面点。如"扒酿海参"、"余鱼丸"、"鱼肉水饺"。

(4)很多水产品原料适宜多种刀工成形,可整形使用,可切成块、丁、丝、片等。

(5)很多水产品原料都以口味鲜美著称,但可适宜多种口味。如"糖醋大虾"、"酸菜鱼"、"辣子爆鱼丁"。

(6)水产品原料适宜于烧、爆、炒、炖、焖、熘、烩、蒸等几乎所有的烹调方法。

(7)水产品原料由于刀工成形、适宜口味及烹调方法多,所以可制作众多的菜肴。

18.氧化三甲胺是一种呈鲜味物质,它主要存在于海水鱼中,淡水鱼次之。氧化三甲胺极不稳定,容易还原成具有腥味的三甲胺。鱼死后其体内的氧化三甲胺就会不断的还原为三甲胺,从而使鱼产生腥味,随着鱼的新鲜程度的不断降低,鱼体内三甲胺的成分,就随着增加,鱼的腥味也就更加突出。要除去腥味,可根据三甲胺易溶于酒精,并能与醋酸中和的特性,在制作鱼类菜肴时放入适量的黄酒、食醋等调味品,这样一部分三甲胺随酒精受热挥发掉,另一部分与醋酸中和生成盐类,使鱼腥味减轻。

19.嘴部:有光泽,干燥有弹性,无异味。

眼部:饱满,充满整个眼窝,角膜有光泽。

皮肤:呈淡白色,表面干燥,稍湿不黏。

肌肉:结实而有弹性,鸡的肌肉呈玫瑰色,有光泽,胸肌为白色或淡玫瑰色;鸭、鹅的肌肉为红色,幼禽有光亮的玫瑰色。

脂肪:白色略带淡黄,有光泽,无异味。

气味:有该家禽特有的新鲜气味。

肉汤:有特殊的香味,肉汤透明,芳香,表面有大的脂肪滴。

20.(一)原料的固有的品质

(二)原料的纯度和成熟度

(三)原料的新鲜度

1.形态的变化

2.色泽的变化

3.水分的变化

4.重量的变化

5.质地的变化

6.气味的变化

(四)原料的清洁卫生

七、论述题

特　征	新 鲜 肉	不新鲜肉	腐 败 肉
色　泽	肌肉有光泽,色淡红均匀脂肪洁白	肌肉色较暗,脂肪呈灰色,无光泽	肌肉变黑或淡绿色,脂肪表面有污秽和霉菌,无光泽
粘　度	外表微干或有风干膜,微湿润不黏手,肉液汁透明	外表有一层风干的暗灰色或表面潮湿,肉液汁浑浊并有粘液	表面极干燥并变黑很湿黏,切断面暗灰
弹　性	刀断面肉质紧密,富有弹性指压后的凹陷能立即恢复	刀断面肉比新鲜肉柔软弹性小,指压后的凹陷恢复慢,且不能完全恢复	肉质松软而无弹性,指压后凹陷不能复原,肉严重腐败时能用手指将肉戳穿

特　征	新　鲜　肉	不　新　鲜　肉	腐　败　肉
气　味	具有每种家畜肉的正常的特有的气味,刚宰杀后不会有内脏的气味,冷却后变为稍带腥味	又酸的气味或氨味,腐臭气,有时在肉的卷层稍有腐败味	有刺鼻的腐臭气,在深厚的肉层也有腐败臭气
骨骼状况	骨腔内充满骨髓,呈长条状,稍有弹性,较硬,色黄在骨头折断处可见骨髓有光泽	骨髓与骨腔间有小的空隙,较软,颜色较暗呈灰色或白色,在骨头折断处无光泽	骨髓与骨腔有较大的空隙,骨髓变形软烂,有的被细菌破坏,有黏液且色暗,并有腥臭味
煮沸后的肉汤	透明澄清,脂肪凝聚与表面,具有香味	肉汤浑浊,脂肪呈小滴浮于表面,无鲜味,往往还有不正常的气味	肉汤污秽带有絮片,有霉变腐臭味,表面几乎不见油滴

模拟试卷(一)参考答案

一、名词解释

1. 烹饪原料：烹饪原料是指用于烹饪加工制作各种菜点的原材料。

2. 果品：果品原料是人工栽培的木本和草本植物的果实及其加工制品等一类烹饪原料的总称。

3. 洄游鱼类：洄游鱼类是鱼群因繁殖、气候等条件的影响逆水上游的鱼类。

4. 家畜肉：一般是指宰杀后去血、毛、皮、头、蹄、血及内脏后的部分,统称为胴体。

5. 鲞：鲞是鱼类、软体动物类等水产品的腌干或淡干的干货制品的统称。

二、填空题

1. 端午节、凤鲚、刀鲚

2. 甘油、脂肪酸

3. 炒熟、烫熟、蒸熟

4. 自溶

5. 葡萄糖、果糖、半乳糖

6. 叶菜类蔬菜、茎菜类蔬菜、根菜类蔬菜、花菜类蔬菜、果菜类蔬菜、芽苗类蔬菜

7. 高温杀菌法、巴氏消毒

8. 叶韭、花韭、叶花兼用韭

9. 无定形的基质、纤维

三、选择题

1. B 2. AD 3. ABCD 4. C 5. A 6. D 7. A 8. B 9. D 10. B

四、判断题

1~5：× √ √ × ×　　　6~10：× √ × × ×

五、连线题

黄　油——酿造类　　　　　　　黄花鱼——梭　形
食　糖——提炼加工类　　　　　比目鱼——扁　形
大　料——采集加工类　　　　　鳗　鱼——圆筒形
胡椒粉——复制加工类　　　　　鲳　鱼——侧扁形

六、简答题

1. 答：低温保藏法、高温保藏法、脱水保藏法、密封保藏法、腌渍保藏法、烟熏保藏法、气调保藏法、辐射保藏法、保鲜剂保藏法、活养保藏法。

2. 答：原料的固有品质、原料的纯度和成熟度、原料的新鲜度、原料的清洁卫生。

3.答:皮肉干燥,内外坚实,薄皮细脚,爪弯脚直,腿头不裂,形如琵琶或竹叶形,完整匀称,皮呈棕黄或棕红,略显光亮。

4.答:左手提握两翅,看头部、鼻孔、口腔、冠等部位有无异物或变色,眼睛是否明亮有神,口腔,鼻孔分泌物流出,右手触摸嗉囊判断有无积食,气体或积水,倒提时看口腔有无液体流出,看腹部有无伤痕,是否发红,僵硬,同时触摸胸骨两边,鉴别其肥瘦程度,按压胸骨尖的软硬,检验其肉质老嫩。检查肛门看有无绿白稀薄粪便黏液。

七、论述题

答:

特　征	新鲜肉	不新鲜肉	腐败肉
色　泽	肌肉有光泽,色淡红脂肪洁白	肌肉色较暗,脂肪呈灰色,无光泽	肌肉变黑或淡绿色,脂肪表面有污秽和霉菌,无光泽
粘　度	外表微干或有风干膜,微湿润不黏手,肉液汁透明	外表有一层风干的暗灰色或表面潮湿,肉液汁浑浊并有粘液	表面极干燥并变黑很湿黏,切断面暗灰
弹　性	刀断面肉质紧密,富有弹性,指压后的凹陷能立即恢复	刀断面肉比新鲜肉柔软弹性小,指压后的凹陷恢复慢,且不能完全恢复	肉质松软而无弹性,指压后凹陷不能复原,肉严重腐败时能用手指将肉戳穿
气　味	具有每种家畜肉的正常的特有的气味,刚宰杀后不会有内脏的气味,冷却后变为稍带腥味	有酸的气味或氨味,腐臭气,有时在肉的卷层稍有腐败味	有刺鼻的腐臭气,在深厚的肉层也有腐败臭气
骨骼状况	骨腔内充满骨髓,呈长条状,稍有弹性,较硬,色黄,在骨头折断处可见骨髓,有光泽	骨髓与骨腔间有小的空隙,较软,颜色较暗,呈灰色或白色,在骨头折断处无光泽	骨髓与骨腔有较大的空隙,骨髓变形软烂,有的被细菌破坏,有黏液且色暗,并有腥臭味
煮沸后的肉汤	透明澄清,脂肪凝聚于表面,具有香味	肉汤浑浊,脂肪呈小滴浮于表面,无鲜味,往往还有不正常的气味	肉汤污秽带有絮片,有霉变腐臭味,表面几乎不见油滴

模拟试卷(二)参考答案

一、名词解释

1.黄花菜:是由鲜黄花菜的花蕾干制而成的,亦称金针菜。

2.干货制品:是指鲜活的动植物原料,菌藻类原料经过脱水制干而成的原料,简称干货或干料。

3.畜禽类烹饪原料:是动物性烹饪原料之一。主要指人类饲养的可作为烹饪原料使用的家畜、家禽及其副产品的统称。

4.佐助原料:是指在烹饪原料中既不是主料,也不是辅料,又不是调味品的那一部分原料。

5.面筋质:面粉中的面筋质是由蛋白质构成,它是决定面粉品质的重要指标。

二、填空题

1.氨基酸

2.碳水化合物、脂肪、蛋白质、维生素

3.果皮、种皮

4.物理学、化学生物学

5.盐腌保藏法、糖渍保藏法、酸渍保藏法、酒渍保藏法

6.硫胺素、核黄素

7.水面筋、烤麸、油面筋

8.白燕、毛燕、血燕

9.水分、颜色、面筋质、新鲜度

三、选择题

1. C 2. B 3. C 4. B 5. C 6. A 7. A 8. B 9. D 10. A

四、判断题

1～5:× √ √ √ ×　　　　6～10:√ √ √ × √

五、连线题

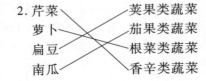

六、简答题

1. ①水分含量少,便于运输、储存。
　②组织紧密、质地较短、不能直接加热食用。

2. ①果形　②色泽与花纹　③成熟度　④机械损伤　⑤病虫害

3. ①人造虾肉　②人造蟹肉　③人造海蜇皮　④人造鱼子　⑤人造乌贼制品　⑥海洋牛肉

4.因为有些蔬菜含有较多的草酸、鞣酸,它与食物中的钙结合生成草酸钙,影响人体对钙的吸收。所以含草酸较多的蔬菜在烹调前可用开水焯一下,以除去大部分的草酸。

七、论述题

可以从以下几种情况来鉴别:

1.熏板:是在干制的过程中由于受潮湿气候或冬季低温的影响,无法自然干燥,因而采用炭火烘干,此类鱼翅质地坚硬色泽灰暗,涨发时不宜退沙。

2.油根:是因干制不及时或保管不当,割翅刀口处的残肉发生腐烂,呈紫红色,并有臭气味,需去掉才能使用。

3.夹沙:是在捕获鲨鱼时或在加工时,不慎将鱼翅破损,沙粒进入翅内,干货制品破损处有较深的皱缩,此种鱼翅在涨发时很难除净翅内的沙粒,只有取出翅针做散翅用。

4.弓线:是指翅中细长的盲骨,不能食用,必须在涨发时除去。盲骨越多,质量越差。

5.石灰筋:是涨发后翅针中有白色如石灰的物质,坚硬。无法食用,须去掉,一般翅形大,翅筋较粗者易见。

模拟试卷(三)参考答案

一、名词解释

1.米的腹白:米的腹白是米粒上呈乳白色而不透明的部分。

2.脂肪:脂肪是由一个分子的甘油和三个分子的脂肪酸组成的脂类化合物。

3.菌藻类原料:菌藻类原料是指那些可供人类食用的真菌,藻类和地衣类等。

4.糖原:存在于动物肝脏中的称为糖原,也叫动物淀粉。

5.营养素:能够供给人体正常生理功能所必需的营养和能量的化学成分。

二、填空题

1.束缚水、自由水

2.蔗糖、麦芽糖、乳糖

3.盐腌保藏法、糖渍保藏法、酸渍保藏法、酒渍保藏法

4.谷皮、糊粉层、胚乳、胚

5.触觉、味觉

6.中国林蛙

7.菌盖、菌柄、其他附属类

8.鲜果类、干果类、果干类、糖制果品类

9.陈皮、茶叶

三、选择题

1. A　2. B　3. C　4. C　5. D　6. C　7. C　8. C　9. C　10. C

四、判断题

1~5:√√√××　　　　6~10:×√√××

五、连线题

地下茎类蔬菜——土豆　　　　巴克夏——脂肪型

芽苗类蔬菜——豆芽　　　　长白猪——瘦肉型
花菜类蔬菜——青花菜　　　荣昌猪——肉脂兼用型
根菜类蔬菜——胡萝卜

六、简答题

1.答:食盐的保管、酱油的保管、食醋的保管、味精的保管、香辛料的保管、食糖的保管、黄酒的保管。

2.答:水分、乳脂肪、蛋白质、乳糖、无机盐、牛乳中的其他成分。

3.答:①使原料在烹饪中得到合理的使用,有效地发挥其使用价值和食用价值。

②为菜点制作提供合适的原料,保证基本质量。

③促进烹饪技术的全面发展和逐步完善,使食品制作更具科学性、合理性。

4.答:看该猪皮下是否具有脂肪,如该猪肉在皮下就是瘦肉,则该猪肉就存在含有瘦肉精的可能,购买时一定要看清该猪肉是否有卫生检疫标志。

七、论述题

答:鳃:新鲜鱼的鱼鳃色泽鲜红或者粉红色(海鱼鱼鳃色紫或紫红),鳃盖紧闭,黏液较少呈透明状无异味,鱼嘴紧闭,色泽正常。

眼:鱼眼清澈透明,向外稍稍凸出,黑白分明,没有充血发红的现象。

鳞:鱼皮表面黏液较少,且透明清洁,鳞片完整并有光泽,紧贴鱼体。

腹部:鱼腹部肌肉坚实无破裂,腹部不膨胀,肤色正常。

肌肉:鱼肉组织紧密有弹性,肋骨与脊骨处的鱼肉结实

模拟试卷(四)参考答案

一、名词解释

1.蛋白质的互补作用:如果同时食用两种或两种以上含有不同蛋白质的食物,可使蛋白质的氨基酸得到相互补偿而改善蛋白质的质量,提高食物的营养价值。

2.乳品:是哺乳动物为哺育幼仔而从乳腺分泌出来的一种不透明的液体。

3.蜜饯:是指以南方的果脯或晒干的果胚为原料,经糖液浸煮后而成的半干性制品。

4.自由水:又称游离水,是指烹饪原料组织细胞中容易结冰也能溶解溶质的那部分水。

5.辐射保藏法:是利用一定剂量的放射线照射原料而延长保藏期的一种方法。

二、填空题

1.脂溶性维生素和水溶性维生素

2.豆腐

3.标准粉

4.东北大豆

5.调节温度　控制湿度　避免污染

6.白糖　红糖

7.鲫鱼

8.樱桃椒类、圆锥椒类、簇生椒类、长角椒类、灯笼椒类

9.玉米、小麦、水稻、燕麦、土豆

10.水溶性色素　非水溶性色素

11.圆形　三角形

三、选择题

1.C　2.D　3.B　4.B　5.C　6.B　7.C　8.C　9.B　10.B

四、判断题

1~5：× √ √ √ √　　　　　6~10：× √ √ × √

五、连线题

1.结缔组织——15%~20%　　　2.单糖——果糖
　肌肉组织——50%~60%　　　　双糖——乳糖
　脂肪组织——20%~40%　　　　多糖——淀粉
　骨骼组织——5%~9%

1.鳜鱼　　　　草鱼　　　2.单糖　　　　乳糖
　鳙鱼　　　　花鲫鱼　　　双糖　　　　淀粉
　鲩鱼　　　　黑鱼　　　　多糖　　　　果糖
　鳝鱼　　　　胖头鱼
　乌鳢　　　　长鱼

六、简答题

1.答：感官鉴别的方法有：视觉检验、嗅觉检验、触觉检验、味觉检验、听觉检验五种。

2.答：在保管中应注意调节温度、控制湿度、避免感染等几个问题。

3.答：包括有水分、蛋白质、脂肪、无机盐、糖类、维生素以及其他微量元素。

4.①氧化三甲胺是一种呈鲜物质，它主要存在于鱼类中，氧化三甲胺极不稳定，容易还原成具有腥味的三甲胺。鱼体死后，其体内的氧化三甲胺就会不断还原为三甲胺，从而使鱼产生腥味。随着鱼的新鲜程度的不断降低，鱼体内三甲胺的成分就随着增加，鱼的腥味也就更突出。

②如要除去腥味，可根据三甲胺易溶于酒精，并能与醋酸中和的特性，在制作鱼类菜肴时放入适量的黄酒食醋等调料，这样一部分三甲胺随酒精受热挥发掉，另一部分则与醋酸中和生成盐类，使鱼腥味减轻。

七、论述题

略

模拟试卷(五)参考答案

一、名词解释

1. 必需氨基酸:有的氨基酸在人体内不能合成,必须从食物中摄取。
2. 鱼翅:是鲨鱼、鳐鱼的鳍制成的干货制品。
3. 单宁物质:是几种多酚类化合物的总称。
4. 调味品:又称调味料或调料,就是在烹调过程中能够突出,改善增加菜点的口味,外观、色泽的辅料。
5. 蔬菜:是指可以用来制作菜肴或者面点馅心的草本植物,包括少数木本植物和部分菌藻类。

二、填空题

1. 糖原、动物淀粉、纤维素
2. 杀菌作用、降血压作用、抗癌作用
3. 腌制鸡
4. 水分、蛋白质、脂肪
5. 花鲈、板鲈、立秋前后
6. 浙江、福建、广东
7. 苹果酸、柠檬酸、酒石酸、酒酸
8. 生物碱、糖苷
9. 食用油脂、淀粉、食品添加剂

三、选择题

1. C 2. B 3. B 4. D 5. D 6. B 7. D 8. B 9. B 10. C

四、判断题

1~5:× × × × ×   6~10:√ × × √ ×

五、连线题

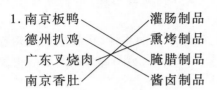

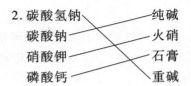

六、简答题

1. 答:松花蛋蛋壳清洁完整,蛋体完整,有光泽,弹性好,有"松花",皮蛋呈硬心或溏心,蛋白呈半透明的青褐色或棕色,蛋黄呈墨绿色并有明显的多种色层。滋味不苦,不涩,不辣,余味绵长。

2.答:仁果类 核果类 浆果类 坚果类 柑橘类 复果类 瓜果类

3.答:①烹饪原料品质的好坏对菜肴产品的质量有决定性的影响。

②烹饪原料品质的好坏与人类的健康,甚至生命安全有着极为密切的关系。

③对烹饪原料的鉴别是对烹饪原料进一步了解认识的过程,也是对促使烹饪原料变化的各种因素了解认识的过程。

4.答:制作主食、面点、菜肴、菜肴的调料和辅助料。

七、论述题

答:①有助于使烹饪原料知识的学科体系更加科学化和系统化。

烹饪原料知识作为一门烹饪专业学科,同其他新兴学科一样还很不完善,目前对烹饪原料的各种分类方法差别较大,这说明对这门学科的完整体系还缺乏统一的认识。

②有助于全面深入地认识烹饪原料的性质和特点。

每种烹饪原料都有一定的个性,而每类烹饪原料往往都具有一些共同的性质和特点。通过对烹饪原料的分类,有助于归纳总结烹饪原料的共性和个性,深化对烹饪原料的认识。

③有助于科学合理地利用烹饪原料。

通过对烹饪原料进行分类,有利于了解烹饪原料的利用情况,调查烹饪原料的资源状况,进一步开发新的烹饪原料资源,促进烹饪技术水平的不断提高。

附录 Ⅱ　国家野生保护植物名录

中　名	学　名	保护级别	
		Ⅰ级	Ⅱ级
蕨类植物	Pteridophytes		
观音座莲科	Angiopteridaceae		
法斗观音座莲	Angiopteris sparsisora		Ⅱ
二回原始观音座莲	Archanggiopteris bipinnata		Ⅱ
亨利原始观音座莲	Archanggiopteris henryi		Ⅱ
铁角蕨科 对开蕨	Aspleniaceae Phyllitis japonica		Ⅱ
蹄盖蕨科 光叶蕨	Athyriaceae Cystoathyrium chinense	Ⅰ	
乌毛蕨科	Blechnaceae		
苏铁蕨	Brainea insignis		Ⅱ
天星蕨科	Christenseniaceae		
天星蕨	Christehsenia assamica		Ⅱ
桫椤科(所有种)	Cyatheaceae spp.		Ⅱ
蚌壳蕨科(所有种)	Dicksoniaceae spp.		Ⅱ
鳞毛蕨科	Dryopteridaceae		
单叶贯众	Cytomium hemionitis		Ⅱ
玉龙蕨	Sorolepidium glaciale	Ⅰ	
七指蕨科	Helminthostachyaceae		
七指蕨	Helminthostachys zeylancia		Ⅱ
水韭科	Isoetaceae		
＊水韭属	Isoetes spp.	Ⅰ	
水蕨科	Parkeriaceae		
＊水蕨属(所有种)	Ceratopteris spp.		Ⅱ
鹿角蕨科	Platyceriaceae		
鹿角蕨	Platycerium wallichii		Ⅱ
水龙骨科	Polypodiaceae		
扇蕨	Neocheiropteris palmatopedata		Ⅱ
中国蕨科	Sinopteridaceae		
中国蕨	Sinopteris grevilleoides		Ⅱ

续表

中　名	学　名	保护级别	
		Ⅰ级	Ⅱ级
裸子植物	Gymnospermae		
三尖杉科	Cephalotaxaceae		
贡山三尖杉	Cephalotaxus lanceolata		Ⅱ
蓖子三尖杉	Cephalotaxus oliveri		Ⅱ
柏科	Cupressaceae		
翠柏	Calocedrus macrolepis		Ⅱ
红桧	Chamaecyparis formosensis		Ⅱ
岷江柏木	Cupressus chengiana		Ⅱ
巨柏	Cupressus gigantea	Ⅰ	
福建柏	Fokienia hodginsii		Ⅱ
朝鲜崖柏	Thuja koraiensis		Ⅱ
苏铁科	Cycadaceae		
苏铁属(所有种)	Cycas spp.	Ⅰ	
银杏科	Ginkgoaceae		
银杏	Ginkgo biloba	Ⅰ	
松科	Pinaceae		
百山祖冷杉	Abies beshanzuensis	Ⅰ	
秦岭冷杉	Abies chensiensis		Ⅱ
梵净山冷杉	Abies fanjingshanensis	Ⅰ	
元宝山冷杉	Abies yuanbaoshanensis	Ⅰ	
资源冷杉(大院冷杉)	Abies ziyuanensis	Ⅰ	
银杉	Cathaya argyrophylla	Ⅰ	
台湾油杉	Keteleeria davidiana var. formosana		Ⅱ
海南油杉	Keteleeria hainanensis		Ⅱ
柔毛油杉	Keteleeria pubescens		Ⅱ
太白红杉	Larix chinensis		Ⅱ
四川红杉	Larix mastersiana		Ⅱ
油麦吊云杉	Picea brachytyla var. complanta		Ⅱ
大果青扦	Picea neoveitchii		Ⅱ
兴凯赤松	Pinus densiflora var. ussuriensis		Ⅱ
大别山五针松	Pinus fenzeliana var. dabeshanensis		Ⅱ
红松	Pinus koraiensis		Ⅱ
华南五针松(广东松)	Pinus kwangtungensis		Ⅱ

附录

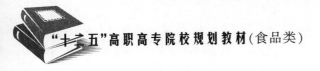

续表

中　名	学　名	保护级别	
		Ⅰ级	Ⅱ级
巧家五针松	Pinus squamata	Ⅰ	
长白松	Pinus sylvestris var. sylvestriformis	Ⅰ	
毛枝五针松	Pinus wangii		Ⅱ
金钱松	Preudolarix amabilis		Ⅱ
黄杉属(所有种)	Preudotsuga spp.		Ⅱ
红豆杉科	Taxaceae		
台湾穗花杉	Amentotaxus formosana	Ⅰ	
云南穗花杉	Amentotaxus yunnanensis	Ⅰ	
白豆杉	Pseudotaxus chienii		Ⅱ
红豆杉属(所有种)	Taxus spp.	Ⅰ	
榧属(所有种)	Torreya spp.		Ⅱ
杉科	Taxodiaceae		
水松	Glyptostrobus pensilis	Ⅰ	
水杉	Metasequoia glyptostroboides	Ⅰ	
台湾杉(秃杉)	Taiwania cryptomerioides		Ⅱ
被子植物	Angiospermae		
芒苞草科	Acanthochlamydaceae		
芒苞草	Acanthochlamys bracteata		Ⅱ
槭树科	Aceraceae		
梓叶	Acer catallpifolium		Ⅱ
羊角槭	Acer yangjuechi		Ⅱ
云南金钱槭	Dipteronia dyerana		Ⅱ
泽泻科	Alismataceae		
长喙毛茛泽泻	Ranalisma rostratum	Ⅰ	
浮叶慈姑	Sagittaria natans		Ⅱ
夹竹桃科	Apocynaceae		
富宁藤	Parepigynum funingense		Ⅱ
蛇根木	Rauvolfia ser pentina		Ⅱ
萝摩科	Asclepiadaceae		
驼峰藤	Merrillanthus hainanensis		Ⅱ
桦木科	Betulaceae		
盐桦	Betula halophila		Ⅱ
金平桦	Betula jinpingensis		Ⅱ

续表

中　名	学　名	保护级别	
		Ⅰ级	Ⅱ级
普陀鹅耳枥	Car pinus putoensis	Ⅰ	
天台鹅耳枥	Car pinus tientaiensis		Ⅱ
天目铁木	Ostrya rehderiana	Ⅰ	
伯乐树科	Bretschneideraceae		
伯乐树（钟萼木）	Bretschneidera sinensis	Ⅰ	
花蔺科	Butomaceae		
＊拟花蔺	Butomopsis latifolia		Ⅱ
忍冬科	Caprifoliaceae		
七子花	Heptacodium miconioides		Ⅱ
石竹科	Caryophyllaceae		
金铁锁	Psammosilene tunicoides		Ⅱ
卫矛科	Celastraceae		
膝柄木	Bhesa sinensis	Ⅰ	
十齿花	Dipentodon sinicus		Ⅱ
永瓣藤	Monimopetalum chinensis		Ⅱ
连香树科	Cercidiphyllum japonicum		
连香树	Cercidiphyllum japonicum		Ⅱ
使君子科	Combretaceae		
萼翅藤	Calycopteris floribunda	Ⅰ	
千果榄仁	Terminalia mongolica		Ⅱ
菊科	Compositae		
＊画笔菊	Ajaniopsis penicilliformis		Ⅱ
＊革苞菊	Tugarinovia mongolica	Ⅰ	
四数木科	Datiscaceae		
四数木	Tetrameles nudifolra		Ⅱ
龙脑香科	Dipterocarpaceae		
东京龙脑香	Dipterocarpus retusus	Ⅰ	
狭叶坡垒	Hopea chinensis	Ⅰ	
无翼坡垒（铁凌）	Hopea exalata		Ⅱ
坡垒	Hopea hainanensis	Ⅰ	
多毛坡垒	Hopea mollissima	Ⅰ	
望天树	Parashorea chinensis	Ⅰ	
广西青梅	Vatica guangxiensis		Ⅱ

附录

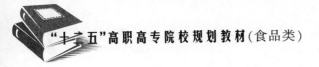

中　名	学　名	保护级别	
		I 级	II 级
青皮(青梅)	Vatica mangachapoi		II
茅膏菜科	Droseraceae		
＊貉藻	Aldrovanda vesiculosa	I	
胡颓子科	Elaeagnaceae		
翅果油树	Elaeagnus mollis		II
大戟科	Euphorbiaceae		
东京桐	Deutzianthus tonkinensis		II
壳斗科	Fagaceae		
华南锥	Castanopsis concinna		II
台湾水青冈	Fagus hayatae		II
三棱栎	Formanodendron doichangensis		II
瓣鳞花科	Frnkeniaceae		
＊瓣鳞花	Frnkenia pulverulenta		II
龙胆科	Gentianaceae		
＊辐花	Lomatogoniopsis alpina		II
苦苣苔科	Gesneriaceae		
瑶山苣苔	Dayaoshania cotinifolia	I	
单座苣苔	Metabriggsia ovalifolia	I	
秦岭石蝴蝶	Petrocosmea qinlingensis		II
报春苣苔	Primulina tabacum	I	
辐花苣苔	Thamnocharis esquirolii	I	
禾本科	Gramineae		
酸竹	Acidosasa chinensis		II
＊沙芦草	Agropyron mongolicum		II
＊异颖草	Anisachne gracilis		II
＊短芒批碱草	Elymus breviaristatus		II
＊无芒批碱草	Elymus submuticus		II
＊毛批碱草	Elymus villifer		II
＊内蒙古大麦	Hordeum innermongolicum		II
＊药用野生稻	Oryza of ficinalis		II
＊普通野生稻	Oryza rufipogon		II
＊四川狼尾草	Pennesetum sichuanense		II
＊华山新麦草	Psathyrostachys huashanica	I	

续表

中 名	学 名	保护级别	
		I 级	II 级
＊三蕊草	Sinochasea trigyna		II
＊拟高粱	Sorghum propinquum		II
＊箭叶大油芒	Spodiopogon sagittifolius		II
＊中华结缕草	Zoysia sinica		II
小二仙草科	Haloragidaceae		
乌苏里狐尾藻	Myriophyllum ussuiense		II
金缕梅科	Hamamelidaceae		
山铜材	Chunia bucklandioides		II
长柄双花木	Disanthus cercidifolius var. longipes		II
半枫荷	Semiliquidambar cathayensis		II
银缕梅	Shaniodendron subaequalum	I	
西药门花	Tetrathyrium subcordatum		II
水鳖科	Hydrocharitaceae		
水菜花	Ottelia cordata		II
唇形科	Labiatae		
子宫草	Skapanthus oreophilus		II
樟科	Lauraceae		
油丹	Alseodaphne hainanensis		II
樟树（香樟）	Cinnamomum camphora		II
普陀樟	Cinnamomum japonicum		II
油樟	Cinnamomum longepaniculatum		II
卵叶桂	Cinnamomum rigidissimum		II
润楠	Machilus nanmu		II
舟山新木姜子	Neolitsea sericea		II
闽楠	Phoebe bournei		II
浙江楠	Phoebe chekiangensis		II
楠木	Phoebe zhennan		II
豆科	Leguminosae		
＊线苞两型豆	Amphicarpaea linearis		II
黑黄檀（版纳黑檀）	Dalbergia fusca		II
降香（降香檀）	Dalbergia odorifera		II
格木	Erythophleum fordii		II
山豆根（胡豆莲）	Euchresta japonica		II

附
录

中　名	学　名	保护级别	
		Ⅰ级	Ⅱ级
绒毛皂荚	Gleditsia japonica var. velutina		Ⅱ
＊野大豆	Glycine soja		Ⅱ
＊烟豆	Glycine tobacina		Ⅱ
＊短绒野大豆	Glycine tomentella		Ⅱ
花榈木	Ormosia henryi		Ⅱ
红豆树	Ormosia hosiei		Ⅱ
缘毛红豆	Ormosia howii		Ⅱ
紫檀(青龙木)	Pterocarpus indicus		Ⅱ
油楠(蚌壳树)	Sinaora glabra		Ⅱ
任豆(任木)	Zenia insignis		Ⅱ
狸藻科	Lentibulariaceae		
＊盾鳞狸藻	Utricularia punctata		Ⅱ
木兰科	Magnoliaceae		
长蕊木兰	Alcimandra cathcardii	Ⅰ	
地枫皮	Illicium difengpi		Ⅱ
单性木兰	Kmeria septentrionalis	Ⅰ	
鹅掌楸	Liriodendron chinense		Ⅱ
大叶木兰	Magnolia henryi		Ⅱ
馨香玉兰	Magnolia odortissima		Ⅱ
厚朴	Magnolia officinalis		Ⅱ
凹叶厚朴	Magnolia officinalis subsp. biloba		Ⅱ
长喙厚朴	Magnolia rostrata		Ⅱ
圆叶玉兰	Magnolia sinensis		Ⅱ
西康玉兰	Magnolia wilsonii		Ⅱ
宝华玉兰	Magnolia zenii		Ⅱ
香木莲	Manglietia aromatica		Ⅱ
落叶木莲	Manglietia decidua	Ⅰ	
大果木莲	Manglietia grandis		Ⅱ
毛果木莲	Manglietia hebecarpa		Ⅱ
大叶木莲	Manglietia megaphylla		Ⅱ
厚叶木莲	Manglietia pachyphylla		Ⅱ
华盖木	Manglietiastrum sinicum	Ⅰ	
石碌含笑	Michelia shiluensis		Ⅱ

中　名	学　名	保护级别	
		Ⅰ级	Ⅱ级
娥眉含笑	Michelia wilsonii		Ⅱ
娥眉拟单性木兰	Parakmeria omeiensis	Ⅰ	
云南拟单性木兰	Parakmeria yunnanensis		Ⅱ
合果木	Parakmichelia baillonii		Ⅱ
水青树	Tetracentron sinense		Ⅱ
楝科	Meliaceae		
粗枝崖摩	Amoora dasyclada		Ⅱ
红椿	Toona ciliata		Ⅱ
毛红椿	Toona ciliata var. pubescens		Ⅱ
防己科	Menispermaceae		
藤枣	Eleutharrhena macrocarpa	Ⅰ	
肉豆蔻科	Myristicaceae		
海南风吹楠	Horsfieldia hainanensis		Ⅱ
滇南风吹楠	Horsfieldia tetratepala		Ⅱ
云南肉豆蔻	Myristica yunnanensis		Ⅱ
茨藻科	Najadaceae		
＊高雄茨藻	Najas browniana		Ⅱ
＊拟纤维茨藻	Najas pseudogracillima		Ⅱ
睡莲科	Nymphaeaceae		
＊莼菜	Brasenia schreberi	Ⅰ	
＊莲	Nelumbo nucifera		Ⅱ
＊贵州萍逢草	Nuphar bornetii		Ⅱ
＊雪白睡莲	Nymphaea candida		Ⅱ
蓝果树科	Nyssaceae		
喜树（旱莲木）	Camptotheca acuminata		Ⅱ
珙桐	Davidia involucrata	Ⅰ	
光叶珙桐	Davidia involucrata var. viimoriniana	Ⅰ	
云南蓝果树	Nyssa yunnaensis	Ⅰ	
金莲木科	Ochnaceae		
合柱金莲木	Sinia rhodoleuca	Ⅰ	
铁青树科	Olacaceae		
蒜头果	Malania oleifera		Ⅱ
木犀科	Oleaceae		

附录

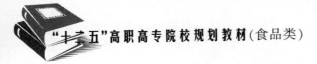

续表

中　名	学　名	保护级别	
		Ⅰ级	Ⅱ级
水曲柳	Fraxinus mandshurica		Ⅱ
棕榈科	Palmae		
董棕	Caryota urens		Ⅱ
小钩叶藤	Plectocomia microstachys		Ⅱ
龙棕	Trachycar pus nana		Ⅱ
罂粟科	Papaveraceae		
＊红花绿绒蒿	Meconopsis punicea		Ⅱ
斜翼科	Plagiopteraceae		
斜翼	Plagiopteron suave olens		Ⅱ
川苔草科	Podostemaceae		
＊川藻(石蔓)	Terniopsis sessilis		Ⅱ
蓼科	Polygonaceae		
＊金荞麦	Fagophyrum dibotrys		Ⅱ
报春花科	Primulaceae		
＊羽叶点地梅	Pomatosace filicula		Ⅱ
毛茛科	Ranunculaceae		
粉背叶入字果	Dichocar pum hypoglaucum		Ⅱ
独叶草	Kingdonia uniflora	Ⅰ	
马尾树科	Rhoipteleaceae		
马尾树	Rhoiptelea chiliantha		Ⅱ
茜草科	Rubiaceae		
绣球茜	Dunnia sinensis		Ⅱ
香果树	Emmenopterys henryi		Ⅱ
异形玉叶金花	Mussaenda anomala	Ⅰ	
丁茜	Trailliaedoxa gracilis		Ⅱ
芸香科	Rutaceae		
黄檗(黄菠椤)	Phellodendrom amurense		Ⅱ
川黄檗(黄皮树)	Phellodendrom chinense		Ⅱ
杨柳科	Salicaceae		
钻天柳	Chosenia arbutifolia		Ⅱ
无患子科	Sapindaceae		
伞花木	Eurycor ymbus cavaleriei		Ⅱ
掌叶木	Handeliodendron bodinieri	Ⅰ	

续表

中　名	学　名	保护级别	
		Ⅰ级	Ⅱ级
山榄科	Sapotaceae		
海南紫荆木	Madhuca hainanensis		Ⅱ
紫荆木	Madhuca pasquieri		Ⅱ
虎耳草科	Saxifragaceae		
黄山梅	Kirengeshoma palmata		Ⅱ
蛛网萼	Platycrater arguta		Ⅱ
冰沼草科	Scheuchzeriaceae		
＊冰沼草	Scheuchzeria palustris		Ⅱ
玄参科	Scrophulariaceae		
＊胡黄莲	Neopicrorhiza scrophulariiflora		Ⅱ
呆白菜	Triaenophora rupestris		Ⅱ
茄科	Solanaceae		
＊山莨菪	Anisodus tanguticus		Ⅱ
黑三棱科	Sparganiaceae		
＊北方黑三棱	Sparganium hyperboreum		Ⅱ
梧桐科	Sterculiaceae		
广西火桐	Erythropsis kwangsiensis		Ⅱ
丹霞梧桐	Firmiana danxiaensis		Ⅱ
海南梧桐	Firmiana hainanensis		Ⅱ
蝴蝶树	Heritiera parviflolia		Ⅱ
平当树	Paradombeya sinensis		Ⅱ
景东翅子树	Pterospermum kingtungense		Ⅱ
勐仑翅子树	Pterospermum menglunense		Ⅱ
安息香科	Styracaceae		
长果安息香	Changiostyrax dolichocarpa		Ⅱ
秤锤树	Sinojackia xylocarpa		Ⅱ
瑞香科	Thymelaeaceae		
土沉香	Aquilaria sinensis		Ⅱ
椴树科	Tiliaceae		
柄翅果	Burretiodendron esquirolii		Ⅱ
蚬木	Burretiodendron hsienmu		Ⅱ
滇桐	Craigia yunnanensis		Ⅱ
海南椴	Hainania trichosperma		Ⅱ

附录

续表

中　名	学　名	保护级别	
		Ⅰ级	Ⅱ级
紫椴	Tilia amurensis		Ⅱ
菱科	Trapaceae		
＊野菱	Trapa incisa		Ⅱ
榆科	Ulmaceae		
长序榆	Ulmus elongata		Ⅱ
榉树	Zelkova schneideriana		Ⅱ
伞形科	Umbelliferae		
＊珊瑚菜(被沙参)	Glehnia littoralis		Ⅱ
马鞭草科	Verbenaceae		
海南石梓	Gmelina hainanensis		Ⅱ
姜科	Zingiberaceae		
茴香砂仁	Etlingera yunnanense		Ⅱ
拟豆蔻	Paramomum petaloideum		Ⅱ
长果姜	Siliquamomum tongkinense		Ⅱ
蓝藻	Cyonophyta		
念珠藻科	Nostocaceae		
＊发菜	Nostoc flagelliforme		Ⅱ
真菌	Eumycophyta		
麦角菌科	Clavicipitaceae		
＊虫草	Cardyceps sinense		Ⅱ
口蘑科	Tricholomataceae		
松口蘑(松茸)	Tricholoma matsutake		Ⅱ

注:标＊的由农业行政主管部门或渔业行政主管部门主管;
　　未标＊的由林业行政主管部门主管。

附录Ⅲ 国家野生保护动物名录

中 名	学 名	保护级别	
		Ⅰ级	Ⅱ级
兽纲 MAMMALIA			
灵长目	PRIMATES		
做猴科	Lorisldae		
峰猴（所有种）	Nycticebus spp.	Ⅰ	
猴科	Cercopithecidae		
短尾猴	Macaca arctoides		Ⅱ
熊猴	Macaca assamensis	Ⅰ	
台湾猴	Macaca cyclopis	Ⅰ	
猕猴	Macaca mulatta		Ⅱ
豚尾猴	Macaca nemestrina	Ⅰ	
藏酋猴	Macaca thibetana		Ⅱ
叶猴（所有种）	PreSbyitis spp.	Ⅰ	
金丝猴（所有种）	Rhinopithecus spp.	Ⅰ	
猩猩科	Pongidae		
长臂猿（所有种）	Hylobates spp.	Ⅰ	
鳞甲目	PHOLIDOTA		
鲮鲤科	Manidae		
穿山甲	Manis pentadactyla		Ⅱ
食肉目	CARNIVORA		
犬科	Canidae		
豺	Cuon alpinus		Ⅱ
熊科	Ursidae		
黑熊	Selenarctos thibetanus		Ⅱ
棕熊	Ursus arctos		Ⅱ
（包括马熊）	（U. a. Pruinosus）		
马来熊	Helarctas malayanus	Ⅰ	
浣熊科	Procyonidae		
小熊猫	Ailurus fulgens		Ⅱ
大熊猫科	Ailuropodidae		
大熊猫	Ailuropoda melanoleuCa	Ⅰ	
鼬科	Mustelidae		
石貂	Martes foina		Ⅱ
紫貂	Martes zibellina	Ⅰ	
黄喉貂	Martes flavigula		Ⅱ
貂熊	Gulo gulo	Ⅰ	

附录

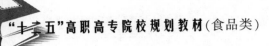

中　名	学　名	保护级别	
		Ⅰ级	Ⅱ级
＊水獭(所有种)	Lutra spp.		Ⅱ
＊小爪水獭	Aonyx cinerea		Ⅱ
灵猫科	Viverridae		
斑林狸	Prionodon pardicolor		Ⅱ
大灵猫	Viverra zibeiha		Ⅱ
小灵猫	Viverricula indica		Ⅱ
熊狸	Arctictis binturong	Ⅰ	
猫科	Felidae		
草原斑猫	Felis lybica(= silvestris)		Ⅱ
荒漠猫	Felis bieti		Ⅱ
丛林猫	Felis chaus		Ⅱ
猞猁	Felis lynx		Ⅱ
兔狲	Felis manul		Ⅱ
金猫	Feils temmincki		Ⅱ
渔猫	Felis viverrinus		Ⅱ
云豹	Neojelis nebulosa	Ⅰ	
豹	Panthera pardus	Ⅰ	
虎	Panthera tigris	Ⅰ	
雪豹	Panthera uncia	Ⅰ	
＊鳍足目(所有种)	PINNIPEDIA		Ⅱ
海牛目	SIRENIA		
儒艮科	Dugongidae		
＊儒艮	Dugong dugong	Ⅰ	
鲸目	CETACEA		
喙豚科	Platanlstidae		
＊白暨豚	Lipotes vexillifer	Ⅰ	
海豚科	Delphinidae		
＊中华白海豚	Sousa chinensis	Ⅰ	
＊其他鲸类	(Cetacea)		Ⅱ
长鼻目	PROBOSCIDEA		
象科	Elephantldae		
亚洲象	Elephas maximus	Ⅰ	
奇蹄目	PERISSODACTYLA		
马科	Equidae		
蒙古野驴	Equus hemionus	Ⅰ	
西藏野驴	Equus kiang	Ⅰ	
野马	Equns Przewalskii	Ⅰ	

续表

中　名	学　名	保护级别	
		Ⅰ级	Ⅱ级
偶蹄目	ARTIODACTYLA		
驼科	Camelidae		
野骆驼	Camelus ferus（＝bactrianus）	Ⅰ	
鼷鹿科	Tragulidae		
鼷鹿	Tragulus javanicus	Ⅰ	
麝科	Moschidae		
麝（所有种）	Moschus spp.	Ⅰ	
鹿科	Cervidae		
河麂	Hydropotes inermis		Ⅱ
黑麂	Muntiacus crinifrons		
白唇鹿	Cervus albirostris	Ⅰ	
马鹿	Cervus elaphus	Ⅰ	Ⅱ
（包括白臀鹿）	（C. e. macneilli）		
坡鹿	Cervus eldi		
梅花鹿	Cervus nippon	Ⅰ	
豚鹿	Cervus porcinus	Ⅰ	
水鹿	cervus unicolor	Ⅰ	Ⅱ
麋鹿	Elaphurus davidianus		
驼鹿	Alces alces	Ⅰ	Ⅱ
牛科	Bovidae		
野牛	Bos gaurus		
野牦牛	Bos mutus（＝grunniens）	Ⅰ	
黄羊	Procapra gutturosa	Ⅰ	Ⅱ
普氏原羚	Procapra przewalskii		
藏原羚	Procapra picticaudata	Ⅰ	Ⅱ
鹅喉羚	Cazella subgutturosa		Ⅱ
藏羚	Pantholops hodgsoni		
高鼻羚羊	Saiga tatarica	Ⅰ	
扭角羚	Budorcas taxicolor	Ⅰ	
鬣羚	Capricornis sumatraensis	Ⅰ	Ⅱ
台湾鬣羚	Capricornis crispus		
赤斑羚	Naemorhedus cranbrooki	Ⅰ	
斑羚	Naemorhedus goral	Ⅰ	Ⅱ
塔尔羊	Hemitragus jemlahicus		
北山羊	Capra ibex	Ⅰ	
岩羊	Pseudois nayaur	Ⅰ	Ⅱ
盘羊	Ovis ammon		Ⅱ

附录

续表

中　名	学　名	保护级别	
		Ⅰ级	Ⅱ级
兔形目	LAGOMORPHA		
兔科	Leporidae		
海南兔	Lepus peguensis hainanus		Ⅱ
雪兔	Lepus timidus		Ⅱ
塔里木兔	Lepus yarkandensis		Ⅱ
啮齿目	RODENTIA		
松鼠科	Sciuridae		
巨松鼠	Ratufa bicolor		Ⅱ
河狸科	Castoridae		
河狸	Castor fiber	Ⅰ	
鸟纲　AVES			
鸊鷉目	PODICIPEDIFORMES		
鸊鷉科	Podicipedidae		
角鸊鷉	Podiceps auritus		Ⅱ
赤颈鸊鷉	Podiceps grisegena		Ⅱ
鹱形目	PROCELLARIIFORMES		
信天翁科	Diomedeidae		
短尾信天翁	Diomedea albatrus	Ⅰ	
鹈形目	PELECANIFORMES		
鹈鹕科	Pelecanidae		
鹈鹕(所有种)	Pelecanus spp.		Ⅱ
鲣鸟科	Sulidae		
鲣鸟(所有种)	Sula spp.		Ⅱ
鸬鹚科	Phalacrocoracidae		
海鸬鹚	Phalacrocorax pelagicus		Ⅱ
黑颈鸬鹚	Phalacrocorax niger		Ⅱ
军舰鸟科	Fregatidae		
白瓜军舰鸟	Fregata andrewsi	Ⅰ	
鹳形目	CICONIIFORMES		
鹭科	Ardeidae		
黄嘴白鹭	Egretta eulophotes		Ⅱ
岩鹭	Egretta sacra		Ⅱ
海南虎斑鳽	Gorsachius magnificus		Ⅱ
小苇鳽	Ixbrychus minutus		Ⅱ
鹳科	Ciconiidae		
彩鹳	Ibis leucocephalus		Ⅱ
白鹳	Cicohio ciconia	Ⅰ	
黑鹳	Ciconia nigra	Ⅰ	

续表

中　名	学　名	保护级别	
		Ⅰ级	Ⅱ级
鹮科	Threskiornithidae		
白鹮	Threskiornis aethiopicus		Ⅱ
黑鹮	Pseudibis papillosa		Ⅱ
朱鹮	Nipponia Nippon	Ⅰ	
彩鹮	Plegalis faIcinellus		Ⅱ
白琵鹭	Platalea leucorodia		Ⅱ
黑脸琵鹭	platalea minor		Ⅱ
雁形目	ANSERIFORMES		
鸭科	Anatidae		
红胸黑雁	Branta ruficollis		Ⅱ
白额雁	Anser albifrons		Ⅱ
天鹅（所有种）	Cygnus spp.		Ⅱ
鸳鸯	Aix galericulata		Ⅱ
中华秋沙鸭	Mergus squamatus	Ⅰ	
隼形目	FALCONIFORMES		
鹰科	Accipitridae		
金雕	Aquila chrysaetos	Ⅰ	
白肩雕	Aquila heliaca	Ⅰ	
玉带海雕	Haliaeetus leucoryphus	Ⅰ	
白尾海雕	Haliaeetus albcilla	Ⅰ	
虎头海雕	Haliaeetus pelagicus	Ⅰ	
拟兀鹫	Pseudogyps bengalensis	Ⅰ	
胡兀鹫	Gypaetus barbatus	Ⅰ	
其他鹰类	（Accipitridae）		Ⅱ
隼科（所有种）	Falconidae		Ⅱ
鸡形目	GALLIFORMES		
松鸡科	Tetraonidae		
细嘴松鸡	Tetrao parvirostris	Ⅰ	
黑琴鸡	Lyrurus tetrix		Ⅱ
柳雷鸟	Lagopus lagopus		Ⅱ
岩雷鸟	Lagopus mutus		Ⅱ
镰翅鸡	Falcipennis falcipennis		Ⅱ
花尾榛鸡	etrastes bonasla		Ⅱ
斑尾榛鸡	etrastes sewerzowi	Ⅰ	
雉科	Phasianidae		
雪鸡（所有种）	Tetraogallus spp.		Ⅱ
雉鹑	Tetraophasis obscurus	Ⅰ	

附录

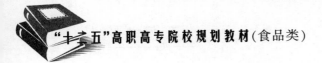

续表

中　名	学　名	保护级别	
		I 级	II 级
四川山鹧鸪	Arborophila rufipectus	I	
海南山鹧鸪	Arborophila ardens	I	
血雉	Ithaginis cruentus		II
黑头角雉	Tragopan melanocephalus	I	
红胸角雉	Ragopan satyra	I	
灰腹角雉	Ragopan blythii	I	
红腹角雉	Tragopan temminchii		II
黄腹角雉	Tragopan caboti	I	
虹雉(所有种)	Lophophorus spp.	I	
藏马鸡	Crossoptilon crossoptilon		II
蓝马鸡	Crossoptilon aurtun		II
褐马鸡	Crossoptilon mantchuricum	I	
黑鹇	Lophura leucomelana		II
白鹇	Lophura nycthemera		II
蓝鹇	Lophura swinhoii	I	
原鸡	Gallus gallus		II
勺鸡	Pucrasia macrolopha		II
黑颈长尾雉	Syrmaticus humiae	I	
白冠长尾雉	Syrmaticus reevesii		II
白颈长尾雉	Syrmaticus ewllioti	I	
黑长尾雉	Syrmaticus mikado	I	
锦鸡(所有种)	ChrysoloPhus spp.		II
孔雀雉	Polyplectron bicalcaratum	I	
绿孔雀	Pavo muticus	I	
鹤形目	GRUIFORMES		
鹤科	Gruidae		
灰鹤	Grus grus		II
黑颈鹤	Grum nigricollis	I	
白头鹤	Grus monacha	I	
沙丘鹤	Grus canadensis		II
丹顶鹤	Grus japonensis	I	
白枕鸿	Grus vipio		II
白鹤	Grus leucogeranus	I	
赤颈鹤	Grus antigone	I	
蓑羽鹤	Anthropoides virgo		II
秧鸡科	Rallidae		
长脚秧鸡	Crex crex		II

续表

中　名	学　名	保护级别	
		Ⅰ级	Ⅱ级
姬田鸡	Porzana parva		Ⅱ
棕背田鸡	Porzana bicolor		Ⅱ
花田鸡	Coturnicops noveboracensis		Ⅱ
鸨科	Otidae		
鸨(所有种)	Otis spp.	Ⅰ	
鸻形目	CHARADRⅡFORMES		
雉鸻科	Jacanidae		
铜翅水雉	Metopidius indicus		Ⅱ
鹬科	Soolopacidae		
小杓鹬	Numenius borealis		Ⅱ
小青脚鹬	Tringa guttifer		Ⅱ
燕鸻科	Glareolidae		
灰燕鸻	Glareola lactea		Ⅱ
鸥形目	LARIFORMES		
鸥科	Laridae		
遗鸥	Larus relictus	Ⅰ	
小鸥	Larus minutus		Ⅱ
黑浮鸥	Chlidonias niger		Ⅱ
黄嘴河燕鸥	Sterna aurantia		Ⅱ
黑嘴端凤头燕鸥	Thalasseus zimmermanni		Ⅱ
鸽形目	COLUMBIFORMES		
沙鸡科	Pteroclididae		
黑腹沙鸡	Pterocles orientalis		Ⅱ
鸠鸽科	Columbidae		
绿鸠(所有种)	Treron spp.		Ⅱ
黑颏果鸠	Ptilinopus leclancheri		Ⅱ
皇鸠(所有种)	Ducula spp.		Ⅱ
斑尾林鸽	Columba palumbus		Ⅱ
鹃鸠(所有种)	Macropygia spp.		Ⅱ
鹦形目	PSITTACIFORMES		
鹦鹉科(所有种)	Psittacidae		Ⅱ
鹃形目	CUCULIFORMES		
杜鹃科	Cuculidae		
鸦鹃(所有种)	Centropus spp.		Ⅱ
鸮形目(所有种)	STRIGIFORMES		Ⅱ
雨燕目	APODIFORMES		
雨燕科	Apodidae		

续表

中　名	学　名	保护级别	
		Ⅰ级	Ⅱ级
灰喉针尾雨燕	Hirundapus cochinchinensls		Ⅱ
风头雨燕科	Hemiprocnidae		
风头雨燕	Hemiprocne longipennis		Ⅱ
咬鹃目	TROGONIFORMES		
咬鹃科	Trogonidae		
橙胸咬鹃	Harpactes oreskios		Ⅱ
佛法僧目	CORACIIFORMES		
翠鸟科	Alcedinidae		
蓝耳翠鸟	Alcedo meninting		Ⅱ
鹳嘴翠鸟	Pelargopsis capensis		Ⅱ
蜂虎科	Meropidae		
黑胸蜂虎	Merops leschenaulti		Ⅱ
绿喉蜂虎	Merops orientalis		Ⅱ
犀鸟科(所有种)	Bucertidae		Ⅱ
鴷形目	PICIFORMES		
啄木鸟科	Picidae		
白腹黑啄木鸟	Dryocopus javensis		Ⅱ
雀形目	PASSERIFORMES		
阔嘴鸟科(所有种)	Eurylaimidae		Ⅱ
八色鸫科(所有种)	Pittidae		Ⅰ Ⅰ
爬行纲 REPTILIA			
龟鳖目	TESTUDOFORMES		
龟科	Emydidae		
＊地龟	Geoemyda spengleri		Ⅱ
＊三线闭壳龟	Cuora trifasciata		Ⅱ
＊云南闭壳龟	Cuora yunnanensis		Ⅱ
陆龟科	Testudinidae		
四爪陆龟	Testudo horsfieldi	Ⅰ	
凹甲陆龟	Manouria impressa		Ⅱ
海龟科	Cheloniidae		
＊蠵龟	Caretta caretta		Ⅱ
＊绿海龟	Chelonia mydas		Ⅱ
＊玳瑁	Ereimochelys imbricata		Ⅱ
＊太平洋丽龟	Lepidochelys olivacea		Ⅱ
棱皮龟科	Dermochelyidae		
＊棱皮龟	Dermochelys coriacea		Ⅱ

烹饪原料

续表

中　名	学　名	保护级别	
		Ⅰ级	Ⅱ级
鳖科	Trionychidae		
＊鼋	Pelochelys bibroni	Ⅰ	
＊山瑞鳖	Trionyx steindachneri		Ⅱ
蜥蜴目	LACERTIFORMES		
壁虎科	Gekkonidae		
大壁虎	Gekko gecko		Ⅱ
鳄蜥科	Shinisauridae		
鳄蜥	Shinisaurus crocodilurus	Ⅰ	
巨蜥科	Varanidae		
巨蜥	Varanus salvator	Ⅰ	
蛇目	SERPENTIFORMES		
蟒科	Boidae		
蟒	Python molurus	Ⅰ	
鳄目	CROCODILIFORMES		
鼍科	Alligatoridae		
扬子鳄	Alligator sinensis	Ⅰ	
两栖纲 AMPHIBIA			
有尾目	CAUDATA		
隐鳃鲵科	Cryptobranchidae		
＊大鲵	Andrias davidianus		Ⅱ
蝾螈科	Salamandridae		
＊细痣疣螈	Tylototriton asperrimus		Ⅱ
＊镇海疣螈	Tylototriton chinhaiensis		Ⅱ
＊贵州疣螈	Tylototriton kweichowensis		Ⅱ
＊大凉疣螈	Tylototriton taliangensis		Ⅱ
＊细瘰疣螈	Tylototriton verrucosus		Ⅱ
无尾目	ANURA		
蛙科	Ranidae		
虎纹蛙	Rana tigrina		Ⅱ
鱼纲 PISCES			
鲈形目	PERCIFORMES		
石首鱼科	Sciaenidae		
＊黄唇鱼	Bahaba flavolabiata		Ⅱ
杜父鱼科	Cottidae		
＊松江鲈鱼	Trachidermus fasciatus		Ⅱ
海龙鱼目	SYNGNATHIFORMES		
海龙鱼科	Syngnathidae		
＊克氏海马鱼	Hippocampus kelloggi		Ⅱ

附录

333

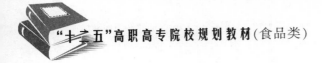

续表

中　名	学　名	保护级别	
		Ⅰ级	Ⅱ级
鲤形目	CYPRINIFORMES		
胭脂鱼科	Catostomidae		
* 胭脂鱼	Myxocyprinus asiaticus		Ⅱ
鲤科	Cyprinidae		
* 唐鱼	Tanichthys albonubes		Ⅱ
* 大头鲤	Cyprinus Pellegrini		Ⅱ
* 金线鲃	Sinocyclocheilus grahami grahami		Ⅱ
* 新疆大头鱼	Aspiorhynchus laticeps	Ⅰ	
* 大理裂腹鱼	Schizothorax taliensis		Ⅱ
鳗鲡目	ANGUILLIFOMES		
鳗鲡科	Anguillidae		
* 花鳗鲡	Anguilla marmorata		Ⅱ
鲑形目	SALMONIFORMES		
鲑科	Salmonidae		
* 川陕哲罗鲑	Hucho bleekeri		Ⅱ
* 秦岭细鳞鲑	Brachymystax lenok tsinlingensis		Ⅱ
鲟形目	ACIPENSERIFORMES		
鲟科	Acipenseridae		
* 中华鲟	Acipenser sinensis	Ⅰ	
* 达氏鲟	Acipenserdabryanus	Ⅰ	
匙吻鲟科	Polyodontidae		
* 白鲟	Psephurus gladius	Ⅰ	
文昌鱼纲 APPENDICULARIA			
文昌鱼目	AMPHIOXIFORMES		
文昌鱼科	Branchiostomatidae		Ⅱ
* 文昌鱼	Branchiotoma belcheri		
珊瑚纲 ANTHOZOA			
柳珊瑚目	GOKGONACEA		
红珊瑚科	Coralliidae		
* 红珊瑚	Corallium spp.	Ⅰ	
腹足纲 GASTROPODA			
中腹足目	MESOGASTROPODA		
宝贝科	Cypraeidae		
* 虎斑宝贝	Cypraea tigris		Ⅱ
冠螺科	Cassididae		
* 冠螺	Cassis cornuta		Ⅱ

续表

中　名	学　名	保护级别 I 级	II 级
瓣鳃纲 LAMELLIBRANCHIA			
异柱目	ANISOMYARIA		
珍珠贝科	Pteriidae		
*大珠母贝	Pinctada maxima		II
真瓣鳃目	EULAMELLIBRANCHIA		
砗磲科	Tridacnidae		
*库氏砗磲	Trldacna cookiana	I	
蚌科	Unionidae		
*佛耳丽蚌	Lamprotula mansuyi		II
头足纲 UEPHALOPODA			
四鳃目	TETRABRANCHIA		
鹦鹉螺科	Nautilidae		
*鹦鹉螺	Nautilus pompilius	I	
昆虫纲 INSECTA			
双尾目	UIPLURA		
铗虫八科	Japygidae		
伟铗虫八	Atlasjapyx atlas		II
蜻蜓目	ODONATA		
箭蜓科	Gomphidae		
尖板曦箭蜓	Heliogomphus retroflexus		II
宽纹北箭蜓	Ophiogomphus spinicorne		II
缺翅目	ZORAPTERA		
缺翅虫科	Zorotypidae		
蛩蠊目	Zorotypus sinensis		II
蛩蠊科	Zorotypus medoensis		II
中华蛩蠊	GRYLLOBLATTODAE		
蛩闻科	Grylloblattidae		
中华蜜螃	Galloisiana sinensls	I	
鞘翅目	COLEOPTERA		
步甲科	Carabidae		
拉步甲	Carabus (Coptolabrus) lafossei		II
硕步甲	Carabus (Apopterus) davidi		II
臂金龟科	Euchitldae		
彩臂金龟(所有种)	Cheirotonus spp.		II
犀金龟科	Dynastidae		
叉犀金龟	Allomyrina davidis		II

附
录

续表

中　名	学　名	保护级别	
		Ⅰ级	Ⅱ级
鳞翅目	LEPIDOPTERA		
凤蝶科	Papilionidae		
金斑喙凤蝶	Teinopalpus aureus	Ⅰ	
双尾褐凤蝶	Bhutanitis mansfieldi		Ⅱ
三尾褐凤蝶	Bhutanitis thaidina dongchuanensls		Ⅱ
中华虎凤蝶	Lueddorfia chinensis huashanensis		Ⅱ
绢蝶科	Parnassidae		
阿波罗绢蝶	Parnassius apollo		Ⅱ
肠鳃纲 ENTEROPNEUSTA			
柱头虫科	Balanoglossidae	Ⅰ	
＊多鳃孔舌形虫	Glossobalanus polybranchioporus	Ⅰ	
玉钩虫科	Harrlmaniidae		
＊黄岛长吻虫	Saccoglossus hwangtauensis		

注:标＊的由渔业行政主管部门主管;
　未标＊的由林业行政主管部门主管。

附录Ⅳ　烹饪原料插图

粮食类原料

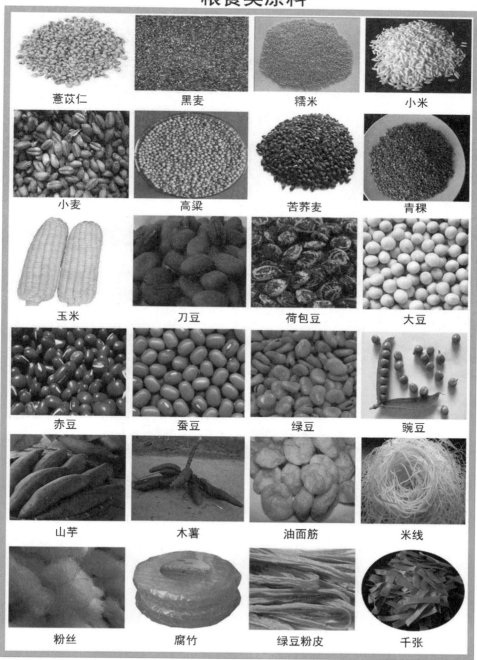

薏苡仁　　黑麦　　糯米　　小米

小麦　　高粱　　苦荞麦　　青稞

玉米　　刀豆　　荷包豆　　大豆

赤豆　　蚕豆　　绿豆　　豌豆

山芋　　木薯　　油面筋　　米线

粉丝　　腐竹　　绿豆粉皮　　千张

蔬菜类原料

根用甜菜	婆罗门参	牛蒡	美洲防风
豆薯	圆根萝卜	辣根	白萝卜
蒲菜	茭白	球茎甘蓝	水芹
荸荠	慈菇	百合	芋头
蕨菜	抱子甘蓝	结球菊苣	生菜
落葵	豆瓣菜	荠菜	小白菜

蔬菜类原料

花椰菜	朝鲜蓟	鸡冠花	金雀花
桂花	茉莉花	南瓜花	黄花菜
西葫芦	佛手瓜	苦瓜	有棱丝瓜
四棱豆	荷兰豆	甜椒	豇豆
猴头菌	牛肝菌	冬虫夏草	黑虎掌菌
石花菜	裙带菜	海藻	紫菜

果品类原料

椰子　　　　杨桃　　　　杨梅　　　　猕猴桃

哈密瓜　　　荔枝　　　　龙眼　　　　芒果

柠檬　　　　菠萝　　　　草莓　　　　樱桃

石榴　　　　柚子　　　　毛红丹　　　菠萝蜜

金橘　　　　木瓜　　　　榴莲　　　　山竹

枇杷　　　　莲雾　　　　香瓜　　　　苹果

果品类原料

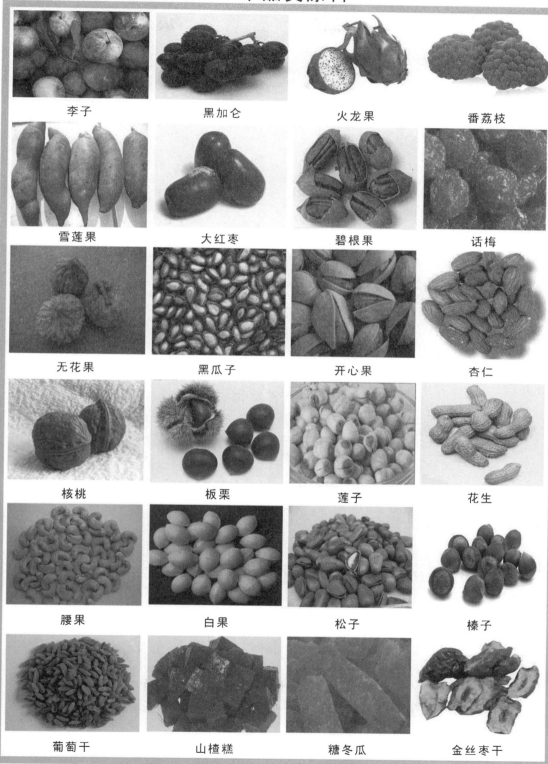

李子	黑加仑	火龙果	番荔枝
雪莲果	大红枣	碧根果	话梅
无花果	黑瓜子	开心果	杏仁
核桃	板栗	莲子	花生
腰果	白果	松子	榛子
葡萄干	山楂糕	糖冬瓜	金丝枣干

附录

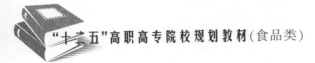

禽类原料

九斤黄	高邮鸭	狮头鹅	鹌鹑
银王鸽	珍珠鸡	贵妃鸡	黑火鸡
花脸鸭	绿头鸭	针尾鸭	荷兰白色火鸡
石岐鸽	禾花雀	野鸡	麻雀
山斑鸠	珠颈斑鸠	棕胸竹鸡	灰胸竹鸡
鹧鸪	燕窝（白燕）	燕窝（毛燕）	燕窝（血燕）

畜类原料

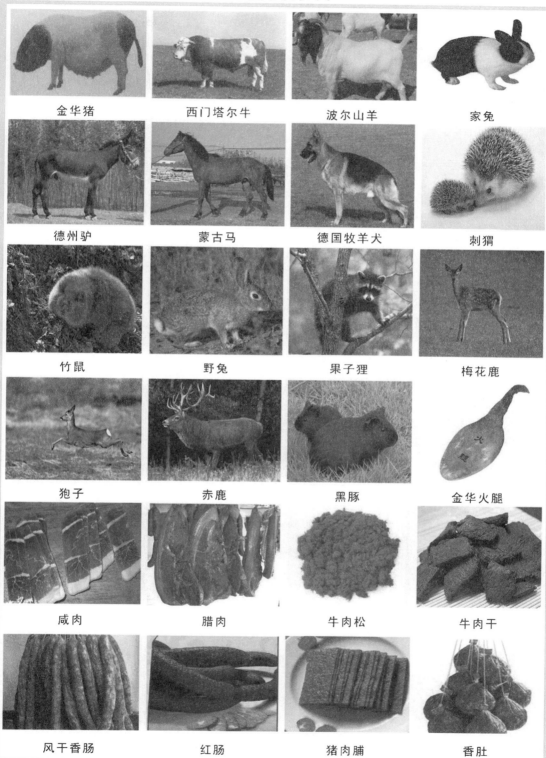

金华猪	西门塔尔牛	波尔山羊	家兔
德州驴	蒙古马	德国牧羊犬	刺猬
竹鼠	野兔	果子狸	梅花鹿
狍子	赤鹿	黑豚	金华火腿
咸肉	腊肉	牛肉松	牛肉干
风干香肠	红肠	猪肉脯	香肚

水产品原料

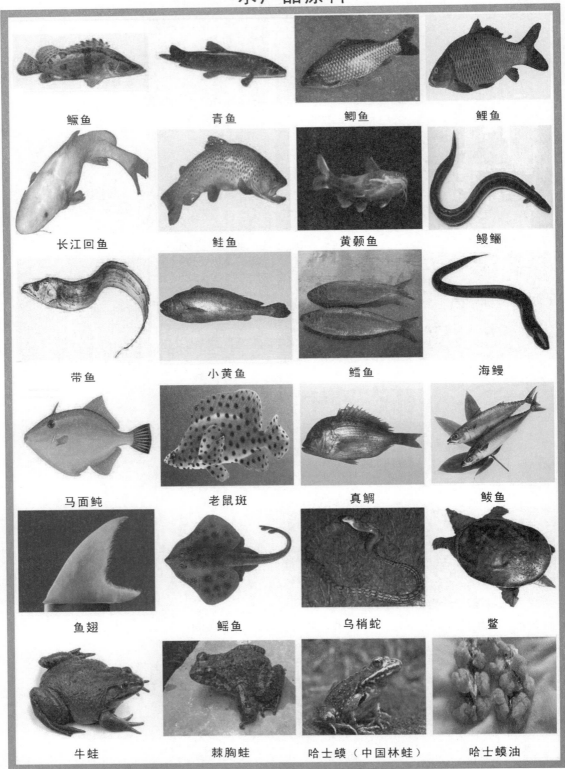

鳜鱼　　　　青鱼　　　　鲫鱼　　　　鲤鱼

长江回鱼　　　鲑鱼　　　黄颡鱼　　　鳗鲡

带鱼　　　　小黄鱼　　　鳕鱼　　　　海鳗

马面鲀　　　老鼠斑　　　真鲷　　　　鲅鱼

鱼翅　　　　鳐鱼　　　乌梢蛇　　　　鳖

牛蛙　　　棘胸蛙　　哈士蟆（中国林蛙）　哈士蟆油

水产品原料

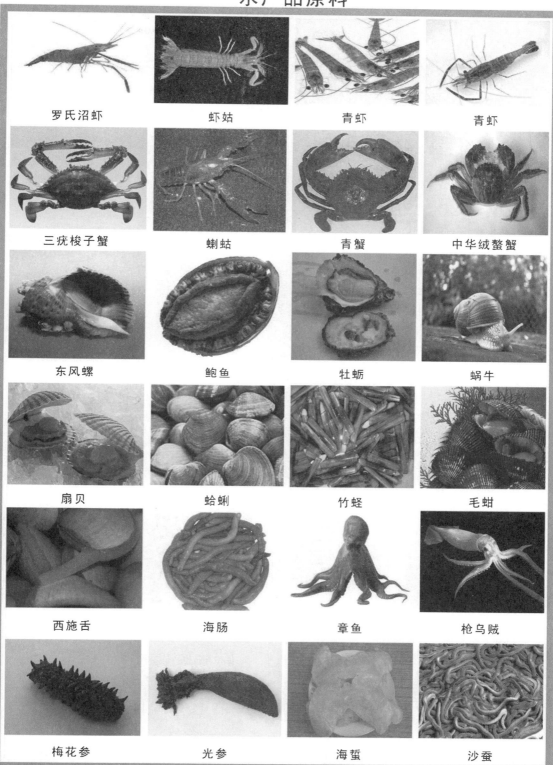

罗氏沼虾	虾姑	青虾	青虾
三疣梭子蟹	蝲蛄	青蟹	中华绒螯蟹
东风螺	鲍鱼	牡蛎	蜗牛
扇贝	蛤蜊	竹蛏	毛蚶
西施舌	海肠	章鱼	枪乌贼
梅花参	光参	海蜇	沙蚕

附 录

调辅类原料

花椒	羊角椒	野山椒	芥末粉
黑胡椒	白芷片	高良姜	咖喱粉
肉豆蔻	草果	陈皮	桂皮
丁香	孜然	八角	腐乳
薄荷	莳萝	紫苏	欧芹
普洱茶	蒙顶茶	乌龙茶	西湖龙井

主要参考文献

1. 冯玉珠,陈金标主编.烹饪原料.北京:中国轻工业出版社,2009

2. 赵廉主编.烹饪原料学.北京:中国纺织出版社,2008

3. 蒋爱民等主编.食品原料学.南京:东南大学出版社,2007

4. 玉兰主编.烹饪原料学.南京:东南大学出版社,2007

5. 霍力主编.烹饪原料学.北京:科学出版社,2008

6. 王全喜等主编.植物学.北京:科学出版社,2004

7. 黑龙江商学院旅游烹饪系编著.烹饪原料学.北京:中国商业出版社,1991

8. 崔桂友主编.烹饪原料学.北京:中国轻工业出版社,2001

9. 阎红主编.烹饪调味应用手册.北京:化学工业出版社,2008

10. 路新国主编.中国饮食保健学.北京:中国轻工业出版社,2001

11. 李秋菊主编.食品化学简明教程及实验指导.北京:中国农业出版社,2005

12. 周绍传主编.中式烹调师 川菜.成都:四川科学技术出版社,2008

13. 古少鹏主编.禽产品加工技术.北京:中国社会出版社,2005

14. 阎红编著.烹饪原料学.北京:旅游教育出版社,2008

15. 谭仁祥主编.植物成分功能.北京:科学出版社,2003

16. 黄明超等主编.粤菜烹调工艺(上).北京:清华大学出版社,2007

17. 王向阳主编.烹饪原料学.北京:高等教育出版社,2009

18. 毛羽扬编著.烹饪解疑.北京:科学出版社,2006

19. 伍福生著.餐馆实用调味.广州:中山大学出版社,2005

20. 朱海涛,董贝森主编.最新调味品及其运用.济南:山东科学技术出版社,1999

21. 曹雁平编著.食品调味技术.北京:化工工业出版社,2002

22. 关培生编著.香料调料大全.北京:世界图书出版社,2005

23. 张艳荣,王大为主编.调味品工艺学.北京:科学出版社,2008

24. 阎红编著.常用烹饪原料图集.成都:四川科技技术出版社,2005

25. 李晓东主编.蛋品科学与技术.北京:化学工业出版社,2005

26. 萧帆主编.中国烹饪辞典.北京:中国商业出版社,1992

27. 许幸达等主编.食品原料学.北京:中国计量出版社,2006

28. 李曦主编.中国烹饪概论.北京:旅游教育出版社,2000

29. 黄勤忠主编.烹饪原料知识(上).北京:中国商业出版社,2000

30. 段振离主编.谷肉果菜养身谈.北京:华夏出版社,2006

31. 张波主编.餐饮管理.重庆:重庆大学出版社,2008